dsPIC®数字信号控制器入门与实战——入门篇

石朝林　编著

北京航空航天大学出版社

内 容 简 介

本书可以称作 16 位 DSC 的"入门篇"。侧重于 dsPIC30F/33F 系列 16 位数字信号控制器的基础知识和相关实际工程经验的介绍。针对这一系列 MCU 的架构、外设、存储器模式、寻址模式、开发工具等进行循序渐进、深入浅出的介绍，从入门到精通再到实战。提供了关于数字滤波、FFT 等实战范例，帮助工程师系统学习和研究，同时把指令集以简洁的表格形式呈现在读者面前，方便编程时迅速准确查找。本书附光盘 1 张，内含实用软件和程序范例。

本书可作为工程技术人员迅速掌握 dsPIC30F/33F 系列 16 位数字信号控制器开发技术的实用参考书。

图书在版编目(CIP)数据

dsPIC 数字信号控制器入门与实战. 入门篇/石朝林编著. —北京：北京航空航天大学出版社，2009.8
ISBN 978-7-81124-213-3

Ⅰ. d… Ⅱ. 石… Ⅲ. ①数字信号—信号处理②数字信号—微处理器 Ⅳ. TN911.72 TP332

中国版本图书馆 CIP 数据核字(2009)第 135394 号

© 2009，北京航空航天大学出版社，版权所有。

未经本书出版者书面许可，任何单位和个人不得以任何形式或手段复制本书及光盘内容。

侵权必究。

dsPIC 数字信号控制器入门与实战——入门篇

石朝林　编著

责任编辑　卫晓娜　王　艳

*

北京航空航天大学出版社出版发行

北京市海淀区学院路 37 号(100191)　发行部电话：010-82317024　传真：010-82328026
http://www.buaapress.com.cn　E-mail：emsbook@gmail.com
涿州市新华印刷有限公司印装　各地书店经销

*

开本：787 mm×960 mm　1/16　印张：30.75　字数：689 千字
2009 年 8 月第 1 版　2009 年 8 月第 1 次印刷　印数：5 000 册
ISBN 978-7-81124-213-3　定价：49.00 元(含光盘 1 张)

版 权 声 明

本书引用以下资料已得到其版权所有者 Microchip Technology Inc.(美国微芯科技公司)的授权。

[1] dsPIC30F Family Reference Manual
[2] dsPIC30F Family Programmer's Manual
[3] dsPIC Language Library User's Manual
[4] MPLAB ASM30, LINK30 and Utilities User's Guide
[5] dsPICDEM1.1 Development Board User's Guide
[6] Design Robust Microcontroller Circuit For Noisy Environment
[7] dsPIC30F6010A/6015 Data Sheet
[8] dsPIC33F Family Data Sheet
[9] dsPIC30F to dsPIC33F Migration Q & A
[10] dsPIC24H Family Data Sheet
[11] dsPIC24F Family Data Sheet

所有权保留。未经过其版权所有者 Microchip Technology Inc.的书面许可,不得复制、重印。

商 标 声 明

以下图案是 Microchip Technology Inc.在美国及其他国家的注册商标:

以下文字是 Microchip Technology Inc.的注册商标(状态:®):
FilterLab, Linear Active Thermistor, MXDEV, MXLAB, SEEVAL, SmartSensor, and The Embedded Control Solutions Company.

以下文字是 Microchip Technology Inc.的商标(状态:TM):
Analog-for-the-Digital Age, Application Maestro, CodeGuard, dsPICDEM, dsPICDEM.net, dsPICworks, dsSPEAK, ECAN, ECONOMONITOR, FanSense, ICEPIC, ICSP, In-Circuit Serial Programming, Mindi, MiWi, MPASM, MPLAB Certified logo, MPLIB, MPLINK, mTouch, PICDEM, PICDEM.net, PICkit, PICtail, PIC^{32} logo, PowerCal, PowerInfo, PowerMate, PowerTool, REAL ICE, rfLAB, Select Mode, Total Endurance, UNI/O, WiperLock, and ZENA.

以下文字是 Microchip Technology Inc.的服务标记(状态:SM):
SQTP

以下所有其他商标的版权归各自公司所有:
PICC, PICC Lite, PICC-18, CWPIC, EWPIC, ooPIC, OOPIC

序

微芯科技(Microchip Tech. Inc.)的8位单片机早已成为业界的佼佼者,出货量和销售额都居于第一位。但是微芯科技并不满足当前的成绩,而是积极开拓新的市场,以极快的速度先后推出了 dsPIC 系列 16 位数字信号控制器(DSC)及其 PIC24 系列 16 位微控制器。目前 16 位产品的四大家族 dsPIC30F、dsPIC33F、PIC24F、PIC24FJ 已经日臻完善,家族里的成员不断丰富。同时很多崭新的型号正在设计、测试、试验当中。内嵌 USB、以太网接口、QVGA 驱动的 16 位单片机将很快推出,满足用户不同设计对象的需求。

微芯科技所有 16 位单片机坚持"一个核心"的原则,也即内核保持汇编级兼容,外围保持引脚和外设兼容。这样,从 18 个引脚到 28、40、64、80、100 个引脚,程序容量从几 KB 到 256 KB,多达数百个分支型号可供用户选择。同时每个分支系列都在同步发展,用户总可以在这些型号里选择到合适自己的产品。

目前 8 位 PIC 方面的书籍已经相当丰富了,16 位 PIC 和 dsPIC 方面的书籍却很少。这本关于微芯科技 16 位单片机的书分成两个部分:入门篇和实战篇,分别针对这个系列单片机的基本知识和相关应用案例进行深入浅出的介绍。内容丰富,范例详尽,并配有资料 CD,内附 MPLAB IDE 开发环境软件包、C30 编译器学生版、滤波器设计软件包(Filter Design)、若干 C 语言和汇编程序代码、电路图、元件封装以及实用小程序等资料。这是一本手册,也是一本作者多年实际工程经验的总结。本书可以作为嵌入式设计工程师的设计指南,也可以作为大专院校师生的参考书目。

微芯科技很快会推出一系列崭新的 PIC32 家族(Dytona)32 位微控制器。这个系列采用独具特色的处理器内核,具有很高的 MIPS/功耗比以及众多第三方软件开发商的支持。这样,微芯科技将为客户提供从 8 位到 16 位以至 32 位的完备解决方案。

我们相信,微芯科技将会不负众望,不断丰富产品线。也希望以这部书作为用户学习和开发的起点,帮助您进入嵌入式设计的精彩世界。

微芯科技有限公司

大中国区技术经理 夏宇红

前　言

Microchip 16 位单片机

  微芯科技股份有限公司（Microchip Tech. Inc.）总部位于美国西南部亚利桑那州的凤凰城。在这个半导体厂商云集的灼热沙漠山谷里，Microchip 的开拓者们专注于 8 位、16 位、32 位单片机及各种模拟器件的研发和生产，拥有独立的 MCU、模拟器件设计部门和制造工厂。经过十几年艰苦奋斗，Microchip 从一个不起眼的单片机小厂一跃成为一颗持久闪亮的耀眼明珠，迅速成为单片机领域的领导者；产品也从最初的 4 颗单片机发展到现在的近 400 颗单片机以及上千种模拟器件。已经很多年在 8 位单片机的出货量上保持世界第一位的位置。从公司创始到现在，单片机的总出货量已经累计达到了 40 亿颗。

  现在，几乎平均每个星期都有一颗新的 PIC 或 dsPIC 单片机问世，梦幻般的新产品推出速度让用户总能在 6 引脚至 100 引脚的产品系列里找到一颗适合自己新产品的控制核心，满足嵌入式控制不断增加的要求。同时，微芯科技还针对未来的市场变化和需求不断设计更新的、软件兼容的、开发工具和开发环境兼容的单片机。

  同时 Microchip 并没有沉醉在 8 位单片机辉煌的成绩里。经过多年艰苦努力，Microchip 又陆续推出了多种不同功能的 16 位单片机，广泛应用在工业控制、汽车、家电等嵌入式产品里。

  图 1 所示为 Microchip 推出的 16 位单片机产品系列，包括 PIC24F、PIC24H 系列微控制器（MCU）和 dsPIC30F、dsPIC33F 系列数字信号控制器（DSC）。

  其中 PIC24F 和 PIC24H 系列 16 位微控制器（MCU）是 PIC16、PIC18 等 8 位单片机的自然延伸。其中 PIC24F 的速度为 16 MIPS，PIC24H 的速度最快可达 40 MIPS。这些系列单片机的数据总线加宽、速度增加、外设增强、存储器增多、引脚数增多，适合于很多中、高端嵌入式应用。PIC24F/H 系列都是采用最高 3.6 V 供电电压。

  其中 dsPIC33F 和 dsPIC30F 系列数字信号控制器（DSC）的性能和集成度都位于 PIC24F/H 系列之上。它和 PIC24F/H 系列有相同的开发环境、开发工具、兼容的汇编指令集、兼容的引脚；不同点在于 dsPIC 系列有数字信号处理能力，也就是说有内置的 DSP 运算核

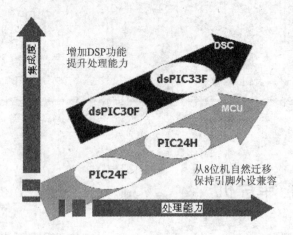

图 1　16 位单片机系列

和 DSP 指令。通过 dsPIC 的命名方式也可以看到:小写的"ds"说明该芯片具有数字信号处理能力但并不主要表现为一个 DSP,大写的"PIC"强调了这颗芯片虽然有 DSP 能力,但是它的主要角色是一颗微控制器(MCU)。dsPIC30F 系列运行速度可达 30 MIPS,工作电压 5 V;dsPIC33F 系列运行速度可达 40 MIPS、工作电压最高 3.6 V,这两个系列各有特点,针对不同的应用场合。比如有些电源、电机控制系统更喜欢使用 5 V 供电,那么可以选用 dsPIC30F 系列 DSC。总结起来,对 Microchip 的数字信号处理器的描述可以概括为三句话:

(1) 看起来像 MCU　和 Microchip 以前的 PIC 系列 MCU 引脚兼容,很多外设也兼容;

(2) 用起来像 DSP　具有 DSP 引擎,适合于数字信号处理(FFT,数字滤波等);

(3) 价格却像 MCU　依赖 Microchip 先进的制造工艺和管理,具有有竞争力的价格。

以 dsPIC30Fxxxx 系列为例,该系列主要分为通用系列、电机控制系列和传感器系列。每个系列各有不同特点和应用场合。图 2 为 Microchip 16 位解决方案示意图。

表 1 所列为通用类型 dsPIC 系列。引脚数目为 40 以上,目前最多可达 80 引脚。程序存储器 Flash 采用了 Microchip 自主专利的 PEEC(PMOS Electronic Erasable Cell)技术,有着非常高的可靠性和稳定性。通用系列 DSC 的 Flash 容量比较大,可达 144 KB,适合功能较多的应用。该系列的特点是针对通用功能,接口类型相当完备,包括了目前常用的接口形式 I^2C、SPI、UART、CAN、CODEC(支持 AC97,I^2S)等,为具体应用提供了多种形式的接口选择。同时该类型还具备了很多智能化的外设,比如可以有多种工作模式的智能高速 ADC、多达 8 路的输入捕捉、标准 PWM 等。可以广泛的应用于汽车电子(ABS,车身控制,发动机控制)、工业控制(纺织机械、造纸、轧钢),以及其他很多方面(语音识别、回声消除、背景噪声抑制,指纹识别等)。

前言

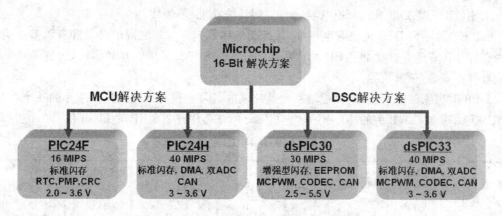

图 2 Microchip 16 位解决方案示意图

对于 dsPIC33F 家族的通用系列单片机,其编号很有规律,比如 dsPIC33FJ256GP710,其中的"GP"代表"通用"系列。该芯片有 256 KB 的 Flash 和 100 个引脚。

表 1 通用系列 dsPIC30Fxxxx 主要型号

通用类型 dsPIC 型号	引脚	程序 Flash/KB	数据 SRAM/B	EE/B	定时/计数器 16位	输入捕获	输出比较标准 PWM	A/D12位 100 KSPS	UART	SPI™	I²C™	CAN	Codec 接口
dsPIC30F3014	40	24	2 048	1 024	3	2	2	13 ch	2	1	1		
dsPIC30F4013	40	48	2 048	1 024	5	4	4	13 ch	2	1	1	1	AC97,I²S
dsPIC30F5011	64	66	4 096	1 024	5	8	8	16 ch	2	2	1	2	AC97,I²S
dsPIC30F6011	64	132	6 144	2 048	5	8	8	16 ch	2	2	1	2	
dsPIC30F6012	64	144	8 192	4 096	5	8	8	16 ch	2	2	1	2	AC97,I²S
dsPIC30F5013	80	66	4 096	1 024	5	8	8	16 ch	2	2	1	2	AC97,I²S
dsPIC30F6013	80	132	6 144	2 048	5	8	8	16 ch	2	2	1	2	
dsPIC30F6014	80	144	8 192	4 096	5	8	8	16 ch	2	2	1	2	AC97,I²S

表 2 所列为电机控制类专用 dsPIC 系列。由于针对电机控制而设计,理所当然的具备了多路电机控制专用 PWM(最多可达 8 个通道);另外一个特点是该系列都集成了光电正交编码器接口(QEI),意味着用户可以非常方便地处理电机反馈的光电正交编码信号。由于 QEI 是一个智能接口,因此不需要占用太多的 CPU 时间就可以方便地得到电机当前的状态信息(转子所在位置,转向,转速等)。值得一提的是,微芯科技提供了业界最小的 28 引脚电机控制专用 DSC,填补了这一领域的空白。控制电机种类包括直流无刷电机(BLDC)、交流感应电机(ACIM)、开关磁阻电机等。电机控制专用 DSC 可以广泛应用于航空、汽车(车灯、雨刷、后视

镜)、工业(UPS、逆变电源)、家用电器(变频空调、洗衣机)等领域。

dsPIC33F 系列 DSC 里也有电机/电源控制专用系列。它们之间的外设和资源基本类似,有些资源存在有差异。比如 dsPIC33F 系列没有 EEPROM,采用 3.6 V 供电,内置 DMA。有些型号有更多 A/D 模块等。

dsPIC33F 家族的电机/电源控制系列单片机的编号也很有规律。比如芯片的一个型号为 dsPIC33FJ256MC710,其中的"MC"代表"电机"系列,该芯片有 256 KB 的 Flash 和 100 个引脚。

表2 电机控制系列 dsPIC30Fxxxx 主要型号

电机控制类 dsPIC 型号	引脚	程序 Flash/KB	数据 SRAM/B	EE/B	定时/计数器 16位	输入捕捉	输出比较/标准 PWM	电机控制专用 PWM	10位 A/D 500 KSPS 2 μs	光电正交编码接口	UART	SPI™	I²C™	CAN
dsPIC30F2010	28	12	512	1 024	3	4	2	6	6 ch	Yes	1	1	1	
dsPIC30F3010	28	24	1 024	1 024	5	4	2	6	6 ch	Yes	1	1	1	
dsPIC30F4012	28	48	2 048	1 024	5	4	2	6	6 ch	Yes	1	1	1	1
dsPIC30F3011	40	24	1 024	1 024	5	4	4	6	9 ch	Yes	2	1	1	
dsPIC30F4011	40	48	2 048	1 024	5	4	4	6	9 ch	Yes	2	1	1	1
dsPIC30F5015	64	66	2 048		5	4	4	8	16 ch	Yes	1	2	1	
dsPIC30F6010	80	144	8 192	4 096	5	8	8	8	16 ch	Yes	2	2	1	2

表3 所列为传感器专用 DSC 系列。可以看出这两对芯片的显著特点都是 28 引脚以下,封装小,便于嵌入到空间狭小的地方;程序 Flash 容量较小(传感器处理的功能相对单一)。另外,和其他两类 DSC 不同的是,这些芯片的内部 ADC 都是 12 位分辨率,相对要高很多,这是由于传感器前端可能要求较高的分辨率。传感器系列 DSC 非常适合用在汽车、电力等地方。比如上位 CPU 用于系统管理,而 DSC 则可以做一些数字信号的处理工作(数字滤波、FFT、信号相关、卷积等),相当于一个智能传感器,按照主 CPU 的指令工作,从而减少主 CPU 的负担。

表3 传感器系列 dsPIC30Fxxxx 主要型号

传感器专用 dsPIC	引脚	程序 Flash/KB	数据 SRAM/B	EE/B	定时/计数器 16位	输入捕捉	输出比较/标准 PWM	12位 A/D 100 KSPS 10 μs	UART	SPI™	I²C™	CAN
dsPIC30F2010	18	12	1 024		3	2	2	8 ch	1	1	1	
dsPIC30F3012	18	24	2 048	1 024	3	2	2	8 ch	1	1	1	
dsPIC30F2012	28	12	1 024		3	2	2	8 ch	1	1	1	
dsPIC30F3013	28	24	2 048	1 024	3	2	2	8 ch	2	1	1	

随着半导体技术的不断发展和嵌入式控制系统不断增加的要求，16位单片机的需求量不断增加。作为8位单片机的领导者，Microchip当然要在这个领域有所作为。现在已经可以提供通用系列、电机控制系列、传感器系列等几十种16位单片机并已经广泛应用在各种控制领域。对于崭新的16位单片机家族，Microchip保持了一贯坚持的软件兼容性、引脚兼容性、开发工具兼容性，给工程师提供了低风险、高效率的开发环境。

内容安排

本书可以称作16位DSC的"入门篇"。侧重于dsPIC30F/33F系列16位数字信号控制器的基础知识和相关实际工程经验的介绍。针对这一系列MCU的架构、外设、存储器模式、寻址模式、开发工具等进行循序渐进、深入浅出的介绍，从入门到精通到实战。提供了关于数字滤波、FFT等实战范例，帮助工程师系统地学习和研究，同时把指令集以简洁的表格形式呈现在读者面前，方便编程时迅速准确查找。

由于这些芯片的内核及汇编级兼容性，只要熟悉了dsPIC30F系列，其他几种16位单片机（PIC24H/F、dsPIC33F）就能融会贯通，迎刃而解。

本书主要内容共分为15章以及4个附录。以下是内容简介：

第1章　时钟电路：主要介绍时钟电路的不同形式以及选择方法、振荡电路元件选择及PCB布线原则、时钟切换原理等。也探讨了时钟电路的设计技巧和方法。

第2章　系统管理模块：主要介绍芯片内置的上电定时逻辑（POR）、看门狗定时器（WDT）、掉电复位模块（BOR）、掉电监测电路（BOD）等主要系统管理部件。着重介绍了系统管理模块在系统可靠性方面的不同贡献和若干实际工程经验。

第3章　I/O端口及相关功能：针对PIC独特的I/O端口结构，介绍了和端口相关的LATx、PORTx、TRISx寄存器的不同功能以及如何避免"读—修改—写"问题。介绍了C30下高效访问端口高、低字节的技巧，加深读者对端口的认识。本章还探讨了电平变化中断（CN）。

第4章　CPU架构：介绍了基于改进哈佛结构的CPU模型及多条内部总线、编程者模型及工作寄存器功能分配，详细探讨了软件堆栈及其操作方法。同时详述了DSP引擎相关的DO、REPEAT、MAC指令以及长累加器、双累加器对于DSP应用的突出贡献。

第5章　DMA控制器：介绍了DMA控制器的基本原理和几种不同工作模式。结合若干实用的程序范例和生动的图例，帮助工程师很快掌握、灵活运用这一高效的控制器。

第6章　实时时钟模块（RTCC）：介绍了RTCC模块的原理及其设置和校准方法，探讨了开锁序列和报警功能的设置及作用。

第7章　A/D转换器：介绍了A/D转换的工作原理，分析了几种不同触发方式，分别解释了顺序采样和同时采样的原理与应用。同时结合实际范例介绍了几种A/D转换方法。本章还探讨了提高 A/D 转换采样率的方法以及"抗混叠"滤波器的设计技巧。

第 8 章　中断系统：介绍了独特的中断优先级、中断嵌套、中断矢量等主要环节,强调了中断等待时间可预测等特点。本章还强调了非屏蔽中断陷阱对于高可靠性系统的贡献。

第 9 章　电机控制专用外设：介绍了 MCPWM 的不同工作模式,介绍了电机专用 PWM 的独特特性和保护措施。同时介绍了 QEI 模块的工作原理和设置方法。

第 10 章　定时计数器：介绍了 A、B、C 三类定时计数器的不同特点和设置方法以及注意事项。还介绍了不同定时/计数器的适用场合、32 位定时/计数器的实现方法等。

第 11 章　程序存储器与数据存储器：介绍了程序存储器的自擦写、程序空间可视性(PSV)、表读表写功能及其应用。还针对 RAM 及 EEPROM 的访问进行了探讨,给出了操作范例。本章还探讨了模数寻址(Modula Addressing)及其在工程应用里的价值。

第 12 章　串行通信口：结合范例,介绍了 UART、SPI、I^2C 模块的特点及其操作方法。详细介绍了每种工作模式的特点和时序。

第 13 章　输入捕捉与输出比较：介绍了输入捕捉(IC)和输出比较(OC)的工作原理。同时介绍了将模块作为标准 PWM 实用的设置方法。

第十四章　开发工具：详细介绍了 MPLAB IDE 开发环境和 ICD2、REAL ICE、PM3 等主要的开发工具。重点介绍了新一代开发器 REAL ICE 的新特性和强大的代码调试功能。

第十五章　数字滤波器设计实战：介绍了利用 Filter Design 软件包设计一个滤波器,滤除声音信号中的杂波,并输出滤波后的声音。其中还介绍了使用 DSP Works 软件包对信号进行分析的方法。

附录 A：快速傅里叶变换(FFT)：详细介绍了 FFT 的原理和应用,分析了数据处理的误差来源和处置方法。结合 FFT 库函数,介绍了在 C30 下如何调用 FFT 处理信号并分析信号。

附录 B：指令集详解：把工程师关心的指令格式、数据格式、影响标志位情况、指令长短、执行速度等用表格形式罗列出来,使之一目了然,帮助初学的工程师迅速理解指令的含义,同时也帮助资深工程师在编程时随时查阅。

附录 C：利用 DSP 核提高直流无刷电机的 PID 效率：介绍了直流无刷电机的特点和控制面临的挑战,阐述了在 C 环境下嵌入汇编语言的方法；重点介绍了 PID 运算中使用 DSP 核及 DSP 指令加速数据处理速度的方法。

附录 D：随身携带的 PIC 开发利器 PICkit2：针对低成本的 PICkit2 开发器,介绍了它的调试、烧写功能；描述了 PICkit2 作为脱机烧写器(Programmer-To-Go)的配置和使用方法；还介绍了升级 PICkit2 里面 EEPROM 从而满足大容量 Hex 代码驻留的方法。

光盘说明

本书配套的光盘里包含了若干实用软件和程序范例。主要应用程序包括 MPLAB IDE 集成开发环境、C30 编译器学生版、Filter Design 滤波器设计软件等。读者还可以找到诸如"配置 PLL"的实用小程序。

光盘中除了包含有常用程序代码范例、外设与库文件源代码，还特别包括了 DMA、UART、外接 EEPROM 接口等程序供客户评估和参考。这些实用程序都经过作者亲自调试通过并运行成功。

工程师可以在光盘里找到主要 dsPIC 芯片的原理图和 PCB 图设计需要用到的元件库。力图节省工程师开发时间，加快开发过程。假如没有现成的封装，读者也可以在现有元件的基础上编辑完成。由于时间限制，目前只给出基于 Protel 的元件封装。

致 谢

本书在编写过程中得到了很多业界资深人士的指点和帮助，没有他们的指导、帮助和奉献，本书不可能完成。在此表示衷心感谢：

- 夏宇红先生：微芯科技大中国区技术经理，技术专家，鼓励和支持作者编写本书。
- 张明峰先生：资深嵌入式设计专家，与作者深入探讨编写技术书籍的经验。
- 汤迎忠先生：资深电机控制专家，与作者详细探讨本书的具体内容和章节安排。
- 谢亦峰女士：资深 MCU 技术支持工程师，协助编写和调试部分源代码。
- 田　园先生：资深 16 位 MCU 工程师，提供原理图和 PCB 封装元件库。
- 胡晓柏先生：北航出版社资深编辑，筹划出版，始终给予极大的耐心和支持。

特别感谢我的家人，夫人刘绍凤与女儿石凯文给予我的大力支持和帮助，在我困惑的时候给予鼓励，使得我能集中精力编写完成本书。

由于作者本人知识的局限性，书中难免存在不足之处。请读者不吝赐教，批评指正。

石朝林
2009 年 5 月于北京

目　录

第 1 章　CPU 架构
1.1　概　述 ……………………………………………………………………………… 1
1.2　编程者模型(Programmer's Model) ……………………………………………… 4
　1.2.1　工作寄存器堆 ……………………………………………………………… 6
　1.2.2　影子寄存器(Shadow Register) …………………………………………… 7
　1.2.3　未初始化的 W 寄存器的复位 ……………………………………………… 8
1.3　软件堆栈(Software Stack) ……………………………………………………… 8
　1.3.1　软件堆栈示例 ……………………………………………………………… 9
　1.3.2　W14 软件堆栈帧指针 ……………………………………………………… 10
　1.3.3　堆栈指针上溢(Overflow)和下溢(Underflow) …………………………… 11
1.4　与核心相关的寄存器 ……………………………………………………………… 11
　1.4.1　状态寄存器(SR) …………………………………………………………… 11
　1.4.2　核心控制寄存器(CORCON) ……………………………………………… 13
　1.4.3　其他 CPU 控制寄存器 …………………………………………………… 15
1.5　算术逻辑部件(ALU) ……………………………………………………………… 15
1.6　DSP 引擎 …………………………………………………………………………… 16
　1.6.1　累加器(Accumulators) …………………………………………………… 16
　1.6.2　乘法器(Multiplier) ………………………………………………………… 18
　1.6.3　累加器与加法器 …………………………………………………………… 20
　1.6.4　舍入逻辑(Round Logic) …………………………………………………… 23
　1.6.5　桶形移位寄存器(Barrel Shifter) ………………………………………… 24
　1.6.6　DSP 引擎陷阱事件 ………………………………………………………… 24
1.7　除法器 ……………………………………………………………………………… 25
1.8　指令流类型 ………………………………………………………………………… 25
1.9　循环结构 …………………………………………………………………………… 27
　1.9.1　REPEAT 循环结构 ………………………………………………………… 27

1.9.2　DO 循环结构 ·· 29
第 2 章　中断系统
　2.1　中断系统简介 ··· 33
　2.2　中断优先级(Interrupt Priority) ·· 36
　　2.2.1　用户中断优先级 ··· 36
　　2.2.2　CPU 中断优先级 ··· 37
　2.3　中断的操作过程 ·· 38
　2.4　中断嵌套(Interrupt Nest) ·· 39
　2.5　非屏蔽中断陷阱(Non-Maskable Trap) ··· 40
　　2.5.1　软陷阱(Soft Trap) ··· 40
　　2.5.2　硬陷阱(Hard Trap) ·· 41
　2.6　软件禁止中断指令(DISI) ·· 42
　2.7　利用中断将 CPU 从 SLEEP 和 IDLE 状态唤醒 ······························· 43
　2.8　外部中断源 ··· 43
　2.9　中断处理时序 ··· 43
　　2.9.1　单周期指令的中断响应时间 ·· 43
　　2.9.2　双周期指令的中断响应时间 ·· 44
　　2.9.3　从中断返回 ··· 45
　　2.9.4　中断响应时间的特殊情况 ··· 46
　2.10　中断设置流程 ·· 46
　　2.10.1　初始化 ·· 46
　　2.10.2　中断服务程序 ·· 46
　　2.10.3　禁止中断 ·· 47
　2.11　和中断相关的寄存器 ·· 47
第 3 章　程序存储器与数据存储器
　3.1　程序存储器与 EEPROM ·· 63
　　3.1.1　程序存储器地址映射 ·· 64
　　3.1.2　程序计数器 PC ·· 65
　　3.1.3　从 Flash 或 EEPROM 进行数据读写的方法 ····························· 66
　3.2　数据存储器 ··· 91
　　3.2.1　概　述 ··· 91
　　3.2.2　数据区地址发生单元(AGU) ··· 93
　　3.2.3　模数寻址(Modulo Addressing) ·· 95
　　3.2.4　位反转寻址(Bit Reversed Addressing) ·································· 103

第4章 定时计数器

- 4.1 概述 ······ 108
- 4.2 定时计数器的分类 ······ 108
  - 4.2.1 A类定时计数器 ······ 108
  - 4.2.2 B类定时计数器 ······ 111
  - 4.2.3 C类定时计数器 ······ 113
- 4.3 工作模式 ······ 114
  - 4.3.1 使用系统时钟作为时钟源的16位计数器 ······ 115
  - 4.3.2 使用外部时钟作为时钟源的16位同步计数器 ······ 115
  - 4.3.3 使用外部时钟源的异步计数器模式（A类定时计数器） ······ 116
  - 4.3.4 门控计数器模式 ······ 117
- 4.4 定时计数器中断 ······ 119
- 4.5 读和写16位定时计数器模块寄存器 ······ 119
  - 4.5.1 写16位定时计数器 ······ 119
  - 4.5.2 读16位定时计数器 ······ 120
- 4.6 32位定时计数器 ······ 120
  - 4.6.1 32位定时器模式 ······ 120
  - 4.6.2 32位同步计数器模式 ······ 122
  - 4.6.3 32门控计数器模式 ······ 123
  - 4.6.4 32位定时计数器的读写操作 ······ 124
- 4.7 低功耗状态下的定时计数器工作 ······ 124
  - 4.7.1 SLEEP模式下的定时计数器工作 ······ 124
  - 4.7.2 IDLE模式下的定时计数器工作 ······ 124
- 4.8 使用定时计数器模块的外设 ······ 125
  - 4.8.1 输入捕捉/输出比较的时基 ······ 125
  - 4.8.2 A/D特殊事件触发信号 ······ 125
  - 4.8.3 定时计数器作为外部中断引脚 ······ 125
  - 4.8.4 I/O引脚方向控制 ······ 125

第5章 A/D转换器及其应用

- 5.1 A/D转换器（ADC）概述 ······ 126
- 5.2 与10位A/D转换器相关的主要寄存器 ······ 126
  - 5.2.1 ADCON1：第一 A/D控制寄存器 ······ 127
  - 5.2.2 ADCON2：第二 A/D控制寄存器 ······ 129
  - 5.2.3 ADCON3：第三 A/D控制寄存器 ······ 130

| 5.2.4 ADPCFG：A/D 端口配置寄存器 …… 132
| 5.2.5 ADCHS：A/D 通道选择寄存器 …… 132
| 5.2.6 ADCSSL：A/D 输入扫描选择寄存器 …… 135
| 5.3 A/D 模块的工作特点及设置 …… 136
| 5.3.1 A/D 模块采样方式的设置 …… 137
| 5.3.2 A/D 转换缓冲区的使用 …… 147
| 5.3.3 A/D 转换应用范例 …… 150
| 5.4 A/D 转换的防混叠滤波器 …… 161

第 6 章 DMA 控制器（DMAC）

| 6.1 DMA 操作模式 …… 168
| 6.1.1 字节或字传输模式 …… 170
| 6.1.2 寻址模式 …… 170
| 6.1.3 DMA 传输方向 …… 173
| 6.1.4 空数据外设写（Null Data Peripheral Write）模式 …… 173
| 6.1.5 单次传输模式（One-Shot） …… 174
| 6.1.6 连续传输模式（Continuous） …… 174
| 6.1.7 "半块传输结束"中断与"整块传输结束"中断模式 …… 175
| 6.1.8 "乒乓"模式 …… 175
| 6.1.9 手动传输（Manual Transfer）模式 …… 176
| 6.1.10 DMA 请求源选择 …… 178
| 6.2 DMA 中断和陷阱 …… 178
| 6.3 和 DMA 相关的寄存器 …… 179
| 6.4 DMA 控制器的使用 …… 183
| 6.4.1 将 DMA 通道和相关的外设联系起来 …… 184
| 6.4.2 对外设进行相应的配置 …… 184
| 6.4.3 初始化 DPSRAM（双端口 SRAM）数据起始地址 …… 185
| 6.4.4 初始化 DMA 传输计数值 …… 186
| 6.4.5 选择相应的寻址和操作模式 …… 186

第 7 章 串行通信端口

| 7.1 通用异步收发器（UART） …… 191
| 7.1.1 相关的寄存器 …… 192
| 7.1.2 UART 波特率发生器（Baud Rate Generator，BRG） …… 195
| 7.1.3 UART 配置 …… 198
| 7.1.4 UART 发送器 …… 198

目 录

7.1.5 UART 接收器 ·· 201
7.1.6 UART 的其他特性 ····································· 206
7.1.7 在 CPUSLEEP 和 IDLE 模式下的 UART 工作 ······ 207
7.1.8 UART 使用范例 ······································ 207
7.2 串行外设接口(SPI) ··· 210
  7.2.1 SPI 简介 ··· 210
  7.2.2 主要的寄存器及其各位的含义 ····················· 211
  7.2.3 工作模式 ·· 214
  7.2.4 SPI 主控模式时钟频率 ····························· 223
  7.2.5 低功耗模式下 SPI 的工作 ·························· 224
7.3 内部互联总线(I^2C 总线) ·································· 225
  7.3.1 概　述 ··· 225
  7.3.2 I^2C 总线特性 ······································· 226
  7.3.3 总线协议与报文协议 ································ 227
  7.3.4 相关寄存器 ·· 229
  7.3.5 使能 I^2C 操作 ······································ 233
  7.3.6 在单主环境中作为主设备的通信 ··················· 235
  7.3.7 作为主设备在多主机环境下通信 ··················· 241
  7.3.8 作为从设备通信 ···································· 244
  7.3.9 I^2C 总线的外围连接和电气规范 ··················· 250
  7.3.10 在低功耗模式下的工作情况 ······················ 251

第8章 输入捕捉与输出比较

8.1 概　述 ··· 253
8.2 输入捕捉(Input Capture) ································· 253
  8.2.1 和输入捕捉相关的寄存器 ·························· 254
  8.2.2 简单事件捕捉(Simple Capture Events) ········ 255
  8.2.3 边沿事件捕捉(Edge Detection Mode) ········· 256
  8.2.4 预分频事件捕捉(Prescaler Capture Events) ·· 256
  8.2.5 捕捉缓冲区的操作与捕捉中断 ····················· 257
  8.2.6 捕捉模块对 UART 自动波特率的支持 ············ 258
  8.2.7 在低功耗模式下输入捕捉模块的工作情况 ······· 258
8.3 输出比较(Output Compare) ······························ 258
  8.3.1 输出比较相关的寄存器 ····························· 259
  8.3.2 输出比较的工作模式 ······························· 260

第 9 章 电机控制专用外设
9.1 电机控制专用 PWM 266
9.1.1 概　述 266
9.1.2 与 MCPWM 相关的控制寄存器 267
9.1.3 PWM 时基 278
9.1.4 PWM 占空比单元 281
9.1.5 互补对称 PWM 输出模式(Complementary PWM Output) 286
9.1.6 死区时间控制 286
9.1.7 独立 PWM 输出模式(Independent PWM Output) 289
9.1.8 PWM 输出强制(PWM Output Override) 290
9.1.9 PWM 输出和极性控制 292
9.1.10 PWM 故障引脚(PWM Fault Pins) 293
9.1.11 PWM 更新锁定(PWM Update Lockout) 296
9.1.12 PWM 特殊事件触发器(Special Event Trigger) 296
9.1.13 芯片低功耗模式的工作情况 297
9.1.14 用 dsPIC 的 PWM 模块产生正弦波,驱动三相交流感应电机的功率模块 298
9.2 正交编码器接口(QEI) 303
9.2.1 QEI 模块简介 303
9.2.2 控制和状态寄存器 305
9.2.3 正交解码器(Quadrature Decoder) 308
9.2.4 16 位向上/向下位置计数器 310
9.2.5 QEI 模块作为 16 位定时器/计数器 313

第 10 章 时钟电路
10.1 dsPIC 时钟系统概述 315
10.2 振荡器控制寄存器及其初始化 317
10.3 锁相环(PLL) 319
10.4 振荡电路及匹配元件的选择 320
10.4.1 晶体振荡电路及其外围元件选择 320
10.4.2 从振荡器(32.768 kHz) 322
10.4.3 外部 RC 振荡器及其元件选择 322
10.4.4 内部低功耗 RC 振荡器(LPRC) 322
10.4.5 内部快速 RC 振荡器(FRC) 323
10.4.6 关于振荡器外围布线规则 323
10.5 与时钟相关的配置位设置 324

10.6 时钟切换操作顺序 ··· 325

第 11 章 系统管理模块

11.1 复位管理 ··· 328
    11.1.1 上电复位 ··· 331
    11.1.2 掉电复位 ··· 334
    11.1.3 非法操作码复位 ··· 337
    11.1.4 未初始化的 W 寄存器复位 ·· 337
    11.1.5 陷阱冲突复位 ·· 337
    11.1.6 外部复位 ··· 337
    11.1.7 软件复位 ··· 337
    11.1.8 看门狗复位 ·· 338
    11.1.9 不同配置位对于上电复位时序的影响 ································· 338
11.2 功耗管理 ··· 341
    11.2.1 功耗管理简介 ·· 341
    11.2.2 睡眠模式 ··· 342
    11.2.3 待机模式 ··· 344
11.3 看门狗定时器 ·· 345
    11.3.1 看门狗定时器的功能和使用原则 ······································ 345
    11.3.2 看门狗定时器工作原理 ·· 346
11.4 低电压监测 ··· 348
    11.4.1 低压监测模块工作原理 ·· 348
    11.4.2 RCON 寄存器中与 LVD 相关的配置 ·································· 349
    11.4.3 低电压监测模块的初始化过程 ·· 351
    11.4.4 关于低压监测中断对系统的唤醒 ····································· 351

第 12 章 I/O 端口及相关功能

12.1 输入/输出口结构 ·· 352
12.2 I/O 端口控制寄存器 ·· 353
    12.2.1 方向寄存器"TRISx" ··· 353
    12.2.2 端口寄存器"PORTx" ·· 354
    12.2.3 端口锁存寄存器"LATx" ·· 355
    12.2.4 在 C30 环境下对 16 位端口的高、低 8 位访问技巧 ··············· 355
12.3 外设复用 ··· 356
    12.3.1 端口复用原理 ·· 356
    12.3.2 利用复用原理用软件对外设输入引脚施加激励 ···················· 357

12.4 电平变化中断 ··· 358
　12.4.1 电平变化中断原理 ··· 358
　12.4.2 电平变化中断(CN)控制寄存器 ·· 359
　12.4.3 如何设置和使用电平变化中断 ·· 360
　12.4.4 SLEEP 和 IDLE 模式下的电平变化中断 ································ 361

第 13 章　开发工具

13.1 概　述 ··· 362
13.2 MPLAB IDE 集成开发环境软件包 ··· 363
13.3 MPLAB C30 编译器 ··· 364
13.4 REAL ICE 高级在线仿真器 ·· 367
13.5 MPLAB ICD2 在线调试器 ·· 376
13.6 PROMATE III(PM3)生产级烧写器 ·· 379
13.7 第三方开发工具 ·· 380
13.8 库函数及应用工具软件 ·· 381

第 14 章　数字滤波器设计

14.1 dsPIC FD 数字滤波器软件包介绍 ·· 384
14.2 滤波器设计实例 ·· 384
　14.2.1 滤波器类型的选择及滤波器参数文件的生成 ····························· 384
　14.2.2 使用 dsPICworks 软件包进行数字信号处理 ····························· 389
　14.2.3 对滤波处理后的时域信号进行频域分析 ································ 395

第 15 章　实时时钟模块(RTC)

15.1 实时时钟概述 ·· 398
15.2 实时时钟模块相关的寄存器及其定义 ·· 398
　15.2.1 寄存器映射 ··· 399
　15.2.2 "写"开锁 ·· 399
　15.2.3 相关的寄存器 ··· 400
15.3 校　准 ··· 406
15.4 报　警 ··· 407
　15.4.1 配置报警 ··· 407
　15.4.2 报警中断 ··· 408

附录 A　快速傅里叶变换(FFT)

A.1 快速傅里叶变换(FFT)的发展和基本原理 ··· 409
A.2 快速傅里叶变换(FFT)用到的特殊寻址模式 ······································· 411
A.3 dsPIC 系列数字信号控制器的运算特点 ·· 413

  A.3.1 定点处理器 dsPIC30F/33FJ 家族 DSC 的数据格式 ……………………… 413
  A.3.2 dsPIC 定点处理器在运算过程中的误差类型分析 ……………………… 414
  A.3.3 在 C30 环境下使用汇编语言编程相关问题 …………………………… 415
 A.4 基于 dsPIC 的快速傅里叶变换(FFT)的程序实现 ………………………… 415
  A.4.1 代码描述 ………………………………………………………………… 415
  A.4.2 相应文件及其功能 ……………………………………………………… 417
  A.4.3 推荐测试环境 …………………………………………………………… 417
  A.4.4 针对其他 dSPIC 家族芯片的重新配置 ………………………………… 418

附录 B 指令集详解
 B.1 指令集分类及索引 …………………………………………………………… 419
  B.1.1 数据传送类(17 条) ……………………………………………………… 419
  B.1.2 数学运算类(45 条) ……………………………………………………… 422
  B.1.3 逻辑操作类(22 条) ……………………………………………………… 429
  B.1.4 循环操作类(20 条) ……………………………………………………… 431
  B.1.5 位操作类(19 条) ………………………………………………………… 435
  B.1.6 比较跳转类(16 条) ……………………………………………………… 439
  B.1.7 程序分支类(35 条) ……………………………………………………… 440
  B.1.8 影子/堆栈操作类(10 条) ……………………………………………… 443
  B.1.9 CPU 控制类(6 条) ……………………………………………………… 444
  B.1.10 DSP 类(19 条) ………………………………………………………… 445

附录 C 利用 DSP 核提高直流无刷电机的 PID 效率
 C.1 直流无刷电机控制面临的挑战 ……………………………………………… 451
 C.2 dsPIC30F/33F 电机控制系列单片机 ………………………………………… 451
 C.3 实用 DSP 提高 BLDC 的 PID 控制效率 …………………………………… 452
  C.3.1 实验板配置 ……………………………………………………………… 452
  C.3.2 闭环 PID 控制基本原理 ………………………………………………… 453
  C.3.4 PID 效率测试硬件设计 ………………………………………………… 454
  C.3.5 使用 C 语言和汇编语言混合编程 ……………………………………… 455

附录 D 随身携带的 PIC 开发利器 PICkit2
 D.1 调试器兼烧写器 PICkit2 简介 ……………………………………………… 458
 D.2 如何使用 PICkit2 进行脱机烧写 …………………………………………… 459
 D.3 PICkit2 工作在脱机烧写器状态时的电源供应问题 ………………………… 462
 D.4 将 PICkit2 内部 EEPROM 扩展到 256 KB 的 DIY 方法 …………………… 463

参考文献

第 1 章
CPU 架构

1.1 概述

dsPIC30F 系列的 CPU 采用了改良型哈佛架构,其数据总线和程序总线是独立的,这样有效地消除了数据传输的瓶颈。说它是改良型哈佛结构,主要在于:数据总线宽度为 16 位,程序总线宽度为 24 位;程序区和数据区也可以交换数据(PSV、表读/表写)等。同时该芯片包含了强大的 DSP 引擎支持,拥有一个增强功能的指令集,为数字信号处理提供了硬件支持。由于 CPU 拥有 24 位宽度的程序指令字,指令字带有长度可变的操作码字段。程序计数器(PC)的长度为 23 位,其最低位强制为 0,因此可以寻址高达 4 M×24 位的用户程序存储器空间。单周期指令和预取机制可以提供最大的吞吐量。除了改变程序流的指令(比如 GOTO、CALL)、双字移动指令(MOV.D)和表操作指令以外,所有指令都在单个周期内执行。硬件支持 DO 和 REPEAT 指令,意味着可以免除大多数影响程序执行的"家务活",比如维护循环次数(加或减)、判断循环是否到达预定值、跳转等工作。更为重要的是,DO 和 REPEAT 在执行的时候可以被中断。

dsPIC30F 系列 DSC 拥有 16 个 16 位长度的工作寄存器堆。每个工作寄存器都可以充当数据、地址或地址偏移寄存器(指针)。其中 W15 被分配作为软件堆栈的指针。

dsPIC30F 指令集有两类指令:MCU 类指令和 DSP 类指令。这两类指令无缝地集成到 CPU 架构中并从同一个执行单元开始执行。指令集包括很多寻址模式,并专门针对 C 编译器进行了优化,这样一来用户使用 C 语言编程的时候就可以达到最佳的代码效率。

数据存储器的寻址范围为 64 KB(32 KW),并可以被分成两个数据区,即 X 数据区和 Y 数据区。每个存储器区有各自独立的地址发生单元 AGU(Address Generation Unit)。MCU 类指令通过 X 数据 AGU 对数据进行操作,这时整个数据存储器映射空间被作为一个线性数据空间访问。当执行某些 DSP 类指令(比如乘加运算:MAC)时,将同时使用 X 数据 AGU、Y 数据 AGU 进行操作,意味着可以同时操作两个数据,这样会将数据空间分成 X 和 Y 两个部分。不同型号芯片的数据空间大小可能不同。

芯片支持程序空间可视化操作(Program Space Visibility,PSV),也就是说可以使用任何访问 RAM 的方式访问 Flash 里的内容。使用一个专门的 8 位程序空间可视化页寄存器(Program Space Visibility Page,PSVPAG)可以定义任何以 16 KB 程序字为单位的空间,这些空间里的数值(当然是 24 位程序字的低 16 位)将被映射到数据存储器空间的高 32 KB 地址范围内。另外,在带有外部总线的芯片上,RAM 可被连接到程序存储器总线并用来扩展数据 RAM。

利用 X 数据 AGU 和 Y 数据 AGU,可以实现"零家务活"循环缓冲器(模寻址)。模寻址完全避免了做 DSP 算法的时候进行边界检查。此外,X 数据 AGU 的循环寻址可以与任何 MCU 类指令一起使用。X 数据 AGU 还支持位反转寻址,避免了 FFT 蝶形运算算法对输入、输出数据的重新排序。

寻址方式多样,包括固有(无操作数)寻址、相对寻址、立即寻址、存储器直接寻址、寄存器直接寻址和寄存器间接寻址。每条指令最多支持 6 种不同的寻址模式。

对于大多数指令,在每个指令周期 dsPIC30F 能执行一次数据(或程序数据)存储器读操作、一次工作寄存器(数据)读操作、一次数据存储器写操作和一次程序(指令)存储器读操作。所以,可以支持 3 个操作数的指令,使 A+B=C 操作能在单个周期内执行。

DSP 引擎拥有一个高速 17 位×17 位乘法器、一个 40 位 ALU、两个 40 位饱和累加器和一个 40 位双向桶形移位器。该桶形移位器在单个周期内至多可将一个 40 位的值右移 15 位或左移 16 位。DSP 指令可以无缝地与所有其他指令一起操作,具有最佳的实时性能,方便、直接、快速。当两个 W 寄存器相乘时,MAC 指令和其他相关的指令可以同时从存储器(X 区域和 Y 区域)取出两个数据操作数。这要求数据存储器在遇到 DSP 指令时拆分为 X、Y 两块区域,而对所有其他指令保持线性(X 区域)。这得益于在硬件上为每个数据空间设置可专用工作寄存器,使得拆分动作透明而灵活。

dsPIC30F 具有完善的中断系统。支持多达 8 个非屏蔽中断入口和 54 个常规中断入口。非屏蔽中断的引入可以增强系统可靠性,加快 MCU 处理极端情况的响应时间。对于常规中断,MCU 可以为每个中断源分配 7 个优先级之一。

图 1.1 所示为 dsPIC30F 系列单片机的原理框图。从图 1.1 中看到 dsPIC30F 系列单片机的结构和 PIC 系列单片机有非常类似之处,但是加入了更多外设,比如电机控制 PWM、QEI 接口、DCI 接口等。

dsPIC30F 系列单片机具有更完善的指令系统、软件堆栈管理系统、中断系统,具有更多的 RAM 和 Flash 存储器,适合于更高端的应用。

它延续了 PIC 系列 2.5～5.5 V 宽电压供电、低功耗的传统,在外设和端口的配置上也非常类似,甚至连端口的定义都完全一样。与 PIC 系列一样,很多模块比如上电/掉电时序控制、看门狗、振荡器控制等和系统可靠性息息相关的模块成为标准配置。这让大多数 PIC 爱好者觉得非常亲切,而且感觉上手很快。

第 1 章 CPU 架构

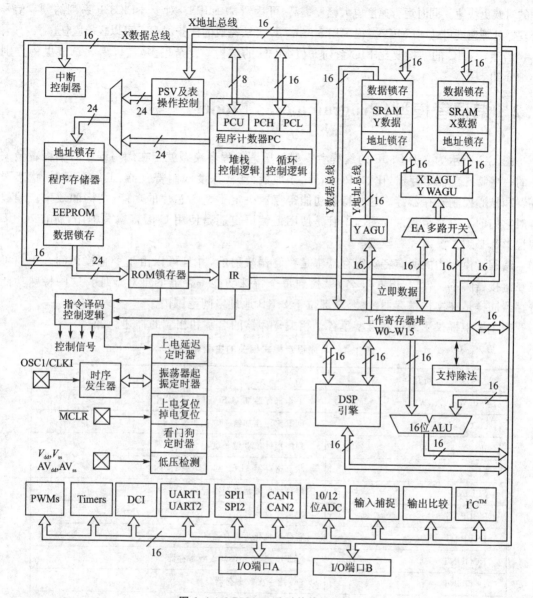

图 1.1 dsPIC30F 系列单片机框图

与 PIC 系列 8 位单片机不同的是,不再有程序空间分页和数据空间分块的概念,操作完全线性,大大提高了操作效率和速度。这一提高让用户感觉非常好,避免了因为忘记切换页而错误寻址。

当然,dsPIC 系列单片机完全是一个 16 位架构,而且加入了 DSP 运算核,使得在做数字信号处理的时候更快速。同时运行速度也大幅度提高,可达到 30 MIPS。对于 dsPIC33F 系列的数字信号处理器处理速度可达 40 MIPS。很多用 8 位 MCU 无法完成的任务,dsPIC 可以轻松胜任。

当然,dsPIC 的结构要比 PIC 系列 8 位 MCU 的结构要复杂很多,在以后的章节里将分别详细介绍。

1.2 编程者模型(Programmer's Model)

图 1.2 所示为 dsPIC30F 的编程者模型。所谓编程者模型就是在编写程序时编程者最关心的一些特殊功能寄存器,比如:PC 指针、累加器、堆栈深度限制寄存器、工作寄存器、状态寄存器和核心控制寄存器等。这些特殊功能寄存器决定了整个芯片的功能、结构和效率。编程者对它们的了解是至关重要的。不管是使用汇编语言还是使用 C 语言编写程序,所有 dsPIC 编程者都必须了解编程者模型。

编程者模型中的所有特殊寄存器都是存储器映射的,并且可以由指令直接访问。用户可以在链接器脚本文件(.gld 扩展名)里找到每个特殊功能寄存器的绝对地址。这些特殊功能寄存器同样是在文件寄存器范畴,全部位于 2 KB 地址空间范围内。

表 1.1 中提供了编程者模型里各个相关寄存器的名字和相应的描述。

表 1.1 与编程者模式相关的主要寄存器

寄存器	功能描述
W0,W1,…,W15	工作寄存器堆(DSP 和 MCU 共用)
ACCA,ACCB	DSP 专用累加器(40 位长度)
PC	程序指针(23 位长度)
SR	状态寄存器(DSP 和 ALU 操作标志位)
SPLIM	堆栈深度限制寄存器
TBLPAG	表操作页指针
PSVPAG	程序可视化页寄存器
RCOUNT	REPEAT 指令循环次数寄存器
DCOUNT	DO 指令次数寄存器
DOSTART	DO 指令起始地址寄存器
DOEND	DO 指令结束地址寄存器
CORCON	核心控制寄存器(包含 DSP 和 DO 相关设置)

除了编程者模型中包含的寄存器之外,dsPIC30F 还包含模数寻址、位反转寻址和中断控制寄存器。这些寄存器用于数字滤波器(FIR、IIR)和快速傅里叶变换(FFT)等场合,为复杂

的数字信号处理提供硬件支持。这些寄存器将在本书随后的章节中介绍。

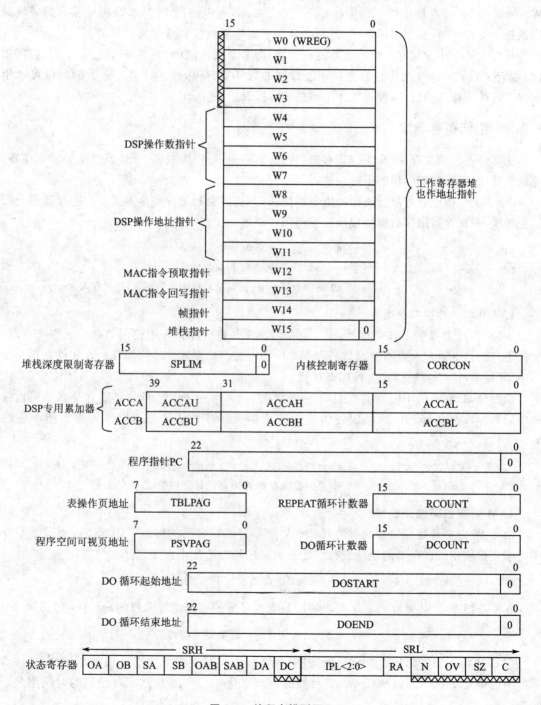

图 1.2 编程者模型图示

从图1.2编程者模型中可以看到有些寄存器或某些位画有阴影,这些寄存器(W0、W1、W2、W3)和SR寄存器中的一些位(DC、N、OV、SZ、C)可以使用PUSH.S指令保存到一级深度的影子寄存器里,也可以用POP.S指令从影子寄存器里恢复这些寄存器的值。

从图1.2中还看到有3个特殊功能寄存器,即DCOUNT、DOSTART、DOEND,它们用于DO循环的设置。这3个寄存器都有一级深度的影子寄存器,当DO循环嵌套的时候可以用来保存这些寄存器的值,以便进入下一级的DO嵌套。

1.2.1 工作寄存器堆

工作寄存器堆共有16个工作寄存器(W0~W15)可以作为数据、地址或地址偏移寄存器。寻址模式决定了W寄存器的不同功能。

dsPIC30F指令集可被分成两种指令类型:寄存器指令和文件寄存器指令。寄存器指令可以把每个W寄存器用作数据值或地址偏移值。例如:

```
MOV    W0,W1           ;将W0里的数值送入W1寄存器
MOV    W0,[W1]         ;将W0里的数值送入W1指向的地址里
ADD    W0,[W4],W5      ;将W0里的数值和W4指向地址里的数值相加,结果存入W5
```

1. W0和文件寄存器指令

W0是一个特殊的工作寄存器,因为它是可在文件寄存器指令中使用的唯一工作寄存器。文件寄存器指令对包含在指令操作码和W0中指定的存储器地址进行操作。在文件寄存器指令中,W1~W15不可被指定为目标寄存器。

众所周知,现有的PIC单片机只有一个W寄存器,因此dsPIC的文件寄存器指令可以提供向后兼容性。在dsPIC的汇编器语法中使用标号"WREG"来表示文件寄存器指令中的W0。例如:

```
MOV    WREG,0x0100     ;将W0里的数值送入0x0100地址单元里
ADD    0x0100,WREG     ;将W0里的数值和0x0100里的数值相加,结果存入W0
```

2. W寄存器存储器映射

由于W寄存器是存储器映射的,每个W寄存器都有自己的地址。因此寄存器寻址指令中可以直接使用该寄存器的地址进行寻址。但是这种方法并不方便记忆。例如:

```
MOV    0x0004, W10     ;其中0x0004是W2存储器中的地址,等同于MOV W2,W10
```

在一条指令中W寄存器甚至可以同时被当作寻址的地址指针和目的地址使用。例如:

```
MOV    W1,[W2++]       ;[W2]指针对文件寄存器W2进行寻址
```

假如W1=0x1234,W2=0x0004。这里W2被用作间接寻址的地址指针,它指向文件寄存器中的单元0x0004。而刚好W2寄存器的地址也是0x0004。显然实际使用的时候用户不

大可能故意使用这种情况,但它确实可以运行,写操作总是能实现。因此最后 W2=0x1234。

3. W 寄存器和字节型指令

对于那些把 W 寄存器作为目标寄存器的字节型指令,其操作结果只影响目标寄存器的低位字节。因为 W 寄存器是存储器映射的,其高位字节和低位字节都有相应的地址。所以用户可以使用字节型指令对数据存储器空间里存储单元的低位和高位字节进行操作。

这种寻址方式非常方便以前用户已有的 8 位运算程序,其程序迁移非常容易。同时,在某些场合字节型运算也可以帮助节省存储空间。

1.2.2 影子寄存器(Shadow Register)

图 1.2 中可以看到阴影部分的寄存器或相应的位可以被保存到影子寄存器里。编程模型中的许多寄存器都有相关的影子寄存器。影子寄存器在文件寄存器里没有相应的映射地址,因此不能被用户直接访问。目前共有两种类型的影子寄存器:一类是可以被 PUSH.S 和 POP.S 指令使用的影子寄存器,另一类是可以被 DO 指令使用的影子寄存器。

1. 可以用 PUSH.S 和 POP.S 指令操作的影子寄存器

在执行函数调用和中断服务子程序(ISR)过程中,使用 PUSH.S 和 POP.S 指令可以快速地进行现场保存或恢复。使用 PUSH.S 指令可以将工作寄存器 W0、W1、W2、W3 以及 SR 寄存器里 N、OV、Z、C、DC 位的值传输到它们相应的影子寄存器里保存起来。使用 POP.S 指令可以将影子寄存器里保存的信息恢复到相应的寄存器单元或位里面。至于是如何恢复的完全由硬件操作。

下面是使用 PUSH.S 和 POP.S 指令的范例:

```
MyFunction:
PUSH.S                  ;保存 W 寄存器,MCU 状态寄存器
MOV     #0x03,W0        ;给 W0 寄存器赋予立即数
ADD     RAM100          ;将 W0 里的数据和 RAM100 里的数据相加
BTSC    SR,#Z           ;结果为 0?
BSET    Flags,#IsZero   ;是,设置标志位
POP.S                   ;恢复 W 寄存器,MCU 状态寄存器
RETURN
```

注意:只要使用了 PUSH.S 指令一定会改写先前保存在影子寄存器中的内容。而影子寄存器深度只有一级,所以如果多个软件任务都可能用到影子寄存器的时候必须十分小心。

用户必须确保任何使用影子寄存器的任务不会被同样使用该影子寄存器且具有更高优先级的任务中断。如果允许较高优先级的任务中断较低优先级的任务,则影子寄存器在较低优先级任务中保存的内容将被较高优先级任务改写。假如允许任务嵌套,则必须对低优先级的现场参数手动保护。这有点类似于 PIC18 系列单片机里的影子寄存器在中断嵌套时遇到的

问题。

2. DO 循环专用影子寄存器

当执行 DO 指令时，DOSTART（DO 起始地址）、DOEND（DO 结束地址）、DCOUNT（DO 计数器）这 3 个寄存器的内容将自动保存在影子寄存器中。DO 影子寄存器的深度为一级，允许两个 DO 循环自动嵌套。具体应用将在后面详细介绍。

1.2.3 未初始化的 W 寄存器的复位

所有的 W 寄存器（除了 W15 之外）在发生任何类型的复位时将被清零，同时假如这些寄存器没有被使用指令对其进行写操作之前，则认为它们未经初始化。假如用户试图把未初始化的寄存器用作地址指针时将会导致芯片复位。

请小心：用户必须执行字写操作（Word Write）来初始化 W 寄存器。字节写（Byte Write）操作不会影响 CPU 的初始化检测逻辑。

1.3 软件堆栈（Software Stack）

和 PIC16 或 PIC18 等 8 位单片机的硬件堆栈不同，dsPIC30F 系列 DSC 采用软件堆栈。所有 16 位 PIC 和 dsPIC 的堆栈都是建立在 RAM 里面，因此堆栈的深度完全决定于某颗芯片片上 RAM 的多少。硬件堆栈数量较少（8 级或 31 级）、简单可靠、操作快速、不占用系统 RAM，但是存在堆栈级数少、不能被用户直接操作、不支持递归运算、不能用来保存用户变量等缺点。而基于 RAM 的软件堆栈深度可调、可保存用户变量、操作灵活、支持递归等复杂算法。软件堆栈的缺点是占用系统 RAM、芯片成本增加。

W15 被用作堆栈指针，因此用户一般不要使用 W15 作别的用途。为了避免错误的堆栈访问，W15 的最低位被硬件强制设置为"0"。该指针在中断处理、子程序调用与返回等情况下将被自动修改。与操作所有其他 W 寄存器的方式一样，W15 也可以使用任何指令对其进行操作。这样可以简化对堆栈指针的读、写和控制操作。例如用户可以建立堆栈帧（Stack Frame）。

当芯片发生复位时（任何类型的复位）W15 都被初始化为指向 0x0800，也就是片内 RAM 的起始地址（0～7FF 为 SFR 的范围）。这样可以确保芯片一复位即可获得有效的堆栈指针，指向有效的 RAM 地址。这样的设计非常有利于处理一些极端情况，比如单片机复位后，在软件还没有来得及初始化 SP 之前就发生了非屏蔽陷阱的时候，堆栈可以用来保存断点数据。在初始化期间，用户可以根据需要将 SP 重新指向 RAM 空间内的任何地址单元。

图 1.3 所示为 dsPIC 等 16 位单片机的堆栈结构。可以看到这种堆栈采用"向上生长型"，也就是说每压栈一次，SP 指针会指向高一级地址，从低地址到高地址填充软件堆栈。堆栈指针 SP 总是指向下一个可用的堆栈空间。堆栈出栈（POP）时，堆栈指针先减；堆栈进栈

(PUSH)时,堆栈指针后加。

图 1.3 所示的堆栈操作是执行 CALL 指令期间的 PC 进栈操作。PC 压栈时,PC<15：0> 这 16 位数据首先被自动压入第一个可用的堆栈字里,紧接着被压入第二个可用堆栈单元的 16 位数据中低 7 位来自 PC<22：16>,高 9 位全部填"0"。至此现场信息也即 23 位 PC 指针被保存起来了。

发生中断事件时的压栈操作和执行 CALL 操作时有所不同。发生中断时首先压栈的也是 PC 的低 16 位,不同之处在于第二次压栈时,16 位数据中除了 PC 高 7 位以外,还分别把 1 位 IPL3(位于 CORCON 里)和 8 位 SRL 寄存器的信息也组合到这个字的高 9 位。这个操作都是硬件自动完成的,不需要用户操心。

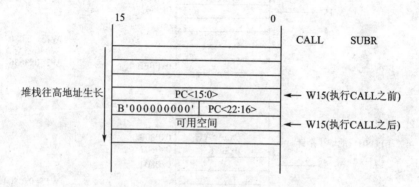

图 1.3 执行 CALL 指令时堆栈操作情况

1.3.1 软件堆栈示例

用户可以使用 PUSH 和 POP 指令控制软件堆栈的压栈和出栈操作。同时 PUSH 和 POP 指令也可以等价于将 W15 用作目标指针的 MOV 指令。

例如:用户想要把 W0 的数据内容压入堆栈可通过执行"PUSH W0"指令来实现,也可以通过执行"MOV W0,[W15++]"指令来实现。

再例如:要把栈顶的内容弹出到 W0 寄存器里,可通过执行"POP W0"指令来实现,也可以通过执行"MOV [--W15],W0"指令来实现。

图 1.4 给出了如何使用软件堆栈的示例,可以看到当芯片初始化时,软件堆栈 W15 已经初始化为 0x0800,并且 W0 和 W1 中有相应的初始值,此示例假设值 0x5A5A 和 0x3636 已被分别写入 W0 和 W1。当执行第一个"PUSH W0"指令,堆栈第一次进栈,W0 中包含的值被复制到堆栈中。W15 自动更新以指向下一个可用的堆栈单元(0x0802)。用户还看到,当第二次执行"PUSH W1"指令时,W1 的内容被压入软件堆栈。最后当执行"POP W3"指令时,堆栈里的内容出栈,即栈顶的数据(先前从 W1 压入的)被写入到 W3 里了。

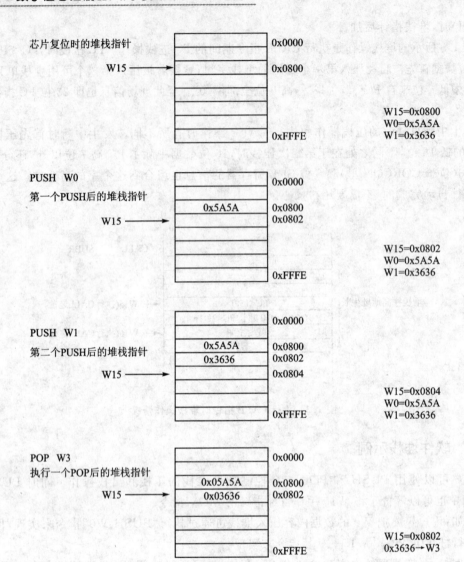

图 1.4 软件堆栈的操作过程示范

1.3.2 W14 软件堆栈帧指针

大家知道在调用子程序时可能需要保存一些用户定义的变量信息。帧(Frame)是堆栈中用户定义的供某个子程序使用的存储器段,这些信息包括用户定义的一些需要保存的变量等。在堆栈操作时帧指针(Frame Pointer)是指向用户变量和系统参数的分界点,用来对用户变量进行操作。

W14 是特殊工作寄存器,通过使用 LNK(link,连接)和 ULNK(unlink,不连接)指令可以把 W14 用作堆栈帧指针。当 W14 不用作帧指针时,依然可以作为普通的工作寄存器使用。用户可参考指令集里对于这两条指令的描述。

1.3.3 堆栈指针上溢(Overflow)和下溢(Underflow)

栈顶限制寄存器(SPLIM)用于设置堆栈的深度,复位时为 0x0000。SPLIM 是一个 16 位的寄存器,因为所有的堆栈操作必须按照字对齐,因此 SPLIM<0>被硬件强制为"0"。

芯片复位后上溢出检查是被禁止的,只有用户使用字写操作(word write)对 SPLIM 进行初始化后才会使能堆栈上溢检查。一旦使能上溢检查之后,只有复位芯片才能禁止上溢检查。所有将 W15 用作源或目标寄存器而产生的有效地址将与 SPLIM 中的值作比较。假如堆栈不断向上生长直到某一时刻 W15 的值等于 SPLIM 的值,此时堆栈指针指向最后一个可用空间,还可以压栈,当进行了再一次入栈操作后,W15 的值比 SPLIM 的值大 2,则此时堆栈到达最高使用极限。虽然此时不会产生堆栈上溢错误,但是不能再次压栈了,只要再做一次入栈操作就会产生上溢,生成堆栈错误陷阱。

例如:某颗芯片 RAM 有 8 KB,现在要求堆栈指针递增超出 0x2000 时产生堆栈溢出错误,那么需将 SPLIM 初始化为 0x1FFE。当最后一个堆栈位置被使用后 W15 指向 0x2000。再次压栈将导致堆栈上溢,同时会产生堆栈错误陷阱。

> **注意**:堆栈错误陷阱可以由任何使用 W15 寄存器的内容来产生有效地址(EA)的指令引起。所以如果 W15 的内容比 SPLIM 寄存器的内容大 2,并且执行了一条 CALL 指令或发生了中断,那么将产生堆栈错误陷阱。

如果已经使能了堆栈上溢检查,W15 有效地址计算绕过了数据空间的末尾(0xFFFF),堆栈错误陷阱仍将产生。

> **注意**:对 SPLIM 进行赋值操作指令的下一条指令不能是任何使用 W15 的间接读操作指令。

发生复位时,堆栈初始化为 0x0800(0x0000~0x07FF 之间的空间保留给 SFR)。如果堆栈指针地址小于 0x0800 会产生堆栈下溢出,并产生堆栈错误陷阱。

1.4 与核心相关的寄存器

1.4.1 状态寄存器(SR)

表 1.2 所列为状态寄存器(SR)各位的定义。状态寄存器是一个相当重要的特殊功能寄存器,其长度为 16 位,分为高 8 位和低 8 位两个部分。其中低字节称为低状态寄存器(SRL),

高字节称为高状态寄存器(SRH)。两个部分分别负责 DSP 和 MCU 的状态信息。这些状态位给用户提供各种运算信息或状态信息,从而决定程序的分支跳转情况。从指令集里可以看到,很多判断跳转指令都和状态位信息相关。

SRL 主要包含了所有的与 MCU 核心 ALU 操作状态相关的标志,还有 CPU 中断优先级状态位 IPL<2:0>和 REPEAT 循环有效状态位 RA(SR<4>)。中断处理期间,SRL 的 8 位与 IPL3 位,加上 PC 的高 7 位相连以形成一个完整的 16 位字被压入堆栈中保护起来。

SRH 主要包含了与 DSP 相关的加法器/减法器状态位、DO 循环有效位 DA(SR<9>)和辅助进位标志位 DC(SR<8>)。

状态寄存器里有些位可读或写,但有些位却例外,比如 DA、RA 是只读位;OA、OB、OAB 位只读而且只能被 DSP 引擎硬件修改;SA、SB、SAB 位是只读只清零的,而且只能被 DSP 引擎硬件置"1",一旦被置"1",它们就保持置位状态直到被用户清零,与任何随后的 DSP 操作的结果无关。

注意:清零 SAB 位的同时将清零 SA 位和 SB 位。

表 1.2 状态寄存器(SR)

R-0	R-0	R/C-0	R/C-0	R-0	R/C-0	R-0	R-0
OA	OB	SA	SB	OAB	SAB	DA	DC
bit 15							bit 8
R/W-0	R/W-0	R/W-0	R-0	R/W-0	R/W-0	R/W-0	R/W-0
IPL<2:0>			RA	N	OV	Z	C
bit 7							bit 0

其中:R=可读位,W=可写位,C=只能被清零,U=未用(读作 0),-n=上电复位时的值

Bit15	OA:累加器 A 溢出状态位	1=溢出 0=未溢出
Bit14	OB:累加器 B 溢出状态位	1=溢出 0=未溢出
Bit13	SA:累加器 A 饱和位	1=饱和或曾经饱和 0=未饱和
Bit12	SB:累加器 B 饱和位	1=饱和或曾经饱和 0=未饱和
Bit11	OAB:累加器溢出标志位	1=累加器 A 或 B 有溢出 0=累加器 A 或 B 没有溢出
Bit10	SAB:累加器饱和标志位	1=A 或 B 饱和或曾经饱和 0=没有饱和

续表 1.2

Bit9	DA：DO 指令状态位	1＝DO 循环在运行中 0＝DO 循环没有运行
Bit8	DC：MCU 的半进位/借位	1＝运算时第 4 位有进位(字节)，或第 8 位有进位(字) 0＝没有半进位
Bit7～5	IPL<2：0>： CPU 中断优先级状态位	111＝优先级 7(15)，禁止用户中断　011＝优先级 3(11) 110＝优先级 6(14)　　　　　　　010＝优先级 2(10) 101＝优先级 5(13)　　　　　　　001＝优先级 1(9) 100＝优先级 4(12)　　　　　　　000＝优先级 0(8)
Bit4	RA：REPEAT 指令状态位	1＝REPEAT 循环在运行中 0＝REPEAT 循环没有运行
Bit3	N：MCU 的 ALU 负标志位	1＝ALU 运算结果为负 0＝ALU 运算结果非负
Bit2	OV：MCU 的 ALU 溢出标志位	1＝有符号数学运算发生溢出 0＝没有溢出
Bit1	Z：MCU 的 ALU 零标志位	1＝运算结果为零 0＝运算结果非零
Bit0	C：MCU 的 ALU 进位/借位	1＝运算结果有进位 0＝运算结果无进位

1.4.2 核心控制寄存器(CORCON)

表 1.3 所列为核心控制寄存器各位的分布和相应的含义。核心控制寄存器也是一个至关重要的寄存器，其中包含了与 DSP 乘法器、DO 循环硬件操作相关的各种信息。

同时在 CORCON 寄存器里还包含 IPL3 状态位，它与 IPL<2：0>(SR<7：5>)相连以形成 CPU 中断优先级的级别。请注意对于用户来说 IPL3 是只读的。

可通过核心控制寄存器(CORCON)选择 DSP 引擎的各种特性。这些特性包括：
- 小数或整数乘法操作；
- 传统或收敛舍入；
- 用于 ACCA 的自动饱和度开/关；
- 用于 ACCB 的自动饱和度开/关；
- 用于写数据存储器的自动饱和度开/关；
- 自动饱和度模式选择。

表1.3 芯片控制寄存器(CORCON)

U-0	U-0	U-0	R/W-0	R/W-0	R-0	R-0	R-0
—	—	—	US	EDT	DL<1:0>		
bit 15							bit 8
R/W-0	R/W-0	R/W-1	R/W-0	R/C-0	R/W-0	R/W-0	R/W-0
SATA	SATB	SATDW	ACCSAT	IPL3	PSV	RND	IF
bit 7							bit 0

其中:R=可读位,W=可写位,C=只能被清零,U=未用(读作0),-n=上电复位时的值

位	名称	说明
Bit15~13	未用	读作0
Bit12	US: DSP乘法无符号/带符号控制位	1=DSP引擎乘法带符号 0=DSP引擎乘法无符号
Bit11	EDT: DO循环提前终止控制位	1=当前DO循环结束后终止DO循环 0=无影响
Bit10~8	DL<2:0>: DO循环嵌套级状态位	111=7个DO循环有效　　011=3个DO循环有效 110=6个DO循环有效　　010=2个DO循环有效 101=5个DO循环有效　　001=1个DO循环有效 100=4个DO循环有效　　000=0个DO循环有效
Bit7	SATA: ACCA饱和使能位	1=使能累加器A饱和 0=禁止累加器A饱和
Bit6	SATB: ACCB饱和使能位	1=使能累加器B饱和 0=禁止累加器B饱和
Bit5	SATDW: 来自DSP引擎的数据空间写操作饱和使能位	1=使能数据空间写操作饱和 0=禁止数据空间写操作饱和
Bit4	ACCSAT: 累加器饱和模式选择位	1=9.31饱和(超级饱和) 0=1.31饱和(正常饱和)
Bit3	IPL3: CPU中断优先级状态位3	1=CPU优先级高于7 0=CPU优先级等于或低于7
Bit2	PSV: 数据空间可视使能位	1=允许PSV 0=禁止PSV
Bit1	RND: 舍入模式选择位	1=使能带偏置的(传统)舍入 0=使能非偏置(收敛)舍入
Bit0	IF: 整数或小数乘法器模式选择位	1=使能DSP乘法运算器的整数模式 0=使能DSP乘法运算器的小数模式

1.4.3 其他 CPU 控制寄存器

与内核相关的寄存器还有以下几个。这里提出来简单说明一下,本书的其他章节会对它们进行更详细的描述。

1. TBLPAG:表页寄存器

TBLPAG 寄存器用于在表读和表写操作过程中保存程序存储器地址的高 8 位。当然用户可以用宏汇编指令来获取表页寄存器,简化程序设计。

2. PSVPAG:PSV 页寄存器

程序空间可视性(PSV)允许用户将程序存储空间的 32 KB 窗口映射到数据空间的高 32 KB 范围。这样就可以用访问 RAM 的指令去访问 Flash 里的数据(透明访问)。PSVPAG 寄存器用于选择将 Flash 空间里的某一个 32 KB 区域映射到数据空间。

3. MODCON:模控制寄存器

MODCON 寄存器用于模寻址(循环缓冲)的使能和各项配置。

4. XMODSRT,XMODEND:X 模起始和结束地址寄存器

在 X 数据空间中执行模数寻址时,XMODSRT、XMODEND 寄存器用于存放模缓冲区的起始地址和结束地址。

5. YMODSRT,YMODEND:Y 模起始和结束地址寄存器

在 Y 数据空间中执行模数寻址时,YMODSRT、YMODEND 寄存器用于存放模缓冲区的起始地址和结束地址。

6. XBREV:X 模位反转寄存器

XBREV 寄存器用于设置位反转寻址的缓冲区大小。

7. DISICNT:禁止中断计数寄存器

使用 DISI 指令可以禁止优先级为 1~6 的中断,禁止时间为 DISICNT 寄存器指定周期数。

1.5 算术逻辑部件(ALU)

算术逻辑部件(ALU)是 CPU 的核心,所有的算术运算和逻辑运算都需要经过 ALU 的操作。PIC24 和 dsPIC 系列 16 位单片机的 ALU 宽度为 16 位,能进行加、减、移位、逻辑操作。除非特别指明,算术运算一般是以二进制补码形式进行的。根据不同的操作,ALU 可能会影响 SR 寄存器中的进位标志位(C)、零标志位(Z)、负标志位(N)、溢出标志位(OV)和辅助进位标志位(DC)的值。在减法操作中,C 位和 DC 位分别作为借位和辅助借位使用。

根据所使用的指令不同,ALU 可以执行 8 位或 16 位操作。根据指令的寻址模式,ALU 操作的数据可以来自 W 寄存器阵列或数据存储器。同样 ALU 的输出数据可以被写入 W 寄存器阵列或数据存储单元。

以下两点需要提醒用户特别注意：

① 使用 16 位 ALU 进行的字节操作可以产生超过 8 位的结果。为了保持 PIC 系列的向后兼容性，字节操作结果只取低字节结果（不修改高字节）。SR 寄存器的状态只根据运算结果低字节的状态进行更新。

② 字节模式中执行的所有寄存器指令只会影响 W 寄存器的低字节。可以使用访问 W 寄存器的存储器映射内容的文件寄存器指令修改任何 W 寄存器的高字节。

有两条指令可以进行 8 位和 16 位的转换操作：第一条是符号扩展（SE）指令，ALU 可以将 W 寄存器或 RAM 中的一个 8 位字节进行符号扩展处理，将 16 位结果保存在 W 寄存器中。第二条是零扩展（ZE）指令，ALU 可以将 W 寄存器或 RAM 里的一个 16 位数据的高 8 位清零，并将结果存放在 16 位的 W 寄存器中。

1.6 DSP 引擎

DSP 引擎是一个相对独立的硬件模块，但是它和 MCU 核融合在一起，共享很多公共资源。DSP 核同样使用 W 寄存器堆为自己的运算服务，但它有一些自己专用的结果寄存器。DSP 引擎与 MCU 有着相同的指令译码器单元。W 寄存器堆用于产生有效地址（EA）。尽管 MCU 和 DSP 引擎共享很多资源并相对独立，但是指令流是顺序的，DSP 和 MCU 指令并不能同步运行。执行到 DSP 类指令时 DSP 引擎动作，执行到 MCU 类指令时 MCU 核动作。

图 1.5 所示为 DSP 引擎原理框图。可以看到 DSP 引擎的核心由一个高速 17 位×17 位乘法器、40 位加法/减法器、两个 40 位累加器组成，配合 40 位长度的桶形移位寄存器、带可选模式的舍入逻辑、带可选模式的饱和逻辑，整个 DSP 核可以进行快速有效率的 DSP 运算。

DSP 引擎的输入数据可能来自两个途径：首先，假如执行双操作数 DSP 类指令时，数据通过 X 总线和 Y 总线同时预取得到（使用寄存器 W4、W5、W6 或 W7）；其次，假如执行所有其他 DSP 类指令时，数据来自 X 总线。

DSP 引擎的输出数据可能被输出到两个地方：首先，可能输出到由该 DSP 类指令指定的累加器（ACCA 或 ACCB）里；其次，还可能通过 X 总线被输出到 RAM 中的任何单元里。

MCU 的移位和乘法指令使用了 DSP 引擎的一些硬件。这些操作中数据的读写是通过 X 总线实现的。

1.6.1 累加器（Accumulators）

所有的 dsPIC 单片机内部的 DSP 引擎都有两个 40 位数据累加器 ACCA 和 ACCB，它们是 DSP 指令的结果寄存器。每个累加器可以分为 3 个寄存器，分别是 ACCxL（ACCx＜

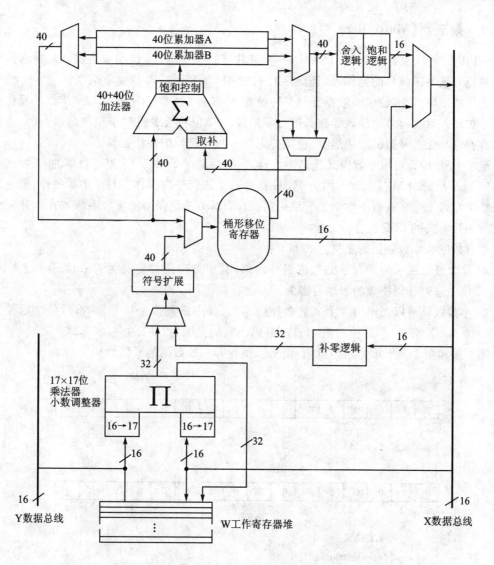

图 1.5 DSP 引擎原理框图

15：0>)、ACCxH(ACCx<31：16>)、ACCxU(ACCx<39：32>)。其中"x"表示某一个累加器(A 或 B)。这三部分都有自己的映射地址。

对于使用累加器的小数操作,小数点位于第 31 位的右边。存储在每个累加器中的小数值范围在 $-256.0 \sim (256.0-2^{-31})$。对于使用累加器的整数操作,小数点位于第 0 位的右边。存储在每个累加器中的整数值范围为 $-549\ 755\ 813\ 888$ 到 $+549\ 755\ 813\ 887$。

1.6.2 乘法器(Multiplier)

dsPIC 的特性是有一个 MCU 和 DSP 引擎共享的 17 位×17 位的乘法器。此乘法器可以进行带符号或不带符号的操作,而且支持 1.31 小数(Q.31)或 32 位整数结果。

此乘法器取入 16 位输入数据并将其转换为 17 位数据。对进入乘法器的带符号操作数进行符号扩展。对无符号的输入操作数进行零扩展。17 位转换逻辑对于用户是透明的,乘法器支持有符号与无符号数的乘法运算,也支持无符号与无符号的乘法运算。

至于 DSP 运算选用整数模式还是小数模式,可以通过 CORCON 寄存器里的 IF 控制位确定。IF 位不会影响 MCU 指令,因为 MCU 指令总是进行整数操作。对于小数操作,乘法器将乘积结果左移 1 位来进行小数调整。结果的低位(LSB)总是保持清零。乘法器在芯片复位时默认为小数模式的 DSP 操作。

整数数据和小数数据的定义方式如下:

- 整数可以表示为带符号的二进制补码值,其中最高位被定义为符号位。一般来说,N 位二进制补码整数的表达范围为:$-2^{N-1} \sim 2^{N-1}-1$。
- 小数数据可以表示为一个二进制补码小数,其中最高位是符号位,符号位之后是小数点(Q.X 格式)。这种 N 位二进制补码小数的范围为:$-1.0 \sim 1.0-2^{1-N}$。

图 1.6 和图 1.7 所示为两个范例,图示了整数和小数数据的具体结构。

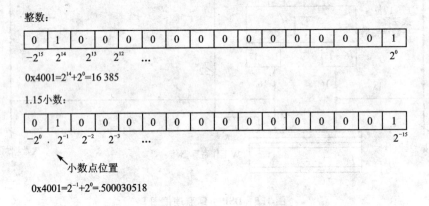

图 1.6 0x4001 的整数和小数表示形式

表 1.4 所列是各种长度的整数和小数数据的表达范围和各自的精度。

表 1.4 不同长度的数据所表示的数据范围

寄存器长度	整数表示的范围	小数表示的范围	小数精度
16 位	$-32\,768 \sim +32\,768$	$-1.0 \sim 1.0-2^{-15}$	3.052×10^{-15}

续表 1.4

寄存器长度	整数表示的范围	小数表示的范围	小数精度
32 位	$-2\,147\,483\,648 \sim +2\,147\,483\,647$	$-1.0 \sim 1.0-2^{-31}$ （Q.31 格式）	4.657×10^{-10}
40 位	$-549\,755\,813\,888 \sim +549\,755\,813\,887$	$-256.0 \sim 256.0-2^{-31}$） （带 8 保护位的 Q.31 格式）	4.657×10^{-10}

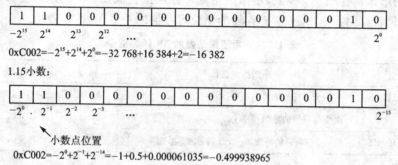

图 1.7 0xC002 的整数和小数表示形式

按照不同的功能,乘法指令可以分为两类:DSP 类乘法指令和 MCU 类乘法指令。下面分别介绍其不同特点和功能。

1. DSP 乘法指令

表 1.5 所列总结了 6 条 DSP 类乘法器指令及其操作过程,同时还列出典型的表达式。

表 1.5 使用乘法器的 DSP 类指令

寄存器长度	乘法操作过程	代数表达式
MAC	两数相乘后与累加器相加,结果存入累加器,或者一数平方后与累加器相加,结果存入累加器	$a=a+b*c$ $a=a+b^2$
MSC	从累加器中减去两数乘积,结果存入累加器	$a=a-b*c$
MPY	两数相乘,结果存入累加器	$a=b*c$
MPY.N	两数相乘并将结果取负,结果存入累加器	$a=-b*c$
ED	部分欧几里德距离(Partial Euclidean Distance)	$a=(b-c)^2$
EDAC	将部分欧几里德距离与累加器相加,结果存入累加器	$a=a+(b-c)^2$

DSP 类乘法指令既可以进行小数(1.15)模式运算,也可以进行整数模式运算。CORCON 寄存器里的 US 控制位用于设置 DSP 乘法指令是带符号(默认)的还是无符号的。US 位不会影响

MCU 类乘法指令,MCU 类乘法在指令里指定了乘法是带符号的还是无符号的。如果 US="1",则表 1.5 中的指令里操作数被认为是无符号的值,它总是零扩展到乘法器值的第 17 位。

2. MCU 乘法指令

表 1.6 所列为 MCU 类乘法指令及其操作过程。MCU 乘法指令和 DSP 核使用同一个乘法器,MCU 乘法指令只可在整数模式下操作。乘法类型包括 16 位带符号整数乘法、无符号整数乘法、混合符号整数乘法。所有 MUL 指令执行的乘法运算都产生整数结果。MUL 指令可直接使用字节型或字型操作数。字节型操作数将产生 16 位结果,字型操作数将产生 32 位结果。乘法的结果保存到 W 寄存器堆里的指定寄存器里。假如 MCU 乘法运算的结果为 32 位长时,该结果将存储在以指定 W 寄存器为低位寄存器的一对 W 寄存器中。

表 1.6 使用了乘法器的 MCU 类指令

寄存器长度	乘法操作过程	代数表达式	
MUL/MUL.UU	将两个无符号的整数相乘	MUL.UU	W4,W0,W2
MUL.SS	两个带符号的整数相乘	MUL.SS	W0,W1,W12
MUL.SU/MUL.US	将一个带符号的整数和一个无符号的整数相乘	MUL.SU	W0,#0x1F,W2

1.6.3 累加器与加法器

累加器(Accumulator)有一个 40 位的加法器,该加法器具有乘积结果自动符号扩展逻辑(假如是有符号操作)。加法器可以选择两个累加器 ACCA、ACCB 之一作为它的预累加源(Pre-accumulation Source)和后累加目标(Post-accumulation destination)。对于使用 ADD 指令进行累加或者使用 LAC 指令装载累加器之前,将被累加或装入的数据可选择通过桶形移位器进行预先调整。

可选择性地将 40 位加法器输入的操作数中的一个取反,从而改变结果的符号(不改变操作数)。在乘减指令(MSC)或乘减取反指令(MPY.N)中会用到取负操作。

40 位加法器有饱和控制逻辑,用户可以使能该功能以便控制累加器的饱和度。

1. 累加器状态位

表 1.7 所列为在状态寄存器(SR)中的 6 个状态位。这些位负责饱和及溢出控制。其中保护位(Guard bits)为 ACCA<39:32>或者 ACCB<39:32>,即累加器 A 或累加器 B 的最高 8 位。

表 1.7 累加器溢出与饱和状态位

状态位	位置	描述
OA	SR<15>	累加器 A 溢出到"保护位"(ACCA<39:32>)
OB	SR<14>	累加器 B 溢出到"保护位"(ACCB<39:32>)

续表 1.7

状态位	位置	描述
SA	SR<13>	ACCA 已饱和（位 31 溢出并饱和）或 ACCA 溢出到"保护位"并饱和（位 39 溢出并饱和）
SB	SR<12>	ACCB 饱和（位 31 溢出并饱和）或 ACCB 溢出到"保护位"并饱和（位 39 溢出并饱和）
OAB	SR<11>	出现过 OA 或 OB（OA"或"OB）
SAB	SR<10>	出现过 SA 或 SB（SA"或"SB） 注意：清零 SAB 的同时将清零 SA 和 SB

每当累加器进行数据加或减操作时，OA 位和 OB 位会受到影响，这两个位是只读的。每当这些位被硬件置位时，说明最近所做的操作溢出到累加器的"保护位"，也即累加器最高的第 32～39 位。这种溢出不是灾难性的，"保护位"里保存着累加器数据。OAB 状态位是 OA 位和 OB 位的逻辑"或"值。

OA 位和 OB 位选择性地被硬件置位时可以产生数学运算错误陷阱。通过置位 INTCON1 寄存器中相应的溢出陷阱使能位 OVATE 或 OVBTE 即可使能此陷阱。如果需要的话，陷阱事件可以产生非屏蔽中断，用户可以马上采取行动纠正错误。

每当数据通过累加器饱和逻辑时，SA 位和 SB 位都有可能被置位。一旦被置位，这些位就保持置位状态直到被用户清零。SAB 状态位表示 SA 位和 SB 位的逻辑"或"值。当 SAB 位被清零时，SA 位和 SB 位也将同样被清零。当 SA 位或 SB 位被置位时表示相应的累加器已经溢出到其最大范围（假如是 32 位饱和模式为第 31 位；假如是 40 位饱和模式为第 39 位）。如果饱和逻辑被使能的话将发生饱和。

假如用户没有使能饱和逻辑，那么一旦 SA 位或 SB 位置位就表示发生了"灾难性溢出"事件，此时累加器符号已被破坏。如果中断控制寄存器 INTCON1 里的 COVTE＝"1"，且饱和逻辑被禁止，则 SA 位或 SB 位置位将产生数学运算错误陷阱。

特别留意：根据累加器饱和逻辑是否使能，SA 位、SB 位和 SAB 状态位可能具有不同的意义。累加器饱和度模式通过 CORCON 寄存器控制。

2. 饱和度和溢出模式的选择

目前芯片可以支持两种饱和度模式和一种溢出模式。

（1）超级饱和模式（Super Saturation）

超级饱和模式，也称累加器 39 位饱和模式。在此模式中，饱和逻辑允许累加器装载数据的最大极限为正"9.31"（0x7FFFFFFFFF）或负"9.31"（0x8000000000）。假如 SA 位或 SB 位被置位，将保持置位直到被用户清零。这种饱和度模式对于扩展累加器的动态范围很有用处。超级饱和逻辑使得累加器拥有最大的动态范围。

通过令 CORCON 寄存器里的 ACCSAT="1"即可配置为超级饱和模式。此外,COR-CON 寄存器里的 SATA 位或 SATB 位必须置位以使能累加器饱和逻辑。

(2) 标准饱和模式(Normal Saturation)

标准饱和模式,也称累加器 31 位饱和模式。在此模式中,饱和逻辑允许累加器装载数据的最大极限为正"1.31"(0x007FFFFFF)或负"1.31"(0xFF80000000)。假如 SA 或 SB 位被置位,将保持置位直到被用户清零。当此饱和度模式有效时,除了对累加器值进行符号扩展以外,不使用"保护位"(第 32～39 位)。因此,SR 中的 OA、OB 或 OAB 位不会置位。

通过令 CORCON 寄存器里的 ACCSAT="0"即可配置为标准饱和模式。此外,COR-CON 寄存器里的 SATA 位或 SATB 位必须置位以使能累加器饱和逻辑。

(3) 累加器灾难性溢出(Catastrophic Overflow)

如果 CORCON 寄存器里的 SATA 位或 SATB 位没有置位,则累加器不会执行饱和检查,并且始终允许累加器溢出到第 39 位(破坏它的符号)。如果 INTCON1 里的 COVTE="1"则会产生灾难性溢出。灾难性溢出会导致数学运算错误陷阱。

注意:只有通过 40 位 DSP 的 ALU 执行 DSP 类指令,并修改了两个累加器中的一个才会开通累加器饱和及溢出检测。假如通过 MCU 类指令将累加器作为存储器映射寄存器进行访问时,则不会进行饱和及溢出检测,而且表 1.7 中所列的累加器状态位将不被修改。但是MCU 状态位(Z、N、C、OV、DC)将根据访问累加器的 MCU 指令进行修改。

3. 数据空间写饱和(Data Space Write Saturation)

除了加法器/减法器饱和逻辑,对数据空间进行写操作也会产生饱和,但不会影响原累加器的内容。此特性允许在中间计算阶段,在不牺牲累加器动态范围的情况下对数据进行限制。令 CORCON 里的 SATDW="1"使能数据空间写饱和逻辑。在芯片复位时,数据空间写饱和逻辑是默认为使能的。

数据空间写饱和的概念通常与 SAC(Store ACC)和 SAC.R(Store Rounded ACC)指令有关。这些指令将累加器 ACC 里的数据经过处理后存储到数据空间(RAM)里。这些指令被执行时不会破坏累加器中的数值。硬件得到饱和的写结果过程为:首先读出数据,根据指令中指定的移位值对数据进行移位调整(标度变换);然后假如是 SAC.R 指令则将经过调整的数据进行舍入操作;最后根据"保护位"的值,被调整/舍入的值被饱和为 16 位结果。对于数据值大于 0x007FFF 的情况,写入存储器的数据被饱和为最大正"1.15"的值,也即 0x7FFF。对于输入数据小于 0xFF8000 的情况,写入存储器的数据被饱和为最大负"1.15"的值,也即 0x8000。

4. 累加器"回写"(Accumulator "Write Back")

乘加指令(MAC)和乘减指令(MSC)可以选择性地将经过舍入处理的累加器里的内容回写(write back)到 RAM 里。特别需要注意的是,这里被回写的累加器并不是指令指定的、当前参加运算的目标累加器,而是另外一个累加器。

这种回写操作可以覆盖整个 X 和 Y 数据空间。在某些数字信号处理场合,比如快速傅里叶变换(FFT)和最小均方滤波器(LMS)等算法中,累加器的回写特性可以提高速度和效率,无疑是很有好处的。

累加器回写硬件可以支持以下寻址模式:
- 寄存器直接寻址(使用 W13 作为回写寄存器):将非当前指令里正在使用的累加器进行舍入操作,并将其内容以"1.15"小数形式写入 W13 里。
- 寄存器间接寻址(使用 W13 作为回写指针,然后 W13 后加 2):将非当前指令里正在使用的累加器进行舍入操作,并将其内容以"1.15"小数形式写入 W13 为指针的 RAM 单元里。然后 W13 作加 2 操作,指向下一个 RAM 空间。

1.6.4 舍入逻辑(Round Logic)

利用舍入逻辑,在累加器写(存储)过程中可以执行舍入操作。舍入方式分为传统舍入(带偏置)或收敛舍入(无偏置)两种。CORCON 寄存器里的 RND 位决定舍入模式。它会产生一个 16 位的"1.15"数据值并被送到数据空间写饱和逻辑。如果此指令不指明舍入,就会存储一个被截断的"1.15"数据值。

表 1.8 所列为传统舍入模式和收敛舍入模式的示意图。

传统舍入模式使用累加器的 bit 15,对它进行零扩展并将扩展值加到 MSWord(31 到 16 位)(保护位和溢出位除外)。如果累加器的 LSWord 在 0x8000 和 0xFFFF 之间(包括 0x8000),则 MSWord 加 1。如果累加器的 LSWord 在 0x0000 和 0x7FFF 之间,则 MSWord 不改变。使用传统舍入的结果是:对于一系列随机舍入操作,值将稍稍偏大。

收敛舍入模式除了 LSWord 等于 0x8000 时以外,与传统舍入操作方式相同。在这种情况下,要对 MSWord 的最低位(累加器的 bit 16)进行检测。如果它为"1",则 MSWord 加 1;如果它为"0",MSWord 不改变。假设 bit 16 本身就是有效随机的,收敛舍入模式可以消除任何可能累加的舍入偏置。

SAC 和 SAC.R 指令通过 X 总线将目标累加器中的内容以截断的(SAC)或舍入的(SAC.R)方式存入数据存储器。

注意:对于 MAC 类指令,累加器回写路径总是要进行舍入操作的。

表 1.8 传统舍入模式和收敛舍入模式的对比

传统舍入(带偏置)	收敛舍入(不带偏置)
16　15　　　　　　　　　　0	16　15　　　　　　　　　　0
MSWord | 1XXX XXXX XXXX XXXX	MSWord | 1 | 1000 0000 0000 0000
当低字节≥0x8000 时,向上舍入(高字节+1)	当低字节=0x8000,且第 16 位为"1",或者低字节>0x8000 时,向上舍入(高字节+1)

续表 1.8

传统舍入（带偏置）	收敛舍入（不带偏置）
16　15　　　　　　　　　　　　0	16　15　　　　　　　　　　　　0
MSWord ｜ 0XXX XXXX XXXX XXXX	MSWord ｜ 0 ｜ 1000 0000 0000 0000
当低字节<0x8000 时，向下舍入（高字节不+1）	当低字节=0x8000，且第 16 位为"0"，或者 低字节<0x8000 时，向下舍入（高字节不+1）

1.6.5 桶形移位寄存器（Barrel Shifter）

桶形移位寄存器可以在一个周期内进行最多 16 位算术右移或 16 位算术左移。DSP 指令或 MCU 指令都可以使用桶形移位寄存器进行快速的多位移位操作。

移位寄存器需要一个带符号的二进制值确定移位操作的幅度（位数）和方向：

- 正值则将操作数右移；
- 负值则将操作数左移；
- 值为"0"则不改变操作数。

桶形移位寄存器是 40 位宽，以适应累加器 ACC 的宽度。这为 DSP 移位操作提供了 40 位输出结果，而为 MCU 移位操作提供 16 位结果，所以非常灵活方便。

表 1.9 所列为所有可能使用 DSP 引擎的桶形移位寄存器的指令。

表 1.9　使用了 DSP 桶形移位寄存器的指令

指　令	功能描述	范　例	
ASR	数据存储器单元的算术多位右移	ASR	W12, W13
LSR	数据存储器单元的逻辑多位右移	LSR	W0, W1
SL	数据存储器单元的多位左移	SL	W2, W1, W2
SAC	存储 DSP 累加器，累加器的移位操作可选	SAC	A, #4, W5
SFTAC	对 DSP 累加器进行移位操作	SFTAC	B, W12

1.6.6 DSP 引擎陷阱事件

可以通过中断控制寄存器（INTCON1）选择用于处理 DSP 引擎中的异常事件而产生的各种数学运算错误陷阱。如下所列：

- 使用 OVATE(INTCON1<10>) 使能 ACCA 溢出陷阱。
- 使用 OVBTE(INTCON1<9>) 使能 ACCB 溢出陷阱。
- 使用 COVTE(INTCON1<8>) 使能灾难性的 ACCA 和/或 ACCB 溢出陷阱。

当用户尝试使用 SFTAC 指令移位一个超过最大允许范围（+/- 16 位）的值时也可能产

生数学运算错误陷阱。此陷阱源不能被禁止,它会结束指令执行,但幸运的是移位的结果不会被写入目标累加器。也就是说累加器里的值不会被破坏。

1.7 除法器

dsPIC 系列 16 位单片机支持以下类型的除法操作:
- DIVF 为 16/16 带符号的小数除法。
- DIV.SD 为 32/16 带符号除法。
- DIV.UD 为 32/16 无符号除法。
- DIV.SW 为 16/16 带符号除法。
- DIV.UW 为 16/16 无符号除法。

所有除法指令的商都被放在 W0 中,余数放在 W1 中。可以将 16 位除数放在任何一个 W 寄存器中。16 位被除数可以放在任何一个 W 寄存器中,而 32 位被除数必须放在 W 寄存器对(两个相邻 W 寄存器)中。

所有的除法指令都是迭代操作且必须在一个 REPEAT 循环中执行 18 次。用户负责编程 REPEAT 指令。一个完整的除法操作需要执行 19 个指令周期。

除法流是可中断的,就像其他的 REPEAT 循环一样。在循环的每次迭代后所有数据都存储在各自的文件寄存器中,这样用户有责任在 ISR 中保存相关的 W 寄存器。虽然它们对于除法硬件很重要,但 W 寄存器的中间值对于用户没有意义。在一个 REPEAT 循环中除法指令必须被执行 18 次以产生一个有意义的结果。以下是一个除法的范例:

```
REPEAT #17
DIVF W8, W9              ;执行 DIVF18 次,商放在 W0 里,余数放在 W1 里
```

1.8 指令流类型

dsPIC 构架中的大部分指令占用程序存储器的一个字并在一个周期内执行。指令预取指机制方便了单周期($1\ T_{CY}$)执行。但是,某些指令需要执行 2 或 3 个指令周期。因此,dsPIC 有 7 种不同类型的指令流。下面对它们进行说明:

1. 单字单周期指令

dsPIC 指令执行系统采用流水线结构,也即执行当前代码的同时预取下一条指令。这样使得大多数的指令占用一个存储器单元,运行时间为一个指令周期,称为单字单周期指令。比如单字单周期指令:

```
MOV  #0x2000, W0         ;单字单周期操作
```

2. 单字双周期指令

对于装载双字的 MOV.D 类指令,需要两个周期才能完成装载工作。但这些指令只占用一个程序空间。比如单字双周期指令:

```
MOV.D   [W0++],W1
```

3. 单字双周期/三周期指令(程序流改变)

对于相对调用(Relative Call)、相对跳转(Branch)、跳过(Skip)类指令,当指令改变 PC 时(而非对它进行加计数),将耗费两个指令周期。可以理解为当 PC 改变时紧接着那条指令是 NOP 操作。比如下列单字双周期情形:

```
BTSC    PORTA,#3    ;当要跳过下一条指令时,需要 2 个指令周期
ADD.B   PORTA       ;当跳过该指令时,该指令被当做 1 个空操作 NOP
ADD.B   PORTB
```

假如跳过指令将要跳过的恰好是一个双字指令时,跳过将花费 3 个周期。在这种情况下可以理解该双字指令为两个 NOP 操作。比如下列单字三周期情形:

```
BTSC    PORTA,#3    ;当要跳过下一条指令时,需要 3 个指令周期
GOTO    MAIN        ;当跳过该指令时,该指令被当做 2 个空操作 NOP
ADD.B   PORTB
```

4. 单字三周期指令(RETFIE、RETURN、RETLW)

RETFIE、RETURN 和 RETLW 是单字指令,其功能是从子程序返回或中断返回,这些指令需要执行 3 个指令周期。比如以下单字三周期指令:

```
MOV     #0x3000,W0
RETLW   0x1000      ;带参数的返回指令,需要 3 个指令周期
```

5. 表读/表写指令

在执行这些指令时会插入一个周期的程序存储器读或写时间。表操作实际上也是一种单字双周期指令。比如以下指令:

```
MOV         #0x3000,W0
TBLRDL.W    [W0++],W1   ;表读操作,需要 2 个指令周期
```

6. 双字双周期指令

为了在指令里包含一个更长的数据,有一些指令的编码需要两个字,也即双字双周期指令。假如因为某种情况 PC 直接跳到了双字指令的第二个字,则这个字将解释为 NOP。这在双字指令被跳过(比如 BTSC)指令跳过时,实际上跳过指令只跳过一个字,第二个字被解释为 NOP。另外,当某种干扰导致 PC 直接跳飞到双字指令的第二个字时,这个字解释为 NOP 操作,避免了错误解释,给程序可靠性设计带来问题。比如下列指令:

```
            MOV     #0x3000,W0
            GOTO    MAIN                    ;双字长跳转操作,需要2个指令周期
```

7. 地址寄存器相关性

由于有些指令里的 X 数据区读和写选项的数据地址相关性(Dependency),这些指令执行之前可能会有一个停顿周期。比如如下指令:

```
            MOV     W0,W1
            MOV     [W1],[W4]               ;单字指令,因为数据地址相关性,需要2个指令周期
```

1.9 循环结构

dsPIC 系列单片机支持 REPEAT 和 DO 指令构成的循环,以提供无条件自动程序循环控制。REPEAT 指令用于实现单指令程序循环。DO 指令用于实现多指令程序循环。这两个指令都使用 CPU 状态寄存器 SR 中的控制位来临时修改 CPU 操作。

1.9.1 REPEAT 循环结构

REPEAT 指令会使它之后的一条指令重复一定次数。重复次数可以是指令中给定的立即数,也可以是某个 W 寄存器中的值。使用 W 寄存器装载循环次数使得通过变量传递参数成为可能。结合这条指令可以实现除法、向量运算等很多意义重大的操作。

REPEAT 循环中的指令至少要被执行一次。循环次数最大可以是一个 14 位立即数。假如给定的立即数是 N,那么 REPEAT 循环的循环次数为 N+1。假如是通过 Wn 给定循环次数,则总循环次数为 Wn+1。

下面列出了两种 REPEAT 指令的语法形式:

```
REPEAT #lit14                       ; RCOUNT ← lit14
REPEAT Wn                           ; RCOUNT ← Wn
```

1. REPEAT 循环操作原理

REPEAT 指令可以对紧跟在其后的"目标语句"实现多次循环操作。REPEAT 操作的循环计数保存在 14 位 RCOUNT 寄存器中,该寄存器是存储器映射的。RCOUNT 寄存器由 REPEAT 指令进行初始化。假如 RCOUNT 为非零值,则状态寄存器 SR 中的 REPEAT 有效(REPEAT Active)状态位 RA="1"。

REPEAT 指令可以在不用软件干预的情况下,在后台用硬件实现循环次数累计、修改循环次数、跳转判断等"家务活"工作,每次执行完目标语句后硬件会自动修改 RCOUNT 的数值并决定是否继续循环还是退出循环。因此这里节省了大量"家务活"的时间,使得 REPEAT 循环完全自动化,效率提高了很多。

图 1.8 所示是 REPEAT 循环的指令流水线。RA 是一个只读位,不能用软件修改。对于大于 0 的 REPEAT 循环计数值,PC 不会递增。在 RCOUNT="0"前,PC 递增被禁止。

假如循环计数值等于 0 时,REPEAT 指令的作用相当于 NOP,并且 SR 中的 RA 位不置位。REPEAT 循环在开始前本质上是被禁止的,这样可以在预取后续指令时(即在正常的执行流程中)让目标指令只执行一次。

注意:紧接 REPEAT 指令的指令(即目标指令)总是至少执行一次。此指令的执行次数总是会比 14 位立即数或 W 寄存器操作数的指定值多一次。

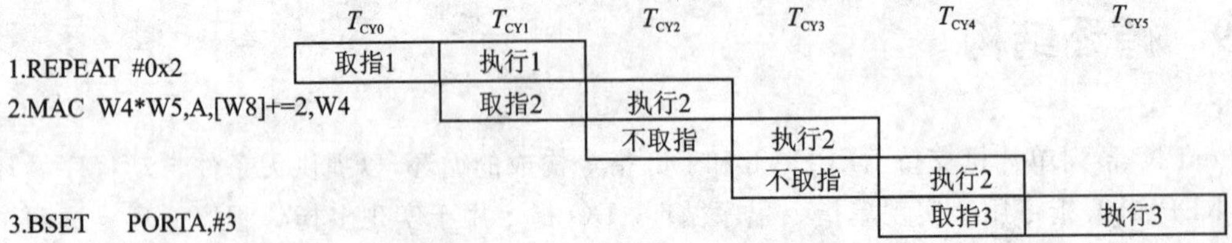

	T_{CY0}	T_{CY1}	T_{CY2}	T_{CY3}	T_{CY4}	T_{CY5}
1.REPEAT #0x2	取指1	执行1				
2.MAC W4*W5,A,[W8]+=2,W4		取指2	执行2			
			不取指	执行2		
				不取指	执行2	
3.BSET PORTA,#3					取指3	执行3
PC(指令结束时)	PC	PC+2	PC+2	PC+2	PC+4	PC+6
RCOUNT(指令结束时)	X	2	1	0	0	0
RA(指令结束时)	0	1	1	0	0	0

图 1.8 REPEAT 指令流水线

2. REPEAT 循环的中断

REPEAT 指令循环体可以在任何时间被中断打断。

在中断处理期间 RA 状态随着 SRL 被推入堆栈中保存,以便让用户在(任何数量的)中断嵌套中执行更多的 REPEAT 循环。SRL 存入堆栈后 RA 状态位将被清零,这样用户可以在 ISR 内部进行另外一个 REPEAT 循环。

注意:假如用户想在中断服务子程序里执行另外一个 REPEAT 操作,则进入 ISR 之后要先将 RCOUNT(REPEAT 计数器)寄存器入栈。同样如果在 ISR 内部使用过 REPEAT,那么在中断返回之前必须先将 RCOUNT 出栈。

使用 RETFIE 从 ISR 返回 REPEAT 循环不需要任何特殊处理。中断会在 RETFIE 的第三个周期预取要重复的指令。当 SRL 寄存器被弹出堆栈时先前的 RA 位信息将会恢复。此时如果它为"1",则中断的 REPEAT 循环将会恢复,继续执行。

注意:如果重复的指令(REPEAT 循环中的目标指令)正使用 PSV 访问程序区数据,从中断服务程序返回后第一次执行该指令会需要两个指令周期。这类似于循环中的第一次迭代,时序限制会禁止第一条指令在单个指令周期中访问位于程序区的数据。

假如一个 REPEAT 循环被中断,那么在 ISR 里可以通过软件清零 RCOUNT 终止该

REPEAT 循环。

3. REPEAT 循环里目标指令的限制

REPEAT 循环里可以使用一条语句（目标指令）做各种操作，但是下列语句是不能作为 REPEAT 循环的目标语句使用：

- 程序流控制类指令，比如跳转指令、比较和跳过、子程序调用和返回等指令；
- 另一个 REPEAT 或 DO 指令；
- DISI、ULNK、LNK、PWRSAV 和 RESET；
- MOV.D 指令。

某些指令或指令寻址模式可以在 REPEAT 循环中执行，但是其循环基本没有实际意义。

1.9.2 DO 循环结构

有时候我们希望把一段指令循环执行 N 次。常规的做法是设置一个循环计数器，每次到达循环边沿时用程序判断是否达到边沿然后修改计数器并决定跳转目标。假如循环次数很多则要消耗很多时间。这对于很多场合是不能满足要求的。

dsPIC 单片机设置了 DO 指令可以解决这一问题。DO 循环能将一组跟在它后面的指令执行 N 次而无需软件开销。到结束地址（包括该地址处）的指令块都会被重复执行。DO 指令的重复计数值可在指令中指定一个 14 位立即数，也可以使用 W 寄存器指定。下面列出了两种 DO 指令的语法形式：

① 使用最多 14 位长度立即数作为循环次数（其中的 NOP 作为任何指令的代表）：

```
DO        #lit14, LOOP_END            ; DCOUNT <-- lit14
NOP
:
LOOP_END: NOP
```

② 使用 W 寄存器里的数据作为循环次数（其中的 NOP 作为任何指令的代表）。这种方式可以允许在运行时使用 W 寄存器指定循环次数：

```
DO        Wn, LOOP_END                ; DCOUNT <-- Wn<13:0>
NOP
:
LOOP_END: NOP
```

特别提醒：假如要求 DO 循环的次数为 N，那么语句里的立即数或 W 寄存器里的数据应该设置为 N−1。DO 循环里可以使用转移、子程序调用等语句，而且循环结束地址不一定要大于起始地址。

1. DO 循环寄存器及其工作原理

DO 循环的操作类似于 C 语言中的"do-while"结构，循环体中的指令至少会执行一次。因此假如 DO 循环要执行 N 次迭代则指令里立即数应该是 $N-1$ 或 $Wn-1$。如果使用 W 寄存器指定迭代次数,则 W 寄存器的高两位必须为零,保证提供的是 14 位数据。

dsPIC 系列单片机有 3 个和 DO 循环相关的寄存器:DOSTART、DOEND 和 DCOUNT。这些寄存器都是存储器映射的并在 DO 指令执行时由硬件自动装入。DOSTART 保存 DO 循环的起始地址;DOEND 则保存 DO 循环的结束地址;DCOUNT 寄存器保存 DO 循环要执行的迭代次数。DOSTART 和 DOEND 是保存相应 PC 值的 22 位寄存器。这些寄存器的最高位和最低位固定为 0。因为 PC<0> 总是被强制设为 0,所以最低位不保存在这些寄存器中。

SRH 里的 DA 状态位表明某个 DO 循环(或嵌套 DO 循环)正在进行中。当执行 DO 指令,DOEND 寄存器里装载了相应的 PC 地址,那么 DA="1",在随后每个指令周期里 PC 都要和 DOEND 比较。当 PC 与 DOEND 中的值匹配时,DCOUNT 会自动递减。如果 DCOUNT 寄存器非零,则自动将 DOSTART 寄存器中的值装入 PC,回到 DO 循环起始地址开始运行。当 DCOUNT=0 时,DO 循环会自动终止。如果没有其他嵌套的 DO 循环在进行中,则硬件令 DA="0"。

2. DO 循环嵌套

DOSTART、DOEND 和 DCOUNT 这 3 个寄存器都有一个与之相关的影子寄存器,这样 DO 循环硬件就能支持一层自动嵌套。假如想支持更多的 DO 嵌套级数,用户可以手动保存 DOSTART、DOEND 和 DCOUNT 这 3 个寄存器中的值到堆栈里。

CORCON 寄存器里的 DO 级别位 DL<2:0> 表示当前执行的 DO 循环的嵌套级别。当第一个 DO 循环执行后,则 DL<2:0>="001" 以表明正在进行第一级 DO 循环。当另一个 DO 循环在第一个 DO 循环中被执行时,在被新的循环值更新前,DOSTART、DOEND 和 DCOUNT 这 3 个寄存器将被传输到影子寄存器中。DL<2:0>="010" 表明正在执行第二级 DO 循环。只要有 DO 循环执行,都会有 DA="1" 表明正在执行 DO 操作。只有所有的 DO 循环执行完毕后,才有 DA="0"。

如果在应用中不需要超过一级的 DO 循环嵌套,就没有什么需要特别注意的地方了。如果用户需要一级以上的 DO 循环嵌套,可以通过在执行下一个 DO 循环前手工保存 DOSTART、DOEND 和 DCOUNT 寄存器中的值来实现。只要 DL<2:0>="010" 或更大的值,就应该保存这些寄存器。

当 DO 循环终止且 DL<2:0>="010" 时,DOSTART、DOEND 和 DCOUNT 寄存器会自动从其影子寄存器中恢复。

3. DO 循环的中断

DO 循环可以在任何时刻被中断。如果在 ISR 中有另一个 DO 循环要执行,用户必须检查 DL<2:0> 状态位并按照需要保存 DOSTART、DOEND 和 DCOUNT 寄存器。

如果主程序中只有一个 DO,同时假如允许中断嵌套的话,在所有的 ISR 只有某一个 ISR 中有一个 DO。这种情形不用考虑 DO 参数保护问题。

如果主程序中只有一个DO,同时假如禁止中断嵌套的话,在任何一个ISR中都最多只有一个DO。这种情形也无需手动进行DO参数的保护。

也可以说,在主程序与某一个ISR(如果使能中断嵌套)、或者主程序与任何ISR(如果禁止了中断嵌套)的范围内最多允许有两个DO循环(嵌套)而无需DO参数手动保护。

特别提醒:建议在任何非屏蔽陷阱处理子程序中不使用DO循环。另外,使用RETFIE指令从ISR返回DO循环不需要任何特殊处理。

4. DO循环的提前终止

有以下两种方法可以提前终止DO循环:

第一种,CORCON寄存器里的"DO循环提前终止位"EDT位可以让用户提前终止DO循环。假如软件令EDT="1"将强制DO循环完成正在进行的迭代并终止DO循环。如果EDT位在循环的倒数第二条或最后一条指令执行期间置位,则会再进行一次循环迭代。EDT位会始终读作0,对其清零没有影响。当EDT="1"后,用户也可选择跳出DO循环。

第二种,用户代码可以在DO循环的任何点跳出循环体从而终止循环,但是不能从最后一条指令处跳出,原因是DO循环的最后一条指令不能是流控制指令。使用这种方法虽然跳出了DO循环,但是硬件会继续检查DOEND地址,因此不推荐使用此方法终止DO循环。最好使用EDT位来退出DO循环。

5. DO循环的限制

对于DO循环的最后一指令类型的选择、DO循环体长度(离第一条指令的偏移量)、读取DOEND寄存器以及一些特殊指令都有一定的限制。

(1) DO循环体里使用指令的限制

所有的DO循环必须包含至少2条指令,因为循环终止测试是在倒数第二条指令中执行的。循环体里只有一条指令的循环应该选用REPEAT来实现。

紧接DO指令之后,或者对DOEND进行写操作之后,不能立即用指令对DOEND进行读操作。

在DO循环最后一条指令前两个指令不应该修改CPU优先级IPL<2:0>位;不能修改中断使能寄存器IEC0、IEC1、IEC2;不能修改中断优先级寄存器IPC0~IPC11。否则DO循环的执行可能会不正确。

(2) DO循环最后一条指令的限制

对DO循环中最后一条指令的要求为:不是程序流程控制类指令(任何转移、比较并跳过、GOTO、CALL、RCALL、TRAP);不能是RETURN、RETFIE和RETLW指令;不能是另一个REPEAT或DO指令;不能是某个REPEAT循环里的目标指令;不能是任何双字指令;不能是DISI指令。

假如用户试图在DO循环的最后一条指令里使用以上所列禁止语句时,编译器会报错。图1.9所示为DO循环最后一条语句使用了跳转(bra)指令从而导致编译错误。输出窗口中会显示错误类型为第 227 号错误：DO 循环非法结尾(Do loop end instruction is not valid)。

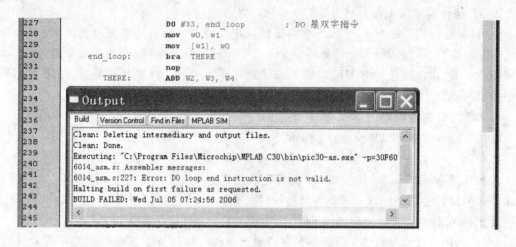

图 1.9　DO 循环的最后一条指令错误范例

（3）对于 DO 循环体长度的限制

DO 循环里至少有两条语句，否则会出现编译错误。例如下面的代码就是一个错误范例。

```
        DO #33, end_loop        ;DO 是双字指令
end_loop:   ADD W2, W3, W4      ;DO 循环的第一条指令[PC]
```

编译上面程序时就会出现图 1.10 所示的错误报告：DO 指令非法偏移量。假如用户必须对一条指令进行循环，请使用 REPEAT 指令。

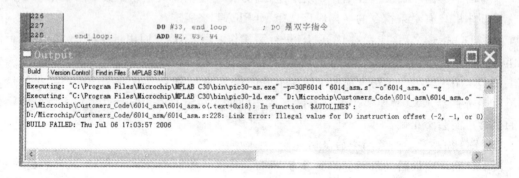

图 1.10　DO 循环体非法长度范例

第 2 章 中断系统

2.1 中断系统简介

dsPIC 系列 16 位单片机的中断系统保持了 8 位 PIC 单片机中断系统响应速度快、响应时间固定等优点，同时又作了大幅度修改和扩充，设计得更为完善、功能更多、中断源更丰富。每个中断源都有自己专用的入口向量，这样响应速度更快，中断事件的处理更方便。

图 2.1 所示为 dSPIC30Fxxxx 系列 DSC 的中断向量表(Interrupt Vector Table，IVT)和备份中断向量表(Alternate Interrupt Vector Table，AIVT)示意图。可以看到芯片最多支持可达 62 个中断向量入口，其中 54 个常规中断向量入口，8 个非屏蔽陷阱入口(目前有 4 个入口有具体定义，其他 4 个入口保留以后使用)。地址较低的中断向量具有较高的中断优先级别。同时每个中断源都有 7 级用户可选择的中断优先级。

和大多数 DSC 与 MCU 一样，主程序的入口地址设置在地址为 0x000000 开始的地方，占用两个存储器位置(24 位长字结构)，由于每个存储器位置需要用两个地址单元，所以入口向量共占用了 4 个地址单元(0x000000～0x000003)，通常这里是一条 GOTO 指令，指向主程序所在的地址。

中断向量表(IVT)位于程序存储器中，起始单元地址是 0x000004。IVT 包含的 62 个向量由 8 个非屏蔽陷阱向量和 54 个中断源组成。每个中断源都有自己的向量，每个中断向量都占用一个 24 位宽的程序单元，也就是中断服务子程序(ISR)入口地址。

备份中断向量表(AIVT)位于中断向量表(IVT)之后，与中断向量表的组织方式完全一样。在中断控制寄存器(INTCON2)里专门有一位(ALTIVT)用来控制对 AIVT 的访问。如果令 ALTIVT ="1"，则激活备份中断向量表，所有中断和非屏蔽陷阱入口都将使用备份中断向量表。

备份中断向量表提供一种不需要将中断向量表再编程就可以在不同中断服务程序之间切换的功能。也就是说一个中断源可能对应两个不同的中断服务子程序，这可以很好地支持一

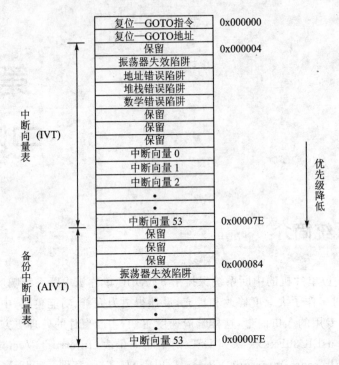

图 2.1 中断系统结构

些仿真和软件调试功能。一般用户较少使用这个功能,通常程序中将备份中断向量表设计得和中断向量表内容一样(复制而已)。

为了避免因为某些干扰对系统产生错误中断申请,提高系统可靠性,建议将所有未用的中断向量单元和备份中断向量单元全部编程为"RESET"软件复位指令。假如用户不希望出现复位现象,也可以指向相应的错误处理子程序进行错误处理。

表 2.1 所列为 dsPIC30Fxxxx 家族的中断向量表及其对应的中断源。

表 2.1 中断向量表及其对应的中断源

中断/陷阱号	IVT 入口地址	AIVT 入口地址	中断/陷阱源
0	0x000004	0x000084	保留
1	0x000006	0x000086	振荡器失效陷阱
2	0x000008	0x000088	地址错误陷阱
3	0x00000A	0x00008A	堆栈错误陷阱
4	0x00000C	0x00008C	数学错误陷阱

第 2 章 中断系统

续表 2.1

中断/陷阱号	IVT 入口地址	AIVT 入口地址	中断/陷阱源
5、6、7	0x00000E~0x000012	0x00008E~0x000092	保留
8	0x000014	0x000094	INT0—外部中断 0
9	0x000016	0x000096	IC1—输入比较 1
10	0x000018	0x000098	OC1—输出比较 1
11	0x00001A	0x00009A	T1—Timer 1
12	0x00001C	0x00009C	IC2—输入捕捉 2
13	0x00001E	0x00009E	OC2—输出比较 2
14	0x000020	0x0000A0	T2—Timer 2
15	0x000022	0x0000A2	T3—Timer 3
16	0x000024	0x0000A4	SPI1
17	0x000026	0x0000A6	U1RX—UART1 接收器
18	0x000028	0x0000A8	U1TX—UART1 发送器
19	0x00002A	0x0000AA	ADC—ADC 转换完成
20	0x00002C	0x0000AC	NVM—NVM 写完成
21	0x00002E	0x0000AE	I^2C 从模式—报文检测
22	0x000030	0x0000B0	I^2C 主模式—报文事件完成
23	0x000032	0x0000B2	电平变化中断
24	0x000034	0x0000B4	INT1—外部中断 1
25	0x000036	0x0000B6	IC7—输入捕捉 7
26	0x000038	0x0000B8	IC8—输入捕捉 8
27	0x00003A	0x0000BA	OC3—输出比较 3
28	0x00003C	0x0000BC	OC4—输出比较 4
29	0x00003E	0x0000BC	T4—Timer 4
30	0x000040	0x0000C0	T5—Timer 5
31	0x000042	0x0000C2	INT2—外部中断 2
32	0x000044	0x0000C4	U2RX—UART2 接收器
33	0x000046	0x0000C6	U2TX—UART2 发送器
34	0x000048	0x0000C8	SPI2
35	0x00004A	0x0000CA	CAN1

续表 2.1

中断/陷阱号	IVT 入口地址	AIVT 入口地址	中断/陷阱源
36	0x00004C	0x0000CC	IC3—输入捕捉 3
37	0x00004E	0x0000CE	IC4—输入捕捉 4
38	0x000050	0x0000D0	IC5—输入捕捉 5
39	0x000052	0x0000D2	IC6—输入捕捉 6
40	0x000054	0x0000D4	OC5—输出比较 5
41	0x000056	0x0000D6	OC6—输出比较 6
42	0x000058	0x0000D8	OC7—输出比较 7
43	0x00005A	0x0000DA	OC8—输出比较 8
44	0x00005C	0x0000DC	INT3—外部中断 3
45	0x00005E	0x0000DE	INT4—外部中断 4
46	0x000060	0x0000E0	CAN2
47	0x000062	0x0000E2	PWM—PWM 周期匹配
48	0x000064	0x0000E4	QEI—位置计数器比较
49	0x000066	0x0000E6	DCI—CODEC 传输完成
50	0x000068	0x0000E8	LVD—低电压检测
51	0x00006A	0x0000EA	FLTA—电机控制 PWM 故障 A
52	0x00006C	0x0000EC	FLTB—电机控制 PWM 故障 B
53~61	0x00006E—0x00007E	0x00006E—0x00007E	保留

2.2 中断优先级(Interrupt Priority)

为了使 CPU 和外设有效率地协调工作，除了设置常用的外设中断优先级概念外，dsPIC 还有一个独特的 CPU 优先级概念：CPU 本身具有 16 个优先级（0~15）。只有外设中断或陷阱的优先级大于当前 CPU 优先级时才能得到 CPU 的响应。外设和外部中断源的优先级可以在 0~7 之间选择。假如外设的中断优先级设置为 0，则该中断源将被禁止，因为它的优先级总小于当前 CPU 的优先级。非屏蔽中断陷阱的优先级为 8~15，这些陷阱用于检测硬件和软件问题。每个陷阱源的优先级是固定的。

2.2.1 用户中断优先级

用户中断包括外设中断（来自各个外设）和外部中断（来自外部引脚）。用户中断优先级由用户中断优先级控制寄存器(IPCx)里相应的位进行设置。在这些寄存器里,每个外设或外部中断源都安排了3个位(7个中断优先级),用于设置该中断的优先级别。由于芯片的外设很多,因此中断优先级控制寄存器有很多个。对于dsPIC30F家族来说,中断优先级设置寄存器共有12个,分别是:IPC0~IPC11。

表2.12~表2.23所列是各个独立中断源所对应的中断优先级控制寄存器。从IPC0到IPC11共12个中断优先级控制寄存器。可以看到每个中断源都占用3位,因此可以定义中断优先级为0~7。如果与中断源有关的IPC位被全部清零,则该中断源被禁止。

由于中断优先级是可以单独设置的,因此不同中断源有可能分配相同的中断优先级。那么多个有相同优先级的中断源同时向CPU发出中断请求时怎么办呢?为了解决这个冲突,系统根据各个中断源在中断向量表(IVT)中的自然顺序来协调冲突:中断向量的编号越低,自然优先级越高;反之,自然优先级越低。因此任何中断源的优先级首先由该中断源在IPCx寄存器中设置的优先级决定,假如某一时刻有相同优先级的中断源同时向CPU发起中断申请,则由中断向量表(IVT)中的自然顺序优先级决定谁先响应。

使用C30编程时,可以在程序里用赋值语句直接设置用户中断优先级。比如将定时器5的中断优先级设置为3,可以使用语句"IPC5bits.T5IP = 3;"来实现。

对于多个具有相同优先级的中断源同时发出中断申请的情形,CPU的中断系统一旦裁决某一个中断源具有较高自然优先级,那么会立即进入该中断服务子程序进行处理,此时CPU只能被具有更高优先级的中断源打断,在执行中断服务子程序期间即使另外一个有相同优先级但是具有更高的自然优先级的中断源向CPU提出中断申请,CPU将不予响应,继续执行当前中断服务子程序直到子程序处理结束并中断返回后才能继续响应另外一个中断。

用户可以给自然优先级低的中断源分配非常高的中断优先级,例如可以给PLVD(可编程低电压检测)分配优先级7从而让PLVD获得最高优先级;同样也可以给自然优先级很高的中断源分配一个很低的中断优先级,比如给INT0(外部中断0)分配优先级1从而给了它一个很低的中断优先级。

2.2.2　CPU中断优先级

CPU优先级可由IPL3、IPL2、IPL1、IPL0这4个状态位决定,这4位可以决定CPU的优先级为0~15。其中3位来自状态寄存器(SR)中的IPL<2:0>状态位,另外一位来自核心控制寄存器(CORCON)中的IPL3状态位。

IPL<2:0>状态位是可软件读写的,用户可以通过修改这些位来改变CPU优先级。例如:当IPL<2:0>="3"时,CPU优先级被设置为3,这时CPU对于任何优先级为0、1、2或3的用户中断申请都置之不理(中断悬挂),而对任何优先级高于3的用户中断可以被响应。显而易见,假如CPU优先级设置为"7"时,任何用户中断申请都得不到响应(被屏蔽)。

注意:当中断嵌套被禁止时,IPL<2:0>位变成只读位。

当系统检测到非屏蔽中断(陷阱)时,硬件令 IPL3="1"表示 CPU 正在处理陷阱事件。IPL3 这一位有比较特殊的性质:它可以用软件清零,但不能用软件置位。陷阱事件的优先级比任何用户中断源都高。通常建议进入陷阱处理程序后先用软件令 IPL3="0"。

使用 C30 编程时,可以在程序里用赋值语句直接设置 CPU 优先级。比如将 CPU 优先级设置为 3,可以使用语句"SRbits.IPL = 3;"来实现。

2.3 中断的操作过程

在每个指令周期里,系统都会对所有中断标志位进行采样。中断标志寄存器(IFS0、IFS1、IFS2)中的标志位等于"1"表示有相应的中断请求(IRQ)等待处理。如果此时中断允许寄存器(IEC0、IEC1、IEC2)中相应的位也为"1",则会产生相应的中断。对中断请求(IRQ)采样结束后,系统在其余的指令周期里将对所有等待处理的中断请求进行优先级评估。

当 CPU 响应中断请求时,正在执行的指令将会继续执行完毕,然后才进入中断服务子程序(ISR)。

图 2.2 所示为发生中断时保存重要现场信息的示意图。当前 CPU 中断优先级由状态寄存器(SR)里的 IPL<2:0>这 3 位进行设置。当等待处理的中断源优先级大于当前 CPU 中断优先级时处理器将响应该中断。同时将当前的 PC 值(23 位)、状态寄存器低字节 SRL(8 位)、位于 CORCON 寄存器中的 IPL3(1 位)保存到软件堆栈中。这些信息共 32 位,放置在两个堆栈单元里。

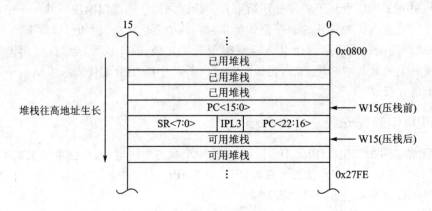

图 2.2 中断时的堆栈操作

保存这 3 个断点信息非常重要,这保证中断返回时可以恢复中断前的 PC、状态寄存器低字节 SRL、CPU 中断优先级。

保存好断点信息后,系统把等待处理的中断源的优先级写入到 IPL<2:0>。这将禁止所有优先级小于或等于它的中断,直到遇见 RETFIE 指令,退出中断服务子程序(ISR)。同时堆栈里的信息被弹出,恢复到中断前 PC 值、状态寄存器低字节 SRL 和 CPU 中断优先级。

2.4 中断嵌套(Interrupt Nest)

芯片在默认情况下中断是可嵌套的。任何正在处理的中断服务子程序都可以被另一个具有更高优先级的中断源打断。当然为了某种特殊要求,用户也可以禁止中断嵌套,方法是:软件令 INTCON1 里的 NSTDIS="1",这将强制 IPL<2:0> = 111,使 CPU 的优先级为 7(最高)。这样 CPU 将停止响应其他任何中断源,直到执行 RETFIE 指令。

假如禁止中断嵌套,用户分配的中断优先级将失去意义,但可以解决同时悬挂的中断之间的冲突。当禁止中断嵌套时,IPL<2:0>变成只读位,其作用是防止用户软件将 IPL<2:0>设置为一个较低的值,从而重新使能中断嵌套。

图 2.3 所示为中断嵌套的示意图。主程序里 CPU 优先级设置为 4,当主程序运行过程中发生了优先级为 6 的中断请求,由于优先级 6 高于当前 CPU 优先级 4,因此 CPU 响应该中断,保存断点信息后 CPU 优先级变为 6,进入 ISR2 中断服务子程序执行程序。我们继续假设在 ISR2 里发生了优先级为 7 的中断请求,由于优先级 7 大于当前 CPU 优先级 6,因此 CPU 响应该中断,保存断点信息后 CPU 优先级变为 7,进入 ISR3 中断服务子程序执行程序。在此又假设在 ISR3 这个阶段发生了一个优先级为 5 的中断请求,由于当前 CPU 优先级为 7,因此 CPU 不响应该中断,该中断处于悬挂(Pending)状态,CPU 继续执行 ISR3 的程序代码。ISR3 执行完毕后会中断返回,恢复保存在堆栈里的断点信息,CPU 优先级变为 6,继续执行 ISR2 里的代码,优先级为 5 的中断请求继续悬挂。ISR2 执行完毕后中断返回,立即响应此前处于悬挂状态的优先级为 5 的中断请求,CPU 优先级变为 5,进入 ISR1 中断服务子程序执行代码。ISR1 执行完毕后中断返回到主程序,CPU 优先级恢复为 4。至此中断响应、嵌套、处理、返回过程结束,CPU 运行于主循环 main()。

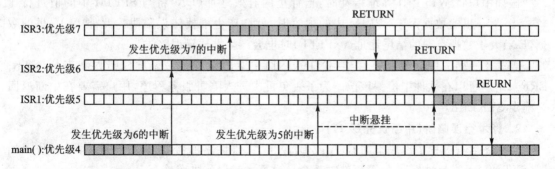

图 2.3 中断嵌套示意图

2.5 非屏蔽中断陷阱(Non-Maskable Trap)

可以将陷阱(Trap)看作是一种不可屏蔽(No-Maskable)的、可嵌套(Nestable)的中断源。陷阱具有固定的优先级。陷阱用于处理一些对系统至关重要的突发事件,其优先级高于任何其他中断源。如果用户不想对陷阱事件进行纠正操作,那么建议陷阱服务子程序里可以使用软件复位指令将芯片复位;假如用户想纠正陷阱事件,可以在陷阱服务子程序里做相应的应急处理。

目前 dsPIC30F 有 4 个非屏蔽中断陷阱,分别是振荡器失效陷阱(Oscillator Failure)、堆栈错误陷阱(Stack Error)、地址错误陷阱(Address Error)、算术错误陷阱(Arithmetic Error)。

从表 2.1 中可以看到,每个陷阱源在中断向量表(IVT)中有固定的优先级。其中振荡器失效陷阱具有最高的优先级,而算术错误陷阱具有最低的优先级。

假如某一条指令执行了非法操作,这时候会产生陷阱,但是这条指令还是要执行完毕后才能进入陷阱异常处理。在陷阱处理子程序里用户必须纠正由于这条指令导致的错误操作。

2.5.1 软陷阱(Soft Trap)

算术错误陷阱和堆栈错误陷阱都属于"软"陷阱。软陷阱是一种非屏蔽中断,它们具有高于任何其他可屏蔽中断源的优先级。软陷阱的处理过程和普通中断处理过程相似,在响应中断之前需要两个采样周期。通常需要执行完发生错误的语句才能发现陷阱产生。

1. 堆栈错误陷阱(中断优先级 12)

当芯片发生复位时,堆栈初始化为 0x0800。假如某一时刻堆栈指针地址小于 0x0800,堆栈错误陷阱将会产生。

栈顶限制寄存器(SPLIM)在复位时不初始化。只有用户对 SPLIM 寄存器进行字写操作后堆栈溢出检测才会开始工作。

假如用户将 W15 用作寻址指针时,指针里的有效地址(EA)将与 SPLIM 中的值进行比较。当 W15 里的数据大于 SPLIM 中的内容时,就会产生堆栈错误陷阱。此外,W15 里的数据(EA)大于数据空间的结尾地址(0xFFFF)时也会产生堆栈错误陷阱。

表 2.4 所列的中断控制寄存器(INTCON1)中专门设置了一位堆栈错误状态位(STKERR),用户可以在软件中检测该位。为了避免再次进入陷阱服务程序,用户需要在中断返回之前令 STKERR="0"。

2. 算术错误陷阱(中断优先级 11)

当程序运行过程中出现累加器(A 或 B)溢出、灾难性累加器溢出、数据被 0 除、移位累加器(SFTAC)运算超过±16 位等事件时都会导致算术错误陷阱产生。

表 2.4 所列的 INTCON1 寄存器中有 3 个位用于使能 3 种类型的累加器溢出陷阱：OVATE 用于使能累加器 A 溢出事件陷阱、OVBTE 用于使能累加器 B 溢出事件陷阱、OVCTE 用于使能累加器灾难性溢出陷阱。

假如系统检测到累加器的第 31 位产生了进位，意味着发生了累加器溢出事件。假如事先使能了累加器的 31 位饱和模式就不会发生累加器溢出。

假如系统检测到累加器的第 39 位产生了进位，意味着发生了灾难性累加器溢出事件。假如事先使能了累加器饱和模式（31 位或 39 位）就不会发生灾难性累加器溢出。

假如系统检测到除法指令的第一个 REPEAT 循环里除数为 0 就会发生数据被 0 除事件。用户不能禁止数据被 0 除陷阱。

假如用户使用 SFTAC 指令对累加器进行移位操作超过±16 位，将产生移位错误事件。用户不能禁止累加器移位错误陷阱。注意，错误的移位操作仍然会执行完毕，但移位结果不会被写入目标累加器里。

用户可以通过查询中断控制寄存器（INTCON1）中的 MATHERR 状态位来检测算术错误陷阱。为了避免再次进入陷阱服务子程序，用户必须在中断返回之前用软件令 MATHERR = "0"。在 MATHERR 状态位被清零之前，所有可能引起陷阱的标志位必须清零。

如果陷阱是由于累加器（A 或 B）溢出而产生的，中断返回之前必须用软件清零 OA 和 OB 状态位（SR<15：14>）。但是 OA 和 OB 状态位是只读的，无法用软件清零。解决方案是对发生了溢出的累加器执行冗余操作（Dummy Operation），比如用一条指令做累加器加 0 操作，从而硬件清零 OA 或 OB 状态位。

2.5.2　硬陷阱（Hard Trap）

振荡器失效陷阱和地址错误陷阱都属于硬陷阱。和软陷阱一样，硬陷阱也可以被看作非屏蔽中断。和软陷阱的区别在于，发生硬陷阱后会强制 CPU 停止执行代码。只有在陷阱被响应和处理之后，才能恢复正常程序执行。

陷阱是可以嵌套的，假如系统正在处理一个陷阱事件的时候发生了另外一个优先级较高的陷阱，则低优先级陷阱处理会暂停而进入高优先级陷阱处理程序。高优先级陷阱处理完成之后，低优先级陷阱处理程序继续运行。

系统必须对陷阱事件及时响应。如果系统正在处理优先级较高的陷阱时产生了较低优先级的陷阱，而这时候系统不能响应较低优先级陷阱，于是就会产生硬陷阱冲突。这时候芯片将自动复位，硬件将令控制寄存器（RCON）中的 TRAPR = "1"，以便用户在初始化程序里用软件检测到曾经发生的冲突事件。

1. 振荡器失效陷阱（Oscillator Failure Trap）

假如系统时钟丢失（FSCM 使能）、工作中锁相环（PLL）失锁、PLL 在上电过程中锁定失败（FSCM 使能）等事件发生时就会产生振荡器失效陷阱，其中断优先级为 14。

这是优先级别较高的一种硬件非屏蔽中断。该非屏蔽中断可以有效防止因为振荡器停止振荡或外部振荡源丢失等原因造成系统失去时钟从而带来系统错误的情况发生。

用户可以通过查询中断控制寄存器(INTCON1)里的 OSCFAIL 状态位或振荡器控制寄存器(OSCCON)里的 CF 状态位判断振荡器失效陷阱事件。为了避免再次进入陷阱服务子程序,请在中断返回之前用软件令 OSCFAIL="0"。

2. 地址错误陷阱(Address Error Trap)

以下 3 种情况可能会导致地址错误陷阱,其中断优先级为 13:

① 进行字操作时,字数据的低位地址必须为偶数。当一条字操作指令所操作的数据低位字节的地址为奇数时将产生地址错误陷阱。

② 当使用间接寻址方式进行位操作时,假如有效地址(EA)为奇数时将产生地址错误陷阱。

③ 试图从芯片本身并不存在(Unimplemented)的数据空间获取数据时将产生地址错误陷阱。

无论何时发生地址错误陷阱都会禁止数据空间写操作,这样数据就不会受到破坏。

注意:在 MAC 类指令中,数据空间被分成 X 和 Y 空间。因此对于 X 空间来说 Y 空间属于不存在的数据空间,而对于 Y 空间来说 X 空间属于不存在的数据空间。

用户可以通过查询中断控制寄存器(INTCON1)中的 ADDRERR 状态位检测到地址错误。为了避免再次进入陷阱服务子程序,中断返回之前必须用软件令 ADDRERR="0"。

2.6 软件禁止中断指令(DISI)

DISI(禁止中断)指令有能力将中断禁止长达 16 384 个指令周期(14 位立即数)。有时候需要立即禁止中断就可以使用软件禁止中断指令。

DISI 指令只禁止优先级为 1~6 的中断。当 DISI 指令有效时,优先级为 7 的中断和所有陷阱事件仍然可以中断 CPU。

DISI 指令和 DISICNT 寄存器一起工作。当 DISICNT 寄存器非零时,优先级为 1~6 的中断被禁止,然后 DISICNT 寄存器在后续的指令周期里进行递减操作。当 DISICNT 寄存器计数到 0 时,优先级为 1~6 的中断被再次允许。执行 DISI 指令后,由于 PSV 访问、指令暂停等所花费的周期数也包括在 DISI 指令所给的延迟周期值里。

DISICNT 寄存器是可读写的。用户可以强制清零 DISICNT 寄存器以便提早终止 DISI 指令。可以通过写或加 DISICNT 来增加中断被禁止的时间。尽管如此,建议不要使用软件修改 DISICNT 寄存器。

无论何时由于执行 DISI 指令造成中断被禁止,硬件将令中断控制寄存器(INTCON2)中的 DISI="1"。

2.7 利用中断将 CPU 从 SLEEP 和 IDLE 状态唤醒

为了节省电力,在空闲的时候需要将 CPU 处于 SLEEP 或 IDLE 状态。利用中断都可以将 CPU 从 SLEEP 或 IDLE 状态唤醒,CPU 恢复正常工作(RUN)。

为了达到这个目的,首先需要在相应的中断允许寄存器(IEC0,IEC1 或 IEC2)中将该中断设置为使能状态。当中断发生时,中断标志寄存器(IFC0,IFC1 或 IFC2)中相应的位会变为"1",该中断源可以将处理器从 SLEEP 或 IDLE 模式唤醒。

当器件从 SLEEP 或 IDLE 模式唤醒后,有两种可能的情况:

① 如果该中断源的优先级大于当前 CPU 的优先级,处理器将发生中断并转到相应的中断入口,执行相应的中断服务子程序(ISR)。

② 如果中断源的优先级小于或等于当前 CPU 的优先级,程序指针 PC 将跳到先前执行 PWRSAV 指令之后紧跟的那条指令开始继续执行程序。

特别提醒:所分配的 CPU 优先级为 0 的用户中断源不能将 CPU 从 SLEEP 或 IDLE 模式唤醒,因为中断源实际上是被禁止的。要使用中断作为唤醒源,中断的 CPU 优先级必须被分配为 CPU 优先级 1 或更大。

2.8 外部中断源

很多时候用户需要从外部引脚引入中断信号。dsPIC30F 家族芯片支持多达 5 个外部中断源,分别表示为:INT0~INT4。

在每个外部中断引脚上都有相应的滤波电路,用于滤除信号里的尖锋,避免误触发。同时内部还集成了边沿检测电路,用于检测中断事件的边沿。中断控制寄存器(INTCON2)里专门设置了"INT0EP~INT4EP"共 5 位用来进行边沿选择。每个外部中断都可以被编程为在上升沿有效还是下降沿有效。

外部中断 INT0 与 A/D 转换器外部触发信号共享一个引脚。在 INTCON2 寄存器里对 INT0 的中断极性选择同样适用于 A/D 转换器外部触发信号。

2.9 中断处理时序

2.9.1 单周期指令的中断响应时间

图 2.4 所示为在单周期指令中产生外设中断时的事件时序图。中断处理需要 4 个指令周期,每个周期都在图中编号以供参考。

在外设中断发生后的指令周期中,中断标志状态位置位。在此指令周期中,当前指令完成。在中断事件后的第二个指令周期中,PC 和 SRL 寄存器的内容被存入临时缓冲寄存器。中断处理的第二个周期被当作 NOP 以保持与双周期指令中所进行的序列的一致性。在第三个周期中,PC 被装入中断源的向量表地址并取指 ISR 的起始地址。在第四个周期中,PC 被装入 ISR 地址。当 ISR 中的第一个指令被取指时,第四个周期被当作 NOP。

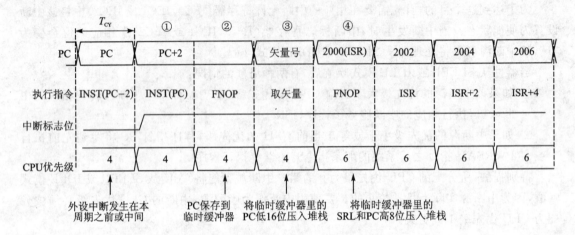

图 2.4　执行单周期指令时的中断时序

2.9.2　双周期指令的中断响应时间

双周期指令的中断响应时间和单周期指令相同。中断处理的第一个和第二个周期允许双周期指令完成执行。

图 2.5 所示为外设中断发生在执行双周期指令之前一个周期的情形。

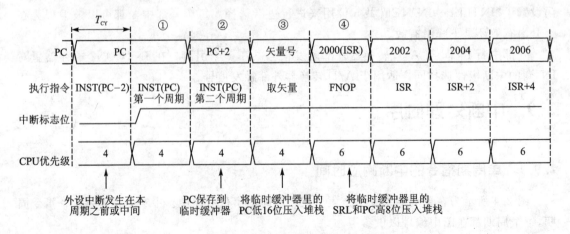

图 2.5　执行双周期指令时的中断时序

图 2.6 所示为外设中断发生在双周期指令的第一个周期内的时序。在这种情况下，中断处理和单周期指令一样完成。

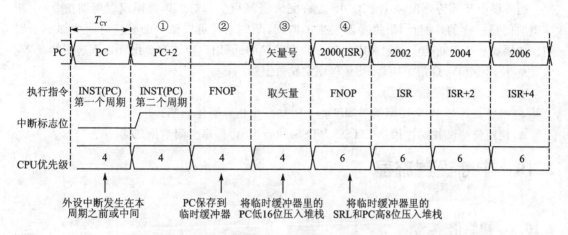

图 2.6　执行双周期指令且中断发生在第一个周期时的时序

2.9.3　从中断返回

图 2.7 所示为中断返回的时序图。使用指令 RETFIE 可退出一个中断或陷阱程序。在 RETFIE 指令的第一个周期中，最后被压入堆栈的 16 位数据（PC 的高 7 位、IPL3 位和 SRL 寄存器）从堆栈中弹出；在第二个周期里，最先压入堆栈的 PC 低 16 位从堆栈弹出，和之前弹出的高 7 位 PC 值组装成 23 位长度的 PC 指针；第三个指令周期是一个强制 NOP 操作，用于取出由刚组装好的 PC 指针指向的指令。

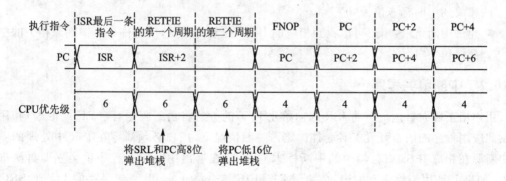

图 2.7　中断返回时序

2.9.4 中断响应时间的特殊情况

当外设中断源待处理时，dsPIC30F 允许完成当前指令。对于单周期或双周期指令，中断响应时间是一样的。但是，根据中断发生的时间，某些条件可以让中断响应时间增加一个周期。如果固定的中断响应时间对应用程序非常关键的话，用户应该避免出现以下这些情况：

- 使用 MOV.D 指令执行 PSV 程序空间数据访问；
- 给所有双周期指令附加一个指令暂停周期；
- 给所有执行 PSV 访问的单周期指令附加一个指令暂停周期；
- 使用位测试并跳过指令（BTSC,BTSS）执行 PSV 程序空间数据访问。

2.10 中断设置流程

2.10.1 初始化

在使用中断为应用程序服务之前，用户需要配置中断系统，过程如下：

- 设置中断嵌套状态：如果不需要嵌套的中断，可以软件令 INTCON1 寄存器里的嵌套禁止位 NSTDIS="1"。
- 设置中断优先级：用户需要写相应的 IPCx 控制寄存器，选择相应中断源的中断优先级。我们需要根据应用的特性和中断源类型来选择中断优先级。如果用户根本不需要多优先级，可以将所有中断源优先级设置为同一非零值。
  在芯片复位时，所有中断源的优先级被硬件初始化为优先级 4。
- 清零相应中断的中断标志位：用户需要找到相关的 IFSx 状态寄存器，用软件令与外设相关的中断标志位为"0"。
- 允许中断请求：用户可以找到相应的 IECx 控制寄存器，用软件令与中断源相关的中断允许位为"1"。

2.10.2 中断服务程序

用户用正确向量地址声明 ISR 和初始化 IVT 的方法将由编程语言（即 C 或汇编）和用于开发此应用程序的语言开发工具套件决定。一般情况下，用户必须清零在 ISR 中处理的中断的中断源在相应 IFSx 寄存器中的中断标志。否则，在退出中断服务程序后会立即再次进入 ISR。如果 ISR 用汇编语言编码，必须用 RETFIE 指令终止它，以便使保存的 PC 值、SRC 值和旧的 CPU 优先级出栈。

除了必须清零 INTCON1 寄存器中的相关陷阱状态标志以避免重新进入 TSR，陷阱服务程序（TSR）的编码方式类似于 ISR。

2.10.3 禁止中断

用户可以有两种方法禁止中断。

方法 1　先使用 PUSH 指令将当前 SR 值压入软件堆栈,接着将立即数 0xE0 和 SRL 进行逻辑"或"操作,强制将 CPU 的优先级设置为 7。要允许用户中断的话,可能要使用 POP 指令恢复先前的 SR 值。注意只有优先级小于或等于 7 的用户中断可以被禁止,所有陷阱源不能被禁止。

方法 2　使用"DISI ♯lit14"指令禁止中断,其中"♯lit14"为 14 位立即数。可以将优先级别 1~6 的中断禁止一段固定的时间。中断会在延迟若干时间(取决于 DISI 指令后面的 14 位立即数)后自动允许。

2.11　和中断相关的寄存器

以下寄存器与中断控制器有关,后面几页将对每个寄存器进行详细描述。请注意具体型号芯片的中断源的总数和类型有所不同。更多详细信息请参阅相应的芯片数据手册。

表 2.2 所列为 CPU 状态寄存器 SR。

SR 并不是中断控制器硬件中的特定部分,但它包含 IPL<2：0>状态位(SR<7：5>),可以指示当前 CPU 的优先级。用户可以通过写 IPL 位改变当前 CPU 的优先级。

表 2.2　状态寄存器(SR)

R-0	R-0	R/C-0	R/C-0	R-0	R/C-0	R-0	R-0
OA	OB	SA	SB	OAB	SAB	DA	DC
bit 15							bit 8
R/W-0	R/W-0	R/W-0	R-0	R/W-0	R/W-0	R/W-0	R/W-0
IPL<2:0>			RA	N	OV	Z	C
bit 7							bit 0

其中:R=可读位,W=可写位,C=只能被清零,U=未用(读作 0),−n=上电复位时的值

Bit15	OA:累加器 A 溢出状态位	1=溢出	0=未溢出
Bit14	OB:累加器 B 溢出状态位	1=溢出	0=未溢出
Bit13	SA:累加器 A 饱和位	1=饱和或曾经饱和	0=未饱和
Bit12	SB:累加器 B 饱和位	1=饱和或曾经饱和	0=未饱和
Bit11	OAB:累加器溢出标志位	1=累加器 A 或 B 有溢出	0=累加器 A 或 B 没有溢出
Bit10	SAB:累加器饱和标志位	1=A 或 B 饱和或曾经饱和	0=没有饱和
Bit9	DA:DO 指令状态位	1=DO 循环在运行中	0=DO 循环没有运行

续表 2.2

Bit8	DC：MCU 的半进位/借位	1=运算时第 4 位有进位(字节)，或第 8 位有进位(字)	
		0=没有半进位	
Bit7~5	IPL<2:0>： CPU 中断优先级状态位	111=优先级 7(15),禁止用户中断	011=优先级 3(11)
		110=优先级 6(14)	010=优先级 2(10)
		101=优先级 5(13)	001=优先级 1(9)
		100=优先级 4(12)	000=优先级 0(8)
Bit4	RA：REPEAT 指令状态位	1=REPEAT 循环在运行中	0=REPEAT 循环没有运行
Bit3	N：MCU 的 ALU 负标志位	1=ALU 运算结果为负	0=ALU 运算结果非负
Bit2	OV：MCU 的 ALU 溢出标志位	1=有符号数学运算发生溢出	0=没有溢出
Bit1	Z：MCU 的 ALU 零标志位	1=运算结果为零	0=运算结果非零
Bit0	C：MCU 的 ALU 进位/借位	1=运算结果有进位	0=运算结果无进位

表 2.3 所列为核心控制寄存器(CORCON)。

CORCON 也不是中断控制器硬件的特定部分,但它包含 IPL3 状态位可以指示当前 CPU 的优先级。IPL3 是只读位,这样陷阱事件就不能被用户软件屏蔽。

表 2.3 核心控制寄存器(CORCON)

U-0	U-0	U-0	R/W-0	R/W-0	R-0	R-0	R-0
—	—	—	US	EDT	DL<2:0>		
bit 15							bit 8
R/W-0	R/W-0	R/W-1	R/W-0	R/C-0	R/W-0	R/W-0	R/W-0
SATA	SATB	SATDW	ACCSAT	IPL3	PSV	RND	IF
bit 7							bit 0

其中：R=可读位，W=可写位，C=只能被清零，U=未用(读作 0),−n=上电复位时的值

Bit15~13	未用	读作 0	
Bit12	US： DSP 乘法无符号/带符号控制位	1=DSP 引擎乘法带符号	
		0=DSP 引擎乘法无符号	
Bit11	EDT：DO 循环提前终止控制位	1=当前 DO 循环结束后终止 DO 循环	
		0=无影响	
Bit10~8	DL<2:0>： DO 循环嵌套级状态位	111=7 个 DO 循环有效	011=3 个 DO 循环有效
		110=6 个 DO 循环有效	010=2 个 DO 循环有效
		101=5 个 DO 循环有效	001=1 个 DO 循环有效
		100=4 个 DO 循环有效	000=0 个 DO 循环有效

续表 2.3

Bit7	SATA: ACCA 饱和使能位	1=使能累加器 A 饱和 0=禁止累加器 A 饱和
Bit6	SATB: ACCB 饱和使能位	1=使能累加器 B 饱和 0=禁止累加器 B 饱和
Bit5	SATDW: 来自 DSP 引擎的数据空间写操作饱和使能位	1=使能数据空间写操作饱和 0=禁止数据空间写操作饱和
Bit4	ACCSAT: 累加器饱和模式选择位	1=9.31 饱和(超级饱和) 0=1.31 饱和(正常饱和)
Bit3	IPL3: CPU 中断优先级状态位 3	1=CPU 优先级高于 7 0=CPU 优先级等于或低于 7
Bit2	PSV: 数据空间可视使能位	1=允许 PSV 0=禁止 PSV
Bit1	RND: 舍入模式选择位	1=使能带偏置的(传统)舍入 0=使能非偏置(收敛)舍入
Bit0	IF: 整数或小数乘法器模式选择位	1=使能 DSP 乘法运算器的整数模式 0=使能 DSP 乘法运算器的小数模式

表 2.4 和表 2.5 所列为中断控制寄存器 INTCON1 和 INTCON2。

全局中断控制功能来自这两个寄存器。INTCON1 包含中断嵌套禁止(Nesting Disable, NSTDIS)位,也有用于处理陷阱源的控制和状态标志。INTCON2 寄存器控制外部中断请求信号行为和备份向量表的使用。

表 2.4 中断控制寄存器 1(INTCON1)

R/W-0	U-0	U-0	U-0	U-0	U-0	R/W-0	R/W-0	R/W-0
NSTDIS	—	—	—	—	—	OVATE	OVBTE	COVTE
bit 15								bit 8
U-0	U-0	U-0	U-0	R/W-0	R/W-0	R/W-0	R/W-0	U-0
—	—	—	—	MATHERR	ADDRERR	STKERR	OSCFAIL	—
bit 7								bit 0

其中:R=可读位,W=可写位,U=未用,读作 0,-n=上电复位时的值

Bit15	NSTDIS:中断嵌套禁止位	1=禁止中断嵌套	0=允许中断嵌套
Bit14~11	未用	读作 0	

续表 2.4

Bit10	OVATE：累加器 A 溢出陷阱使能位	1＝累加器 A 溢出陷阱使能	0＝禁止陷阱
Bit9	OVBTE：累加器 B 溢出陷阱使能位	1＝累加器 B 溢出陷阱使能	0＝禁止陷阱
Bit8	COVTE：灾难性溢出陷阱使能位	1＝累加器 A 或 B 的灾难性溢出时的陷阱使能 0＝禁止陷阱	
Bit7～5	未用	读作 0	
Bit4	MATHERR：算术错误状态位	1＝发生溢出陷阱	0＝未发生溢出陷阱
Bit3	ADDRERR：地址错误陷阱状态位	1＝发生地址错误陷阱	0＝未发生地址错误陷阱
Bit2	STKERR：堆栈错误陷阱状态位	1＝发生堆栈错误陷阱	0＝未发生堆栈错误陷阱
Bit1	OSCFAIL：振荡器失效陷阱状态位	1＝发生振荡器失效陷阱	0＝未发生振荡器失效陷阱
Bit0	未用	读作 0	

表 2.5 中断控制寄存器 2(INTCON2)

R/W-0	R-0	U-0	U-0	U-0	U-0	U-0	U-0
ALTIVT	DISI	—	—	—	—	—	—
bit 15							bit 8
U-0	U-0	U-0	R/W-0	R/W-0	R/W-0	R/W-0	R/W-0
—	—	—	INT4EP	INT3EP	INT2EP	INT1EP	INT0EP
bit 7							bit 0

其中：R＝可读位，W＝可写位，U＝未用，读作 0，−n＝上电复位时的值

Bit15	ALTIVT：使能备份中断向量表位	1＝使用备份向量表	0＝使用默认向量表
Bit14	DISI：DISI 指令状态位	1＝DISI 指令有效	0＝DISI 指令无效
Bit13～5	未用	读作 0	
Bit4	INT4EP：外部中断 4 中断沿选择位	1＝负沿中断	0＝正沿中断
Bit3	INT3EP：外部中断 3 中断沿选择位	1＝负沿中断	0＝正沿中断
Bit2	INT2EP：外部中断 2 中断沿选择位	1＝负沿中断	0＝正沿中断
Bit1	INT1EP：外部中断 1 中断沿选择位	1＝负沿中断	0＝正沿中断
Bit0	INT0EP：外部中断 0 中断沿选择位	1＝负沿中断	0＝正沿中断

表 2.6、表 2.7、表 2.8 所列为中断标志状态寄存器 IFSx，共 3 个。

所有中断请求标志都保存在 IFSx 寄存器中，其中"x"表示寄存器编号。每个中断源都有一个状态位，它们由各自的外设和外部信号置位并通过软件清零。

第 2 章 中断系统

表 2.6 中断标志寄存器 0(IFS0)

R/W-0	R/W-0	R/W-0	R/W-0	R/W-0	R/W-0	R/W-0	R/W-0
CNIF	MI2CIF	SI2CIF	NVMIF	ADIF	U1TXIF	U1RXIF	SPI1IF
bit 15							bit 8
R/W-0	R/W-0	R/W-0	R/W-0	R/W-0	R/W-0	R/W-0	R/W-0
T3IF	T2IF	OC2IF	IC2IF	T1IF	OC1IF	IC1IF	INT0IF
bit 7							bit 0

其中:R＝可读位,W＝可写位,U＝未用,读作 0,－n＝上电复位时的值

Bit15	CNIF:电平变化中断标志位	1＝发生中断	0＝未发生中断
Bit14	MI2CIF:I^2C 总线冲突标志位	1＝发生中断	0＝未发生中断
Bit13	SI2CIF:I^2C 传输完成中断标志位	1＝发生中断	0＝未发生中断
Bit12	NVMIF:非易失性存储器写完中断标志位	1＝发生中断	0＝未发生中断
Bit11	ADIF:A/D 转换完成中断标志位	1＝发生中断	0＝未发生中断
Bit10	U1TXIF:UART1 发送中断标志位	1＝发生中断	0＝未发生中断
Bit9	U1RXIF:UART1 接收中断标志位	1＝发生中断	0＝未发生中断
Bit8	SPI1IF:SPI1 中断标志位	1＝发生中断	0＝未发生中断
Bit7	T3IF:Timer3 中断标志位	1＝发生中断	0＝未发生中断
Bit6	T2IF:Timer2 中断标志状态位	1＝发生中断	0＝未发生中断
Bit5	OC2IF:输出比较通道 2 中断标志位	1＝发生中断	0＝未发生中断
Bit4	IC2IF:输入捕捉通道 2 中断标志位	1＝发生中断	0＝未发生中断
Bit3	T1IF:Timer1 中断标志位	1＝发生中断	0＝未发生中断
Bit2	OC1IF:输出比较通道 1 中断标志位	1＝发生中断	0＝未发生中断
Bit1	IC1IF:输入捕捉通道 1 中断标志位	1＝发生中断	0＝未发生中断
Bit0	INT0IF:外部中断 0 标志位	1＝发生中断	0＝未发生中断

表 2.7 中断标志寄存器 1(IFS1)

R/W-0	R/W-0	R/W-0	R/W-0	R/W-0	R/W-0	R/W-0	R/W-0
IC6IF	IC5IF	IC4IF	IC3IF	C1IF	SPI2IF	U2TXIF	U2RXIF
bit 15							bit 8
R/W-0	R/W-0	R/W-0	R/W-0	R/W-0	R/W-0	R/W-0	R/W-0
INT2IF	T5IF	T4IF	OC4IF	OC3IF	IC8IF	IC7IF	INT1IF
bit 7							bit 0

其中:R＝可读位,W＝可写位,U＝未用,读作 0,－n＝上电复位时的值

Bit15	IC6IF:输入捕捉通道 6 中断标志位	1＝发生中断	0＝未发生中断
Bit14	IC5IF:输入捕捉通道 5 中断标志位	1＝发生中断	0＝未发生中断

续表 2.7

Bit13	IC4IF：输入捕捉通道 4 中断标志位	1＝发生中断	0＝未发生中断
Bit12	IC3IF：输入捕捉通道 3 中断标志位	1＝发生中断	0＝未发生中断
Bit11	C1IF：CAN1（组合）中断标志位	1＝发生中断	0＝未发生中断
Bit10	SPI2IF：SPI2 中断标志位	1＝发生中断	0＝未发生中断
Bit9	U2TXIF：UART2 发送中断标志位	1＝发生中断	0＝未发生中断
Bit8	U2RXIF：UART2 接收中断标志位	1＝发生中断	0＝未发生中断
Bit7	INT2IF：外部中断 2 标志位	1＝发生中断	0＝未发生中断
Bit6	T5IF：Timer5 中断标志状态位	1＝发生中断	0＝未发生中断
Bit5	T4IF：Timer4 中断标志状态位	1＝发生中断	0＝未发生中断
Bit4	OC4IF：输出比较通道 4 中断标志位	1＝发生中断	0＝未发生中断
Bit3	OC3IF：输出比较通道 3 中断标志位	1＝发生中断	0＝未发生中断
Bit2	IC8IF：输入捕捉通道 8 中断标志位	1＝发生中断	0＝未发生中断
Bit1	IC7IF：输入捕捉通道 7 中断标志位	1＝发生中断	0＝未发生中断
Bit0	INT1IF：外部中断 1 标志位	1＝发生中断	0＝未发生中断

表 2.8 中断标志寄存器 2(IFS2)

U-0	U-0	U-0	R/W-0	R/W-0	R/W-0	R/W-0	R/W-0
—	—	—	FLTBIF	FLTAIF	LVDIF	DCIIF	QEIIF
bit 15							bit 8
R/W-0	R/W-0	R/W-0	R/W-0	R/W-0	R/W-0	R/W-0	R/W-0
PWMIF	C2IF	INT4IF	INT3IF	OC8IF	OC7IF	OC6IF	OC5IF
bit 7							bit 0

其中：R＝可读位，W＝可写位，U＝未用，读作 0，—n＝上电复位时的值

Bit15～13	未用	读作 0	
Bit12	FLTBIF：故障 B 输入中断标志位	1＝发生中断	0＝未发生中断
Bit11	FLTAIF：故障 A 输入中断标志位	1＝发生中断	0＝未发生中断
Bit10	LVDIF：可编程的低电压检测中断标志位	1＝发生中断	0＝未发生中断
Bit9	DCIIF：DCI 接口中断标志位	1＝发生中断	0＝未发生中断
Bit8	QEIIF：QEI 接口中断标志位	1＝发生中断	0＝未发生中断
Bit7	PWMIF：电机控制 PWM 中断标志位	1＝发生中断	0＝未发生中断
Bit6	C2IF：CAN2（组合）中断标志位	1＝发生中断	0＝未发生中断
Bit5	INT4IF：外部中断 4 标志位	1＝发生中断	0＝未发生中断

续表 2.8

Bit4	INT3IF：外部中断 3 标志位	1＝发生中断	0＝未发生中断
Bit3	OC8IF：输出比较通道 8 中断标志位	1＝发生中断	0＝未发生中断
Bit2	OC7IF：输出比较通道 7 中断标志位	1＝发生中断	0＝未发生中断
Bit1	OC6IF：输出比较通道 6 中断标志位	1＝发生中断	0＝未发生中断
Bit0	OC5IF：输出比较通道 5 中断标志位	1＝发生中断	0＝未发生中断

表 2.9、表 2.10、表 2.11 所列为中断允许控制寄存器 IECx，共 3 个。

所有中断允许控制位都保存在 IECx 寄存器中，其中"x"表示寄存器编号。这些控制位用于分别允许来自外设或外部信号的中断。

表 2.9　中断允许寄存器 0(IEC0)

R/W-0	R/W-0	R/W-0	R/W-0	R/W-0	R/W-0	R/W-0	R/W-0
CNIE	MI2CIE	SI2CIE	NVMIE	ADIE	U1TXIE	U1RXIE	SPI1IE
bit 15							bit 8
R/W-0	R/W-0	R/W-0	R/W-0	R/W-0	R/W-0	R/W-0	R/W-0
T3IE	T2IE	OC2IE	IC2IE	T1IE	OC1IE	IC1IE	INT0IE
bit 7							bit 0

其中：R＝可读位，W＝可写位，U＝未用，读作 0，－n＝上电复位时的值

Bit15	CNIE：电平变化中断允许位	1＝允许中断	0＝禁止中断
Bit14	MI2CIE：I^{2}C 总线冲突中断允许位	1＝允许中断	0＝禁止中断
Bit13	SI2CIE：I^{2}C 传输完成中断允许位	1＝允许中断	0＝禁止中断
Bit12	NVMIE：非易失性存储器写完中断允许位	1＝允许中断	0＝禁止中断
Bit11	ADIE：A/D 转换完成中断允许位	1＝允许中断	0＝禁止中断
Bit10	U1TXIE：UART1 发送中断允许位	1＝允许中断	0＝禁止中断
Bit9	U1RXIE：UART1 接收中断允许位	1＝允许中断	0＝禁止中断
Bit8	SPI1IE：SPI1 中断允许位	1＝允许中断	0＝禁止中断
Bit7	T3IE：Timer3 中断允许位	1＝允许中断	0＝禁止中断
Bit6	T2IE：Timer2 中断允许位	1＝允许中断	0＝禁止中断
Bit5	OC2IE：输出比较通道 2 中断允许位	1＝允许中断	0＝禁止中断
Bit4	IC2IE：输入捕捉通道 2 中断允许位	1＝允许中断	0＝禁止中断
Bit3	T1IE：Timer1 中断标志位	1＝允许中断	0＝禁止中断
Bit2	OC1IE：输出比较通道 1 中断允许位	1＝允许中断	0＝禁止中断
Bit1	IC1IE：输入捕捉通道 1 中断允许位	1＝允许中断	0＝禁止中断
Bit0	INT0IE：外部中断 0 允许位	1＝允许中断	0＝禁止中断

表 2.10 中断允许寄存器 1(IEC1)

R/W-0	R/W-0	R/W-0	R/W-0	R/W-0	R/W-0	R/W-0	R/W-0
IC6IE	IC5IE	IC4IE	IC3IE	C1IE	SPI2IE	U2TXIE	U2RXIE
bit 15							bit 8
R/W-0	R/W-0	R/W-0	R/W-0	R/W-0	R/W-0	R/W-0	R/W-0
INT2IE	T5IE	T4IE	OC4IE	OC3IE	IC8IE	IC7IE	INT1IE
bit 7							bit 0

其中:R=可读位,W=可写位,U=未用,读作 0,—n=上电复位时的值

Bit15	IC6IE:输入捕捉通道 6 中断允许位	1=允许中断	0=禁止中断
Bit14	IC5IE:输入捕捉通道 5 中断允许位	1=允许中断	0=禁止中断
Bit13	IC4IE:输入捕捉通道 4 中断允许位	1=允许中断	0=禁止中断
Bit12	IC3IE:输入捕捉通道 3 中断允许位	1=允许中断	0=禁止中断
Bit11	C1IE:CAN1(组合)中断允许位	1=允许中断	0=禁止中断
Bit10	SPI2IE:SPI2 中断允许位	1=允许中断	0=禁止中断
Bit9	U2TXIE:UART2 发送中断允许位	1=允许中断	0=禁止中断
Bit8	U2RXIE:UART2 接收中断允许位	1=允许中断	0=禁止中断
Bit7	INT2IE:外部中断 2 允许位	1=允许中断	0=禁止中断
Bit6	T5IE:Timer5 中断标志允许位	1=允许中断	0=禁止中断
Bit5	T4IE:Timer4 中断标志允许位	1=允许中断	0=禁止中断
Bit4	OC4IE:输出比较通道 4 中断允许位	1=允许中断	0=禁止中断
Bit3	OC3IE:输出比较通道 3 中断允许位	1=允许中断	0=禁止中断
Bit2	IC8IE:输入捕捉通道 8 中断允许位	1=允许中断	0=禁止中断
Bit1	IC7IE:输入捕捉通道 7 中断允许位	1=允许中断	0=禁止中断
Bit0	INT1IE:外部中断 1 允许位	1=允许中断	0=禁止中断

表 2.11 中断允许寄存器 2(IEC2)

U-0	U-0	U-0	R/W-0	R/W-0	R/W-0	R/W-0	R/W-0
—	—	—	FLTBIE	FLTAIE	LVDIE	DC1IE	QE1IE
bit 15							bit 8
R/W-0	R/W-0	R/W-0	R/W-0	R/W-0	R/W-0	R/W-0	R/W-0
PWMIE	C2IE	INT4IE	INT3IE	OC8IE	OC7IE	OC6IE	OC5IE
bit 7							bit 0

其中:R=可读位,W=可写位,U=未用,读作 0,—n=上电复位时的值

Bit15~13	未用	读作 0	
Bit12	FLTBIE:故障 B 输入中断允许位	1=允许中断	0=禁止中断

续表 2.11

Bit11	FLTAIE:故障 A 输入中断允许位	1=允许中断	0=禁止中断
Bit10	LVDIE:可编程的低电压检测中断允许位	1=允许中断	0=禁止中断
Bit9	DCIIE:DCI 接口中断允许位	1=允许中断	0=禁止中断
Bit8	QEIIE:QEI 接口中断允许位	1=允许中断	0=禁止中断
Bit7	PWMIE:电机控制 PWM 中断允许位	1=允许中断	0=禁止中断
Bit6	C2IE:CAN2(组合)中断允许位	1=允许中断	0=禁止中断
Bit5	INT4IE:外部中断 4 允许位	1=允许中断	0=禁止中断
Bit4	INT3IE:外部中断 3 允许位	1=允许中断	0=禁止中断
Bit3	OC8IE:输出比较通道 8 中断允许位	1=允许中断	0=禁止中断
Bit2	OC7IE:输出比较通道 7 中断允许位	1=允许中断	0=禁止中断
Bit1	OC6IE:输出比较通道 6 中断允许位	1=允许中断	0=禁止中断
Bit0	OC5IE:输出比较通道 5 中断允许位	1=允许中断	0=禁止中断

表 2.12~2.23 所列为中断优先级控制寄存器 IPCx,共 12 个。

每个用户中断源都可以分配为 8 个优先级别中的一个。IPC 寄存器用于为每个中断源设置中断优先级。

表 2.12 中断优先级控制寄存器 0(IPC0)

U-0	R/W-0	R/W-0	R/W-0	U-0	R/W-0	R/W-0	R/W-0
—	\multicolumn{3}{c}{T1IP<2:0>}	—	\multicolumn{3}{c}{OC1IP<2:0>}
bit 15							bit 8
U-0	R/W-1	R/W-0	R/W-0	U-0	R/W-1	R/W-0	R/W-0
—	\multicolumn{3}{c}{IC1IP<2:0>}	—	\multicolumn{3}{c}{INT0IP<2:0>}
bit 7							bit 0

其中:R=可读位,W=可写位,U=未用,读作 0,-n=上电复位时的值

Bit15	未用	读作 0	
Bit14~12	T1IP<2:0>:Timer1 中断优先级位	111=优先级 7(最高) 110=优先级 6 101=优先级 5 100=优先级 4	011=优先级 3 010=优先级 2 001=优先级 1 000=优先级 0(禁止)
Bit11	未用	读作 0	
Bit10~8	OC1IP<2:0>:输出比较 1 中断优先级	与 Bit14~12 的设置相同	
Bit7	未用	读作 0	

续表 2.12

Bit6~4	IC1IP<2:0>:输入捕捉 1 中断优先级	与 Bit14~12 的设置相同
Bit3	未用	读作 0
Bit2~0	INT0IP<2:0>:外部中断 0 优先级位	与 Bit14~12 的设置相同

表 2.13　中断优先级控制寄存器 1(IPC1)

U-0	R/W-1	R/W-0	R/W-0	U-0	R/W-1	R/W-0	R/W-0
—	\multicolumn{3}{c}{T3IP<2:0>}	—	\multicolumn{3}{c}{T2IP<2:0>}

bit 15　　　　　　　　　　　　　　　　　　　　　　　　　　　　　　　　　　　　bit 8

U-0	R/W-1	R/W-0	R/W-0	U-0	R/W-1	R/W-0	R/W-0
—		OC2IP<2:0>		—		I2IP<2:0>	

bit 7　　　　　　　　　　　　　　　　　　　　　　　　　　　　　　　　　　　　　bit 0

其中：R=可读位，W=可写位，U=未用，读作 0，-n=上电复位时的值

Bit15	未用	读作 0	
Bit14~12	T3IP<2:0>:Timer3 中断优先级位	111=优先级 7(最高) 110=优先级 6 101=优先级 5 100=优先级 4	011=优先级 3 010=优先级 2 001=优先级 1 000=优先级 0(禁止)
Bit11	未用	读作 0	
Bit10~8	T2IP<2:0>:Timer2 中断优先级位	与 Bit14~12 的设置相同	
Bit7	未用	读作 0	
Bit6~4	OC2IP<2:0>:输出比较 2 中断优先级	与 Bit14~12 的设置相同	
Bit3	未用	读作 0	
Bit2~0	IC2IP<2:0>:输入捕捉 2 中断优先级	与 Bit14~12 的设置相同	

表 2.14　中断优先级控制寄存器 2(IPC2)

U-0	R/W-1	R/W-0	R/W-0	U-0	R/W-1	R/W-0	R/W-0
—		ADIP<2:0>		—		U1TXIP<2:0>	

bit 15　　　　　　　　　　　　　　　　　　　　　　　　　　　　　　　　　　　　bit 8

U-0	R/W-1	R/W-0	R/W-0	U-0	R/W-1	R/W-0	R/W-0
—		U1RXIP<2:0>		—		SPI1IP<2:0>	

bit 7　　　　　　　　　　　　　　　　　　　　　　　　　　　　　　　　　　　　　bit 0

其中：R=可读位，W=可写位，U=未用，读作 0，-n=上电复位时的值

Bit15	未用	读作 0

续表 2.14

Bit14~12	ADIP<2:0>:A/D 转换完成中断优先级	111=优先级 7(最高) 011=优先级 3 110=优先级 6 010=优先级 2 101=优先级 5 001=优先级 1 100=优先级 4 000=优先级 0(禁止)
Bit11	未用	读作 0
Bit10~8	U1TXIP<0>:UART1 发送中断优先级	与 Bit14~12 的设置相同
Bit7	未用	读作 0
Bit6~4	U1RXIP<0>:UART1 接收中断优先级	与 Bit14~12 的设置相同
Bit3	未用	读作 0
Bit2~0	SPI1IP<2:0>:SPI1 中断优先级	与 Bit14~12 的设置相同

表 2.15 中断优先级控制寄存器 3(IPC3)

U-0	R/W-1	R/W-0	R/W-0	U-0	R/W-1	R/W-0	R/W-0
—	\multicolumn{3}{c}{CNIP<2:0>}	—	\multicolumn{3}{c}{MI2CIP<2:0>}
bit 15							bit 8
U-0	R/W-1	R/W-0	R/W-0	U-0	R/W-1	R/W-0	R/W-0
—	\multicolumn{3}{c}{SI2CIP<2:0>}	—	\multicolumn{3}{c}{NVMIP<2:0>}
bit 7							bit 0

其中:R=可读位,W=可写位,U=未用,读作 0,-n=上电复位时的值

Bit15	未用	读作 0
Bit14~12	CNIP<2:0>:电平变化中断优先级	111=优先级 7(最高) 011=优先级 3 110=优先级 6 010=优先级 2 101=优先级 5 001=优先级 1 100=优先级 4 000=优先级 0(禁止)
Bit11	未用	读作 0
Bit10~8	MI2CIP<2:0>:I^{2}C 总线冲突中断优先级	与 Bit14~12 的设置相同
Bit7	未用	读作 0
Bit6~4	SI2CIP<2:0>:I^{2}C 传输完成中断优先级	与 Bit14~12 的设置相同
Bit3	未用	读作 0
Bit2~0	NVMIP<2:0>:非易失性存储器写中断优先级	与 Bit14~12 的设置相同

表 2.16　中断优先级控制寄存器 4(IPC4)

U-0	R/W-1	R/W-0	R/W-0	U-0	R/W-1	R/W-0	R/W-0
—	\multicolumn{3}{c}{OC3IP<2:0>}	—	\multicolumn{3}{c}{IC8IP<2:0>}

bit 15　　　　　　　　　　　　　　　　　　　　　　　　　　　　　　　bit 8

U-0	R/W-1	R/W-0	R/W-0	U-0	R/W-1	R/W-0	R/W-0
—	\multicolumn{3}{c}{IC7IP<2:0>}	—	\multicolumn{3}{c}{INT1IP<2:0>}

bit 7　　　　　　　　　　　　　　　　　　　　　　　　　　　　　　　bit 0

其中:R=可读位,W=可写位,U=未用,读作 0,—n=上电复位时的值

Bit15	未用	读作 0	
Bit14~12	OC3IP<2:0>:输出比较 3 中断优先级	111=优先级 7(最高) 110=优先级 6 101=优先级 5 100=优先级 4	011=优先级 3 010=优先级 2 001=优先级 1 000=优先级 0(禁止)
Bit11	未用	读作 0	
Bit10~8	IC8IP<2:0>:输入捕捉 8 中断优先级	与 Bit14~12 的设置相同	
Bit7	未用	读作 0	
Bit6~4	IC7IP<2:0>:输入捕捉 7 中断优先级	与 Bit14~12 的设置相同	
Bit3	未用	读作 0	
Bit2~0	INT1IP<2:0>:外部中断 1 优先级	与 Bit14~12 的设置相同	

表 2.17　中断优先级控制寄存器 5(IPC5)

U-0	R/W-1	R/W-0	R/W-0	U-0	R/W-1	R/W-0	R/W-0
—	\multicolumn{3}{c}{INT2IP<2:0>}	—	\multicolumn{3}{c}{T5IP<2:0>}

bit 15　　　　　　　　　　　　　　　　　　　　　　　　　　　　　　　bit 8

U-0	R/W-1	R/W-0	R/W-0	U-0	R/W-1	R/W-0	R/W-0
—	\multicolumn{3}{c}{T4IP<2:0>}	—	\multicolumn{3}{c}{OC4IP<2:0>}

bit 7　　　　　　　　　　　　　　　　　　　　　　　　　　　　　　　bit 0

其中:R=可读位,W=可写位,U=未用,读作 0,—n=上电复位时的值

Bit15	未用	读作 0	
Bit14~12	INT2IP<2:0>:外部中断 2 优先级	111=优先级 7(最高) 110=优先级 6 101=优先级 5 100=优先级 4	011=优先级 3 010=优先级 2 001=优先级 1 000=优先级 0(禁止)
Bit11	未用	读作 0	
Bit10~8	T5IP<2:0>:Timer5 中断优先级	与 Bit14~12 的设置相同	

续表 2.17

Bit7	未用	读作 0
Bit6~4	**T4IP<2:0>**:Timer4 中断优先级	与 Bit14~12 的设置相同
Bit3	未用	读作 0
Bit2~0	**OC4IP<2:0>**:输出比较 4 中断优先级	与 Bit14~12 的设置相同

表 2.18 中断优先级控制寄存器 6(IPC6)

U-0	R/W-1	R/W-0	R/W-0	U-0	R/W-1	R/W-0	R/W-0
—	\multicolumn{3}{c}{C1IP<2:0>}	—	\multicolumn{3}{c}{SPI2IP<2:0>}
bit 15							bit 8
U-0	R/W-1	R/W-0	R/W-0	U-0	R/W-1	R/W-0	R/W-0
—	\multicolumn{3}{c}{U2TXIP<2:0>}	—	\multicolumn{3}{c}{U2RXIP<2:0>}
bit 7							bit 0

其中:R=可读位,W=可写位,U=未用,读作 0,-n=上电复位时的值

Bit15	未用	读作 0	
Bit14~12	**C1IP<2:0>**: CAN1(组合的)中断优先级	111=优先级 7(最高) 110=优先级 6 101=优先级 5 100=优先级 4	011=优先级 3 010=优先级 2 001=优先级 1 000=优先级 0(禁止)
Bit11	未用	读作 0	
Bit10~8	**SPI2IP<2:0>**:SPI2 中断优先级	与 Bit14~12 的设置相同	
Bit7	未用	读作 0	
Bit6~4	**U2TXIP<2:0>**:UART2 发送中断优先级	与 Bit14~12 的设置相同	
Bit3	未用	读作 0	
Bit2~0	**U2RXIP<2:0>**:UART2 接收中断优先级	与 Bit14~12 的设置相同	

表 2.19 中断优先级控制寄存器 7(IPC7)

U-0	R/W-1	R/W-0	R/W-0	U-0	R/W-1	R/W-0	R/W-0
—	\multicolumn{3}{c}{IC6IP<2:0>}	—	\multicolumn{3}{c}{IC5IP<2:0>}
bit 15							bit 8
U-0	R/W-1	R/W-0	R/W-0	U-0	R/W-1	R/W-0	R/W-0
—	\multicolumn{3}{c}{IC4IP<2:0>}	—	\multicolumn{3}{c}{IC3IP<2:0>}
bit 7							bit 0

其中:R=可读位,W=可写位,U=未用,读作 0,-n=上电复位时的值

续表 2.19

Bit15	未用	读作 0	
Bit14~12	IC6IP<2:0>:输入捕捉 6 中断优先级	111=优先级 7(最高) 110=优先级 6 101=优先级 5 100=优先级 4	011=优先级 3 010=优先级 2 001=优先级 1 000=优先级 0(禁止)
Bit11	未用	读作 0	
Bit10~8	IC5IP<2:0>:输入捕捉 5 中断优先级	与 Bit14~12 的设置相同	
Bit7	未用	读作 0	
Bit6~4	IC4IP<2:0>:输入捕捉 4 中断优先级	与 Bit14~12 的设置相同	
Bit3	未用	读作 0	
Bit2~0	IC3IP<2:0>:输入捕捉 3 中断优先级	与 Bit14~12 的设置相同	

表 2.20 中断优先级控制寄存器 8(IPC8)

U-0	R/W-1	R/W-0	R/W-0	U-0	R/W-1	R/W-0	R/W-0
—	\multicolumn{3}{c	}{OC8IP<2:0>}	—	\multicolumn{3}{c	}{OC7IP<2:0>}
bit 15							bit 8
U-0	R/W-1	R/W-0	R/W-0	U-0	R/W-1	R/W-0	R/W-0
—	OC6IP<2:0>			—	OC5IP<2:0>		
bit 7							bit 0

其中:R=可读位,W=可写位,U=未用,读作 0,-n=上电复位时的值

Bit15	未用	读作 0	
Bit14~12	OC8IP<2:0>:输出比较 8 中断优先级	111=优先级 7(最高) 110=优先级 6 101=优先级 5 100=优先级 4	011=优先级 3 010=优先级 2 001=优先级 1 000=优先级 0(禁止)
Bit11	未用	读作 0	
Bit10~8	OC7IP<2:0>:输出比较 7 中断优先级	与 Bit14~12 的设置相同	
Bit7	未用	读作 0	
Bit6~4	OC6IP<2:0>:输出比较 6 中断优先级	与 Bit14~12 的设置相同	
Bit3	未用	读作 0	
Bit2~0	OC5IP<2:0>:输出比较 5 中断优先级	与 Bit14~12 的设置相同	

第 2 章 中断系统

表 2.21 中断优先级控制寄存器 9(IPC9)

U-0	R/W-1	R/W-0	R/W-0	U-0	R/W-1	R/W-0	R/W-0
—	\<PWMIP<2:0>\>			—	\<C2IP<2:0>\>		
bit 15							bit 8
U-0	R/W-1	R/W-0	R/W-0	U-0	R/W-1	R/W-0	R/W-0
—	\<INT4IP<2:0>\>			—	\<INT3IP<2:0>\>		
bit 7							bit 0

其中:R=可读位,W=可写位,U=未用,读作 0,−n=上电复位时的值

Bit15	未用	读作 0
Bit14~12	PWMIP<2:0>: 电机控制脉宽调制中断优先级	111=优先级 7(最高)　　011=优先级 3 110=优先级 6　　　　　010=优先级 2 101=优先级 5　　　　　001=优先级 1 100=优先级 4　　　　　000=优先级 0(禁止)
Bit11	未用	读作 0
Bit10~8	C2IP<2:0>:CAN2(组合的)中断优先级	与 Bit14~12 的设置相同
Bit7	未用	读作 0
Bit6~4	INT4IP<2:0>:外部中断 4 优先级	与 Bit14~12 的设置相同
Bit3	未用	读作 0
Bit2~0	INT3IP<2:0>:外部中断 3 优先级	与 Bit14~12 的设置相同

表 2.22 中断优先级控制寄存器 10(IPC10)

U-0	R/W-1	R/W-0	R/W-0	U-0	R/W-1	R/W-0	R/W-0
—	\<FLTAIP<2:0>\>			—	\<LVDIP<2:0>\>		
bit 15							bit 8
U-0	R/W-1	R/W-0	R/W-0	U-0	R/W-1	R/W-0	R/W-0
—	\<DCIIP<2:0>\>			—	\<QEIIP<2:0>\>		
bit 7							bit 0

其中:R=可读位,W=可写位,U=未用,读作 0,−n=上电复位时的值

Bit15	未用	读作 0
Bit14~12	FLTAIP<2:0>:故障 A 输入中断优先级	111=优先级 7(最高)　　011=优先级 3 110=优先级 6　　　　　010=优先级 2 101=优先级 5　　　　　001=优先级 1 100=优先级 4　　　　　000=优先级 0(禁止)
Bit11	未用	读作 0
Bit10~8	LVDIP<2:0>:可编程低压检测中断优先级	与 Bit14~12 的设置相同

续表 2.22

Bit7	未用	读作 0
Bit6~4	DCIIP<2:0>:数据转换器接口中断优先级	与 Bit14~12 的设置相同
Bit3	未用	读作 0
Bit2~0	QEIIP<2:0>:正交编码器接口中断优先级	与 Bit14~12 的设置相同

表 2.23 中断优先级控制寄存器 11(IPC11)

U-0	U-0	U-0	U-0	U-0	U-0	U-0	U-0
—	—	—	—	—	—	—	—

bit 15　　　　　　　　　　　　　　　　　　　　　　　　　　bit 8

U-0	U-0	U-0	U-0	U-0	R/W-1	R/W-0	R/W-0
—	—	—	—	—	FLTBIP<2:0>		

bit 7　　　　　　　　　　　　　　　　　　　　　　　　　　bit 0

其中:R=可读位,W=可写位,U=未用,读作 0,-n=上电复位时的值

Bit15~3	未用	读作 0	
Bit2~0	FLTBIP<2:0>:故障 B 输入中断优先级	111=优先级 7(最高)	011=优先级 3
		110=优先级 6	010=优先级 2
		101=优先级 5	001=优先级 1
		100=优先级 4	000=优先级 0(禁止)

第 3 章
程序存储器与数据存储器

3.1 程序存储器与 EEPROM

程序存储器的主要作用是保存用户程序代码。Microchip 的 dsPIC30F 系列数字信号控制器采用独有的"PEEC"(PMOS Electrical Erasable Cell)工艺的扩展型 Flash 存储器,采用 5 V 供电,擦写周期可达 10 万次,数据可靠保存年限大于 40 年,是目前业界最优秀的 Flash 之一。dsPIC33F、PIC24 系列单片机(比如 dsPIC33FJ256GP510)则是采用 3 V 供电的标准 Flash,可以在 3.3 V 的时候跑到 40 MIPS。但是需要提醒用户的是,这一系列的 Flash 擦写次数没有扩展 Flash 多。同时该系列芯片没有内部 EEPROM(Microchip 提供用 Flash 模拟 EEPROM 的软件)。

目前 dsPIC30F、dsPIC33F、PIC24 系列 16 位单片机都支持 ICSP 和 RTSP 等烧写方式。

ICSP(In-Circuit Serial Programming):在线串行烧写。和大多数的 PIC 单片机一样,用户可以使用烧写器用串行方式对芯片进行烧写。这种方式节省端口资源,只使用了两个 I/O 口、MCLR 脚(引入 +13 V)、V_{dd}、V_{ss} 这 5 个引脚,就可以进行芯片快速烧写。这也方便用户在把芯片安装到 PCB 上之后再对芯片烧写,提高了效率。

RTSP(Run-Time Self Programming):运行中自烧写。这种方式意味着用户程序可以在运行的时候对自身 Flash 进行烧写。应用范围很广泛,dsPIC 系列单片机的 Flash 可以支持现场升级或在线远程升级用户程序等应用、下载数据表格、更新传感器参数等。需要注意的是,RTSP 的速度比 ICSP 要慢。

PSV(Program Space Visible):程序可视化访问模式。这种方式允许客户用访问 RAM 的指令直接而快速地访问 Flash 里的数据。我们也可以把很多表格、字库、甚至滤波器参数等存放在 Flash 中,减少 EEPROM 和 RAM 等珍贵资源的使用。

在 dsPIC30F 系列数字信号控制器里集成了真正的 EEPROM 数据存储器(最多可达 4 KB,不同型号有所不同)。这些 EEPROM 被映射到程序存储器地址范围内。EEPROM 组织为16位宽的存储器结构，便于存放非易失性数据。诸如传感器校正参数、掉电数据、历史记录等数据都可以随时保存到 EEPROM 中。EEPROM 存储器的擦写周期可达一百万次。

3.1.1 程序存储器地址映射

dsPIC30F 系列器件的 Flash 程序存储器占用的地址范围为 4 M×24 位，即 4 M 字（字长 24），如图 3.1 所示。访问程序存储器可以使用以下 3 种方法：

① 使用 PC 指针（23 位）对程序区进行访问；
② 使用表读（TBLRD）和表写（TBLWT）指令对程序区进行访问；
③ 使用 PSV 方式把程序存储器以 32 KB 为单位映射到 RAM 空间并对其内容进行访问。

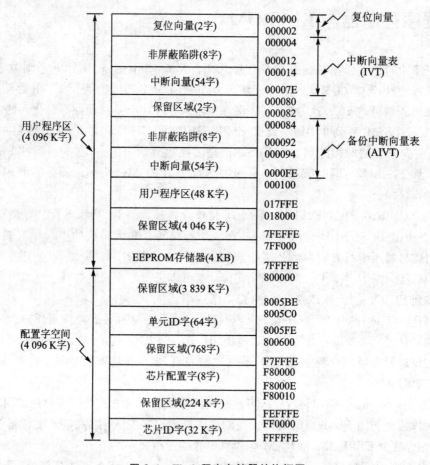

图 3.1 Flash 程序存储器结构框图

图 3.1 中显示了 Flash 存储器空间被分为用户程序区(4 096 K 字)和用户配置字空间(4 096 K 字)两大部分。其中用户程序区包含了复位向量、中断向量表、程序存储器和数据 EEPROM 存储器等。这些资源位于 4 096 K 字的地址范围内,是 PC 指针可以操作到的范围。在地址高于 0x7FFFFF(从 0x800000 开始)的地址范围是用户配置字空间,里面包含了芯片配置字(Configuration Bits)、芯片 ID 字、单元 ID 字等。这些空间不能用 PC 指针访问到,但是可以使用表操作指令,使用表指针对这些区域进行操作。

需要注意的是:在图 3.1 中没有按照地址范围的大小比例画图,只是一个表示框图而已;另外一点,程序 Flash、EEPROM 等区域的地址范围可能因为不同的型号而有差异。用户需要根据不同芯片的数据手册得到具体的地址取值。通常程序采取可重定位的编程方法,因此具体物理地址由编译器在链接时分配,用户不用在程序里指定绝对地址,因为直接指定地址可能给程序设计带来一些问题,需要小心。

目前所发布的 dsPIC30Fxxxx 系列 16 位单片机最多可以提供 144 KB 程序空间(48 K 字),假如全部是单字指令的话最多可以书写 49 024 条汇编指令。而 dsPIC33Fxxxx 系列 16 位单片机最多可提供 256 KB 程序空间,给客户提供更灵活安全的开发选择。

在图 3.1 中的用户程序区里有很大的一个(4 046 K 字)保留区域,这些地址空间可以作为未来型号的扩展之用。同样,现有的芯片也具有完全使用非屏蔽陷阱或中断向量的地址资源,以便改进型号扩展之用。

3.1.2 程序计数器 PC

PIC24、dsPIC 系列 16 位单片机的程序计数器(PC)的长度为 23 位。PC 指针的最低位被强制总为"0",这样可以提供与数据空间寻址的兼容性。用 PC<22:1>在 4 M 字程序存储器空间中对连续指令字寻址。一旦程序开始运行,在时钟脉冲的推动下程序计数器 PC 将以 2 为增量不断进行变化。

每个指令字为 24 位宽度,相当于 3 个字节(8 位字节)。为了和其他 CPU 比较的时候有一个相同的衡量指标,通常以"字节"(Byte)方式给出某一单片机的程序容量,读者在看相关手册时要注意,假如给出的容量是字节单位,则可以简单将其除以 3,得到该芯片相应的"字"容量。

可以认为程序存储器地址的最低位(PC<0>)是一个字节选择位,当使用程序空间可视性 PSV(Program Space Visible)或表操作指令对程序存储器进行访问时,这一位将发挥作用。对于通过 PC 取指的情况,不需要该字节选择位。所以,此时 PC<0>总是用硬件设置为"0"。

芯片核心进行取指的操作示例如图 3.2 所示。图中形象地表示出 23 位 PC 指针的组装过程,我们注意到当对 PC<22:1>进行加 1 操作时,相当于 PC<22:0>加 2,PC 指针指向下一个程序字的位置。

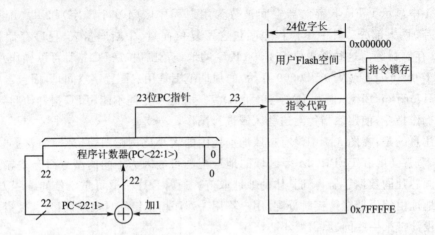

图 3.2　PC 指针的生成原理

3.1.3　从 Flash 或 EEPROM 进行数据读写的方法

可以使用两种方法从程序存储器读取数据。第一种方法是通过表操作指令对程序存储器进行访问,TBLRDL 和 TBLWTL 指令对 Flash 的低位字进行访问(读或写),TBLRDH 和 TBLWTH 指令对 Flash 的高位字进行访问(读或写),很适合某些将数据放在 Flash 里的应用,比如 FIR 滤波器,汉字库等。第二种方法就是程序可视化(PSV)是通过把 Flash 里面某一个 32 KB 程序空间页重新映射到数据存储器空间的后半部分(后 32 KB 范围里)。

> **注意**：PSV 只能读取程序存储器的低 16 位数据,对于高 8 位却无能为力,也可以说最高的 8 位数据被浪费了。但是 PSV 的访问方式更直接快速,用访问 RAM 的方式去访问 Flash。而表操作指令可以使用"TBLRDH"和"TBLWTH"指令是对程序字的高 8 位进行读写。这也是访问程序高位字节的唯一方法。

3.1.3.1　使用表操作指令进行数据访问原理

用户通过一系列的表操作指令("表读"和"表写")可以将 Flash 里的数据以"字节"或"字"的方式在 Flash 和 RAM 之间传递。使用表读指令可以把数据从 Flash 读入到 RAM 里;使用相应的表写指令可以把 RAM 里的数据烧写到 Flash 里相应的单元。

目前共有 4 条专用的表操作指令可以对 Flash 区域进行访问:TBLRDL(读表的低位字)、TBLRDH(读表的高位字)、TBLWTL(写表的低位字)、TBLWTH(写表的高位字)。

如图 3.3 所示,一个 24 位宽度的 Flash 字可以被视作并排放置的两个 16 位宽的单元,每个单元共享一个地址范围。使用表指令,我们可以以字节(8 位)方式或者字(16 位)方式对程序区进行访问。每个页的空间为 64 KB 范围(即与 RAM 的地址范围相同)。

TBLRDL 和 TBLWTL 访问程序存储器的低位数据字,而 TBLRDH 和 TBLWTH 访问高位数据字。由于程序存储器只有 24 位宽,所以它的第 2 个字空间的高字节不存在(虽然它是可寻址的)。所以,它被称为"影子"字节。它的意思是如同一个影子一样,但并不实际存在。对"影子"单元的读操作(假如你确实想试验一下的话)只能得到"0"。

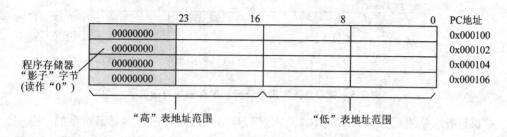

图 3.3 表指针操作程序存储器

图 3.4 所示是表指针的组装构成示意图。所有表操作指令都需要一个 24 位长度的表操作指针,该指针是由两部分组装而成。第一部分是指针的低 16 位,由 W 寄存器担任,可以寻址 64 KB 范围,称之为"页内指针";第二部分是由长度为 8 位的"表页寄存器"(TBLPAG)担任。最后形成一个 24 位长度的物理指针,意味着表操作可以访问任何一个程序字节。

如图 3.4 所示,由于 W 寄存器的高 15 位决定程序空间"字地址",因此 Flash 数据表页大小为 32 K 字。W 寄存器的最后一位是"字节选择位",决定访问的是 Flash 的高位字节还是低位字节,总寻址范围为 64 KB。

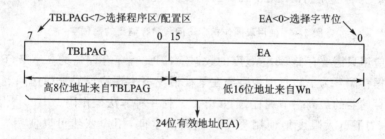

图 3.4 表指针的组装过程

那么使用表操作指令如何访问 Flash 里的内容呢?前面交待过,系统提供两对表操作指令,分别读写程序字的高位字和低位字。

图 3.5 所示是使用"TBLRDL"和"TBLWTL"指令访问程序存储器低位字的示意图。

对于低位字(16 位字)的访问是用"TBLRDL"和"TBLWTL"这两条指令来实现的。假如在表操作指令里用".B"限制符,则说明访问的是 16 位字的某一个 8 位字节,至于是高 8 位还是低 8 位,决定于 W 寄存器的最后一位。为"1"则是操作低位字节,为"0"则是操作高位字节。假如在表操作指令里没有限制符,则使用默认参数".W",这时系统将忽略 W 寄存器的最低位，读取一个 16 位数据字。

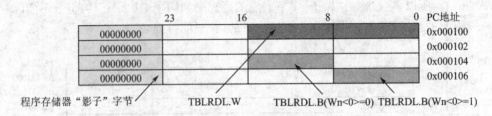

图 3.5　使用表操作指令访问程序存储器的低位字

图 3.6 所示是使用"TBLRDH"和"TBLWTH"指令访问程序存储器高位字的示意图。

对于高位字（当然，只有低 8 位有意义）的访问是用"TBLRDH"和"TBLWTH"这两条指令来实现的。尽管高 16 位字只有低 8 位有意义，但指令依然支持是用"字"（是用".B"限制符）或"字节"访问模式，需要记住的是，对于程序存储器高字节的访问将总是返回"0"。

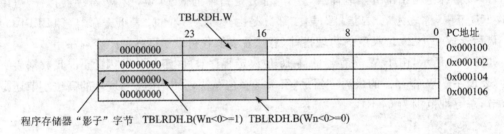

图 3.6　使用表操作指令访问程序存储器的高位字

对于某些应用只需要存储 16 位宽度的数据字，因此程序存储器的高字节（P<23：16>）将不会用于数据存储。为了防止因为系统在某种情况下出现错误寻址而访问到这些区域，强烈建议将程序存储器的最高字节编程为 NOP 或任何一种非法操作码。

尽管如此，为了更大限度地使用程序存储器的空间，用户依然可以使用"TBLRDH"和"TBLWTH"指令对高位字的数据进行访问。在程序存储器容量有限的情况下，这种操作方法有时候是非常有效的。

表操作的过程会相对比较复杂，以下是表操作（表写）过程范例：

1. 表写保持锁存器（Holding Latch）

表写操作指令不是直接对 Flash 或 EEPROM 进行写操作。当执行表写操作指令时，数据会被首先写入到保持锁存器里。保持锁存器没有存储器地址映射，只能使用表写指令访问。当所有的保持锁存器都装载好后，必须执行一个特殊的"开锁"指令序列才能开始存储器烧写操作动作。之所以要设置开锁序列，主要是因为设置严格的时序，可以预防错误擦写存储器的现象发生。

保持锁存器的数量将决定能够烧写的存储区大小,芯片型号的不同,保持锁存器的大小会有不同。同样,针对 Flash 或 EEPROM 的保持锁存器数量也不同。

通常,程序存储器会划分为"行"(ROW)和"段"(PANEL)。每个段都配置有一定数量的表写保持锁存器。由于这个原因可以一次烧写多个段,这样大大降低了芯片的总烧写时间。对于每种类型的存储器,通常都有足够的保持锁存器用来一次烧写一行存储区。存储器逻辑电路会根据表写指令使用的地址值自动判断将数据装入相应的写锁存器集。

2. 字模式写入

范例 3.1 使用本范例可以用字模式对一个 Flash 锁存单元进行写操作。

```
;设置地址指针指向程序区
MOV            #tblpage(PROG_ADDR),W0       ;获得表页值
MOV            W0,TBLPAG                    ;装载 TBLPAG 寄存器
MOV            #tbloffset(PROG_ADDR),W0     ;获得表页值
;把将要写入的数据装载到 W 寄存器里
MOV            #PROG_LOW_WORD,W2
MOV            #PROG_HI_BYTE,W3
;执行表写操作,装载表锁存器
TBLWTL         W2,[W0]
TBLWTH         W3,[W0++]
```

执行完 TBLWTH 指令后,指针 W0 被加 2,指向下一个 Flash 单元,为后续的写操作做好准备。

3. 字节模式写入

范例 3.2 使用本范例可以用字节模式写入一个 Flash 锁存单元。

```
;设置地址指针指向程序区
MOV            #tblpage(PROG_ADDR),W0       ;获得表页值
MOV            W0,TBLPAG                    ;装载 TBLPAG 寄存器
MOV            #tbloffset(PROG_ADDR),W0     ;装载地址 LS 字
;将数据装载到工作寄存器集里
MOV            #LOW_BYTE,W2
MOV            #MID_BYTE,W3
MOV            #HIGH_BYTE,W4
;将数据写入表锁存器里
TBLWTH.B       W4,[W0]                      ;写高字节
TBLWTL.B       W2,[W0++]                    ;写低字节
TBLWTL.B       W3,[W0++]                    ;写中间字节
```

上面的程序里,写入低字节后,W0 做后加操作,指针加一。这时 EA<0>="1",指向中

间字节。最后一条表写操作后,W0 被后加,指向一个偶数地址,也就是下一个 Flash 单元。

3.1.3.2 与 Flash 和 EEPROM 操作相关的主要寄存器

所谓非易失性存储器(Non-Volatile Memory,NVM)包括 Flash、EEPROM 等。NVM 的读写操作由 3 个主要的寄存器进行控制,这 3 个寄存器分别是:NVMCON(NVM 控制寄存器)、NVMKEY(NVM 密钥寄存器)、NVMADR(NVM 地址寄存器)。

1. NVMCON(NVM 控制寄存器)

表 3.1 中包含了 NVM 控制寄存器的寄存器结构和各位的含义详细信息。

表 3.1 NVMCON 寄存器及其各位的含义

R/S-0	R/W-0	R/W-0	U-0	U-0	U-0	U-0	U-0
WR	WREN	WRERR	—	—	—	—	—
bit 15							bit 8
R/W-0	R/W-0	R/W-0	R/W-0	R/W-0	R/W-0	R/W-0	R/W-0
PROGOP<7:0>							
bit 7							bit 0

Bit15	WR: 写(烧写或擦除)控制位	1=开始 EEPROM 或烧写 Flash 擦除或写周期(用软件只能将 WR 位置位,但不能清零) 0=写周期完成
Bit14	WREN: 写(擦除或烧写)使能位	1=使能擦除或烧写操作 0=不允许任何操作(芯片在写/擦除操作完成时将此位清零)
Bit13	WRERR: Flash 错误标志位	1=写操作提前终止(由于烧写操作期间的任何 MCLR 或 WDT 复位) 0=写操作成功完成
Bit12~8	保留	在程序里要将这几位清零
Bit7~0	PROGOP<7:0>: 烧写操作命令字节位	擦除操作: 0x41=从程序 Flash 中的 BANK1 擦除 1 行(32 个指令字) 0x44=从数据 Flash 擦除 1 个数据字 0x45=从数据 Flash 擦除 1 行(16 个数据字) 烧写操作: 0x01=将 1 行(32 指令字)编入 Flash 0x04=将 1 个数据字编入 EEPROM 0x05=将 1 行(16 个数据字)编入 EEPROM 0x08=将 1 个数据字编入芯片配置寄存器

NVMCON 寄存器的主要功能是控制 Flash 和 EEPROM 的烧写、擦除等操作。完成的控制功能包括:存储器类型(Flash 或 EEPROM)的选择、执行擦除还是烧写操作、开始编烧写或

擦除周期等。它是操作非易失性存储器的一个主要控制寄存器。

表3.2所列为NVMCON寄存器的一些主要可能的取值选择。NVMCON的低字节用于选择非易失性存储器的操作类型。

表3.2 RTSP烧写和擦除操作时NVMCON寄存器所对应的值

NVMCON值	存储器类型	操作类型	数据大小
0x4041	Flash	擦除	1行(32个指令字)
0x4041	Flash	烧写	1行(32个指令字)
0x4044	EEPROM	擦除	1个字
0x4045	EEPROM	擦除	16个字
0x4004	EEPROM	烧写	1个字
0x4005	EEPROM	烧写	16个字
0x4008	配置寄存器	写(可以不擦除)	1个配置寄存器

2. NVMADR(NVM地址寄存器)

表3.3中包含了NVM地址寄存器的寄存器结构和各位的含义详细信息。

表3.3 NVMADR寄存器及其各位的含义

R/W-x	R/W-x	R/W-x	R/W-x	R/W-x	R/W-x	R/W-x	R/W-x
			NVMADR<15:8>				
bit 15							bit 8
R/W-x	R/W-x	R/W-x	R/W-x	R/W-x	R/W-x	R/W-x	R/W-x
			NVMADR<7:0>				
bit 7							bit 0

Bit15~0	NVMADR<15:0>：NVM写地址位	在Flash存储器中选择将要烧写或擦除的单元。用户可以读写此寄存器。用户写此寄存器前，里面保存着上一次执行表写指令时的EA<15:0>数据

其中NVMADRU寄存器用于保存的是将要执行烧写或擦除单元的地址高8位。在表写指令执行期间TBLPAG寄存器的值将自动装入NVMADRU寄存器里。

NVMADRU寄存器用于保存EA的高8位，NVMADR寄存器则用于保存EA的低16位，这两个寄存器连在一起就构成烧写操作所选行或字的24位有效地址(EA)。

寄存器对NVMADRU:NVMADR会捕捉上一次执行的表写指令的EA<23:0>，并选择要写入或擦除的Flash或EEPROM的行。

图3.7显示了用于烧写和擦除操作的程序存储器有效地址(EA)的组装过程。

虽然 NVMADRU 和 NVMADR 寄存器会由表写指令自动装入,用户也可以在烧写操作开始前直接修改其内容。在擦除操作前需要先写入这些寄存器,因为任何擦除操作都不需要表写指令。

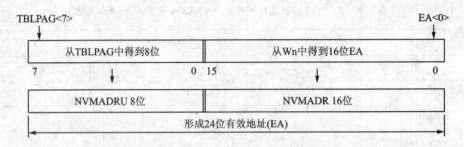

图 3.7　烧写或擦除操作时 24 位有效地址的合成

3. NVMKEY(NVM 密钥寄存器)

表 3.4 中包含了 NVM 密钥寄存器的寄存器结构和各位的含义详细信息。

表 3.4　NVMKEY 寄存器及其各位的含义

U-0	U-0	U-0	U-0	U-0	U-0	U-0	U-0
—	—	—	—	—	—	—	—
bit 15							bit 8
W-0	W-0	W-0	W-0	W-0	W-0	W-0	W-0
NVMKEY<7:0>							
bit 7							bit 0

Bit15~8	未用	读作"0"
Bit7~0	NVMKEY<7:0>: 密钥寄存器(只写)位	

密钥寄存器 NVMKEY 是一个只写寄存器,主要功能是防止 Flash 或 EEPROM 的误写/误擦除。开始烧写或擦除之前,必须先顺序将 0x55、0xAA 写入 NVMKEY 寄存器里,然后执行两个 NOP 指令,而且中间不能有任何其他指令,否则将拒绝写或擦除操作。

在此序列后,就可以在一个指令周期中写入 NVMCON 寄存器。大部分情况下,用户只需要置位 NVMCON 寄存器中的 WR 位就可以开始烧写或擦除周期。

在解锁序列中应该禁止中断。有两种方法可以禁止中断:第一种方法是先将当前 SR 寄存器压栈,然后使用 0x00E0 与 SR 相"或",强制 IPL<2:0>=111,将当前 CPU 的中断优先级提高到 7 从而禁止中断;第二种方法是使用 DISI 指令禁止中断一段时间。

范例 3.3　使用本范例可以执行对非易失存储器的解锁序列。

```
PUSH    SR                      ;禁止中断(假如先前允许了中断)
MOV     #0x00E0,W0
IOR     SR
MOV     #0x55,W0
MOV     W0,NVMKEY
MOV     #0xAA,W0
MOV     W0,NVMKEY               ;不需要 NOP 指令
BSET    NVMCON,#WR              ;开始烧写/擦除周期
NOP
NOP
POP     SR                      ;重新允许中断
```

3.1.3.3　Flash 的运行中自烧写：RTSP(Run-Time Self-Programming)

RTSP 的含义是用户可以在运行程序的时候修改 Flash 的内容。运行中自烧写是使用 TBLRD、TBLWT 指令和 NVM 控制寄存器的设置实现的。通过 RTSP，用户可以一次在程序存储器中擦除 32 条指令(96 B)，也可以在程序存储器中一次写入 4 条指令(12 B)。

1. 运行中自烧写工作原理

dsPIC 系列数字信号控制器的 Flash 是按"行"和"段"为单位组织的。每行由 32 条指令(96 B)组成。不同型号的芯片其段大小可能不同。通常，每段由 128 行组成(4 K×24 条指令)。RTSP 可以让用户每次擦除一行(32 条指令)或一次烧写 32 条指令。

每个段都有能够保存 32 条烧写数据指令的写锁存器。这些锁存器不是存储器映射的。用户访问写锁存器的唯一方法就是使用表写指令。在实际烧写操作前，必须先用表写指令将待写数据装入段写锁存器。待编入段的数据通常是按以下顺序装入写锁存器的：指令 0，指令 1，依此类推。装入的指令字必须形成一个 4 个地址边界都为"偶数"的组合(例如不允许装入指令 3、4、5、6)。换一种说法，此要求需要 4 个指令的起始程序存储器地址必须有 3 个 LSB 等于 0。所有的 32 位写锁存器必须在烧写操作期间写入，以确保覆盖保存在锁存器中的旧数据。

RTSP 烧写的基本步骤是先建立一个表指针，然后使用一系列"TBLWT"指令用以装载写锁存器。烧写是通过将 NVMCON 寄存器里相应的位置位开始的。装载 4 条指令需使用 4 条"TBLWTL"和 4 条"TBLWTH"指令来。因此为了完全重新烧写一行(ROW)被擦除的程序区，需要 8 个指令周期。一个有 128"行"的"段"需要 128 个擦除周期和 1 024 个烧写周期。如果需要对多个不连续的程序存储器区进行烧写，则应该针对相应程序区域修改表指针。

假如软件令 WR(NVMCON<15>)="1"，将开始写操作。烧写或擦除 Flash 的时间通常为 2 ms，由芯片自动定时。操作完成后硬件将令 WR="0"。

在烧写或擦除过程中 CPU 将停止运行直到烧写操作完成。这期间发生的中断将被悬挂并等到操作结束后才能处理。

在运行中自烧写 Flash 的最小单位是 32 个指令字。在开始擦除周期前,需要在 RAM 中建立这些将要烧写字的镜像。假如单元以前被写过,烧写前必须对它执行擦除周期。

用户可以按行(32 个指令字)擦除或烧写 Flash。操作步骤如下:

第 1 步　读一行 Flash(32 个指令字)并以数据"镜像"方式保存到数据 RAM 中。必须从一个偶数 32 字程序存储器地址边界读取 RAM 镜像。

第 2 步　用新的程序存储器数据更新 RAM 数据镜像。

第 3 步　Flash 行擦除:
- 设置 NVMCON 寄存器以擦除 Flash 中的一行;
- 将要擦除的行地址写入 NVMADRU 和 NVMADR 寄存器;
- 禁止中断;
- 将密钥序列写入 NVMKEY 以使能擦除;
- 将 WR 位置位,这将开始擦除周期;
- 在擦除周期中 CPU 会停止;
- 当擦除周期结束时 WR 位会清零;
- 重新允许中断。

第 4 步　将 RAM 中的 32 个字写入 Flash 写锁存器。

第 5 步　将 32 个字写入 Flash:
- 设置 NVMCON 以对一行 Flash 程序存储区烧写;
- 禁止中断;
- 将密钥序列写入 NVMKEY 以使能烧写周期;
- 将 WR 位置位,这将开始烧写周期;
- 在烧写周期中 CPU 会停止;
- 当烧写周期结束时 WR 位会被硬件清零;
- 重新允许中断。

第 6 步　假如想烧写更多的 Flash,可以重复上面的 1～6 步。

2. 擦除一行 Flash

以下为一个用于擦除 Flash 的一行(32 指令)的代码。配置 NVMCON 寄存器以擦除 Flash 的一行。首先应该装载 NVMADRU 和 NVMADR 寄存器,形成一个指向将要擦除行的地址。Flash 必须在"偶数"行边界擦除。因此,当一个行被擦除后,写入 NVMADR 寄存器的值的最低 6 位没有作用。

擦除之前必须先向 NVMKEY 寄存器写一个解锁序列,然后令 WR(NVMCON<15>位)="1"。一定要严格按解锁序列操作,中途不可间断,假如先前打开了中断,需要禁止中断。擦除结束后在 CPU 将恢复工作的代码处,应该插入两个 NOP 指令。最后,根据需要可以重新允许中断。

范例 3.4 使用本范例可以对 Flash 的一行执行擦除操作。

```
;设置 NVMCON 寄存器:擦除 Flash 一行
MOV             #0x4041,W0
MOV             W0,NVMCON
;设置地址指针指向将要擦除的那一行
MOV             #tblpage(PROG_ADDR),W0
MOV             W0,NVMADRU
MOV             #tbloffset(PROG_ADDR),W0
MOV             W0,NVMADR
;假如先前允许了中断,禁止中断
PUSH            SR
MOV             #0x00E0,W0
IOR             SR
;设置开锁序列(KEY sequence)
MOV             #0x55,W0
MOV W0,         NVMKEY
MOV #0xAA,      W0
MOV W0,         NVMKEY
;开始擦除操作
BSET            NVMCON,#WR
;在擦除周期后面插入 NOP 指令(必需)
NOP
NOP
;需要的时候重新允许中断
POP             SR
```

用户可以用上面的代码在软件模拟环境下执行一个"虚拟"表写操作以捕捉程序存储器擦除地址。

3. 写锁存器(Write Latch)的装载

以下为一个可用于向写锁存器装入 768 位(32 指令字)的指令序列。需要使用 32 条 TBLWTL 和 32 条 TBLWTH 指令装入由表指针选定的写锁存器。

TBLPAG 寄存器中装入了程序存储器地址的 8 个 MSB。对于 Flash 烧写操作,用户没有必要手动装载 NVMADRU:NVMADR 寄存器对。当执行表写指令时,程序存储器地址的 24 位会被自动捕捉到 NVMADRU:NVMADR 寄存器对。程序存储器必须在一个"偶数"32 指令字地址边界烧写。NVMADR 寄存器中捕捉到的值的低 6 位在烧写操作期间并不使用。

32 指令字行不一定要顺序写入。表写地址的低 6 位决定要写入哪个锁存器。所有 32 个

指令字应该在每个烧写周期写入以覆盖旧数据

范例 3.5 下列范例是装载写锁存(Load_Write_Latch)的参考代码。

```
;设置指向将要烧写的Flash区域的第一个单元
    MOV         #tblpage(PROG_ADDR),W0
    MOV         W0,TBLPAG
    MOV         #tbloffset(PROG_ADDR),W0
;执行TBLWT指令写锁存器集
;执行TBLWTH之后W0增加一并指向下一个指令单元
    MOV         #LOW_WORD_0,W2
    MOV         #HIGH_BYTE_0,W3
    TBLWTL      W2,[W0]
    TBLWTH      W3,[W0++]           ;第1个程序字
    MOV         #LOW_WORD_1,W2
    MOV         #HIGH_BYTE_1,W3
    TBLWTL      W2,[W0]
    TBLWTH      W3,[W0++]           ;第2个程序字
    MOV         #LOW_WORD_2,W2
    MOV         #HIGH_BYTE_2,W3
    TBLWTL      W2,[W0]
    TBLWTH      W3,[W0++]           ;第3个程序字
    MOV         #LOW_WORD_3,W2
    MOV         #HIGH_BYTE_3,W3
    TBLWTL      W2,[W0]
    TBLWTH      W3,[W0++]           ;第4个程序字
    ...
    ...
    MOV         #LOW_WORD_31,W2
    MOV         #HIGH_BYTE_31,W3
    TBLWTL      W2,[W0]
    TBLWTH      W3,[W0++]           ;第32个程序字
```

4. 单行烧写(Single Row Programming)

假如要对一行(Row)Flash执行写操作时可以使用范例3.6。

范例 3.6 本范例可以执行对一行Flash进行烧写的操作。

```
;设置NVMCON使得可以写多个程序字
    MOV         #0x4001,W0
    MOV         W0,NVMCON
```

```
;为了烧写所有行(row),以下代码必须重复 8 次(32 条指令)
;装载 4 个程序存储器写锁存器
CALL        Load_Write_Latch(1)
;禁止中断(假如以前允许了中断)
PUSH        SR
MOV         ♯0x00E0,W0
IOR         SR
;解锁序列
MOV         ♯0x55,W0
MOV         W0,NVMKEY
MOV         ♯0xAA,W0
MOV         W0,NVMKEY
;开始烧写序列
BSET        NVMCON,♯WR
;烧写结束后插入 2 个 NOP 指令
NOP
NOP
;重新允许中断(假如需要)
POP         SR
```

5. 写芯片配置寄存器

用户完全可以使用运行中烧写(RTSP)方式对芯片的配置位(Configuration Bits)进行烧写。这种方式烧写,用户可以不用先执行擦除周期就可以重写芯片的配置位。由于配置位直接控制着芯片的关键工作参数如振荡器类型、代码保护、看门狗使能等,写入时必须要小心,否则将导致芯片运行故障。

烧写一个芯片配置位的步骤与烧写 Flash 的步骤类似,不同之处在于此时只需要 TBLWTL 指令。这是因为在各芯片配置寄存器中未使用高 8 位。此外,必须置位表写地址的第 23 位以访问配置寄存器。用户可以采用下列步骤对配置位进行烧写:

① 使用 TBLWTL 指令将新配置值写入表写锁存器;
② 配置 NVMCON(NVMCON = 0x4008)以允许写入配置寄存器;
③ 如果已经允许了中断,请将其禁止;
④ 将密钥序列写入 NVMKEY;
⑤ 通过将 WR(NVMCON<15>)置位开始写序列;
⑥ 当写入完成后将恢复 CPU 执行;
⑦ 如有必要,重新允许中断。

范例 3.7 用户可以用下列代码对芯片配置位进行烧写。

```
;设置指向将要烧写单元的指针
MOV         #tblpage(CONFIG_ADDR),W0
MOV         W0,TBLPAG
MOV         #tbloffset(CONFIG_ADDR),W0
;将要写入配置位的新数据
MOV         #ConfigValue,W1
;执行表写操作从而装载写锁存器
TBLWTL      W1,[W0]
;设置 NVMCON 寄存器,使得将要进行的写操作是针对配置位的
MOV         #0x4008,W0
MOV         W0,NVMCON
;禁止中断(假如先前允许了中断)
PUSH        SR
MOV         #0x00E0,W0
IOR         SR
;解锁序列
MOV         #0x55,W0
MOV         W0,NVMKEY
MOV         #0xAA,W0
MOV         W0,NVMKEY
;开始烧写
BSET        NVMCON,#WR
;烧写结束后安排 NOP 指令
NOP
NOP
;重新允许中断(假如需要)
POP         SR
```

3.1.3.4 EEPROM 的烧写操作

和操作 Flash 类似,操作 EEPROM 是通过表读和表写进行的。因为 EEPROM 是 16 位宽,所以不需要使用 TBLWTH 和 TBLRDH 指令。EEPROM 的烧写和擦除步骤与 Flash 类似,区别在于 EEPROM 为快速数据存取进行了优化。用户可以对 EEPROM 擦除 1 个字或 16 个字(一行)、烧写 1 个字或 16 个字(一行)。

在芯片允许的电压范围内 EEPROM 都可读可写。与 Flash 不同,烧写或擦除 EEPROM 不妨碍程序的运行。

注意:在烧写或擦除操作没有结束就试图读 EEPROM 将得到异常结果。

与 EEPROM 操作相关的寄存器是 NVMCON 和 NVMKEY。用户可以用以下 3 种方法

检测 EEPROM 擦除或烧写操作状况：
① 查询方式 A。因为操作完成后 WR="0"，所以用软件查询 WR 位(NVMCON<15>)；
② 查询方式 B。因为操作完成后 NVMIF="0"，所以用软件查询 NVMF 位(IFS0<12>)；
③ 中断方式。当操作完成后产生 NVM 中断，可以在 ISR 中处理更多的烧写操作。

1. 对一个字 EEPROM 进行操作的过程

① 擦除一个 EEPROM 字。
- 设置 NVMCON 寄存器以擦除一个 EEPROM 字。
- 将要擦除的字地址写入 TBLPAG 和 NVMADR 寄存器。
- 将 NVMIF 状态位清零并允许 NVM 中断(可选)。
- 将密钥序列写入 NVMKEY。
- 将 WR 位置位。这将开始擦除周期。
- 查询 WR 位或等待 NVM 中断。

② 将数据字写入 EEPROM 写锁存器。

③ 将数据字编入 EEPROM。
- 设置 NVMCON 寄存器以烧写一个 EEPROM 字。
- 将 NVMIF 状态位清零并允许 NVM 中断(可选)。
- 将密钥序列写入 NVMKEY。
- 将 WR 位置位。这将开始烧写周期。
- 查询 WR 位或等待 NVM 中断。

(1) 擦除 EEPROM 中的一个字

首先要擦除 EEPEOM 中的一个字。TBLPAG 和 NVMADR 寄存器中必须装入要擦除的 EEPROM 地址。因为只访问 EEPROM 的一个字，NVMADR 的 LSB 对擦除操作没有影响，必须配置 NVMCON 寄存器以擦除 EEPROM 存储器的一个字。

将 WR 控制位置位(NVMCON<15>)开始擦除。在将 WR 控制位置位前应该在 NVMKEY 寄存器中写入一个特殊的解锁或密钥序列。需严格按以下顺序执行此解锁序列，且不可间断。因此，在写此序列前，必须禁止中断。

范例 3.8 本范例介绍了如何擦除 EEPROM 中的一个字。

```
;设置一个指向将要擦除的 EEPROM 单元的指针
MOV         #tblpage(EE_ADDR),W0
MOV         W0,TBLPAG
MOV         #tbloffset(EE_ADDR),W0
MOV         W0,NVMADR
;设置 NVMCON 使得可以擦除一个字 EEPROM
MOV         #0x4044,W0
```

```
MOV           W0,NVMCON
;解锁序列期间禁止中断
PUSH          SR
MOV           #0x00E0,W0
IOR           SR
;解锁序列
MOV           #0x55,W0
MOV           W0,NVMKEY
MOV           #0xAA,W0
MOV           W0,NVMKEY
;启动擦除周期
BSET          NVMCON,#WR
;重新允许中断
POP           SR
```

(2) 写 EEPROM 中的一个字

假设用户已经擦除了要烧写的 EEPROM 单元,使用表写指令写一个写锁存器。TBLPAG 寄存器中装入了 EEPROM 地址的 8 个 MSB。当执行表写时,EEPROM 地址的 16 个 LSB 会被自动捕捉到 NVMADR 寄存器中。NVMADR 寄存器的 LSB 对烧写操作没有影响。配置 NVMCON 寄存器以烧写 EEPROM 的一个字。

首先执行一个特殊的严格的解锁序列。然后软件令 WR(NVMCON<15>)="1",启动烧写操作。在写序列前,必须禁止中断。

范例 3.9 本范例介绍了如何在 EEPROM 中写一个字。

```
;设置指向 EEPROM 的指针
MOV           #tblpage(EE_ADDR),W0
MOV           W0,TBLPAG
MOV           #tbloffset(EE_ADDR),W0
;把将要写的数据写到保持锁存器里
MOV           EE_DATA,W1
TBLWTL        W1,[W0]
;从 TBLWTL 指令将为 NVMADR 捕捉写地址
;设置 NVMCON,使得可以烧写一个字到 EEPROM
MOV           #0x4004,W0
MOV           W0,NVMCON
;当写解锁序列的时候禁止中断
PUSH          SR
MOV           #0x00E0,W0
```

```
IOR             SR
;执行解锁序列
MOV             #0x55,W0
MOV             W0,NVMKEY
MOV             #0xAA,W0
MOV             W0,NVMKEY
;启动写周期
BSET            NVMCON,#WR           ;等待写操作结束
;重新允许中断(假如需要)
POP             SR
```

(3) 一个完整的写 EEPROM 程序模板

以下代码是一个完全的代码模板,其中已经插入了相关的 EEPROM 擦除、烧写和读取的代码,用户可以直接套用,检验自己用户板上的芯片里 EEPROM 的可用性。假如芯片型号不同,只要简单的改变包含文件就可以了。

范例 3.10 本范例是一个使用汇编语言对 EEPROM 进行擦除、烧写、读取的典型程序。本范例是一个完整的应用程序,用户可以直接建立一个工程并编译,使用 MPLAB IDE 的软件模拟、结合观察窗口(Watch)可以非常直观地监视 EEPROM 的操作过程。

```
;* * * * * * * * * * * * * * * * * * * 一个完整的程序范例 * * * * * * * * * * * * *
.equ __30F6010,1
.include "p30f6010.inc"
;* * * * * * * * * * * * * * * * * * * 设置配置位 * * * * * * * * * * * * * * * * *
config __FOSC, CSW_FSCM_OFF & XT          ;关闭时钟切换,时钟丢失监测,使用外部振荡器
config __FWDT, WDT_OFF                    ;关闭看门狗
config __FBORPOR, PBOR_ON & BORV_27 & PWRT_16 & MCLR_EN
                                          ;设置 BOR 电压,BOR 延时 16 ms
config __FGS, CODE_PROT_OFF               ;关闭代码保护
        .equ SAMPLES, 64                  ;采样次数
        .equ EE_ADDR, 0x7FF010
        .equ EE_DATA, 0x800
;* * * * * * * * * * * * * * * * * * * 全局申明:* * * * * * * * * * * * * * * * *
        .global _wreg_init                ;令"_wreg_init"例程为全局属性以便在 C 程序里调用该例程
                                          ;在 C 文件里要用"extern"来定义"wreg_init"的属性
        .global __reset                   ;用户代码第一行的标号
        .global __T1Interrupt             ;申明 Timer 1 中断服务子程序
;存放在 Flash 程序存储器里的常量
        .section .myconstbuffer, "x"
```

```
                .palign 2                       ;定义程序存储器里下一个字按照偶数规律排列
ps_coeff:
                .hword 0x0002, 0x0003, 0x0005, 0x000A
;存放在 X-RAM 数据存储器里的未初始化变量
                .section .xbss, "b"
x_input:        .space 2 * SAMPLES              ;给变量分配空间(按字节)
EE_DATA:        .space 2
;存放在 Y-RAM 数据存储器里的未初始化变量
                .section .ybss, "b"
y_input:        .space 2 * SAMPLES
;存放在 NEAR 数据存储器(RAM 的低 8 KB)里的未初始化变量
                .section .nbss, "b"
var1:           .space 2                        ;给变量"var1"分配一个字的空间
;* * * * * * * * * * * * * * * * 程序存储器里的代码 * * * * * * * * * * * * * * * *
                .text                           ;代码段起始
__reset:
                MOV     #__SP_init, W15         ;初始化堆栈指针
                MOV     #__SPLIM_init, W0       ;初始化堆栈限制寄存器 SPLIM
                MOV     W0, SPLIM
                NOP                             ;紧跟一个 NOP
                CALL    _wreg_init              ;调用 _wreg_init 初始化程序(也可以用 RCALL)
                MOV     #tblpage(EE_ADDR), W0
;设置一个指向将要擦除的 EEPROM 单元的指针
                MOV     W0, TBLPAG
                MOV     #tbloffset(EE_ADDR), W0
                MOV     W0, NVMADR
                MOV     #0x4044, W0             ;设置 NVMCON 使得可以擦除一个字 EEPROM
                MOV     W0, NVMCON
                PUSH    SR                      ;解锁序列期间禁止中断
                MOV     #0x00E0, W0
                IOR     SR
                MOV     #0x55, W0               ;解锁序列
                MOV     W0, NVMKEY
                MOV     #0xAA, W0
                MOV     W0, NVMKEY
                BSET    NVMCON, #WR             ;启动擦除周期
                POP     SR                      ;重新允许中断
```

```
clear_ee:
        btsc    NVMCON,#WR
        bra     clear_ee
        nop
        mov     #0x1234,w0
        mov     w0,EE_DATA
;设置指向 EEPROM 的指针
        MOV     #tblpage(EE_ADDR),W0
        MOV     W0,TBLPAG
        MOV     #tbloffset(EE_ADDR),W0
;把将要写的数据写到保持锁存器里
        MOV     EE_DATA,W1
        TBLWTL  W1,[W0]
;从 TBLWTL 指令将为 NVMADR 捕捉写地址,设置 NVMCON,使得可以烧写一个字到 EEPROM
        MOV     #0x4004,W0
        MOV     W0,NVMCON
;当写解锁序列的时候禁止中断
        PUSH    SR
        MOV     #0x00E0,W0
        IOR     SR
;执行解锁序列
        MOV     #0x55,W0
        MOV     W0,NVMKEY
        MOV     #0xAA,W0
        MOV     W0,NVMKEY
;启动写周期
        BSET    NVMCON,#WR
;重新允许中断(假如需要)
        POP     SR
write_ee:
        btsc    NVMCON,#WR
        bra     write_ee
        nop
;设置指向 EEPROM 的指针
        MOV     #tblpage(EE_ADDR),W0
        MOV     W0,TBLPAG
        MOV     #tbloffset(EE_ADDR),W0
```

```
read_ee:
        nop                             ;读 EEPROM 数据
        TBLRDL      [W0],W4
        nop
                                        ;<<此处放置其他用户代码>>
done:
        BRA         done                ;最后一行
;* * * * * * * * * * * * * * * 初始化 W 寄存器堆,初始值为 0x0000 * * * * * * * * * * * * *
_wreg_init:
        CLR W0
        MOV W0,W14
        REPEAT #12
        MOV W0,[++W14]
        CLR W14
        RETURN
;* * * * * * * * * * * * * * * * Timer 1 中断服务子程序* * * * * * * * * * * * * * *
;使用 PUSH.D/POP.D 保存和恢复现场,进入 ISR 时将 W4 和 W5 压入堆栈,退出时则弹出
__T1Interrupt:
        PUSH.D W4                       ;用 PUSH 保存双字数据
        ;<<其他用户代码>>
        BCLR IFS0,#T1IF                 ;清除 Timer1 中断标志位
        POP.D W4                        ;使用 POP 弹出现场
        RETFIE                          ;中断返回
.end                                    ;程序结束
```

2. 对一行 EEPROM 进行操作的算法

如果需要将多个字编入 EEPROM,每次擦除并烧写 16 个字(1 行)会比较快。向 EEPROM 编程 16 字的过程如下:

① 读一行 EEPROM(16 个字)并以数据"镜像"方式保存到数据 RAM 中。要修改的 EEPROM 部分必须处于偶数 16 字地址边界内。

② 使用新数据更新数据镜像。

③ 擦除 EEPROM 行。
- 设置 NVMCON 寄存器以擦除 EEPROM 的一行;
- 将 NVMIF 状态位清零并允许 NVM 中断(可选);
- 将密钥序列写入 NVMKEY;
- 将 WR 位置位,这将开始擦除周期;
- 查询 WR 位或等待 NVM 中断。

④ 将 16 个数据字写入 EEPROM 写锁存器。
⑤ 将一行数据烧写到 EEPROM。
- 设置 NVMCON 寄存器以烧写 EEPROM 的一行；
- 将 NVMIF 状态位清零并允许 NVM 中断(可选)；
- 将密钥序列写入 NVMKEY；
- 将 WR 位置位,这将开始烧写周期；
- 查询 WR 位或等待 NVM 中断。

(1) 擦除 EEPROM 的一行

配置 NVMCON 寄存器以擦除 EEPROM 的一行。TABPAG 和 NVMADR 寄存器必须指向要擦除的行。必须在偶数地址边界擦除 EEPROM。因此,NVMADR 寄存器的 5 个 LSB 对擦除的行没有影响。

首先执行一个特殊的严格的解锁序列。然后软件令 WR(NVMCON<15>)="1",启动烧写操作。在写序列前,必须禁止中断。

范例 3.11 本范例介绍了如何擦除 EEPROM 中的一行数据。

```
; 设置一个指针, 该指针指向将要擦除的那行 EEPROM
    MOV             #tblpage(EE_ADDR),W0
    MOV             W0,TBLPAG
    MOV             #tbloffset(EE_ADDR),W0
    MOV             W0,NVMADR
; 设置 NVMCON 使得可以擦除一行 EEPROM
    MOV             #0x4045,W0
    MOV             W0,NVMCON
; 解锁过程中禁止中断
    PUSH            SR
    MOV             #0x00E0,W0
    IOR             SR
; 解锁序列
    MOV             #0x55,W0
    MOV             W0,NVMKEY
    MOV             #0xAA,W0
    MOV             W0,NVMKEY
; 启动擦除操作
    BSET            NVMCON,#WR            ; 等待擦除结束
; 重新允许中断(假如需要)
    POP             SR
```

(2) 写 EEPROM 的一行

要写 EEPROM 的一行,必须在烧写序列开始前写入所有的 16 个写锁存器。TBLPAG 寄存器中装入了 EEPROM 地址的 8 个 MSB。当执行每次表写时,EEPROM 地址的 16 个 LSB 会被自动捕捉到 NVMADR 寄存器中。EEPROM 行烧写必须在偶数地址边界上发生,因此 NVMADR 的 5 个 LSB 对烧写的行没有影响。

首先执行一个特殊的严格的解锁序列。然后软件令 WR(NVMCON<15>) = "1",启动烧写操作。在写序列前,必须禁止中断。

范例 3.12 本范例介绍了如何对 EEPROM 中的一行数据进行写操作。

```
;设置一个指针,该指针指向将要烧写的那行 EEPROM
    MOV         #tblpage(EE_ADDR),W0
    MOV         W0,TBLPAG
    MOV         #tbloffset(EE_ADDR),W0
;将数据写到烧写锁存器里
    MOV         data_ptr,W1              ;使用 W1 作为指向数据的指针
    TBLWTL      [W1++],[W0++]            ;写第 1 个字
    TBLWTL      [W1++],[W0++]            ;写第 2 个字
    TBLWTL      [W1++],[W0++]            ;写第 3 个字
    TBLWTL      [W1++],[W0++]            ;写第 4 个字
    TBLWTL      [W1++],[W0++]            ;写第 5 个字
    TBLWTL      [W1++],[W0++]            ;写第 6 个字
    TBLWTL      [W1++],[W0++]            ;写第 7 个字
    TBLWTL      [W1++],[W0++]            ;写第 8 个字
    TBLWTL      [W1++],[W0++]            ;写第 9 个字
    TBLWTL      [W1++],[W0++]            ;写第 10 个字
    TBLWTL      [W1++],[W0++]            ;写第 11 个字
    TBLWTL      [W1++],[W0++]            ;写第 12 个字
    TBLWTL      [W1++],[W0++]            ;写第 13 个字
    TBLWTL      [W1++],[W0++]            ;写第 14 个字
    TBLWTL      [W1++],[W0++]            ;写第 15 个字
    TBLWTL      [W1++],[W0++]            ;写第 16 个字
;NVMADR 捕捉到最后一个表操作地址
;设置 NVMCON 使得可以写一行 EEPROM
    MOV         #0x4005,W0
    MOV         W0,NVMCON
                                         ;解锁序列期间禁止中断
    PUSH        SR
```

```
MOV             #0x00E0,W0
IOR             SR
;解锁序列
MOV             #0x55,W0
MOV             W0,NVMKEY
MOV             #0xAA,W0
MOV             W0,NVMKEY
;启动烧写操作
BSET            NVMCON,#WR
;重新允许中断(假如需要)
POP             SR
```

为了清楚地表达操作过程,此范例使用了 16 个表写指令。为了简化代码,我们同样可以使用 REPEAT 指令来实现。

(3) 读 EEPROM

TBLRD 指令会读取当前烧写字地址处的字。此示例使用了 W0 作为数据 Flash 的指针。结果存入寄存器 W4。

范例 3.13 本范例介绍了如何读取 EEPROM 中的一个字。

```
;设置指向 EEPROM 的指针
MOV             #tblpage(EE_ADDR),W0
MOV             W0,TBLPAG
MOV             #tbloffset(EE_ADDR),W0
;读 EEPROM 数据
TBLRDL          [W0],W4
```

3.1.3.5 使用程序空间可视性(PSV)进行程序区读操作

为了进一步提高对程序存储器数据访问的效率,dsPIC30F 数据存储器地址空间的高 32 KB(RAM 空间的后面一半)可以选择映射到任何一个 16 K 字程序空间页的范围内,用户经过简单的初始配置就可以用访问 RAM 的方式访问程序存储器里的数据,无需使用特殊的指令(比如表操作指令 TBLRD、TBLWT 等)。这种操作模式被称为"程序空间可视性"(Program Space Visibility,PSV)。

1. PSV 操作基本原理

先谈一谈如何配置系统寄存器"CORCON"从而实现 PSV 功能。

用户可以通过操作 CORCON,令 PSV 控制位 CORCON<2>="1"使能程序空间可视性。当 PSV 使能时,RAM 空间的后半部分(32 KB)地址将直接映射到程序空间的一个"页面"。注意使用 PSV 方式只能访问 24 位程序字的低 16 位数据。

和表操作方式一样，在使用 PSV 的时候，程序存储器的高 8 位同样应该强制烧写为任何一种非法指令或"NOP"指令，避免系统出现非法操作而寻址到这些位置时出现意想不到的操作。这也是提高系统可靠性的一个措施。

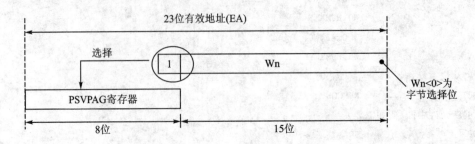

图 3.8　程序可视性(PSV)地址生成原理

图 3.8 中显示了 PSV 地址的生成过程。PSV 地址的低 15 位来自 W 寄存器的低 15 位。而 W 寄存器的最高位用于指定是从程序区执行 PSV 访问还是从数据存储器执行正常的访问。如果使用的 W 寄存器有效地址大于或等于 0x8000，使能 PSV 时，数据访问会从程序存储器空间进行。当 W 寄存器的有效地址小于 0x8000 时，所有访问将从数据存储器空间进行。

图 3.9 中显示程序可视性的工作原理，访问 Flash 空间需要的 23 位地址来自页寄存器"PSVPAG"(PSVPAG<7∶0>)和 W 寄存器里的低 15 位地址，这两部分拼接形成一个 23 位的程序存储器地址。程序可视性(PSV)只能用来访问程序存储器区域的值(低 4 M 字)，假如想访问配置字等位于程序区外的数据(高 4 M 字)，必须用表操作指令。

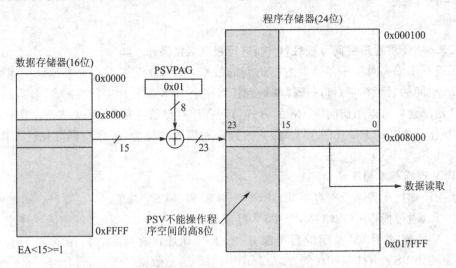

图 3.9　程序可视性(PSV)工作原理

PSV 方式也支持"字节"寻址模式或者"字"寻址模式，W 寄存器值的最低位用于选择字节。

由于数据区域划分为"X"数据区和"Y"数据区。在 PSV 映射的时候对于 dsPIC30Fxxxx 系列 MCU 的"Y"数据空间位于数据空间的较高地址里，PSV 区域将被映射到"X"数据空间。"X"和"Y"映射方式的选择可能极大地方便一些利用程序可视性（PSV）来实现的算法。

有限冲激响应滤波器（FIR）的算法就是一个很好的范例。由数字信号处理的知识可以知道，FIR 滤波器的输出是前 N 次输入历史数据的线性组合。换言之，任何一次输出是一个由历史数据组成的 N 维行向量和一个 N 维常量列向量（滤波器常数）的乘积。也就是说，将两个向量里相应元素进行乘积，然后把所有的乘积相加（乘加）。

在算法里用"REPEAT"指令，在循环内使用"MAC"指令执行 FIR 算法。"MAC"指令在每次迭代时，将对前次预取的两个数据进行乘法运算，并将结果加到累加器里，同时两个数据指针会同步指向下一个位置，预取下次将要相乘的两个数据，其中一个要预取的是来自"Y"数据区的历史数据序列，另外一个预取值是来自"X"数据区的常数序列。

因此，在使用 PSV 方式实现 FIR 滤波器算法时，用户必须将历史数据序列放置在"Y"数据区，滤波器参数则放置在"X"数据区。

假如单独使用程序可视性（PSV）指令，操作时间为两个指令周期，其中一个周期是用来从程序总线上取 PSV 数据。

值得高兴的是，在"REPEAT"循环内使用 PSV 类指令节省了从程序存储器取数据所需的额外指令周期，当循环次数很多时，可以大大节省系统时间开销，提高程序执行速度。但是，在"REPEAT"循环的第一次迭代和最后一次迭代将依然消费两个指令周期。

2. PSV 操作程序范例

下列 C 程序代码演示了针对 PIC24F128GA010 单片机的 PSV 操作过程。请注意：对于 C30 环境下使用"built-in"（内嵌）进行 PSVPAGE（一个立即数）的获取方法，其中修饰符 `__attribute__ ((space(psv)))` 用于说明 MyString[]的属性是在 PSV 区域。关于 C30 的其他"属性"修饰符及其含义，请参考 C30 用户指南。

程序的含义是把程序区定义的一个数组里的数据读出来并显示在超级终端上。程序只要修改头文件就可以用于其他 PIC 或 dsPIC 系列 16 位单片机。

范例 3.14 本范例介绍了如何使用 C30 编程进行 PSV 操作。注意对于 C30 环境下使用"内嵌"（Build-in）的方法。

```
#include <p24FJ128GA010.h>
// 在 PSV 区域定义一个数组"MyString"并给其赋值"Hello World"
const unsigned char __attribute__ ((space(psv))) MyString[] = "Hello World";
```

```
main()
{
    int i = 0;
// 使用C30里的"built-in"功能装载MyString所在Flash处的PSVPAG
    PSVPAG = __builtin_psvpage(MyString);
    CORCONbits.PSV = 1;
    while(MyString[i]! = 0)
    {PutRS232(MyString[i]);
      i + + ;}
    while(1);
}
```

那么在汇编环境下如何操作PSV呢？下列程序代码给出了一个在汇编环境下进行PSV操作的范例。其中使用了psvpage和psvoffset宏指令进行PSV页和PSV偏移量的获取，编译器会自动获取Hello标号所在的程序地址处的页数据和偏移量数据。

范例3.15 本范例介绍了如何使用汇编语言执行PSV操作。请注意并学习其中一些"宏"的使用方法。

```
        .section .const, psv                    ;设置一个PSV常量区段
Hello:
        .ascii "Hello world! \n\r\0"            ;在该区段定义一串以Hello开头的数据
        bset.b    CORCONL, #PSV                 ;使能PSV操作位
        mov       #psvpage(Hello), w0           ;获得PSV页地址
        mov       w0,PSVPAG                     ;装载PSVPAG寄存器
        mov       #psvoffset(Hello), w0         ;获取PSV偏移量,装载到w0
NextByte:
        mov.b     [w0 + +],w1                   ;从PSV区域获得字符
        cp0.b     w1                            ;到达PSV字符串末尾？
        bra       z, Exit                       ;是,退出
        mov       w1,LATA                       ;送到端口A的LED上显示
        bra       NextByte
Exit:
        bra       Exit
```

3.2 数据存储器

3.2.1 概述

由于数据总线的宽度为 16 位,所以所有内部寄存器和数据空间存储器都是以 16 位宽度组织的。当然,字节也是可以单独被访问的。分配给 RAM 的地址范围为 64 KB。数据存储器依然使用"文件寄存器"(File Register)的概念,SFR 和 RAM 统一编址,访问方式也类似。

图 3.10 所示为数据存储器架构框图。数据存储器的"0x0000"~"0x07FF"之间的地址空间保留给芯片的特殊功能寄存器(SFR)。

从地址 0x0000~0x7FFF 的 32 KB 地址范围是分配给文件寄存器用的(不同型号 RAM 资源不一样,因此最终地址范围也不同),其中 0x0000~0x07FF 的 2 KB 地址范围分配给特殊功能寄存器。根据需要,可以把从 0x0800 开始的 RAM 划分成两个区域,分别称为"X"和"Y"数据区。"X"和"Y"数据区的大小与芯片型号有关,不同型号有不同的资源。从 0x8000~0xFFFF 的 32 KB 范围的空间是"虚拟的",物理上不存在,专门留给程序可视性(PSV)操作。

0x0000~0x1FFF 之间的 8 KB 的地址空间被称为"Near"数据存储器。假如使用"Near"型数据类型,在指令的操作码中会包含 13 位地址编码,可以直接寻址 8 KB 范围。"Near"数据区覆盖了所有的 SFR 区和一部分"Y"数据区。用户可以通过 W 寄存器间接寻址或使用"MOV"指令直接寻址数据存储器里的数据。根据不同的芯片型号,其"Near"数据区的大小是有区别的。假如用户希望快速操作数据,则可以将变量命名为"Near"型。

对于数据写操作,总是将"X"和"Y"数据空间作为一个线性数据空间访问。对于数据读操作,可以独立地访问"X"和"Y"存储器空间,也可以将它们作为一个线性空间访问。使用两个独立的地址发生单元(Address Generation Units,AGU),某些 DSP 指令,比如"MAC"指令可以同时访问这两个数据区;对于 MCU 类指令则可以使用一个 AGU 线性访问整个 64 KB 空间。

MCU 指令可以使用任何 W 寄存器作为地址指针进行数据读或写操作。但是使用的时候一定要小心,因为有些 W 寄存器是有特别功能的。

在读数据过程中,DSP 类指令使用 W10 和 W11 作为地址指针从"Y"数据区读取数据。其余的 RAM 区域被称为"X"数据区,使用 DSP 类指令时,系统分配 W8 和 W9 作为地址指针对"X"数据区进行读操作。

图 3.11 所示分别是针对 MCU 类指令和 DSP 类指令时,数据存储器区间的划分示意图。使用哪些 W 寄存器和哪些指令类型,决定了读操作时地址空间被访问的方式。需要注意的是 MCU 类指令将"X"和"Y"存储器作为一个统一的数据空间访问。MCU 指令可以使用 W 寄存器作为地址指针进行读写操作。DSP 指令可以同时预取两个数据,它将数据存储器分为两个区域。在这种情况下进行读操作时必须使用指定的 W 寄存器作为地址指针。

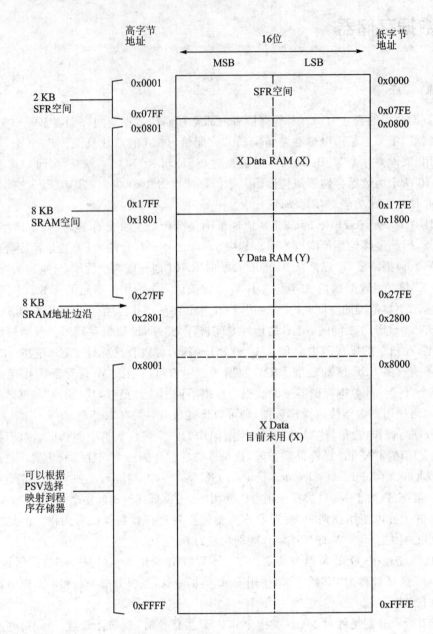

图 3.10 数据存储器架构

某些 DSP 类指令(比如"MAC")具有"累加器回写"(Accumulator Write Back)功能。利用这类指令,可以把与当前指令不相关的累加器(dsPIC 共有两个累加器)里的数据丢到 RAM 里面。这些指令必须使用 W13 作为 RAM 操作地址指针,用来指向累加器回写操作的数据存

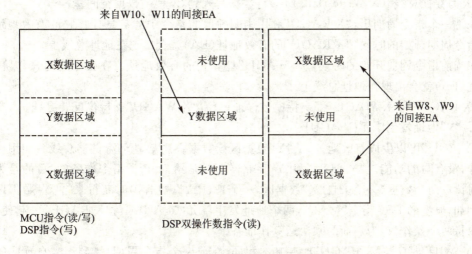

图 3.11 数据区的划分示意图

储器空间,该空间是一个组合空间。

对于 DSP 类指令,指针 W8 和 W9 应该指向芯片所具有的"X"数据区。假如有意将 W8 或 W9 指向"Y"数据区,将返回为零;如果将 W8 或 W9 非法指向一个芯片本身没有的存储区域,系统将会产生一个非屏蔽中断"地址错误陷阱"(Address Error Trap)。

以此类推,对于 DSP 类指令,指针 W10 和 W11 应该指向芯片所具有的"Y"数据区。假如有意将 W10 或 W11 指向"X"数据区,将返回为零;如果将 W10 或 W11 非法指向一个芯片本身没有的存储区域,系统将会产生一个非屏蔽中断"地址错误陷阱"(Address Error Trap)。

3.2.2 数据区地址发生单元(AGU)

在 dsPIC 内部共有两个数据区地址发生单元(Address Generator Unit),分别称为"X AGU"和"Y AGU",它们负责生成数据存储器地址。"X AGU"和"Y AGU"都可以产生覆盖 64 KB 范围的有效地址(Effective Address,EA)。任何试图对芯片物理存储器(芯片本身集成的 RAM)范围以外的空间进行读操作都会返回零值;任何企图对物理存储器范围以外的空间进行写操作都不会有任何结果。以上两种情况都会产生地址错误陷阱。

1. "X"地址发生单元(X AGU)

"X AGU"是使用最频繁的一个 AGU,几乎所有的寻址模式、所有指令都可以使用"X AGU"。"X AGU"由"X RAGU"(读 AGU)和"X WAGU"(写 AGU)组成。在指令周期的不同阶段,它们各自独立的进行总线读写操作。通常将"X"和"Y"数据空间看作一个整体数据区"X+Y",其数据都是通过"X 读数据总线"(X Read Data Bus)返回的。该总线也是双操作数读指令(DSP 类指令)的"X 地址空间"数据的流通路径。假如想往数据区域进行写操作,只能通过"X 写数据总线"(X Write Data Bus)将数据写入到"X+Y"数据空间里。

在上一个指令周期里,"X RAGU"利用刚刚预取的指令中的信息计算它的有效地址。在当前指令周期开始的时候,"X RAGU"的有效地址(EA)就会出现在地址总线上。

在当前指令周期开始的时候,"X WAGU"计算它的有效地址。在指令的写操作阶段,有效地址(EA)就会出现在地址总线上。

"X RAGU"和"X WAGU"都支持模数寻址;只有"X WAGU"支持位反转寻址。

2. "Y"地址发生单元(Y AGU)

"Y AGU"可以生成有效地址,从"Y"数据区读数据。注意,"Y"存储器总线只能用于数据读操作,没有写的功能。"Y AGU"和"Y"存储器总线是给 DSP 类指令准备的,目的是为了实现同时读取两个数据(一个来自"X"数据区,一个来自"Y"数据区)时获得来自"Y"数据区的数据。例如,典型的 DSP 指令"MAC",两个地址发生单元"Y AGU"与"X RAGU"一起使用,同时预取指两个操作数,为后面的乘法运算作准备。

"Y AGU"时序与"X RAGU"时序基本相同,在前一个指令周期里,利用来自预取的指令信息计算有效地址(EA)。在当前指令周期开始的时候,有效地址(EA)就会出现在地址总线上。

"Y AGU"支持模数寻址,也支持在指令里有"后修改地址"功能的 DSP 类指令。

DSP 类指令专门指定 W8 和 W9 作为"X"地址指针,通过"X RAGU"对其进行操作并寻址"X"数据区;还指定了 W10 和 W11 作为"Y"地址指针,通过"Y AGU"对其进行操作并寻址"Y"数据区。任何由 DSP 类指令的写操作都发生在"X+Y"这一数据空间里,并且所有写操作都是通过"X"总线实现的。因此,可以对任何 RAM 地址进行写操作。

图 3.12 所示是数据存储器里不同数据类型所对应的不同排列方式。通过"X AGU"对"X"数据区进行访问的 MCU 类指令都可以进行的"字"(16 位)和"字节"(8 位)型操作。假如进行的是字操作,16 位地址指针的最低位将被忽略,数据是以"低位数据低位地址"(Little-endian)的格式排列的,也就是说低位字节放在偶数地址(LSB=0),高位字节放在奇数地址(LSB=1)里;假如进行字节寻址,指针里最低位用于选择将要访问的字节,寻址结束后,读出的字节被放置在内部数据总线的低 8 位上。

针对指令所执行的是字节操作还是字操作,系统将自动计算有效地址(EA)。例如,一个字操作指令,指令里面包含指针后加操作,在完成指令操作进行后加操作的时候地址指针将加 2。

注意:进行字操作时,字地址必须按偶数地址(LSB = 0)排列。假如想把以前的 8 位单片机应用程序迁移到 16 位系统的时候,对于程序里的字节和字操作必须小心,避免把字数据放置到奇数地址上。假如用户试图对奇数地址里的数据进行字操作(读或写)时,将立即产生地址错误陷阱(Address Error Trap)。在非屏蔽中断子程序里,用户程序可以检查系统状态,定位错误出现的情况,挽回损失并避免进一步错误发生。

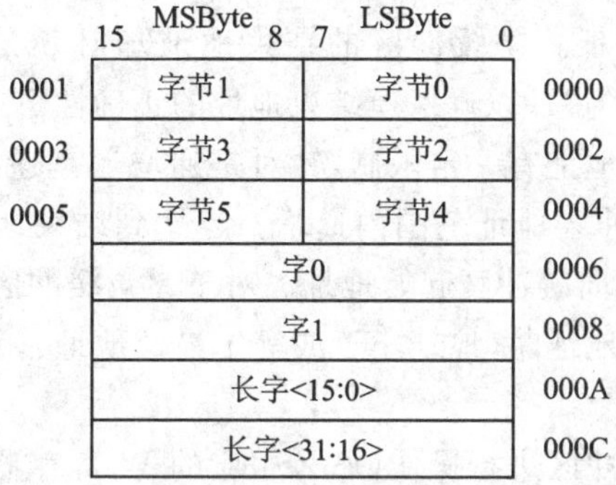

	MSByte		LSByte	
	15 8	7	0	
0001	字节1		字节0	0000
0003	字节3		字节2	0002
0005	字节5		字节4	0004
	字0			0006
	字1			0008
	长字<15:0>			000A
	长字<31:16>			000C

图 3.12　不同数据类型在存储器里的排列方式

3.2.3　模数寻址（Modulo Addressing）

很多 DSP 应用（比如数字滤波器）里通常需要一个紧密循环完成对一个数据序列的多次操作。这其实是一个简单的任务，任何人都可以不费力气的用 C 语言或汇编语言写出一个类似的程序来。但是挑战来自循环体的边际检查：每次循环体执行到边际的时候将用软件检查循环次数是否到达，假如没有到则回到循环起始位置，假如到了则退出循环。而这些边际检查（可以称之为"家务活"）将消耗很多时间，直接影响 DSP 操作的速度和效率。

模数寻址（也称循环寻址）提供了一种基于硬件的、自动循环运行的数据操作模式。完全消除了循环过程中的"家务活"，大大提高了数据处理的能力。这也是 dsPIC 区别于其他同类数字信号控制器的亮点之一。

3.2.3.1　模数寻址工作原理

可以选择除了 W15 以外的任何 W 寄存器作为指向缓冲区的指针。硬件自动对 W 寄存器里的地址执行边界检查，根据需要在缓冲器边界自动调整指针值。

dsPIC 的模数寻址既可以在数据区进行，也可以在程序区进行（因为两种空间的数据指针机制基本相同）。"X"和"Y"数据空间都支持循环缓冲区（Circular Buffer），其中"X"数据区也可以提供指向程序空间的指针，通过程序空间可视性（PSV）实现对程序区域内容的访问。

模数缓冲区（Modulo Buffer）的长度最多可以达到 32 K 字。缓冲区里的数据可以是字数据也可以是字节数据。由于模逻辑（Modulo Logic）只在字地址边界进行边界检查，因此字节型模缓冲区长度必须为偶数。此外，字节型模缓冲区不能通过"Y AGU"访问，原因是"Y"数据总线不支持字节型访问。

系统专门设置了 4 个专用的寄存器用来设置模缓冲区的起始地址和结束地址。这些特殊功能寄存器包括：XMODSRT（"X AGU"模起始地址）、XMODEND（"X AGU"模结束地址）、YMODSRT（"Y AGU"模起始地址）、YMODEND（"Y AGU"模结束地址）。

模缓冲区的起始地址必须是偶数,也即 XMODSRT、YMODSRT 寄存器的最低位恒为"0"以确保正确的模起始地址。模缓冲区的结束地址却必须是奇数。XMODEND、YMODEND 寄存器的最低位始终为"1"以确保模结束地址的正确性。

模缓冲区的起始和结束地址有一定限制,针对是递增还是递减模式区别对待。对于递增缓冲区,W 寄存器指针在缓冲区地址范围内递增。当达到结束地址时(地址大于或等于最高地址),W 寄存器指针复位指向缓冲区起始地址。对于递减缓冲区,W 寄存器指针在缓冲区地址范围内递减。当达到起始地址时(地址小于或等于最低地址),W 寄存器指针复位指向缓冲区结束地址。

假如你设置了对递增缓冲区进行操作,那么相应的 W 寄存器指针就不能进行递减运算,否则硬件将不能正确调整 W 寄存器指针,反之亦然。但是假如缓冲区长度是 2 的偶次方,则指针既可以递增也可以递减。

图 3.13 所示为增模式模数寻址的一个范例。图中看到,指针 W1 在操作过程中从初始值 XMODSRT 开始不断加一并穿越分界点(XMODEND)的时候,W1 指针将自动恢复为 XMODSRT 里设置的初始值。操作完整个数据块后,数据指针"终点又回到起点",为下一次操作这块数据做好了准备。图中从"0"到"$N-1$"代表数据的编号。

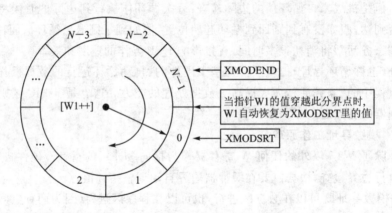

图 3.13 增模式模数寻址范例

我们看到,整个数据块相当于一个首尾相接的环形结构,也联想到滤波器里面所谓的"延迟线";从 $n=0$ 到 $n=N-1$ 共 N 个数据将作为滤波器参数或即将滤波的原始数据参加矩阵的运算。每操作完一个周期相当于作完一个"点积",得到输出矩阵里的一个点,假如是一个 N 维行向量与一个 $N\times N$ 维矩阵的乘法,则需要做 N 次"点积"操作。换句话说,一个数据块(N 维行向量)可能反复被操作 N 次。假如采用模数寻址,则每次做完一个 N 维"点积"后,数据自动指向数据块的开始,而不需要手动判断边界、修改指针。这个意义是巨大的,极大加快了运算速度。

数据缓冲区的模起始地址(Modulo Start Address)有一定的要求：

递增缓冲区结束地址的最低有效位必须包含足够个"0"以便进行增模式操作。例如，如果一个递增缓冲区的长度(模值)为 50 字(100 字节)，则缓冲区起始地址的最低 7 位必须为"0"，保证可以寻址 100 个字节。由此推断，起始地址可能为 0xNN00 或 0xNN80，其中"N"为任何十六进制值。

递减缓冲区模起始地址可以根据缓冲区的结束地址和缓冲区长度(字节)来推算：

$$起始地址＝(结束地址－缓冲长度)＋1$$

数据缓冲区的模结束地址(Modulo End Address)有一定要求：

递减缓冲区结束地址的最低有效位必须包含足够个"1"以便进行减模式操作。例如，如果缓冲区长度(模值)为 50 字(100 字节)，则递减模缓冲区结束地址的最低 7 位都为"1"，以保证寻址 100 个字节。由此推断，有效结束地址可能为 0xNNFF 或 0xNN7F，其中"N"为任何十六进制值。

对于递增缓冲区，模结束地址可以根据缓冲区的起始地址和缓冲区长度(字节)来推算：

$$结束地址＝(起始地址＋缓冲长度)－1$$

有一个特殊情况：假如模缓冲区的长度是 2 的偶次幂，则其起始和结束地址既可以满足增模式缓冲区也可以满足减模式缓冲区对起始地址的要求。

特别提醒：对模数寻址控制寄存器"MODCON"进行写操作后，不能立即紧跟着使用 W 寄存器进行间接读操作的指令。否则将导致不可预料的结果。正确的"MODCON"初始化方法是在初始化"MODCON"寄存器后紧跟一个"NOP"指令。

范例 3.16 本范例给出了初始化 MODCON 寄存器的正确方法及规则。

```
MOV      #0x8FF4,w0           ;初始化 MODCON
MOV      w0,MODCON
NOP
MOV      [w1],w2              ;产生 EA
```

注意：使用 POP 指令将栈顶(TOS)单元的内容弹出到"MODCON"，也可以实现写"MODCON"；用户还应该注意某些指令比如 POP、RETURN、RETFIE、RETLW、ULNK 会间接执行读操作。

假如已经在"MODCON"中使能了模数寻址，并继续初始化模地址寄存器：XMODSRT、XMODEND、YMODSRT、YMODEND 后，不能立即紧跟使用 W 寄存器进行间接读操作的指令。否则将导致不可预料的结果。正确的模数寻址设置程序方法是在初始化完模地址寄存器后紧跟一个"NOP"指令。

范例 3.17 本范例给出了初始化 MODCON 寄存器并给模起始地址寄存器和结束地址寄存器赋值的正确操作代码。

```
MOV     #0x8FF4,w0        ;允许在 X Data 进行模数寻址,使用 W4 作为缓冲区指针
MOV     w0,MODCON
MOV     #0x1200,w4        ;初始化 XMODSRT
MOV     w4,XMODSRT
MOV     #0x12FF,w0        ;初始化 XMODEND
MOV     w0,XMODEND
NOP
MOV     [w4++],w5         ;生成 EA
```

3.2.3.2 模数寻址相关寄存器

和模数寻址相关的寄存器主要有 5 个,分别是:MODCON(模数寻址控制寄存器)、XMODSRT("X AGU"模起始地址寄存器)、XMODEND("X AGU"模结束地址寄存器)、YMODSRT("Y AGU"模起始地址寄存器)、YMODEND("Y AGU"模结束地址寄存器)。其中 MODCON 寄存器既用于控制模,也用于控制位反转寻址。

表 3.5 描述了模数寻址控制寄存器(MODCON)各位的定义和含义。

表 3.5 模数寻址控制寄存器(MODCON)

R/W-0	R/W-0	U-0	U-0	R/W-0	R/W-0	R/W-0	R/W-0
XMODEN	YMODEN	—	—	BWM<3:0>			
bit 15							bit 8
R/W-0	R/W-0	R/W-0	R/W-0	R/W-0	R/W-0	R/W-0	R/W-0
YWM<3:0>				XWM<3:0>			
bit 7							bit 0

其中:R=可读位,W=可写位,C=只能被清零,U=未用(读作 0),-n=上电复位时的值

Bit15	XMODEN: "X RAGU"和"X WAGU"模数寻址使能位	1="X AGU"模数寻址使能 0="X AGU"模数寻址禁止
Bit14	YMODEN: "Y AGU"模数寻址使能位	1="Y AGU"模数寻址使能 0="Y AGU"模数寻址禁止
Bit13~12	未用	读作 0
Bit11~8	BWM<3:0>: 用于位反转寻址的"X WAGU"寄存器选择	1111=禁止位反转寻址 1110=选择 W14 用于位反转寻址 1101=选择 W13 用于位反转寻址 · · · 0000=选择 W0 用于位反转寻址

第3章 程序存储器与数据存储器

续表3.5

Bit7~4	YWM<3:0>: 模数寻址时分配给"Y AGU"的 W 寄存器选择	1111＝禁止模数寻址 1110＝选择 W14 用于模数寻址 · · · 0000＝选择 W0 用于模数寻址
Bit3~0	XWM<3:0>: 模数寻址时分配给"X RAGU"和"X WAGU"的 W 寄存器选择	1111＝禁止模数寻址 1110＝选择 W14 用于模数寻址 · · · 0000＝选择 W0 用于模数寻址

由于 W15 专门分配作为堆栈指针(Stack Pointer)，因此模数寻址的时候不能使用 W15 作为任何地址指针。

表 3.6 描述了"X AGU"模起始地址寄存器(XMODSRT)各位的定义和含义。

表 3.6 "X AGU"模起始地址寄存器(XMODSRT)

R/W-0	R/W-0	R/W-0	R/W-0	R/W-0	R/W-0	R/W-0	R/W-0
			XS<15:8>				
bit 15							bit 8
R/W-0	R/W-0	R/W-0	R/W-0	R/W-0	R/W-0	R/W-0	R-0
			XS<7:1>				0
bit 7							bit 0

其中：R＝可读位，W＝可写位，C＝只能被清零，U＝未用(读作 0)，-n＝上电复位时的值

Bit15~1	XS<15:1>: X RAGU 和 X WAGU 模数寻址起始地址位
Bit0	未用　　　　　　　　　　　　　　　　　　　　读作 0

表 3.7 描述了"X AGU"模结束地址寄存器(XMODEND)各位的定义和含义。

表 3.7 "X AGU"模结束地址寄存器(XMODEND)

R/W-0	R/W-0	R/W-0	R/W-0	R/W-0	R/W-0	R/W-0	R/W-0
			XE<15:8>				
bit 15							bit 8
R/W-0	R/W-0	R/W-0	R/W-0	R/W-0	R/W-0	R/W-0	R-1
			XE<7:1>				1
bit 7							bit 0

其中：R＝可读位，W＝可写位，C＝只能被清零，U＝未用(读作 0)，-n＝上电复位时的值

续表 3.7

Bit15~1	XE<15:1>:X RAGU 和 X WAGU 模数寻址起始地址位	
Bit0	未用	读作 1

表 3.8 描述了"Y AGU"模起始地址寄存器（YMODSRT）各位的定义和含义。

表 3.8 "Y AGU"模起始地址寄存器（YMODSRT）

R/W-0	R/W-0	R/W-0	R/W-0	R/W-0	R/W-0	R/W-0	R/W-0
			YS<15:8>				
bit 15							bit 8
R/W-0	R/W-0	R/W-0	R/W-0	R/W-0	R/W-0	R/W-0	R-0
			YS<7:1>				0
bit 7							bit 0

其中：R=可读位，W=可写位，C=只能被清零，U=未用（读作 0），—n=上电复位时的值

Bit15~1	YS<15:1>:Y AGU 模数寻址起始地址位	
Bit0	未用	读作 0

表 3.9 描述了"Y AGU"模结束地址寄存器（YMODEND）各位的定义和含义。

表 3.9 "Y AGU"模结束地址寄存器（YMODEND）

R/W-0	R/W-0	R/W-0	R/W-0	R/W-0	R/W-0	R/W-0	R/W-0
			YE<15:8>				
bit 15							bit 8
R/W-0	R/W-0	R/W-0	R/W-0	R/W-0	R/W-0	R/W-0	R-1
			YE<7:1>				1
bit 7							bit 0

其中：R=可读位，W=可写位，C=只能被清零，U=未用（读作 0），—n=上电复位时的值

Bit15~1	YE<15:1>:Y AGU 模数寻址结束地址位	
Bit0	未用	读作 1

3.2.3.3 递增和递减模数寻址的应用

1. 递增型缓冲区的模数寻址初始化步骤

下面的代码是用于初始化增模式模数寻址的过程。首先要确定缓冲区长度（字节）和起始地址并据此计算出缓冲区结束地址。然后将起始地址赋给"XMODSRT"或者"YMODSRT"；缓冲区结束地址赋给"XMODEND"或"YMODEND"。当然还要设置"MODCON"寄存器中的"XWM<3:0>"位或"YWM<3:0>"位，用于选择使用哪个 W 寄存器作为访问循环缓冲区的指针；置位"XMODEN"位或"YMODEN"位可以使能模数寻址功能。

在装载 W 指针的初始值使其指向缓冲区首地址后，所有为模数寻址的准备工作完成。

最后使用一个"DO"循环完成模数寻址操作。

> **注意**：在下面的程序中使用了指针后加的间接寻址操作,每次循环后指针加一,指向下一个数据。当指针W1到达循环缓冲区的最后一个地址时,指针会自动被复位,重新装载起始地址。

图3.14形象地描述了增模式模数寻址的操作过程。

范例3.18 本范例是增模式模数寻址的程序代码。请注意其中寄存器的赋值顺序。

```
        MOV     #0x1100, W0
        MOV     W0, XMODSRT        ;设置模数寻址起始地址
        MOV     #0x1163, W0
        MOV     W0, XMODEND        ;设置模数寻址结束地址
        MOV     #0x8001, W0
        MOV     W0, MODCON         ;将W1, X AGU分配给模数寻址
        MOV     #0xFFFF, W0        ;W0里保存有缓冲区填充数值
        MOV     #0x1100, W1        ;W1指向缓冲区
        DO      #49, FILL          ;填充50个缓冲位置
        MOV     W0, [W1++]         ;填充下一个位置
FILL:   DEC     W0, W0             ;填充数据减一
```

在MPLAB IDE集成开发环境下可以观察到RAM空间的"1100"~"1163"地址范围被填充了"FFFF"~"FFCE"依次递减的数据。当DO循环结束时,指针W1=0x1100。

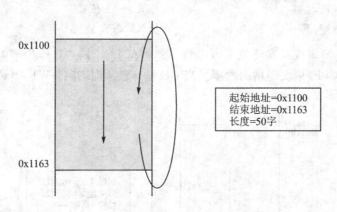

图3.14 递增模式模数寻址工作原理示范

2. 递减模缓冲区的模数寻址初始化

下面的代码是用于初始化减模式模数寻址的过程。首先要确定缓冲区的长度(字节)和起始地址并据此计算出缓冲区结束地址。然后将起始地址赋给"XMODSRT"或者"YMODSRT";缓冲区结束地址赋给"XMODEND"或"YMODEND"。当然还要设置"MODCON"寄存器中的"XWM<3:0>"位或"YWM<3:0>"位,用于选择使用哪个W寄存器作为访问循

环缓冲区的指针;置位"XMODEN"位或"YMODEN"位可以使能模数寻址功能。

在装载 W 指针的初始值使其指向缓冲区首地址后,所有模数寻址的准备工作完成。

最后使用一个"DO"循环完成模数寻址操作。

> **注意**:在下面的程序中使用了指针后减的间接寻址操作,每次循环后指针减一,指向下一个数据。当指针 W1 到达循环缓冲区的最后一个地址时,指针会自动被复位,重新装载结束地址。

图 3.15 形象地描述了减模式模数寻址的操作过程。

范例 3.19 本范例是减模式模数寻址的程序代码。请注意其中寄存器的赋值顺序。

```
       MOV    #0x11E0, W0
       MOV    W0, XMODSRT          ;设置模数寻址起始地址
       MOV    #0x11FF, W0
       MOV    W0, XMODEND          ;设置模数寻址结束地址
       MOV    #0x8001, W0
       MOV    W0, MODCON           ;分配 W1, X AGU 给模数寻址使用
       MOV    #0x000F, W0          ;W0 里保存有缓冲区填充数值
       MOV    #0x11FE, W1          ;W1 指向缓冲区
       DO     #15, FILL            ;填充 16 个缓冲区位置
       MOV    W0, [W1--]           ;填充下一个位置
FILL:  DEC    W0, W0               ;填充数据减一
```

在 MPLAB IDE 集成开发环境下可以观察到 RAM 空间的"11E0"~"11FE"地址范围被填充了"0000"~"000F"依次递增的数据。当 DO 循环结束时,指针 W1=0x11FE。

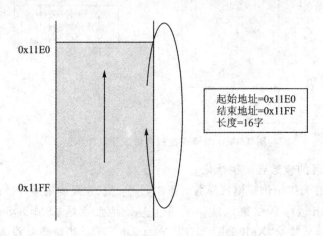

图 3.15 递减模式模数寻址工作原理示范

3.2.4 位反转寻址(Bit Reversed Addressing)

为了更方便分析和处理一个信号,嵌入式系统信号分析的时候往往会对一个时域序列进行傅里叶变换(DTFT),将信号变换到频域进行处理。假如时域序列为 $x(n)$,其中采样点位 N 个,放置在一个数组里面,为了处理方便,经过快速傅里叶变换 FFT 后频域依然取 N 个采样点,频域的序列为 $X(k)$。公式(3-1)是傅里叶变换的基本公式。

$$X(k) = \sum_{n=0}^{N-1} x(n) W_N^{nk} \quad k = 0, 1, \cdots, N-1 \qquad (3-1)$$

利用公式(3-1)进行傅里叶变换的运算复杂度为非常高,抽样点 N 加大的时候运算复杂度迅速增加,用普通处理器很难实现。于是人们发明了一系列的快速算法,其中快速傅里叶变换(FFT)巧妙地利用了变换中旋转因子(Twidle Factor)的对称性(公式(3-2))与周期性(公式(3-3)),避免其中不必要的重复运算。

$$(W_N^{nk})^* = W_N^{-nk} \qquad (3-2)$$

$$W_N^{nk} = W_N^{(n+N)k} = W_N^{n(k+N)} \qquad (3-3)$$

利用 FFT 使得变换的复杂度由原来的 $o(N \times N)$ 降低为 $o(N \times \log_2 N)$,使得用普通 MCU 也能进行频域分析。

如图 3.16 所示,在计算过程中需要进行一种"蝶形运算",这里是以 8 个采样点 $N=8$ 为例子来说明蝶形运算的规律。假如经过变换后的频域序列输出 $X(k)$ 按正常顺序:0,1,2,3,4,5,6,7 排列在存储单元,那么输入 $x(n)$ 则是按 0,4,2,6,1,5,3,7 这种顺序排列。注意到输入顺序完全是将输出顺序的二进制顺序倒置后得到的结果,称作"倒位序"(Bit Reversed),也称为"位反转"或"码位倒读"。"码位倒读"的直接原因是由于按照 n 的奇偶分组进行 DFT 运算造成的。

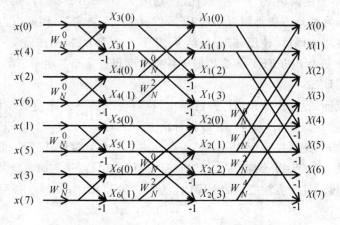

图 3.16 快速傅里叶变换(FFT)蝶形运算原理

现在面临一个严峻的问题就是:假如每次计算的时候都要用指令对地址进行"位反转"操作,那么累计起来运算量是相当可观的,甚至不可接受。当芯片进行傅里叶变换的时候,应该很快得到结果才能保证实时性,否则会影响信号处理的效果。

假如没有硬件支持位反转的时候,使用汇编语言或 C 语言也可以很容易写出"位反转"程序。但是这样的程序需要的执行时间是很长的,下面用一个范例来说明。

范例 3.20 用 C 语言写出一个"位反转"函数。

```
int BitReverse(int SRC, int SIZE)
// 其中 SRC 是将要进行位反转的数据,SIZE 是将要进行位反转的二进制位数
{
    int TMP = SRC;
    int DES = 0;
    for ( int i = SIZE - 1 ; i >= 0 ; i + + )
    {
        DES = (( TMP & 0x1 ) << i ) | DES ;   // 取出 TMP 的最后一位放到 DES 的指定位置上
        TMP = TMP >> 1 ;
    }
    Return DES ;
}
```

好在 dsPIC 系列数字信号处理器集成了"位反转"寻址,这允许用户简单地设置相应的寄存器就可以用硬件实现"位反转"操作而不占用芯片任何开销。这无疑意义巨大,给低端数字信号处理器带来了广泛的应用前景。

不但快速傅里叶变换(FFT)会大大得益于这种寻址方式,反傅里叶变换(IFFT)同样受益,因为 IFFT 基本上是调用 FFT 子程序而已(利用 FFT 和 IFFT 的性质)。依此类推,由于线性卷积等数字信号处理方法都可以利用 FFT 以及 IFFT 来实现,因此"位反转"寻址的意义更加重大。可以说集成硬件"位反转"寻址给了 FFT 一个强大的"加速器"。

位反转寻址使基为 2 的 FFT 算法数据重新排序变得更简单。由于需要写操作,该寻址方式只支持"X WAGU"。

位反转寻址只能通过"X WAGU"进行操作,执行位反转寻址之前必须设置"MODCON"和"XBREV"寄存器。如表 3.5 所列,寻址指针由 MODCON<11∶8>也即"BWM"控制位决定,"BWM"有 4 位,因此可以分配 15 个 W 寄存器中的一个给位反转寻址,假如位反转寻址和模数寻址分配了同一个 W 指针,在写操作时位反转寻址有较高优先级。比如用 W1 作为指针的读操作,将发生模地址边界检查,而用 W1 作为指针的写操作,硬件将按照位反转规律修改 W1 指针。

表 3.10 所列为位反转寻址控制寄存器"XBREV"。令 XBREV<15>(BREN)="1"可以使能反转寻址功能;XBREV<14:0>称为"X AGU"位反转寻址地址修饰符(Modifier)。

注意:执行位反转寻址时只能使用字模式间接寻址,其指针只能使用后加(形如[Wn++])或者预加(形如[++Wn])操作模式。所有其他寻址模式或字节模式均不能产生位反转地址(但是能产生正常地址)。

如果已经使能了位反转寻址(XBREV<15>="1")位,写"XBREV"指令之后不能立即紧跟一种指令,这种指令里使用了被指定为位反转寻址地址指针的 W 进行间接读操作。比如:指定 W1 为位反转寻址地址指针,那么写"XBREV"后面不能紧跟"MOV [W1],W2"。

由于处理器资源的限制,进行 FFT 运算的时候输入序列的长度通常是有限的,因此需要指定序列长度。注意变换序列越长,消耗 RAM 越多,计算时间越长,当然计算结果也越精确。要根据数字信号处理的需要,选取一个最短的序列长度以获得更好的计算效率。

序列长度可以通过装载"XBREV"寄存器来实现,该寄存器里的低 15 位数据间接定义了数据序列(缓冲区)的大小,也即"位反转寻址地址修饰符"(Modifier)。

表 3.10 所列为位反转寻址控制寄存器(XBVER)各位的定义和含义。其中给出了 dsPIC 系列数字信号处理器常用的位反转寻址地址修饰符与序列长度之间的对应关系。

表 3.10 位反转寻址控制寄存器(XBVER)

R/W-0	R/W-0	R/W-0	R/W-0	R/W-0	R/W-0	R/W-0	R/W-0
BREN	XB<14:8>						
bit 15							bit 8
R/W-0	R/W-0	R/W-0	R/W-0	R/W-0	R/W-0	R/W-0	R/W-0
XB<7:0>							
bit 7							bit 0

其中:R=可读位,W=可写位,C=只能被清零,U=未用(读作 0),-n=上电复位时的值

Bit15	BREN: 位反转寻址"X AGU"使能位	1=使能位反转寻址 0=禁止位反转寻址	
Bit14~0	XB<14:0>: "X AGU"位反转寻址地址修饰符	0x4000=32 768 字缓冲 0x2000=16 384 字缓冲 0x1000=8 192 字缓冲 0x0800=4 096 字缓冲 0x0400=2 048 字缓冲 0x0200=1 024 字缓冲 0x0100=512 字缓冲 0x0080=256 字缓冲	0x0040=128 字缓冲 0x0020=64 字缓冲 0x0010=32 字缓冲 0x0008=16 字缓冲 0x0004=8 字缓冲 0x0002=4 字缓冲 0x0001=2 字缓冲

在执行位反转寻址的时候,硬件利用"位反转寻址地址修饰符"(XB<14:0>)里的数据和相应的 W 寄存器运算,采用所谓"反向进位"算法计算出输入序列所对应的位反转地址。

图 3.17 为反向进位原理。这里选定的"位反转寻址地址修饰符"为 8,表示输入序列里有 16 个数据字。由于位反转寻址是以字为单位进行的操作,因此 W 指针的最低一位为"0"。为了和字操作方式对应,把"位反转寻址修饰符"左移一位并和 W 寄存器相加,同时采用反向进位。反向进位的原则是:按照从左到右的顺序把相应位相加,如果在一个位置发生了进位,则进位被加到右边相邻位里,依次类推。

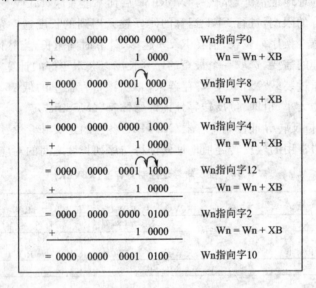

图 3.17 位反转地址计算规律(反向进位)

图 3.18 所示为针对序列长度为 16 时位反转寻址的地址修改规律。W 寄存器的第 1 位到第 4 位被硬件进行了位反转操作。

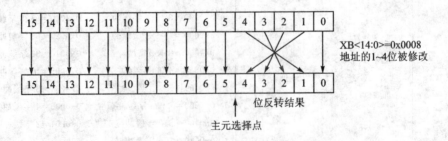

图 3.18 位反转寻址的地址修改规律(序列长度为 16 字)

范例 3.21 下列程序代码将 W0 指向的输入序列"Input_Buf"里的 16 个数据字按照位反规律写入 W1 指向的序列"Bit_Rev_Buf"里。

```
; 设置 XB 为 16 字 缓冲器,允许位反转寻址
    MOV         #0x8008,W0
    MOV         W0,XBREV
; 设置 MODCON,使用 W1 进行位反转寻址
    MOV         #0x01FF,W0
    MOV         W0,MODCON
; W0 指向输入数据缓冲区
    MOV         #Input_Buf,W0
; W1 指向位反转后的数据
    MOV         #Bit_Rev_Buf,W1
; 重新调整 Input_Buf 里的数据顺序,存放到 Bit_Rev_Buf 里面
    REPEAT      #15
    MOV         [W0++],[W1++]
```

第 4 章 定时计数器

4.1 概述

定时计数器是大多数应用系统都会用到的资源，其多少、种类直接关系到系统软件设计的质量。对于 dsPIC30F 系列芯片可以提供若干个 16 位定时计数器。这些定时计数器用符号 Timer1、Timer2、Timer3 等表示。根据芯片型号的不同，拥有的定时计数器数目也有差异。

每个定时计数器模块都有 3 个 16 位可读/写的寄存器。其中 TMRx 是"Timer 寄存器"，PRx 是"Timer 周期寄存器"，TxCON 是"Timer 控制寄存器"。

每个定时计数器模块都有与中断控制相关的位：中断使能控制位（TxIE）、中断标志位（TxIF）、中断优先级控制位（TxIP<2：0>）。

在 dsPIC 里所有的定时计数器都有几乎相同的功能电路，这也方便用户学习和掌握。同时每类定时计数器都有自己特有的功能。可以将 dsPIC 的定时计数器简单地分为 3 类：A 类、B 类和 C 类。

特别灵活的是，有些 16 位定时计数器可以两两组合，成为 32 位定时计数器，大大扩展了定时计数的范围。

4.2 定时计数器的分类

4.2.1 A 类定时计数器

Timer1 可以被定义为 A 类定时计数器。在大多数 dsPIC30F/33F 以及 PIC24 系列芯片上至少有一个 A 类定时器。这种定时器可以在使用外部时钟源的异步模式下工作。

尤其值得一提的是，A 类定时计数器集成了一个低频振荡器，因此只要简单的在 SOSCO 和 SOSCI 两个引脚接上时钟晶体（32.768 kHz），A 类定时计数器就可以独立起振，并且该振荡源完全可以作为系统时钟推动 CPU 工作。这种特性可以用于实时时钟(Real-Time Clock，RTC)的设计。

图 4.1 所示是 A 类定时计数器的原理框图。

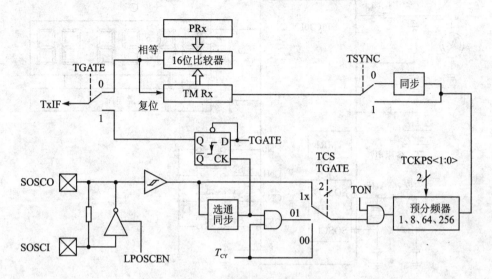

图 4.1 A 类定时计数器原理框图

只有 Timer1 可以把芯片从休眠模式唤醒。这是因为 Timer1 允许 TMR1 寄存器对外部、异步时钟源进行计数(递增)。当 TMR1 寄存器与 PR1 寄存器的值相等时，如果已经允许了 Timer1 中断(T1IE="1")，芯片将从休眠模式唤醒。

在很多应用中，希望对频率较高的外部时钟源进行计数，这样的外部信号频率甚至可能超过芯片本身的工作频率。A 类定时器可以工作在异步模式，定时器的时钟同步逻辑位于预分频器之后。这样就允许使用更高的外部时钟频率而不违反预分频器所要求的高电平和低电平最短时间。尽管如此外部时钟不能超出系统对时钟信号的高、低电平最短时间要求。

图 4.2 所示是一个具体应用实例的简化框图。其中 Timer1(A 类时基)由 32.768 kHz 的外部振荡器驱动。32.768 kHz 的外部振荡器通常用于需要实时时钟(RTC)的应用场合，在需要低功耗的应用场合也可能需要由低频振荡给系统提供时钟。Timer1 振荡器允许芯片进入休眠状态而定时计数器仍将继续递增计数。当 Timer1 溢出时，中断会唤醒芯片，从而更新相应的寄存器。

在此实例中，32.768 kHz 的晶振被用作实时时钟的时基。如果时钟需要 1 s 的时基，那么就必须将一个值"0x8000"装入周期寄存器 PR1，Timer1 计数到达 1 s 时刻产生匹配事件。

为了使实时时钟准确工作，定时器设置完毕并开始工作后永远不要对 TMR1 寄存器进行写操作,因为 Timer1 时钟源与系统时钟异步。对 TMR1 寄存器的写操作会破坏实时计数器的值,从而导致不精确的计时。

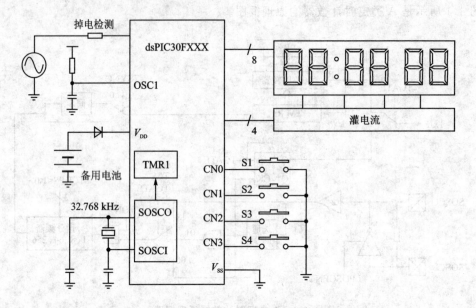

图 4.2　Timer1(A 类定时计数器)应用范例

控制寄存器里有两位(TCKPS<1：0>)专门用来设置预分频器值,选项为 1：1、1：8、1：64 或 1：256。定时计数器的输入时钟为 $F_{osc}/4$ 或外部时钟。

> **注意**：当写 TMRx 寄存器、令 TON＝"0"和任何芯片复位时,预分频器都将清零。但是写 TxCON 寄存器的时候,TMRx 寄存器不会被清零。

表 4.1 所列为 A 类定时计数器的时基控制寄存器(TxCON)各位的定义。

表 4.1　A 类定时计数器时基控制寄存器

R/W-0	U-0	R/W-0	U-0	U-0	U-0	U-0	U-0
TON	—	TSIDL	—	—	—	—	—
bit 15							bit 8
U-0	R/W-0	R/W-0	R/W-0	R/W-0	R/W-0	R/W-0	U-0
—	TGATE	TCKPS<1:0>		—	TSYNC	TCS	—
bit 7							bit 0

其中:R=可读位,W=可写位,C=只能被清零,U=未用(读作 0),—n=上电复位时的值

Bit15	TON： 定时计数器使能位	1＝启动定时计数器 0＝停止定时计数器
Bit14	未用	读作 0

续表 4.1

位	名称	描述
Bit13	TSIDL：空闲模式停止位	1＝当芯片进入空闲模式时,定时计数器不继续工作 0＝在空闲模式定时计数器继续工作
Bit12~7	未用	读作 0
Bit6	TGATE：门控模式使能位	1＝使能门控定时器模式　0＝禁止门控定时器模式 （当 TGATE＝1 时,TCS 必须设置为 0。如果 TCS＝1,该位读作 0）
Bit5~4	TCKPS<1：0>：预分频器选择位	11＝预分频比是 1：256　　10＝预分频比是 1：64 01＝预分频比是 1：8　　　00＝预分频比是 1：1
Bit3	未用	读作 0
Bit2	TSYNC：外部时钟同步选择位	当 TCS＝1 时： 　1＝同步外部时钟输入 　0＝不同步外部时钟输入 当 TCS＝0 时： 　此位被忽略,读作 0。当 TCS＝0 时,Timer1 使用内部时钟。
Bit1	TCS：定时计数器时钟源选择	1＝来自 TxCK 引脚的外部时钟 0＝内部时钟（$F_{osc}/4$）
Bit0	未用	读作 0

4.2.2　B 类定时计数器

Timer2 和 Timer4 可以被定义为 B 类定时计数器。B 类定时计数器可以和 C 类定时计数器相连形成 32 位定时计数器。在 B 类定时计数器的控制寄存器(TxCON)里专门设置了一个控制位"T32"来使能 32 位定时计数器功能。B 类定时计数器的时钟同步在预分频逻辑后执行。

图 4.3 所示是 B 类定时计数器的原理框图。

和 A 类定时计数器类似,B 类定时计数器也设置了同步逻辑,而且同步逻辑位于预分频器之后。这样可以对频率较高的外部时钟源进行计数。系统对外部时钟信号的高、低电平有一个最短时间要求。也就是说外部输入信号的频率有上限。具体要求需要参考相应芯片数据手册。

控制寄存器里有两位(TCKPS<1：0>)专门用来设置预分频器值,选项为 1：1、1：8、1：64 或 1：256。定时计数器的输入时钟为 $F_{osc}/4$ 或外部时钟。

注意：当写 TMRx 寄存器、令 TON＝"0"和任何芯片复位时,预分频器都将清零。但是写 TxCON 寄存器的时候,TMRx 寄存器不会被清零。

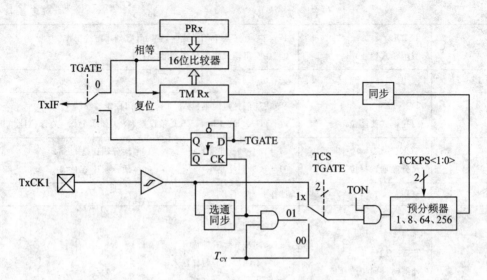

图 4.3 B 类定时计数器原理框图

表 4.2 所列为 B 类定时计数器的时基控制寄存器(TxCON)各位的定义。

表 4.2 B 类定时计数器时基控制寄存器

R/W-0	U-0	R/W-0	U-0	U-0	U-0	U-0	U-0
TON	—	TSIDL	—	—	—	—	—
bit 15							bit 8
U-0	R/W-0	R/W-0	R/W-0	R/W-0	R/W-0	R/W-0	U-0
—	TGATE	TCKPS<1:0>		T32	—	TCS	—
bit 7							bit 0

其中:R=可读位,W=可写位,C=只能被清零,U=未用(读作 0),-n=上电复位时的值

Bit15	TON: 定时计数器使能控制位	当 T32=1(处于 32 位定时计数器模式)时: 　1=启动 32 位定时器模式　0=停止 32 位定时器模式 当 T32=0(处于 16 位定时计数器模式)时: 　1=启动 16 位定时计数器　0=停止 16 位定时计数器
Bit14	未用	读作 0
Bit13	TSIDL: 空闲模式停止位	1=当芯片进入空闲模式时,定时计数器不继续工作 0=在空闲模式定时计数器继续工作
Bit12~7	未用	读作 0

续表 4.2

Bit6	TGATE： 门控模式使能位	1＝使能门控定时器模式　0＝禁止门控定时器模式 (当 TGATE＝1 时，TCS 必须设置为 0)
Bit5～4	TCKPS<1：0>： 预分频器选择位	11＝预分频比是 1∶256　10＝预分频比是 1∶64 01＝预分频比是 1∶8　00＝预分频比是 1∶1
Bit3	T32： 32 位定时器模式选择	1＝TMRx 和 TMRy 形成 32 位定时计数器 0＝TMRx 和 TMRy 为独立的 16 位定时计数器
Bit2	未用	读作 0
Bit1	TCS： 定时计数器时钟源选择	1＝来自 TxCK 引脚的外部时钟 0＝内部时钟($F_{osc}/4$)
Bit0	未用	读作 0

4.2.3　C 类定时计数器

Timer3 和 Timer5 可以被定义为 C 类定时计数器。C 类定时计数器可以和 B 类定时计数器相连形成 32 位定时计数器。芯片至少有一个 C 类定时计数器能够触发 A/D 转换。

图 4.4 所示为 C 类定时计数器的框图。

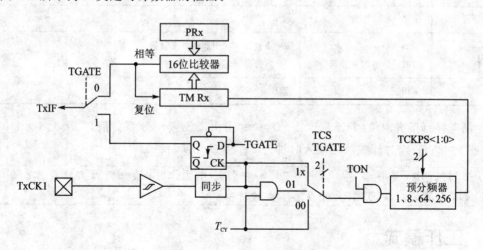

图 4.4　C 类定时计数器原理框图

表 4.3 所列为 C 类定时计数器的时基控制寄存器(TxCON)各位的定义。

表 4.3 C 类定时计数器时基控制寄存器

R/W-0	U-0	R/W-0	U-0	U-0	U-0	U-0	U-0
TON	—	TSIDL	—	—	—	—	—
bit 15							bit 8

U-0	R/W-0	R/W-0	R/W-0	U-0	U-0	R/W-0	U-0
—	TGATE	TCKPS<1:0>		—	—	TCS	—
bit 7							bit 0

其中:R=可读位,W=可写位,C=只能被清零,U=未用(读作 0),—n=上电复位时的值

Bit15	TON: 定时计数器使能控制位	1=启动 16 位 TMRx 0=停止 16 位 TMRx
Bit14	未用	读作 0
Bit13	TSIDL: 空闲模式停止位	1=当芯片进入空闲模式时,定时计数器不继续工作 0=在空闲模式定时计数器继续工作
Bit12~7	未用	读作 0
Bit6	TGATE: 门控模式使能位	1=使能门控定时器模式 0=禁止门控定时器模式(如果 TCS=1,读作 0) (当 TGATE=1 时,TCS 必须设置为 0)
Bit5~4	TCKPS<1:0>: 预分频器选择位	11=预分频比是 1:256 10=预分频比是 1:64 01=预分频比是 1:8 00=预分频比是 1:1
Bit3~2	未用	读作 0
Bit1	TCS: 定时计数器时钟源选择	1=来自 TxCK 引脚的外部时钟 0=内部时钟($f_{osc}/4$)
Bit0	未用	读作 0

控制寄存器里有两位(TCKPS<1:0>)专门用来设置预分频器值,选项为 1:1、1:8、1:64 或 1:256。定时计数器的输入时钟为 $F_{osc}/4$ 或外部时钟。

注意:当写 TMRx 寄存器、令 TON="0"和任何芯片复位时,预分频器都将清零。但是写 TxCON 寄存器的时候,TMRx 寄存器不会被清零。

4.3 工作模式

定时计数器模块可能工作在:同步定时器、同步计数器、门控定时器和异步计数器(仅 A 类时基)这 4 种模式之一。模式由定时计数器控制寄存器(TxCON)中相应的位进行控制。比

如 TCS 负责时钟源控制、TSYNC 负责同步控制位(仅 A 类时基)、TGATE 负责门控位使能和 TON 负责开启定时计数器模块。

4.3.1 使用系统时钟作为时钟源的 16 位计数器

所有的定时计数器都可以工作在定时计数器模式。在这种定时计数器模式下,定时计数器的输入时钟由系统时钟($F_{osc}/4$)提供。当使能为该模式时,对于 1∶1 的预分频器设置,定时计数器的计数值在每个指令周期都会加 1。令 TCS="0"可以选择定时计数器模式。由于使用系统时钟源作为时钟,同步模式控制位 TSYNC(T1CON<2>)在该模式下不起作用。

范例 4.1 使用系统时钟作为时钟源的 16 位定时计数器初始化代码。

```
;以下程序将允许 Timer1 中断,装载 Timer1 周期寄存器并启动该定时计数器
;当 Timer1 周期匹配中断发生时,在中断服务子程序里用户必须用软件清 Timer1 中断标志位
    CLR     T1CON           ;停止 Timer1 操作,清零控制寄存器
    CLR     TMR1            ;清零 Timer1 寄存器
    MOV     #0xFFFF, w0     ;装载周期寄存器 PR1 = 0xFFFF
    MOV     w0, PR1
    BSET    IPC0, #T1IP0    ;设置 Timer1 中断优先级别
    BCLR    IPC0, #T1IP1
    BCLR    IPC0, #T1IP2    ;(本范例里优先级设置为 1)
    BCLR    IFS0, #T1IF     ;清零 Timer1 中断标志位
    BSET    IEC0, #T1IE     ;允许 Timer1 中断
    BSET    T1CON, #TON     ;启动 Timer1,设置 1∶1 预分频比、内部指令周期时钟

__T1Interrupt:              ;Timer1 中断服务子程序(ISR)
    BCLR    IFS0, #T1IF     ;清零 Timer1 中断标志位
    nop                     ;用户代码放在此处
    nop
    RETFIE                  ;中断返回
```

4.3.2 使用外部时钟作为时钟源的 16 位同步计数器

当 TCS="1"时,定时计数器的时钟源由外部提供,外部时钟从 TxCK 引脚上输入。在时钟的每个上升沿进行加 1 计数。

对于 A 类定时计数器,必须令"TSYNC=1"选择同步工作模式。而对于 B 类和 C 类定时计数器,外部时钟总是与系统时钟 T_{cy} 保持同步。

系统在一个指令周期内将有两个不同时刻对外部时钟信号进行采样,以保持外部时钟信

号与系统时钟的同步。因此当计数器工作在同步模式时,对外部时钟的高、低电平时间有一个最低要求。

注意:因为同步电路在休眠模式下将关闭,因此同步模式不能工作在休眠模式。

范例 4.2 使用外部时钟作为时钟源的 16 位同步计数器初始化过程如下:

```
; 以下程序将允许 Timer1 中断,装载 Timer1 周期寄存器并启动该定时计数器,使用外部时钟 1:8 预分频
; 当 Timer1 周期匹配中断发生时,在中断服务子程序里用户必须用软件清 Timer1 中断标志位
    CLR     T1CON               ;停止 Timer1 操作,清零控制寄存器
    CLR     TMR1                ;清零 Timer1 寄存器
    MOV     #0x8CFF, w0         ;装载周期寄存器 PR1 = 0x8CFF
    MOV     w0, PR1
    BSET    IPC0, #T1IP0        ;设置 Timer1 中断优先级别
    BCLR    IPC0, #T1IP1
    BCLR    IPC0, #T1IP2        ;(本范例里优先级设置为 1)
    BCLR    IFS0, #T1IF         ;清零 Timer1 中断标志位
    BSET    IEC0, #T1IE         ;允许 Timer1 中断
    MOV     #0x8016, w0         ;启动 Timer1,设置 1:8 预分频比、外部时钟、同步模式
    MOV     w0, T1CON

__T1Interrupt:                  ;Timer1 中断服务子程序(ISR)
    BCLR    IFS0, #T1IF         ;清零 Timer1 中断标志位
    nop                         ;用户代码放在此处
    nop
    RETFIE                      ;中断返回
```

4.3.3 使用外部时钟源的异步计数器模式(A 类定时计数器)

只有 A 类定时计数器能够工作在异步计数模式。其外部时钟从 TxCK 引脚上输入,当 TSYNC="0"时,外部时钟可以与芯片系统时钟源不同步,进行异步计数。

异步计数模式可以在休眠模式下工作,并在周期寄存器匹配时产生中断,该中断可以唤醒处理器。

在实时时钟(RTC)应用中,可以使用外接低功耗钟表晶体(32.768 kHz)振荡器作为时基的时钟源。

计数器异步计数器模式时,外部输入时钟与系统时钟没有直接关系,该时钟频率可能很大,但是必须满足一定的高、低电平最短时间要求。也就是说,异步模式计数器对外部时钟有一个上限要求。

注意：异步模式下读 Timer1 要非常谨慎,因为这可能会产生计数误差。

范例 4.3 使用外部时钟源的异步计数器初始化过程。

```
;以下程序允许 Timer1 中断,装载 Timer1 周期寄存器并启动该定时器,使用外部异步时钟 1：8 预分频
;当 Timer1 周期匹配中断发生时,在中断服务子程序里用户必须用软件清 Timer1 中断标志位
    CLR     T1CON           ;停止 Timer1 操作,清零控制寄存器
    CLR     TMR1            ;清零 Timer1 寄存器
    MOV     #0x7FFF, w0     ;装载周期寄存器 PR1 = 0x7FFF
    MOV     w0, PR1
    BSET    IPC0, #T1IP0    ;设置 Timer1 中断优先级别
    BCLR    IPC0, #T1IP1
    BCLR    IPC0, #T1IP2    ;(本范例里优先级设置为 1）
    BCLR    IFS0, #T1IF     ;清零 Timer1 中断标志位
    BSET    IEC0, #T1IE     ;允许 Timer1 中断
    MOV     #0x8012, w0     ;启动 Timer1,设置 1：8 预分频比、外部时钟、异步模式
    MOV     w0, T1CON

__T1Interrupt:              ;Timer1 中断服务子程序(ISR)
    BCLR    IFS0, #T1IF     ;清零 Timer1 中断标志位
    nop                     ;用户代码放在此处
    nop
    RETFIE                  ;中断返回
```

4.3.4 门控计数器模式

图 4.5 所示为门控计数器模式工作时序图。顾名思义,门控计数器模式就是在门控信号的控制下进行计数操作的计数器。此时计数器时钟源来自于内部系统时钟。当 TxCK 引脚为高电平状态时,定时器开始递增计数直到发生周期匹配或 TxCK 引脚变为低电平状态。TxCK 引脚从高电平到低电平的转变会令 TxIF = "1"。根据 TxCK 引脚上下降沿发生的时刻,中断标志位可能在一个或两个指令周期后被置"1"。

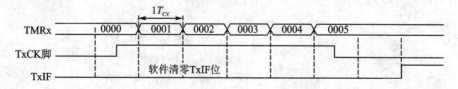

图 4.5 门控计数器模式工作原理

令 TGATE="1"使能门控计数模式。同时必须令 TON="1"以使能定时计数器,并且令 TCS="0"设置内部时钟为定时器时钟源。

当加在 TxCK 引脚上的信号出现上升沿时门控电路开始工作;当加在 TxCK 引脚上的信号出现下降沿时门控电路停止工作。门控信号为高电平时,定时器在内部时钟推动下进行递增计数。

门控信号下降沿会终止计数操作,但不会使定时器复位。如果想让定时器在门控信号的下一个上升沿出现时从零开始计数,用户必须手动复位该定时器。门控信号的下降沿会产生中断。

注意:在门控模式下发生定时器周期匹配事件时,定时器不会中断 CPU。

定时计数器计数的精度与定时计数器时钟周期直接相关。当预分频比为 1:1 时,定时计数器时钟周期为一个指令周期。当预分频比为 1:256 时,定时计数器时钟周期为 256 个指令周期。定时计数器时钟精度与门控信号的脉冲宽度有关。

范例 4.4 工作在门控模式时定时器的初始化过程。

```
; 以下程序将允许 Timer2 中断,装载 Timer2 周期寄存器并启动该定时计数器,使用内部时钟、外部门控
; 信号
; 在门控信号下降沿中断发生,在中断服务子程序里用户用软件清 Timer2 中断标志位
        CLR     T2CON                   ; 停止 Timer2 操作
        CLR     TMR2                    ; 清零 Timer2 寄存器
        MOV     #0xFFFF, w0             ; 装载周期寄存器 PR2 = 0xFFFF
        MOV     w0, PR2
        BSET    IPC1, #T2IP0            ; 设置 Timer2 中断优先级别
        BCLR    IPC1, #T2IP1
        BCLR    IPC1, #T2IP2            ; (本范例里优先级设置为 1)
        BCLR    IFS0, #T2IF             ; 清零 Timer2 中断标志位
        BSET    IEC0, #T2IE             ; 允许 Timer2 中断
        BSET    T2CON, #TGATE           ; 设置 Timer2 工作在"门控时间积累模式"
                                        ; (Gated Time Accumulation mode)
        BSET    T2CON, #TON             ; 启动 Timer2

__T2Interrupt:                          ; Timer2 中断服务子程序(ISR)
        BCLR    IFS0, #T2IF             ; 清零 Timer2 中断标志位
        nop                             ; 用户代码放在此处
        nop
        RETFIE                          ; 中断返回
```

4.4　定时计数器中断

图 4.6 所示为周期匹配事件产生时,中断信号产生示意图。

假如定时器不是工作在门控模式时发生周期寄存器匹配事件,硬件将使 TxIF="1";假如定时器工作在门控模式,检测到门控信号的下降沿,硬件将使 TxIF="1"。注意:中断标志位 TxIF 位必须用软件清零。

通过对应的定时计数器中断使能位 TxIE,可以允许定时计数器中断。此外,为了使该定时计数器成为中断源,必须对中断优先级位(TxIP<2:0>)写入非零值。

注意:当周期寄存器装载了 0x0000 且定时计数器被使能时,会发生特殊情形。在这种配置下,将不会产生定时计数器中断。

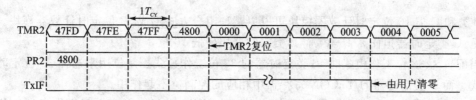

图 4.6　周期匹配事件产生时中断信号产生示意图

4.5　读和写 16 位定时计数器模块寄存器

用户以字节(8 位)或字(16 位)为单位写定时计数器模块的所有 SFR;但是另一方面,定时计数器模块的所有 SFR 只能以一个字(16 位)为单位读取。

4.5.1　写 16 位定时计数器

当定时计数器模块工作时,可以对该定时计数器及其对应的周期寄存器进行写操作。用户应该注意到在执行字节写操作时出现的以下情况:

如果定时计数器正在增计数,此时对定时计数器的低字节进行写操作,那么该定时计数器的高字节不受影响。如果将 0xFF 写入该定时计数器的低字节,在此次写操作之后的下一个定时计数器计数时钟将使低字节计满返回到 0x00,并对定时计数器的高字节产生一个进位。

如果定时计数器正在增计数,此时对定时计数器的高字节进行写操作,那么该定时计数器的低字节不受影响。如果当此次写操作发生时定时计数器的低字节为 0xFF,那么在下一个定时计数器计数时钟将从定时计数器低字节产生进位,并且该进位会使定时计数器的高字节加 1。

当通过一条指令将字或字节写入 TMRx 寄存器时，TMRx 寄存器的递增计数被屏蔽且在该指令周期内都不会发生增计数。

在实时时钟(RTC)应用中，应该避免对使用异步时钟源的定时计数器进行写操作。

4.5.2 读 16 位定时计数器

对定时计数器及其相关 SFR 的所有读操作必须是以字(16 位)为基本单位读取。假如一定要进行字节读取将返回"0"值。

当该模块工作时，可以对定时计数器及其对应的周期寄存器进行读操作。读 TMRx 寄存器不会影响定时器的工作。

4.6 32 位定时计数器

B 类和 C 类 16 位定时计数器模块可以以某种组合方式形成 32 位定时计数器模块。组合规则是：C 类定时器担任高 16 位，而 B 类定时器担任低 16 位。

当配置为 32 位工作模式时，B 类定时器的 32 位工作模式控制位用来选择 32 位定时计数器模式。而 C 类定时器的 TxCON 寄存器中相应的控制位不起作用。

组合的 32 位定时计数器使用 C 类时基的中断使能、中断标志和中断优先级控制位进行中断控制。在 32 位定时计数器工作中，不使用 B 类时基的中断控制和状态位。

假设需要一个 32 位定时器，现在选择 Timer3(C 类)和 Timer2(B 类)组合方式，则需要以下初始化步骤：

- 令 TON(T2CON<15>)="1"；
- 令 T32(T2CON<3>)="1"；
- 令 TCKPS(T2CON<5：4>)="xx"，为 Timer2 设置预分频值；
- TMR3：TMR2 寄存器对成为新的 32 位定时计数器；
- PR3：PR2 寄存器对成为新的 32 位周期匹配寄存器；
- T3IE(IEC0<7>)作为该 32 位定时计数器中断允许位；
- T3IF(IFS0<7>)作为该 32 位定时器的中断标志位；
- T3IP<2：0>(IPC1<14：12>)作为该 32 位定时器的中断优先级设置位；
- T3CON<15：0>是无关位。

图 4.7 所示为使用 Timer2 和 Timer3 组合而成的 32 位定时计数器模块框图。

4.6.1 32 位定时器模式

范例 4.5 展示了如何配置 32 位定时器。假设 Timer2 是 B 类定时器，Timer3 是 C 类定时器。Timer3：Timer2 寄存器对组合成 32 位定时器。对于 32 位定时器模式，必须令 T2CON

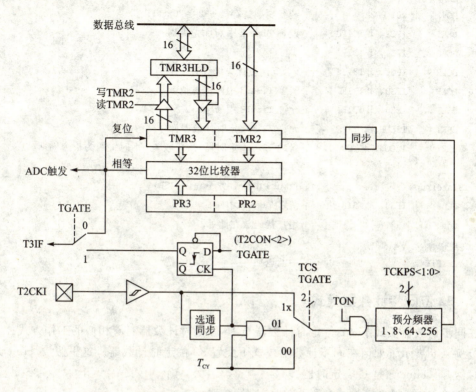

图 4.7 C 类和 B 类定时器组合成为 32 位定时器原理框图

寄存器中的 T32="1",此时 T3CON 控制位被忽略。只要求 T2CON 控制位用于设置和控制。32 位定时器使用 Timer2 的时钟和门控输入,但是产生中断会将 T3IF 标志位置 1。来自 TMR2 的溢出(进位)使 TMR3 进行递增计数。32 位定时计数器进行递增计数直到与由 PR3:PR2 组合成的 32 位周期寄存器中预先装入的值相匹配,然后定时器将清零并继续计数。要使 32 位定时计数器能计数到最大值,只要把 0xFFFFFFFF 装入 PR3:PR2 即可。若中断被允许,在周期匹配时将产生中断。

范例 4.5 32 位定时器的配置方法。

```
;以下程序将允许 Timer3 中断,装载 Timer3:Timer2 周期寄存器并启动该 32 bit 定时计数器
;当 32 bit 周期匹配中断发生时,用户必须用软件清 Timer3 中断标志位
    CLR     T2CON           ;停止任何 16/32 bit Timer2 操作
    CLR     T3CON           ;停止任何 16 bit Timer3 操作
    CLR     TMR3            ;清零 Timer3 寄存器
    CLR     TMR2            ;清零 Timer2 寄存器
    MOV     #0xFFFF, w0     ;装载周期寄存器 PR3 = 0xFFFF
    MOV     w0, PR3
```

```
    MOV     w0, PR2             ;装载周期寄存器 PR2 = 0xFFFF
    BSET    IPC1, #T3IP0        ;设置 Timer3 中断优先级别
    BCLR    IPC1, #T3IP1
    BCLR    IPC1, #T3IP2        ;(本范例里优先级设置为 1)
    BCLR    IFS0, #T3IF         ;清零 Timer3 中断标志位
    BSET    IEC0, #T3IE         ;允许 Timer3 中断
    BSET    T2CON, #T32         ;允许 32 bit 定时计数器操作
    BSET    T2CON, #TON         ;启动 32 bit 定时器,预分频 1:1,时钟源为指令周期

__T3Interrupt:                  ;Timer3 中断服务子程序(ISR)
    BCLR    IFS0, #T3IF         ;清零 Timer3 中断标志位
    nop                         ;用户代码放在此处
    nop
    RETFIE                      ;中断返回
```

4.6.2 32 位同步计数器模式

在同步计数器模式下,32 位定时计数器与 16 位定时计数器有着相似的工作方式。

范例 4.6 展示了如何在同步计数器模式下配置 32 位定时计数器。这里假设 Timer2 是 B 类定时器,而 Timer3 是 C 类定时器。

范例 4.6 在同步模式下配置 32 位定时计数器。

```
;以下程序将允许 Timer2 中断,装载 Timer3:Timer2 周期寄存器并启动该 32 bit 定时计数器
;当 32 bit 周期匹配中断发生时,用户必须用软件清 Timer3 中断标志位
    CLR     T2CON               ;停止任何 16/32 bit Timer2 操作
    CLR     T3CON               ;停止任何 16 bit Timer3 操作
    CLR     TMR3                ;清零 Timer3 寄存器
    CLR     TMR2                ;清零 Timer2 寄存器
    MOV     #0xFFFF, w0         ;装载周期寄存器 PR3 = 0xFFFF
    MOV     w0, PR3
    MOV     w0, PR2             ;装载周期寄存器 PR2 = 0xFFFF
    BSET    IPC1, #T3IP0        ;设置 Timer3 中断优先级别
    BCLR    IPC1, #T3IP1
    BCLR    IPC1, #T3IP2        ;(本范例里优先级设置为 1)
    BCLR    IFS0, #T3IF         ;清零 Timer3 中断标志位
    BSET    IEC0, #T3IE         ;允许 Timer3 中断
    MOV     #0x801A, w0         ;允许并启动 32 bit 定时器,预分频 1:8,外部时钟
    MOV     w0, T2CON
```

```
__T3Interrupt:           ；Timer3 中断服务子程序(ISR)
    BCLR    IFS0,#T3IF   ；清零 Timer3 中断标志位
    nop                  ；用户代码放在此处
    nop
    RETFIE               ；中断返回
```

4.6.3 32 门控计数器模式

在门控计数器模式下，32 位定时计数器与 16 位定时计数器工作方式类似。

范例 4.7 展示了如何在门控计数器模式下配置 32 位定时计数器。这里假设 Timer2 是 B 类定时器，而 Timer3 是 C 类定时器。

范例 4.7　在门控模式下配置 32 位定时计数器。

```
；以下程序将允许 Timer2 中断，装载 Timer3：Timer2 周期寄存器并启动该 32 bit 定时计数器
；当发生 32 bit 周期匹配时，定时器将简单地自动回复(roll over)并继续计数。然而当 T2CK 的门控
；信号下降沿时将产生中断(假如已经允许中断)。用户需要软件清零 Timer3 中断标志位
    CLR     T2CON            ；停止任何 16/32 bit Timer2 操作
    CLR     T3CON            ；停止任何 16 bit Timer3 操作
    CLR     TMR3             ；清零 Timer3 寄存器
    CLR     TMR2             ；清零 Timer2 寄存器
    MOV     #0xFFFF,w0
    MOV     w0,PR3           ；装载周期寄存器 PR3 = 0xFFFF
    MOV     w0,PR2           ；装载周期寄存器 PR2 = 0xFFFF
    BSET    IPC1,#T3IP0      ；设置 Timer3 中断优先级别
    BCLR    IPC1,#T3IP1
    BCLR    IPC1,#T3IP2      ；(本范例里优先级设置为 1)
    BCLR    IFS0,#T3IF       ；清零 Timer3 中断标志位
    BSET    IEC0,#T3IE       ；允许 Timer3 中断
    MOV     #0X804C,w0       ；允许 32 bit 定时计数器操作
    MOV     w0,T2CON         ；启动 32 bit 定时计数器，门控时间积累模式
                             ；(Gated Time Accumulation mode)
__T3Interrupt:               ；Timer3 中断服务子程序(ISR)
    BCLR    IFS0,#T3IF       ；清零 Timer3 中断标志位
    nop                      ；用户代码放在此处
    nop
    RETFIE                   ；中断返回
```

4.6.4 32位定时计数器的读写操作

从图4.6中可以看到,为了使读写操作在32位定时计数器的低16位和高16位之间同步,使用了额外的控制逻辑电路和保持寄存器。每个C类定时器都有一个称为TMRxHLD的寄存器,当读或写该定时计数器寄存器对时使用它。仅当其对应的定时计数器被配置为32位工作模式时才会使用TMRxHLD寄存器。

假设TMR3:TMR2形成一个32位定时计数器对,用户应该首先从TMR2寄存器读取定时计数器值的低16位。读低16位的时候将会自动把TMR3的内容传送给TMR3HLD寄存器。然后用户可以继续读TMR3HLD,得到定时计数器的高16位值。

范例4.9 下列代码展示了在程序里如何读取32位定时器的值。

```
; 以下程序读32 bit定时计数器[Timer3:Timer2],送入W1(高字)和W0(低字)里
    MOV TMR2, W0        ; 将低字送W1
    MOV TMR3HLD, W1     ; 将高字从保持寄存器(Holding Register)送W0
```

要将值写入TMR3:TMR2寄存器对,用户应该首先将高16位写入TMR3HLD寄存器。当定时器值的低16位写入TMR2时,TMR3HLD的内容将会自动传送到TMR3寄存器。

4.7 低功耗状态下的定时计数器工作

4.7.1 SLEEP模式下的定时计数器工作

当芯片进入SLEEP模式后会禁止系统时钟。如果此时定时计数器模块选择使用内部时钟源($F_{osc}/4$)运行,则该定时计数器将会被禁止使用。

A类定时计数器与其他定时计数器模块不同,因为它能使用外部时钟源以异步方式工作。因此A类定时器模块可以在SLEEP模式下继续工作。要在SLEEP模式下工作,A类定时器必须配置为:TON="1"(Timer1模块使能)、TCS="1"(外部时钟源作为Timer1时钟)和TSYNC="0"(使能异步计数器模式)。注意:只有Timer1模块才支持异步计数器工作模式。

当满足了上述所有条件后,并且芯片处于SLEEP模式时,Timer1将继续计数并检测周期匹配。当定时器和周期寄存器发生匹配时,硬件使TxIF="1"并产生中断,从而将芯片从SLEEP模式唤醒。

4.7.2 IDLE模式下的定时计数器工作

当芯片进入IDLE模式时,系统时钟源保持工作,但CPU停止执行代码。定时计数器模块可以选择在IDLE模式下继续工作。

TSIDL 位(TxCON<13>)选择在 IDLE 模式下定时计数器模块是停止还是继续正常工作。如果 TSIDL="0",在 IDLE 模式下该模块将继续工作。如果 TSIDL="1",在 IDLE 模式下该模块将停止工作。

4.8 使用定时计数器模块的外设

4.8.1 输入捕捉/输出比较的时基

输入捕捉(IC)和输出比较(OC)外设可以选择两个定时计数器模块中的一个作为它们的时基。一般是选择 TMR2 或 TMR3。

4.8.2 A/D 特殊事件触发信号

在各个不同的芯片上,在 16 位和 32 位模式下,当发生周期匹配时,C 类定时器都能够产生特殊 A/D 转换触发信号。该定时计数器模块为 A/D 采样逻辑电路提供了转换启动信号。

如果 T32="0",当 16 位定时计数器寄存器(TMRx)与各自相应的 16 位周期寄存器(PRx)之间发生匹配时,会产生 A/D 特殊事件触发信号。

如果 T32="1",当 32 位定时计数器寄存器(TMRx:TMRy)与对应的 32 位组合的周期寄存器(PRx:PRy)之间发生匹配时,会产生 A/D 特殊事件触发信号。

特殊事件触发信号总是由定时计数器产生。必须在 A/D 转换器控制寄存器中选择触发源。

4.8.3 定时计数器作为外部中断引脚

每个定时计数器的外部时钟输入引脚都可以用作额外的中断引脚。为了提供中断,对定时计数器周期寄存器 PRx 写入非零值,而将 TMRx 寄存器初始化为一个比写入周期寄存器的值小 1 的值。定时计数器必须配置一个 1:1 的时钟预分频器。当检测到外部时钟信号的下一个上升沿时,将产生中断。

如果系统外部中断源不够,则可以巧妙地利用这一特性得到额外的中断入口线。

4.8.4 I/O 引脚方向控制

当定时计数器模块使能,并配置为外部时钟或门控工作模式时,用户必须确保 I/O 引脚方向被配置为输入状态。使能该定时计数器模块并不会自动配置引脚方向寄存器。

第 5 章
A/D 转换器及其应用

5.1 A/D 转换器(ADC)概述

在 dsPIC 内部集成了 10 位或者 12 位 ADC。对于电机、电源控制系列比如 dsPIC30F6010、2010 等全部是 10 位 ADC,而通用系列芯片比如 dsPIC30F6014 全部集成 12 位 ADC。本章主要介绍 10 位 ADC 的工作原理,关于 12 位 ADC,可以参考相应的数据手册。

dsPIC30F 系列的 10 位 ADC 采样速率可达到 500 KSPS,12 位 ADC 的采样速率可达到 100 KSPS;dsPIC33F 系列的 10 位 ADC 采样速率可达到 1 100 KSPS,12 位 ADC 采样速率可达到 500 KSPS。

图 5.1 所示是 dsPIC30F 家族内部 10 位 A/D 转换器原理框图。其中有两个输入信号完全一样的多路复用器 MUX A 和 MUX B,通过控制交替逻辑可以在两组不同的模拟输入选择组合之间交替采样并转换。用户通过通道选择位(CH0SA、CH0NA、CH123SA、CH123NA 等)可以选择输入到采样保持放大器正端和负端的模拟信号。10 位 A/D 转换器有 4 个独立的采样保持电路(S/H),分别是 CH0~CH3。这意味着用户可以同时对 4 路模拟电压进行采样,避免了相位差。10 位 A/D 转换器虽然有 4 个采样保持放大器,但是 A/D 转换模块只有一个,也就是说采样后的转换过程是顺序进行的。对于 12 位 A/D 转换器,可以简单地理解为把 10 位 A/D 转换器的 CH1、CH2、CH3 去掉即可,除了不能多通道同时采样,其他功能几乎完全一样。

5.2 与 10 位 A/D 转换器相关的主要寄存器

主要的寄存器有 6 个:ADCON1、ADCON2、ADCON3、ADCHS、ADPCFG、ADCSSL。可以看到这些寄存器的命名形式和 PIC 非常类似,下面分别介绍各个寄存器的功能。

第 5 章 A/D 转换器及其应用

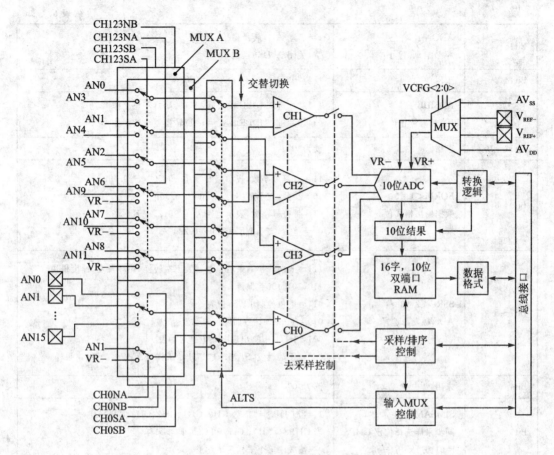

图 5.1　10 位 A/D 转换器框图

5.2.1　ADCON1：第一 A/D 控制寄存器

表 5.1 所列为第一 A/D 控制寄存器 ADCON1 的位结构和各位的含义。该寄存器负责模块的开闭、数据格式设置、采样启停等操作。

表 5.1　ADCON1 寄存器

R/W-0	U-0	R/W-0	U-0	U-0	U-0	R/W-0	R/W-0
ADON	—	ADSIDL	—	—	—	FORM<1:0>	
bit 15							bit 8
R/W-0	R/W-0	R/W-0	U-0	R/W-0	R/W-0	R/W-0 HC,HS	R/C-0 HC,HS
SSRC<2:0>			—	SIMSAM	ASAM	SAMP	DONE
bit 7							bit 0

续表 5.1

Bit15	ADON： A/D 启动/停止位	1＝启动 A/D 转换器 0＝关闭 A/D 转换器
Bit14	未用	读为"0"
Bit13	ADSIDL： IDLE 时停止位	1＝芯片进入 IDLE 模式后，AD 转换器停止工作 0＝芯片进入 IDLE 模式后，AD 转换器继续工作
Bit12～10	未用	读为"0"
Bit9～8	FORM＜1：0＞： 数据输出格式位	11＝有符号小数，表示范围为：[－0.500，＋0.499] 10＝小数，表示范围为：[0.000，0.999] 01＝带符号整数，表示范围为：[－512，＋511] 00＝整数，表示范围为：[0～1023]
Bit7～5	SSRC＜2：0＞： ADC 触发源选择	111＝上次转换结束后自动触发下次转换，循环触发，速度最快 110，101，100＝保留 011＝电机控制 PWM 触发 010＝Timer3 计数器匹配时触发 001＝INT0 引脚出现有效电平时触发 000＝手动触发，SAMP＝"1"开始采样，SAMP＝"0"结束采样
Bit4	未用	读为"0"
Bit3	SIMSAM： 同步采样选择位仅 CHPS ＝01 或 1x	1＝当 CHPS＝"1x"，CH0、CH1、CH2、CH3 同步采样 当 CHPS＝"01"，CH0 和 CH1 同步采样 0＝按顺序逐个采样多个通道
Bit2	ASAM： AD 采样自动起始位	1＝采样在上一次转换结束后立即开始，SAMP 位自动置位 0＝采样在 SAMP 为"1"后开始
Bit1	SAMP： AD 采样允许位	1＝至少一个 AD 采样/保持放大器正在采样 0＝AD 采样/保持放大器正在保持 当 ASAM＝"0"时，SAMP＝"1"开始采样 当 SSRC＝"000"时，SAMP＝"0"结束采样并开始转换
Bit0	DONE： AD 转换结束位	1＝A/D 转换完成 0＝A/D 转换未完成 此位由软件清零，或新转换开始时清零 将此位清零不影响正在进行的任何操作

注意：A/D 模块从关闭返回到稳定工作状态是需要稳定时间的，不能立即开始 A/D 转换。在转换过程中，清零 ADON 位将中止当前的转换。对应的 ADCBUF 缓冲区单元将仍然保持上一次转换完成后的值。当 ADON = "1"时，不能写入 SSRC、SIMSAM、ASAM、CHPS、SMPI、BUFM、ALTS 位以及 ADCON3 和 ADCSSL 寄存器，否则会产生无法预料的结果。

ADCON1 里的 SAMP 和 DONE 位分别表示 A/D 处于采样状态和转换状态。SAMP 位清零表示采样结束，DONE 位自动置位以表示转换结束。如果 SAMP 和 DONE 都为"0"，则该 A/D 处于无效状态。在某些工作模式下，SAMP 位也可以开始和终止采样。在手动采样模式下清零 SAMP 位将终止采样，但如果 SSRC=000，也可能启动转换。在自动采样模式下清零 ASAM 位将不会终止正在进行的采样/转换过程。然而，在随后的转换完成之后，采样不会自动恢复。

5.2.2 ADCON2：第二 A/D 控制寄存器

表 5.2 所列为第二 A/D 控制寄存器 ADCON2 的位结构和各位的含义。该寄存器主要负责 ADC 参考源、每次中断采样次数等关键参数的设置。

表 5.2 ADCON2 寄存器

R/W-0	R/W-0	R/W-0	U-0	U-0	R/W-0	R/W-0	R/W-0
	VCFG<2:0>		—	—	CSCNA	CHPS<1:0>	
bit 15							bit 8

R-0	U-0	R/W-0	R/W-0	R/W-0	R/W-0	R/W-0	R/W-0
BUFS	—		SMPI<3:0>			BUFM	ALTS
bit 7							bit 0

Bit15~13	VCFG<2:0>： 参考电压设置位		ADV_{REF+}	ADV_{REF-}
		000	AV_{DD}	AV_{SS}
		001	V_{REF+} 引脚	AV_{SS}
		010	AV_{DD}	V_{REF-} 引脚
		011	V_{REF+} 引脚	V_{REF-} 引脚
		1xx	AV_{DD}	AV_{SS}
Bit12	保留	用户需要在此写"0"		
Bit11	未用	读为"0"		
Bit10	CSCNA： 扫描输入选择位	1=扫描输入 0=不扫描输入 (扫描的是来自与 CH0 相连的，MUX A 的模拟输入通道)		

续表 5.2

Bit9～8	CHPS<1：0>： 采保通道选择位	1x＝选择 CH0、CH1、CH2、CH3　　01＝选择 CH0、CH1 00＝选择 CH0 SIMSAM＝"0"时,多个采保通道顺序采样 SIMSAM＝"1"时,根据 CHPS<1：0>设定的方法进行采样
Bit7	BUFS： 缓冲区填充状态位	仅在 BUFM＝"1"时有效(ADRES 分成 2×8 字的缓冲区) 1＝A/D 当前在填充缓冲区 0x8～0xF,用户可读取 0x0～0x7 的数据 0＝A/D 当前在填充缓冲区 0x0～0x7,用户可读取 0x8～0xF 的数据
Bit6	未用	读为"0"
Bit5～2	SMPI<3：0>： 每次中断采样次数	1111＝16 次转换后中断　　1110＝15 次转换后中断 …… 0001＝2 次转换后中断　　0000＝1 次转换后中断
Bit1	BUFM： 缓冲区填充模式	1＝交替填充,使用 2 块 8 字缓冲区 ADCBUF(15～8)、ADCBUF(7～0) 0＝整体填充,使用整块 16 字缓冲区 ADCBUF(15～0)
Bit0	ALTS： 交替采样模式	1＝第一次使用 MUX A 的设置进行采样,以后就交替使用 MUX B 和 MUX A 的设置进行轮换采样工作 0＝总是使用复用器 MUX A 的设置进行采样

ADCON2<15：13>设置参考电压源。A/D 转换电路的参考电压通过 ADCON2<15：13>即 VCFG<2：0>来选择。高端参考电压 V_{REFH} 可以来自电源电压 AV_{DD} 或 V_{REF+} 引脚输入的外部参考电压,低端参考电压 V_{REFL} 可以来自 AV_{SS} 或 V_{REF-} 引脚输入的外部参考电压。

对于低引脚数(比如 28 脚)芯片,外部参考电压引脚会和 AN0 以及 AN1 输入复用。如果用户需要,也可以对 V_{REF+} 和 V_{REF-} 引脚上的电压执行 A/D 转换。

注意:加到外部参考引脚上的电压必须符合相应的电气规范。不管是正参考电压还是负参考电压都只能是大于等于零的电压源,不能为负电压。输入电压也不能为负电压。

5.2.3　ADCON3：第三 A/D 控制寄存器

表 5.3 所列为第三 A/D 控制寄存器 ADCON3 的位结构和各位的含义。该寄存器主要负责设置与 ADC 相关的参数设置,比如采样时间、A/D 转换时钟源、时钟速率等。

表 5.3　ADCON3 寄存器

U-0	U-0	U-0	R/W-0	R/W-0	R/W-0	R/W-0	R/W-0
—	—	—	\multicolumn{5}{c}{SAMC<4:0>}
bit 15							bit 8
R/W-0	R/W-0	R/W-0	R/W-0	R/W-0	R/W-0	R/W-0	R/W-0
ADRC	—	\multicolumn{6}{c}{ADCS<5:0>}
bit 7							bit 0

Bit15～13	未用	读为"0"
Bit12～8	SAMC<4:0>：自动采样时间位	11111 = 31 T_{AD} …… 00001 = 1 T_{AD} 00000 = 0 T_{AD}（使用了一个以上采样保持电路进行多路顺序转换时）
Bit7	ADRC：A/D 时钟源选择位	1 = 使用芯片内部 A/D 专用 RC 时钟 0 = 使用由系统时钟产生的时钟
Bit6	未用	读作"0"
Bit5～0	ADCS<5:0>：A/D 时钟选择位	111111 = $T_{CY}/2 \times$ (ADCS<5:0> + 1) = $32 \times T_{CY}$ …… 000001 = $T_{CY}/2 \times$ (ADCS<5:0> + 1) = T_{CY} 000000 = $T_{CY}/2 \times$ (ADCS<5:0> + 1) = $T_{CY}/2$

ADCON3<5:0>用于设置 A/D 转换时钟源，使数据速率与处理器时钟匹配。A/D 转换器的转换速率不是无限的，需要通过相应的配置来设置 A/D 时钟源。A/D 转换时钟源可以使用来自芯片主时钟源，也可以来自内部 A/D 专用 RC 时钟源。A/D 转换的主要时间单位是 A/D 时钟周期 T_{AD}，通常一次 A/D 转换需要的时间是 12 T_{AD} 左右（具体参数需要参考相应数据手册的 ADC 规范）。为了获得正确的 A/D 转换结果，必须选择合适的 T_{AD}，确保 V_{DD} = 5 V 时有 154 ns 的最小 T_{AD} 时间。A/D 转换时钟通过 ADCON3<5:0>即 ADCS<5:0>共 6 位进行设置，因此 T_{AD} 总共有 64 种可能的选择。

公式(5-1)和公式(5-2)给出了 T_{AD} 值与 ADCS 位取值以及芯片时钟周期 T_{CY} 之间的关系：

$$T_{AD} = T_{CY}(ADCS + 1)/2 \qquad (5-1)$$

$$ADCS = (2T_{AD}/T_{CY}) - 1 \qquad (5-2)$$

由于 dsPIC 芯片内部集成了 A/D 转换专用 RC 振荡器，使得芯片在 SLEEP 模式时也能进行 A/D 转换。选择内部 RC 的时候可以用软件令将 ADCON3<7>(ADRC) = "1"，此时使用 RC 振荡作为 ADC 的时钟源，ADCS<5∶0>位的设置不影响 A/D 转换。

5.2.4 ADPCFG：A/D 端口配置寄存器

表 5.4 所列为 A/D 端口配置寄存器 ADPCFG 的位结构和各位的含义。该寄存器主要负责设置与模拟复用的端口，用户可以灵活的设置每个口线为模拟口或者数字口。

表 5.4 ADPCFG 寄存器

R/W-0	R/W-0	R/W-0	R/W-0	R/W-0	R/W-0	R/W-0	R/W-0
PCFG15	PCFG14	PCFG13	PCFG12	PCFG11	PCFG10	PCFG9	PCFG8
bit 15							bit 8
R/W-0	R/W-0	R/W-0	R/W-0	R/W-0	R/W-0	R/W-0	R/W-0
PCFG7	PCFG6	PCFG5	PCFG4	PCFG3	PCFG2	PCFG1	PCFG0
bit 7							bit 0

Bit15～0	PCFG<15∶0>： 模拟输入引脚配置	1＝引脚配置为数字 I/O 功能，使能端口读功能，A/D 转换器的复用器连接到 AV_{SS} 0＝引脚配置为模拟输入

在 A/D 转换器工作之前必须进行相应的配置，使其工作在预想的模式之下。根据具体情况通常需要用以下步骤对相应的寄存器进行设置，见表 5.4，当 ADPCFG 寄存器中相应的位 PCFGn 被清零时，对应引脚将被配置为模拟输入，模拟多路开关的输入连接到 AV_{SS}。芯片复位时 ADPCFG、TRIS 寄存器都将清零，相应端口为模拟输入。当模拟端口被配置为模拟输入时，这些端口上的数字输入缓冲区被禁止，以减少电流消耗。

假如端口设置为模拟输入时其对应的 TRIS 位必须为"1"。如果这些端口对应的 TRIS 位被配置为"0"则端口设置为输出，这时候 A/D 转换结果将是端口上的数字输出电平 V_{OH} 或 V_{OL}。对配置为模拟输入的端口进行读操作时，得到的数据为零。

特别提醒：切忌在任何已经定义为数字输入的引脚（AN15∶AN0）上施加模拟电压，否则将导致输入缓冲区的电流超出规定范围。这可能会使电池供电系统的电流消耗增加，也会带来附加的噪声，使得系统 EMC 特性变差。

5.2.5 ADCHS：A/D 通道选择寄存器

表 5.5 所列为 A/D 通道选择寄存器 ADCHS 的位结构和每个位的具体含义。该寄存器负责设置输入到 ADC 的 4 个采样保持放大电路 CH0、CH1、CH2、CH3 的正输入端和负输入端的模拟通道。ADCHS 分为高 8 位和低 8 位两组，分别控制两个模拟复用器（多路开关）MUX B 和 MUX A。用户可以灵活设置 MUX A 和 MUX B，这样就可以有若干种输入选择情形。

从图 5.1 可以看见,10 位 ADC 共有 4 个采样保持放大电路(S/H),分别是 CH0、CH1、CH2、CH3。每个采样保持放大电路都分别有正负两个输入端。连接到 4 个采样保持放大器两端的模拟信号排列有一定规律。其中输入到 CH1、CH2、CH3 正相端的信号可能分别是 AN0、AN1、AN2,也可能分别是 AN3、AN4、AN5;输入到 CH1、CH2、CH3 反相端的信号可能分别是 AN6、AN7、AN8,也可能分别是 AN9、AN10、AN11,还可能都是 V_{REF-}。

采样保持通道 0(CH0)的输入选择相当灵活。用户可以从 AN0～AN15 这 16 个模拟信号中选择一个输入到通道 0 的正相输入端。

从表 5.5 中可以看到,ADCHS 寄存器中的 CH0SA<3:0> 这 4 位用来选择将 16 个模拟信号中的某一个信号输入到 CH0 的正输入端。用户可以设置 ADCHS 寄存器里的 CH0NA 位来选择将 V_{REF-} 或 AN1 做为通道 0 的负相输入信号。

表 5.5　ADCHS 寄存器

R/W-0	R/W-0	R/W-0	R/W-0	R/W-0	R/W-0	R/W-0	R/W-0
CH123NB<1:0>		CH123SB	CH0NB	CH0SB<3:0>			
bit 15							bit 8
R/W-0	R/W-0	R/W-0	R/W-0	R/W-0	R/W-0	R/W-0	R/W-0
CN123NA<1:0>		CH123SA	CH0NA	CH0SA<3:0>			
bit 7							bit 0

Bit15～14	CH123NB<1:0>: 使用复用器 B(MUX B)对输入到 CH1,CH2,CH3 负输入端的模拟通道进行切换	11=AN9、AN10、AN11 分别切换到 CH1、CH2、CH3 的负输入端 10=AN6、AN7、AN8 分别切换到 CH1、CH2、CH3 的负输入端 0x=V_{REF-} 切换到 CH1、CH2、CH3 的负输入端
Bit13	CH123SB: 使用复用器 B(MUX B)对输入到 CH1,CH2,CH3 正输入端的模拟通道进行切换	1=AN3、AN4、AN5 分别切换到 CH1、CH2、CH3 的正输入端 0=AN0、AN1、AN2 分别切换到 CH1、CH2、CH3 的正输入端
Bit12	CH0NB: 使用复用器 B(MUX B)对输入到 CH0 负输入端的模拟通道进行切换	1=切换 AN1 到 CH0 的负输入端 0=切换 V_{REF-} 到 CH0 的负输入端
Bit11～8	CH0SB<3:0>: 使用复用器 B(MUX B)对输入到 CH0 正输入端的模拟通道进行切换	1111=切换 AN15 到 CH0 的正输入端 …… 0001=切换 AN1 到 CH0 的正输入端 0000=切换 AN0 到 CH0 的正输入端

续表 5.5

Bit7～6	CH123NA＜1：0＞： 使用复用器 A(MUX A)对输入到 CH1、CH2、CH3 负输入端的模拟 通道进行切换	11＝AN9、AN10、AN11 分别切换到 CH1、CH2、CH3 的负输入端 10＝AN6、AN7、AN8 分别切换到 CH1、CH2、CH3 的负输入端 0x＝V_{REF-} 切换到 CH1、CH2、CH3 的负输入端
Bit5	CH123SA： 使用复用器 A(MUX A)对输入到 CH1、CH2、CH3 正输入端的模拟 通道进行切换	1＝AN3、AN4、AN5 分别切换到 CH1、CH2、CH3 的正输入端 0＝AN0、AN1、AN2 分别切换到 CH1、CH2、CH3 的正输入端
Bit4	CH0NA： 使用复用器 A(MUX A)对输入到 CH0 负输入端的模拟通道进行切换	1＝切换 AN1 到 CH0 的负输入端 0＝切换 V_{REF-} 到 CH0 的负输入端
Bit3～0	CH0SA＜3：0＞： 使用复用器 A(MUX A)对输入到 CH0 正输入端的模拟通道进行 切换	1111＝切换 AN15 到 CH0 的正输入端 …… 0001＝切换 AN1 到 CH0 的正输入端 0000＝切换 AN0 到 CH0 的正输入端

需要注意的是，不同型号的芯片其 A/D 输入编号可能不同，对于 ADCHS 寄存器的描述也有相应的变化，留意相应芯片的数据手册。采样保持放大器通道 CH0 可以工作在交替采样模式，对多路模拟量进行采样。

在连续采样工作时，设置 ADCON2 里的 ALTS 位会使 A/D 模块在两组复用器决定的输入间切换，这称为交替工作模式。CH0SA＜3：0＞、CH0NA、CH123SA 和 CH123NA＜1：0＞指定的输入统称为 MUX A 输入；CH0SB＜3：0＞、CH0NB、CH123SB 和 CH123NB＜1：0＞指定的输入统称为 MUX B 输入。假如 ALTS＝"1"，第一个采样使用 MUX A 输入，随后一个采样使用 MUX B 输入，然后在 MUX A 和 MUX B 之间依次进行轮换。

对于 CH0，如果 ALTS＝"0"，则只会选择采样 CH0SA＜3：0＞和 CH0NA 所指定的输入。

假如 CH0 在第一个采样/转换过程中 ALTS＝"1"，则会先采样由 CH0SA＜3：0＞和 CH0NA 指定的输入；在 CH0 的下一个采样转换过程中，会选择采样由 CH0SB＜3：0＞和 CH0NB 指定的输入。在后续的采样转换过程中不断重复以上操作。

注意：如果指定了多通道同步采样(CHPS＝"01"或"1x"、SIMSAM＝"1")，由于所有通道在同一时刻同步采样，所有的交替输入端的数据会被同时冻结并采样；如果指定了多通道连续采样(CHPS＝"01"或"1x"、SIMSAM＝"0")，交替输入端只在每次特定采样时刻被采样。

采样保持放大器通道 CH1、CH2 和 CH3 可以对某些组合的模拟输入进行采样。总共有两组（每组 3 个输入）可供选择的方案。

CH123SA 位（ADCHS<5>）用于选择 CH1、CH2、CH3 正输入端的模拟信号源。若 CH123SA="0"，那么 AN0、AN1 和 AN2 将分别做为 CH1、CH2、CH3 的正输入源；若 CH123SA="1"，那么 AN3、AN4 和 AN5 分别作为 CH1、CH2、CH3 的正输入源。

ADCHS 里的 CH123NA<1：0>位用于选择 CH1、CH2、CH3 的负输入源。若 CH123NA="0x"，则 V_{REF-} 为 CH1、CH2、CH3 负输入源；若 CH123NA="10"，则 AN6、AN7、AN8 分别作为 CH1、CH2、CH3 的负输入源；若 CH123NA="11"，则 AN9、AN10、AN11 分别作为 CH1、CH2、CH3 的负输入源。

与使用 CH0 输入一样，在 CH1、CH2、CH3 的连续采样过程中，令 ADCON2 里的 ALTS ="1"，可以使模块工作在交替转换状态。模块的输入在预先选择好的两组输入之间交替采样转换。

当 ALTS="0"时，输入信号总是来自 MUX A（由 CH123SA 和 CH123NA<1：0>指定）。

当 ALTS="1"时，输入信号交替来自 MUX A 和 MUX B（由 CH123SB 和 CH123NB<1：0>指定）。

5.2.6　ADCSSL：A/D 输入扫描选择寄存器

表 5.6 所列为 A/D 输入扫描选择寄存器 ADCSSL 的位结构和各位的含义。该寄存器可以灵活设置 16 个模拟通道中相应的通道是否加入扫描队列。

表 5.6　ADCSSL 寄存器

R/W-0	R/W-0	R/W-0	R/W-0	R/W-0	R/W-0	R/W-0	R/W-0
CSSL15	CSSL14	CSSL13	CSSL12	CSSL11	CSSL10	CSSL9	CSSL8
bit 15							bit 8
R/W-0	R/W-0	R/W-0	R/W-0	R/W-0	R/W-0	R/W-0	R/W-0
CSSL7	CSSL6	CSSL5	CSSL4	CSSL3	CSSL2	CSSL1	CSSL0
bit 7							bit 0

Bit15~0	CSSL<15：0>： A/D 扫描选择位	1=扫描该通道 0=不扫描该通道

采样保持放大器通道 CH0 可以对一组由 A/D 扫描寄存器（ADCSSL）所选定的模拟输入进行扫描采样。ADCON2<10>（即 CSCNA）位决定连接到采样保持通道 CH0 复用器上的模拟输入是否工作在扫描模式。当 CSCNA="1"时（扫描模式），会忽略 CH0SA<3：0>位所作的选择。

A/D 通道扫描寄存器 ADCSSL 用于指定要扫描的输入。ADCSSL 寄存器中的每个位分别对应一个模拟输入,从小到大依次对应 AN0、AN1、AN2,以此类推。相应位为"1"则选中扫描,否则不扫描。每次发生中断后,扫描总是从所选通道的最低序号的通道开始,到序号最大的模拟输入。注意:如果所选择的扫描通道数目大于 SMPI(Sample Per Interrupt)所指定的通道数目,则超过此限制的高位模拟通道将不会被采样。

通道扫描寄存器(ADCSSL)里的位只用来指定采样保持放大器正输入端的模拟输入源;对于采样保持放大器负输入端,通道扫描时其输入源由 ADCHS 里的 CH0NA 位决定。

如果交替扫描位(ALTS)位为 1,则只对 MUX A 的输入通道进行扫描。由 CH0SB<3:0>决定的 MUX B 的模拟输入仍选择作为 CH0 的交替模式输入。这种模式下,采样保持通道 CH0 的输入将在一系列由 ADCSSL 寄存器指定的扫描输入和由 CH0SB 位指定的固定输入之间交替工作。

5.3　A/D 模块的工作特点及设置

芯片内部的 10 位 A/D 转换器有多个采样保持电路,如图 5.2 所示。假如使用一个采样保持电路只能实现多通道分别采样,这在大多数应用中是完全没有问题的,但是假如应用系统要求多个 A/D 通道同步采样从而消除模拟信号之间的相位差时(比如三相电源的电流电压)就必须有多个采样保持电路同时工作。dsPIC 内部的 10 位 A/D 转换器前端共有 4 个可以同时工作的采样保持电路,用户可以选择同时使用两个采样保持电路同步采样两个模拟信号,也可以选择同时使用 4 个采样保持电路同步采样 4 个模拟信号。采样保持通道的数目由 ADCON2 中的 CHPS<1:0>两位决定。假如选择了多个采样保持电路,同步采样或分别采样的过程由 ADCON1<3>(即 SIMSAM 位)控制。具体情况请参考表 5.2 所列。

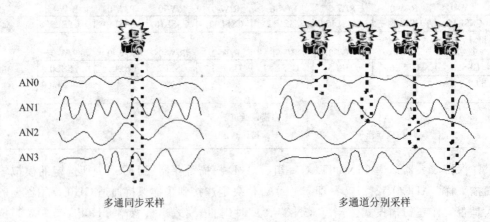

图 5.2　A/D 转换采样方式比较

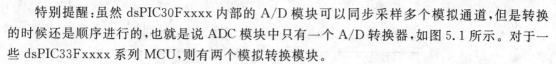

特别提醒：虽然dsPIC30Fxxxx内部的A/D模块可以同步采样多个模拟通道，但是转换的时候还是顺序进行的，也就是说ADC模块中只有一个A/D转换器，如图5.1所示。对于一些dsPIC33Fxxxx系列MCU，则有两个模拟转换模块。

采样开始时间可通过在软件中将SAMP控制位置位进行控制。采样开始时间还可以由硬件自动控制。当A/D转换器工作在自动采样模式时，如果采样/转换过程中转换结束，S/H放大器会重新连接到模拟输入引脚。自动采样功能由ASAM控制位（ADCON1<2>）控制。

转换触发源结束采样时间并开始A/D转换或采样/转换过程。转换触发源由SSRC控制位选择。转换触发源可从多种硬件源中选择，或通过在软件中将SAMP控制位清零来手工控制。转换触发源中的一个是自动转换。自动转换之间的时间通过计数器和A/D时钟设置。自动采样模式和自动转换触发可以一起使用，提供无需软件参与的无限自动转换功能。

dsPIC非常灵活的一个特点就是可以设置采样若干次后产生中断，也即每次中断的采样次数SMPI(Sample Per Interrupt)。这取决于ADCON2<5∶2>的值，该数值可以确定每次中断的采样次数在1～16中取值。可想而知，每次中断能进行转换的最大数量不超过缓冲区长度16。

A/D转换器在使用之前要根据所选择的工作方式分别配置与A/D有关的若干寄存器。另外不要完全相信芯片复位时寄存器的初始值，初始化的时候最好对所有相关的寄存器进行初始化，用户可以参考后面的一些初始化范例程序；当然也可以使用Microchip公司提供的VDI（可视设备初始化软件包，该软件已经嵌入到MPLAB IDE集成开发环境里）对A/D转换器进行初始化操作，系统会根据设定自动生成代码。

5.3.1　A/D模块采样方式的设置

5.3.1.1　手动方式(Manual)

1. 手工采样，手动转换

A/D转换最简单和直接的使用方法是用软件进行手动采样并用软件启动转换过程。所谓"手动"就是在程序里用软件直接操作寄存器的采样和转换控制位。首先设置ADCON1寄存器中的触发方式选择位SSRC<2∶0>="000"，A/D的启动和停止过程都用软件进行手动控制。

图5.3是这种工作方式的逻辑过程。可以看到起始状态的时候采样位SAMP="0"，当软件令SAMP="1"的时候开始采样过程，而当软件令SAMP="0"时则强制停止采样过程，同时模块开始A/D转换。A/D转换结束后，DONE位将变为高电平（硬件），用户程序可以查询该位，并去A/D结果寄存器里取A/D转换结果。

特别提醒：采用这种手动采样的方法必须非常小心，一定要保证足够的采样时间，否则可能使得采样出现误差，这可能导致A/D结果出现误差甚至错误。

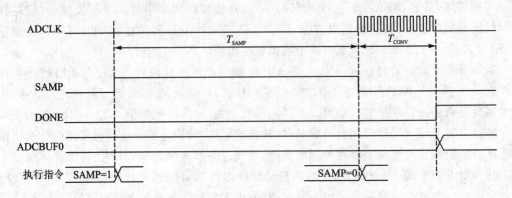

图 5.3 对 1 个模拟量进行转换(手动采样、手动启动转换)

范例 1 用户可以采用下面的 C 语言代码范例对 A/D 模块进行初始化设置,并使其可以工作在手动采样,手动 A/D 转换方式。注意:本程序中设置了一个 While(1)死循环,目的是演示在这种方式下 A/D 转换过程,实际应用的时候软件需要适当修改。

```
ADPCFG = 0xFFFB;                    // 设置 RB2 为模拟输入
ADCON1 = 0x0000;                    // SAMP bit = 0 结束采样,开始 A/D 转换
ADCHS  = 0x0002;                    // 将 RB2/AN2 作为 CH0 输入的模拟量
ADCSSL = 0;
ADCON3 = 0x0002;                    // 手动启动采样,T_AD 取为内部 2 T_CY
ADCON2 = 0;
ADCON1bits.ADON = 1;                // 打开 A/D 模块
while (1)                           // 不断重复
{
    ADCON1bits.SAMP = 1;            // 手动开始采样
    DelayNmSec(100);                // 延迟 100 ms
    ADCON1bits.SAMP = 0;            // 开始转换
    while (! ADCON1bits.DONE);      // 转换结束?
    ADCValue = ADCBUF0;             // 假如结束,取 A/D 值
}
```

2. 自动采样,手动转换

如图 5.4 所示,假如初始化的时候令 ASAM="1"则设置 A/D 模块工作在自动采样模式。工作的时候若软件令 SAMP="0"将立即停止采样并开始 A/D 转换(即所谓"手动转换")。当 A/D 转换完成后硬件会自动令 SAMP="1",模块进入下一次采样过程。和上面的范例一样,用户软件必须适当延迟以保证有足够的采样时间。

特别提醒:相邻两次手动将 SAMP 位清零的时间里包括了采样时间(T_{SAMP})和转换时间(T_{CONV})。

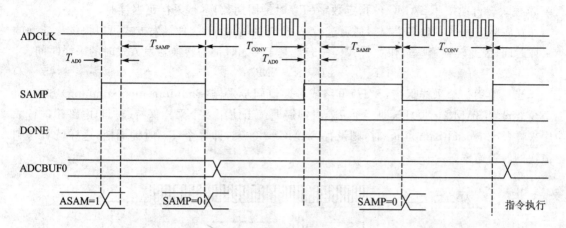

图 5.4 对 1 个模拟量进行转换(自动采样、手动启动转换)

范例 2 用户可以采用下面的 C 语言代码范例对 A/D 模块进行初始化设置,并使其可以工作在自动采样,手动转换方式。注意:本程序中设置了一个 While(1)死循环,目的是演示在这种方式下的 A/D 转换过程,实际应用的时候软件需要适当修改。

```
ADPCFG = 0xFF7F;              // 设置 RB7 为模拟输入
ADCON1 = 0x0004;              // 令 ASAM ="1"上次转换结束后自动进入采样
ADCHS = 0x0007;               // 模拟电压从 RB7/AN7 输入到 CH0
ADCSSL = 0;
ADCON3 = 0x0002;              // 手动控制采样时间,T_AD = 内部 2 T_CY
ADCON2 = 0;
ADCON1bits.ADON = 1;          // 打开 A/D 模块
while(1)                      // 不断重复
    {
    DelayNmSec(100);          // 采样时间 100 ms
    ADCON1bits.SAMP = 0;      // 启动转换
    while(! ADCON1bits.DONE); // 转换结束?
    ADCValue = ADCBUF0;       // 假如转换结束取 A/D 数值
    }                         // 重复
```

5.3.1.2 计时转换触发(Clocked Conversion Trigger)

1. 单通道手动采样

如图 5.5 所示,假如在 A/D 初始化的时候令 SSRC<2∶0> = 111 时,则转换触发可以用 A/D 时钟 T_{AD} 进行控制。A/D 控制寄存器 ADCON3 里的 ADCON3<12:8>(即:SAMC 位)共 3 位用来设置采样时间(T_{SAMP})占用的 T_{AD} 时钟周期数。也就是说当开始采样的时候，A/D 模块会自动按照 SAMC 位指定数字(T_{AD} 时钟周期数)进行采样延迟计时。

在实际应用当中对多个模拟通道进行 A/D 转换时，由于这种触发方式可以提供最准确的采样时间，因此转换速率最快。公式(5-3)是基于 T_{AD} 时钟的转换触发方式时的采样时间。

$$T_{SAMP} = T_{AD} \times SAMC<4:0> \tag{5-3}$$

当只使用一个采样保持(S/H)电路或多通道同步采样(Simultaneous Sampling)方式时，至少要设置 SAMC="001"，即一个 T_{AD} 时钟周期。当使用多个采样保持(S/H)电路并进行顺序采样(Sequential Sampling)时，则设置 SAMC="000"，即零个 T_{AD} 时钟周期，这样就可得到最快的转换速率。

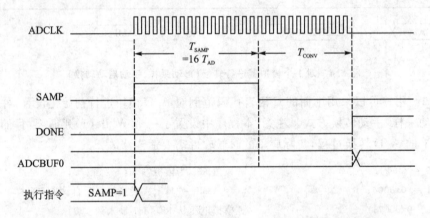

图 5.5 对 1 个模拟量进行转换(手动采样、基于 T_{AD} 的启动转换)

范例 3 用户可以采用下面的 C 语言代码范例对 A/D 模块进行初始化设置，并使其可以工作在时钟转换触发方式。注意:本程序中设置了一个 While(1)死循环，目的是演示这种方式下的 A/D 转换过程，实际应用的时候软件需要适当修改。

```
ADPCFG = 0xEFFF;                    // 设置 RB12 为模拟输入
ADCON1 = 0x00E0;                    // SSRC = "111";设置内部计数器进行采样计时
ADCHS = 0x000C;                     // RB12/AN12 作为 CH0 的输入
ADCSSL = 0;
ADCON3 = 0x1F02;                    // 设置采样时间为 31T_AD, T_AD = 2T_CY
ADCON2 = 0;
ADCON1bits.ADON = 1;                // 打开 A/D 模块
while(1)                            // 不断循环
    {
    ADCON1bits.SAMP = 1;            // 开始采样,经过 31T_AD 后进入转换过程
```

```
        while (! ADCON1bits.DONE);         // 转换结束?
        ADCValue = ADCBUF0;                // 假如转换结束,取 A/D 值
    }
```

2. 自动采样转换触发

如图 5.6 所示,使用自动转换触发模式(SSRC = 111),配合自动采样开始模式(ASAM=1),可以确定采样/转换的过程,无需用户或其他器件资源参与。此"定时"模式允许在模块启动后进行连续自动数据采样。

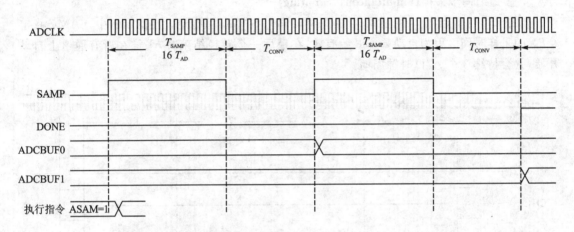

图 5.6 对 1 个模拟量进行转换(自动采样、基于 T_{AD} 的启动转换)

范例 4 用户可以采用下面的 C 语言代码范例对 A/D 模块进行初始化设置,并使其可以工作在自动采样、基于 T_{AD} 的启动转换触发方式。注意:本程序中设置了一个 While(1)死循环,目的是演示这种方式下的 A/D 转换过程,实际应用的时候软件需要适当修改。

```
    ADPCFG = 0xEFFB;                  // 设置 RB2 为模拟输入
    ADCON1 = 0x00E0;                  // SSRC = "111":设置内部计数器进行采样计时
    ADCHS = 0x000C;                   // RB12/AN12 作为 CH0 的输入
    ADCSSL = 0;
    ADCON3 = 0x0F00;                  // 设置采样时间为 15T_AD, T_AD = T_CY/2
    ADCON2 = 0x0004;                  //设置每两次采样中断一次
    ADCON1bits.ADON = 1;              // 打开 A/D 模块
    while (1)                         // 不断循环
    {
        ADCValue = 0;                 // 清零结果寄存器
        ADC16Ptr = &ADCBUF0;          // 初始化 A/D 缓冲区 ADCBUF 指针
        IFS0bits.ADIF = 0;            // 清 ADC 中断标志位
```

```
ADCON1bits.ASAM = 1;                    // 自动启动采样,采样时间:31$T_{AD}$然后开始转换
while (! IFS0bits.ADIF);                // 转换结束?
ADCON1bits.ASAM = 0;                    // 假如转换结束,停止采样/转换
for (count = 0; count < 2; count++)     // 对两次 A/D 取平均
ADCValue = ADCValue + *ADC16Ptr++;
ADCValue = ADCValue >> 1;
}
```

3. 多通道同步采样(Simultaneous Sampling)

如图 5.7 所示,当使用同步采样时,采样时间由 SAMC 值指定。在此示例中,SAMC 指定 3 T_{AD} 的采样时间。因为自动采样开始有效,在最后一个转换结束时,采样在所有通道上自动开始,并会持续 3 个 A/D 时钟周期。

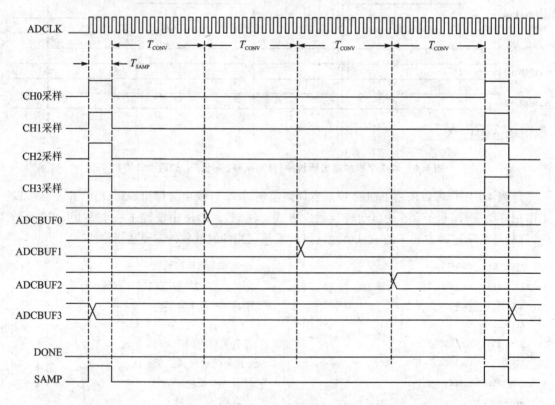

图 5.7 对 4 个模拟量进行转换(自动采样启动、基于 T_{AD} 转换启动,同步采样)

范例 5 用户可以采用下面的 C 语言代码范例对 A/D 模块进行初始化设置,并使其可以工作在自动采样、基于的启动转换触发方式。注意:本程序中设置了一个 While(1)死循环,目的是演示在这种方式下的 A/D 转换过程,实际应用的时候软件需要适当修改。

```
ADPCFG = 0xFF78;               // 将 RB0,RB1,RB2,RB7 设置为模拟输入
ADCON1 = 0x00EC;               // SIMSAM=1:同步采样,ASAM=1:转换结束自动采样,
                               // SSRC=111:采样时间为 3 T_AD

ADCHS = 0x0007;                // 将 AN7 作为 CH0 的输入
ADCSSL = 0;
ADCON3 = 0x0302;               // 自动采样 3 T_AD, T_AD = 2 T_CY
ADCON2 = 0x030C;               // CHPS=1x:同步采样 CH0~CH3,
                               // SMPI=0011:转换 4 次产生 1 次中断

ADCON1bits.ADON = 1;           // 打开 ADC 模块
while(1)                       // 不断循环
    {
    ADC16Ptr = &ADCBUF0;       // 初始化 A/D 缓冲区 ADCBUF 指针
    OutDataPtr = &OutData[0];  // 指向第一个 TXbuffer 的值
    IFS0bits.ADIF = 0;         // 中断标志清零
    while (IFS0bits.ADIF);     // 转换结束?
    for (count = 0; count < 4; count++)// 保存 ADC 结果
        {
        ADCValue = *ADC16Ptr++;
        LoadADC(ADCValue);
        }
    }
```

4. 多通道顺序采样(Sequential Sampling)

如图 5.8 所示,这是 A/D 转换器工作在顺序采样方式时的情况。起始状态时各个通道都进入采样状态,经过 T_{SAMP}(这里为 $3\ T_{AD}$)的采样时间后,采样通道 0 的模拟量将输入 A/D 转换器并进入转换状态。通道 0 转换结束后数据将出现在 ADRES(0)里,同时通道 1 的模拟量结束采样过程并被输入 A/D 转换器进行转换,依次类推。当 4 个通道都转换完毕,从 A/D 结果缓冲区里可以得到 A/D 转换结果,此时 4 个通道将同时处于采样状态,进入下一个相同的顺序采样转换的循环过程。

这种 A/D 转换的方式有一个特点,就是当某一个通道正在进行 A/D 转换的时候,其他各个通道一定处于采样状态。应注意到在这种情况下,每个通道的采样时间都增加了额外的 $3\ T_{AD}$。

5. 计时转换触发和自动采样方式时采样时间的选择

不同的采样/转换方式给采样保持电路所提供的采样时间是不同的,用户必须确保采样时间满足最低要求,从而保证可靠地采集模拟信号。

假设模块置为自动采样,并使用计时转换触发,则采样间隔取决于 ADCON3 寄存器里的

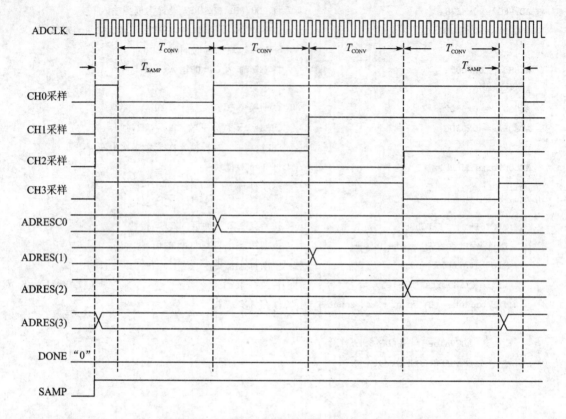

图 5.8 对 4 个模拟量进行转换(自动采样启动、基于 T_{AD} 转换启动,顺序采样)

自动采样时间设置位 SAMC<4:0>。

如果 SIMSAM="1",指定了同步采样方式或只有一个通道工作,则采样时间由 SAMC 位所设置的数据决定。公式(5-4)所示为采样时间:

$$T_{SAMP} = T_{AD} \times SAMC<4:0> \qquad (5-4)$$

如果 SIMSAM="0"指定了顺序采样,用于转换所有通道的总间隔时间等于通道数(n 由 CHPS<1:0>决定)乘以采样时间与转换时间之和,见公式(5-5)所示:

$$T_{SEQ} = n \times (T_{AD} \times SAMC<4:0> + T_{CONV}) \qquad (5-5)$$

公式(5-6)所示是单个通道的采样时间等于总间隔时间减去该通道的转换时间:

$$T_{SAMP} = T_{SEQ} - T_{CONV} \qquad (5-6)$$

5.3.1.3 事件触发转换(Event Trigger Conversion)

在需求广泛的嵌入式应用系统里,有时候需要让某些外设能够和 ADC 模块同步工作。比如电机控制系统,有时候需要 A/D 模块可以和 PWM 一起协调工作,在适当的时候去触发 A/D 转换,获得那一时刻的电流或电压值。

dsPIC30Fxxxx 或 dsPIC33Fxxxx 电机控制系列的 ADC 模块可以使用以下介绍的 3 个触发源之一作为转换触发事件。

1. 外部中断(INT)引脚触发

如果 ADCON1 寄存器的 SSRC<2:0> ="001"时,A/D 转换是由 INT0 引脚上的跳变进行触发的。INT0 引脚可以编程为上升沿有效也可以编程为下降沿有效。

这种工作模式可以将 A/D 触发和外部事件联系起来。使用外部信号和 A/D 转换器联动的方式可以使上位 CPU 或外部检测电路在适当的时候向 dsPIC 的 A/D 转换器发出转换触发信号,在适当的时候捕捉到有用的信号。

2. 定时器(Timer3)比较触发

如果 ADCON1 寄存器的 SSRC<2:0> ="010"时,可将 A/D 设为此触发模式。如果 32 位定时器 TMR3/TMR2 和 32 位组合周期寄存器 PR3/PR2 之间匹配,则 Timer3 会产生一个特殊的 ADC 触发时间信号。TMR5/TMR4 定时器对不具备此功能。

这种方式效率很高,应用广泛。用户可以在不用 CPU 干预的情况下在后台用定时器周期性触发 A/D 转换。当采样次数达到 SMPI 所指定的数值时会中断 CPU,提醒 CPU 来缓冲区取数据。这样一来 CPU 的负载降低,不用每次 A/D 结束都中断,大多数时间可以用来处理其他事情。

比如说工频为 50 Hz,现在希望每个周期采样 16 点电压幅值,可以设置采样 16 次(C 语言设置语句:ADCON2bits.SMPI = 16)以后中断,定时器匹配触发方式。在每次过零点的时候启动 Timer3,每 1.25 ms 发生一次定时器匹配事件并触发 A/D 转换。这样 A/D 转换在没有 CPU 干预的情况下自动进行等间隔采样模拟信号。当采样次数达到 16 次的时候会产生中断,CPU 只要来 ADCBUF 里取数据就可以了。假如在一个工频周期里的采样次数大于 16,比如 64 次的时候,可以设置 16 次(最大)采样后中断,在中断服务子程序里读取缓冲数据后立即启动下一个 16 次采样周期。

3. 电机控制 PWM 触发

在电机控制系列芯片的 PWM 模块中有一个事件触发器(Event Trigger),使得 A/D 转换过程可以与 PWM 时基同步。从而消除相位误差,提高效率。

当 ADCON1 中的转换触发源控制位 SSRC<2:0> ="011"时,选中电机 PWM 触发模式。用户通过预先软件设定,可以在整个 PWM 周期内任何点进行 A/D 采样和转换。可以看到这种触发是非常直接的硬件触发,完全不用软件干预。

基于上述描述,PWM 的特殊事件触发器可以让用户在适当的时候启动 A/D 转换并及时更新 PWM 的占空比值,这样可以将延迟减到最小。具体工作原理可以参考 PWM 一章。

范例 6 手动采样与触发事件的同步。

图 5.9 所示为当触发源选择位 SSRC="010"(定时器匹配触发)和 ASAM="0"(手动采样)情况下的采样与转换过程。可以看到软件令 SAMP="1"手动开始采样,当触发事件

(Timer3 匹配事件)发生的时候将结束采样过程并启动 A/D 转换。

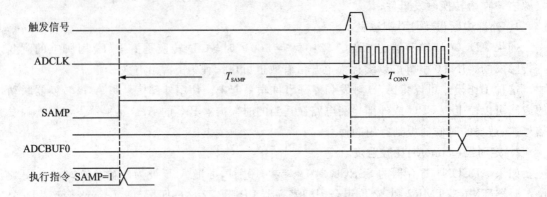

图 5.9 对 1 个模拟量进行转换(手动采样、事件触发转换)

范例 7 自动采样与触发事件的同步。

图 5.10 所示为当触发源选择位 SSRC="010"(定时器匹配触发)和 ASAM="1"(自动采样)情况下的采样与转换过程。可以看到：每次 A/D 转换结束后将自动开始下次采样,当发生定时器匹配事件的时候启动 A/D 转换。显而易见,A/D 转换的速率将取决于定时器 3 匹配事件发生的速率。

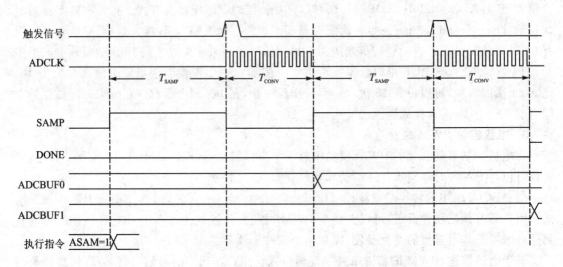

图 5.10 对 1 个模拟量进行转换(自动采样、事件触发转换)

用户可以采用下面的 C 语言代码范例对 A/D 模块进行初始化设置,并使其可以工作在自动采样、基于转换触发的转换启动方式。注意：本程序中设置了一个 While(1)死循环,目的是演示在这种方式下的 A/D 转换过程,实际应用的时候软件需要适当修改。

```
ADPCFG = 0xFFFB;              // 将 RB2/AN2 设置为模拟输入口
ADCON1 = 0x0040;              // SSRC = 010,用 TMR3 的比较方式来安排采样和启动转换
ADCHS = 0x0002;               // 在内部将 RB2/AN2 连接到采样保持单元 CH0 的输入
ADCSSL = 0;
ADCON3 = 0x0000;              // 采样时间是 TMR3,T_AD = T_CY/2
ADCON2 = 0x0004;              // 2 次转换后中断
TMR3 = 0x0000;                // 设置 TMR3 使其每 125 ms 溢出一次
PR3 = 0x3FFF;
T3CON = 0x8010;
ADCON1bits.ADON = 1;          // 打开 ADC 模块
ADCON1bits.ASAM = 1;          // 每 125 ms 进行一次自动采样
while (1)                     // 不断循环
    { while (! IFS0bits.ADIF);  // 转换结束?
    ADCValue = ADCBUF0;       // 假如转换结束,取 ADC 结果
    IFS0bits.ADIF = 0; }      // 清零 ADIF 标志位
```

范例 8 多通道同步采样与触发事件的同步。

如图 5.11 所示为使用自动采样、同步采样和事件触发转换时的 A/D 采样与转换时序。对于 4 个通道的采样将在 ASAM 位置位或最后一个通道转换结束时开始。当触发事件发生时,采样停止,同时 A/D 转换开始。

范例 9 多通道顺序采样与触发事件的同步。

如图 5.12 所示为使用自动采样、事件触发转换和顺序采样方式进行 A/D 转换的时序。可以看到:某一个通道的采样将一直持续到对该通道进行 A/D 转换的时刻;在该通道的 A/D 转换结束后,将恢复对该通道采样。

5.3.2 A/D 转换缓冲区的使用

当 A/D 转换完成之后,其转换结果将被写入 A/D 结果缓冲区里。缓冲区共有 16 个字,字长度为 10 位。这些 RAM 单元是位于 SFR 空间内、具有独立地址单元的缓冲区。这些单元名分别为 ADCBUF0~ADCBUFF。

建立这个 A/D 结果缓冲区的目的在于对 A/D 结果进行缓冲,避免 A/D 频繁中断 CPU,从而提高 CPU 工作效率。有了这些缓冲单元以后,A/D 转换器可以不断按照设置的方式进行采样,当采样次数和设定值相等时就会中断 CPU。尽管如此,假如用户愿意的话也可以每次采样后中断 CPU。

ADCON2 寄存器里的 SMPI<3:0>位是一个非常有用的 A/D 设置单元。SMPI(Sample Per Interrupt)可以用来选择采样若干次(最少 1 次,最多 16 次)后中断 CPU。每次中断发生后,可以从缓冲区的第一个单元开始读取 A/D 结果。假如 SMPI<3:0>＝0000,那么

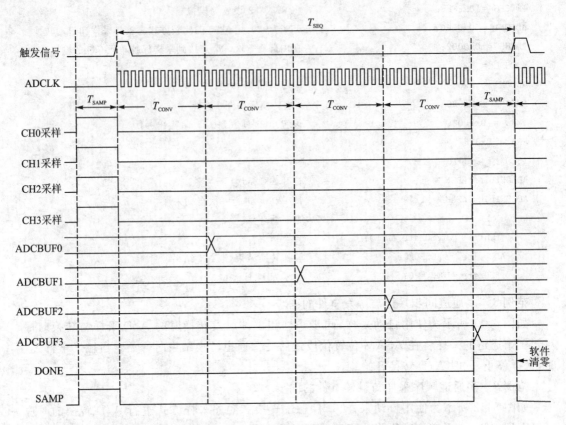

图 5.11 对 4 个模拟量进行转换（自动采样、事件触发转换、同步采样）

A/D 转换会转换一次后中断 CPU，转换结果总是会写入 ADCBUF0。这时其他缓冲单元没有用到。

如果 ADCON1 寄存器里的 SIMSAM="0"，设置 A/D 为顺序采样方式（Sequential Sampling）时，无论 CHPS 位指定的通道数量如何，采样次数和缓冲区里的数据总是一样多。因此，通过 SMPI 位指定的每次中断采样次数将对应缓冲区中的数据数量，最多可达 16 个。

如果 ADCON1 寄存器里的 SIMSAM="1"，设置 A/D 为同时采样方式（Simultaneous Sampling）时，缓冲区中数据采样的数量与 CHPS 位相关。从算法上来说，通道/采样乘以采样数就是缓冲区中数据的数量。为了防止缓冲区溢出丢失数据，SMPI 位必须被置位为所需的值，该值为缓冲区大小除以每次同时采样的通道数。当 A/D 结果缓冲区被指定为 16 字填充模式时（BUFM="0"），则 CHPS 和 SMPI 位联合决定的每个中断采样次数不能超过 16 次；当 A/D 结果缓冲区被指定为 8 字填充模式时（BUFM="1"），则 CHPS 和 SMPI 位联合决定的每个中断采样次数不能超过 8 次。

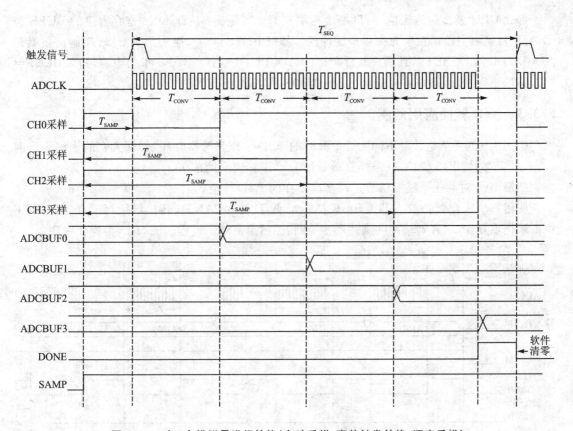

图 5.12 对 4 个模拟量进行转换(自动采样、事件触发转换、顺序采样)

缓冲区的填充方式有两种：交替填充模式和整体填充模式。当 ADCON2 寄存器里的 BUFM="1"时称为交替填充模式。这时 16 字 A/D 结果缓冲区将被拆分成两个 8 字组。每次中断事件发生后,这两个 8 字缓冲区会交替地接收转换结果。转换开始时首先使用的是位于 ADCBUF 的低地址的 8 字缓冲区(ADCBUF0～ADCBUF7),然后是高 8 字缓冲区(ADCBUF8～ADCBUFF)。当 BUFM="0"时称为整体填充模式。这时 16 字 A/D 结果缓冲区将作为一个整体接收 A/D 转换结果。

什么时候使用交替填充方式,什么时候使用整体填充方式呢？可以看到在第一个缓冲区单元被改写前,A/D 模块会有一段采样和转换时间。如果 CPU 有足够速度在这段时间内快速地卸载上次 A/D 转换的全部 16 字缓冲区,则可以不用交替填充方式。只要令 BUFM="0"就可获得每次中断 16 次 A/D 转换(最高)的速度。反之,若在这段时间内 CPU 不能全部卸载 16 字缓冲区,则要令 BUFM="1"选择交替填充方式。例如,如果 SMPI$<3:0>$=0111,那么 8 个转换结果将被装入半个缓冲区,随后发生中断。紧接着的 8 个转换结果将被装入该缓冲区的另一半。从而处理器在中断之间有充裕的时间将 8 个 A/D 转换结果移出缓冲区。

那么 CPU 怎么知道当前 A/D 模块在填充哪个区域呢？ADCON2 寄存器里的 BUFS 表示 A/D 转换器当前正在填充哪半个缓冲区。如果 BUFS="0"，则表示 A/D 转换器正在填充 ADCBUF0～ADCBUF7，且用户软件可以读 ADCBUF8～ADCBUFF 里的内容；如果 BUFS="1"，情形正好相反，用户软件应从 ADCBUF0～ADCBUF7 读取转换值。

5.3.3 A/D 转换应用范例

范例 1～范例 7 是针对不同配置情况时的 A/D 采样和转换时序，加深大家的理解。范例 8 是一个巧妙应用 10 位 A/D 采样获得每秒 1 M 采样速率的范例。

范例 10 对某一个模拟信号进行多次采样的 A/D 转换。

使用一个采样保持放大器 CH0 采样一个 A/D 输入（AN0），转换结果存储在 ADCBUF 中。采样重复 16 次直到缓冲区满并产生中断，然后重复整个过程。图 5.13 为操作时序。

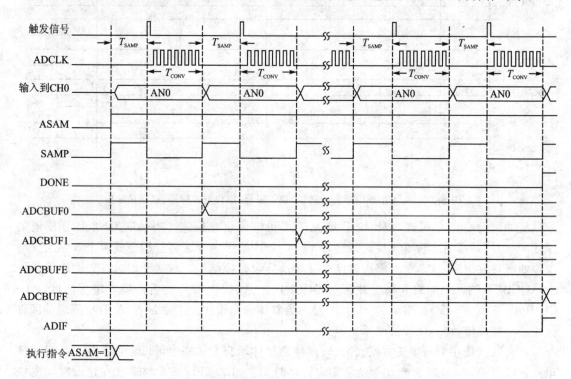

图 5.13 对 1 个模拟量进行 16 次转换然后产生中断

此范例通过 CHPS 位指定了 CH0 作为采样保持放大器；只有 MUX A 输入有效（ALTS="0"）；CH0SA 位和 CH0NA 位指定 AN0 到 V_{REF-} 为采样保持通道的输入；MUX A 不扫描模拟端口，缓冲区采用整体填充模式；采样 16 次后中断。最后在 A/D 缓冲区里将填充 16 个来自 AN0 的采样数据。

范例 11　对所有模拟输入进行逐个扫描采样的 A/D 转换。

使用采样保持放大器 CH0 依此对 AN0~AN15 这 16 个通道进行采样和转换。转换结果存储在 ADCBUF0~ADCBUFF 的缓冲区中。此扫描输入的过程重复 16 次缓冲区满载并产生中断,然后重复整个过程。图 5.14 为操作时序。

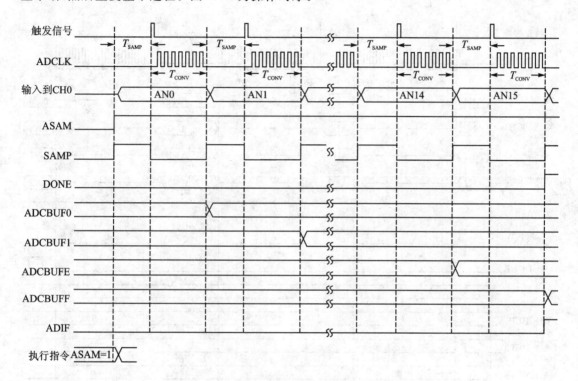

图 5.14　对 16 个模拟量进行扫描转换然后产生中断

此范例的设置与范例 1 几乎完全一样,只是设置为 MUX A 扫描模式(CSCNA="1"),因此结果也不同。缓冲区里填充的数据分别是从 AN0~AN15 的 16 个 A/D 结果。

范例 12　以高频率采样 3 个模拟量的同时以较低频率扫描其他 4 个模拟量。

使用采样保持通道 CH1、CH2、CH3 以较高频率分别采样 3 个模拟输入 AN0、AN1、AN2;同时使用采样保持通道 CH0 结合 MUX A 对其他 4 个模拟通道 AN4、AN5、AN6、AN7 进行较低频率的采样。因此在每 16 个一组的采样数据中,AN0、AN1、AN2 会被采样 4 次,而 AN4、AN5、AN6、AN7 则每个只会被采样一次。

具体设置为:每次中断采样 16 次(SMPI=15),每次采样 4 个通道(CHPS=3),同步采样模式(SIMSAM=1),缓冲区整体填充模式(BUFM=0),只使用 MUX A(ALTS=0),CH0 的负端信号为 V_{REF-}(CH0NA=0),扫描 CH0 正端输入信号(CSCNA=1),选择扫描 AN4、AN5、AN6 和 AN7(CSSL=0x00F0),CH1、CH2 和 CH3 的负端信号为 V_{REF-}(CH123NA=

0),CH1,CH2 和 CH3 正端输入信号分别为 AN0,AN1 和 AN2(CH123SA=0)。

这样每次发生中断时缓冲区里已经填充了 4 组信号,分别是(AN4,AN0,AN1,AN2)、(AN5,AN0,AN1,AN2)、(AN6,AN0,AN1,AN2)和(AN7,AN0,AN1,AN2),以上数据组分别来自 MUX A 和 MUX B。图 5.15 为这种工作模式的时序图。

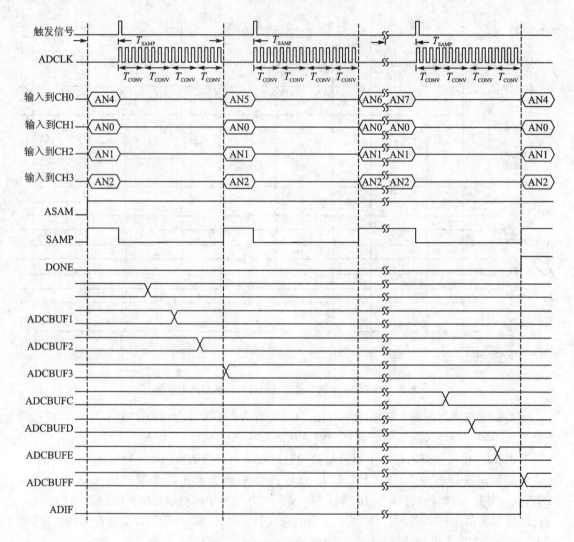

图 5.15 每次中断对 3 个模拟量转换 4 次,对 4 个模拟量转换 1 次

范例 13 灵活使用双 8 字 A/D 结果缓冲区进行 A/D 转换。

将 A/D 结果缓冲区划分为两个 8 字缓冲区并交替填充缓冲区。首先,转换过程从 ADCBUF0(缓冲区单元 0x0)开始填充缓冲区。第一次中断发生后,缓冲区从 ADCBUF8(缓冲区单元0x8)开始填充。每次中断后,BUFS状态位交替置位和清零。在本范例中,所有4个通道同步采样,且每次采样后发生一次中断。

具体设置方法为:每次中断采样1次(SMPI=0),每次采样4个通道AN0、AN1、AN2和AN3(CHPS=4),同步采样模式(SIMSAM=1),缓冲区交替填充模式(BUFM=1),只使用MUX A(ALTS=0),CH0的负端信号为V_{REF-}(CH0NA=0),CH0正端输入信号为AN3(CH0SA=3),不扫描输入(CSCNA=0),CH1、CH2和CH3的负端信号为V_{REF-}(CH123NA=0),CH1、CH2和CH3正端输入信号分别为AN0、AN1和AN2(CH123SA=0)。

这样当发生中断时低8字缓冲区里的采样数据分别是AN3、AN0、AN1和AN2。同时BUFS=1,提示软件可以从低8位缓冲区读取A/D结果;与此同时A/D转换仍然在继续进行,但是A/D结果却被填充到高8字缓冲区了,当再次发生中断时BUFS=0,提示软件可以从高8字缓冲区读取信息。

图5.16所示为这种工作模式的时序图。

范例14 使用MUX A和MUX B复用器对模拟输入交替采样转换。

可以使用MUX A和MUX B复用器对输入进行交替采样。两个通道同时使能交替采样。第一次采样使用由CH0SA、CH0NA、CH123SA和CH123NA位指定的MUX A输入。下一次采样使用由CH0SB、CH0NB、CH123SB和CH123NB位指定的MUX B输入。本范例中MUX B输入之一是使用两个模拟信号输入到一个采样保持转换的两端,从而获得两个模拟信号的差分结果(AN3~AN9)。

本范例使用缓冲区交替填充模式。每4次采样后发生一次中断,每次中断后将8个字载入到缓冲区,同时BUFS位的信息可以指导软件到相应的区域读取前一次中断的A/D结果。

> **注意**:使用4个不用交替输入选择的采样/保持通道将产生与本范例(使用两个交替输入选择的通道)相同数量的转换。然而,CH1、CH2和CH3通道在模拟输入的选择性上更为有限,所以本范例的方式为输入选择提供了比使用4个通道方式更高的灵活性。

具体设置方法为:每次中断采样4次(SMPI=3),每次采样2个通道CH0和CH1(CHPS=1),同步采样模式(SIMSAM=1),缓冲区交替填充模式(BUFM=1),交替使用MUX A和MUX B(ALTS=1);MUX A的CH0正端输入为AN1(CH0SA=1),CH0的负端输入为V_{REF-}(CH0NA=0),不扫描输入(CSCNA=0),CH1、CH2和CH3正端输入信号分别为AN0、AN1和AN2(CH123SA=0),CH1、CH2和CH3的负端信号为V_{REF-}(CH123NA=0);对MUX B的设置为CH0正端输入为AN15(CH0SB=15),CH0的负端输入为V_{REF-}(CH0NB=0),CH1、CH2和CH3正端输入分别为AN3、AN4和AN5(CH123SB=1),CH1、CH2和CH3的负端输入分别为AN9、AN10和AN11(CH123NB=3)。

图5.17所示为这种工作模式的时序图。

因此当发生中断后A/D缓冲区里的8个转换结果放置在低8字缓冲区里,数据排列

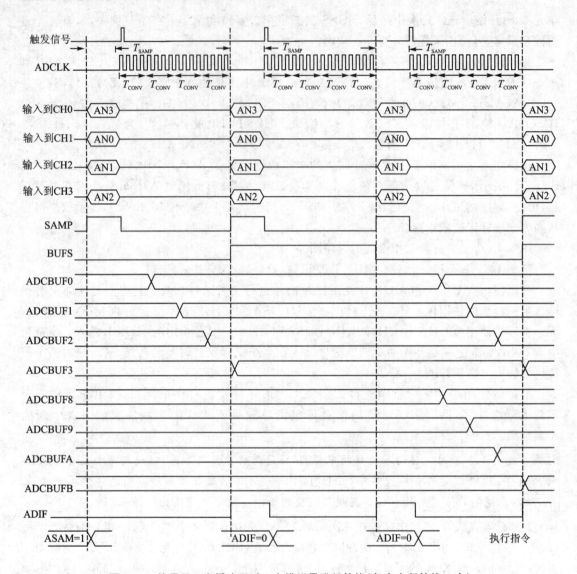

图 5.16 使用双 8 字缓冲区对 4 个模拟量进行转换（每个中断转换一次）

顺序为：(AN1,AN0)、(AN15,AN3～AN9)、(AN1,AN0)和(AN15,AN3～AN9)，以上数据交替来自 MUX A 和 MUX B。然后产生中断信号提示 CPU 前来读取；与此同时 A/D 转换按照前面的序列继续进行直到再次产生中断。不同的是 A/D 转换结果被放置在高 8 字缓冲区里。

范例 15 使用同步采样方式对 8 个模拟量进行 A/D 转换。

用户可以使用同步采样方式对 8 个模拟输入进行采样。本范例里采用了 MUX A 和

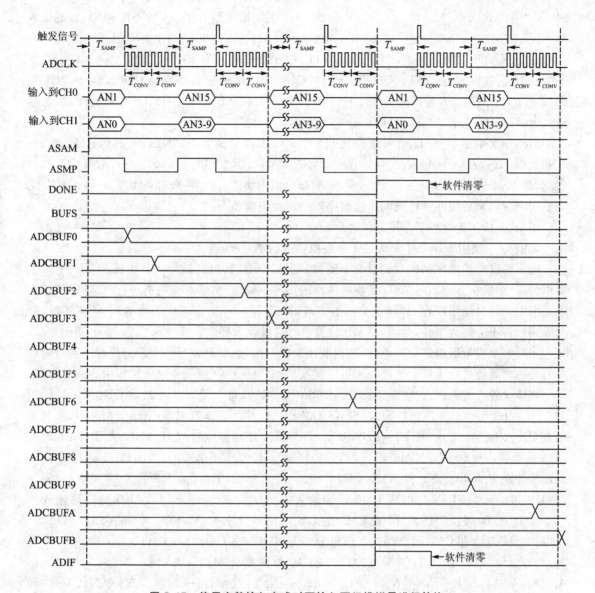

图 5.17 使用交替输入方式对两输入两组模拟量进行转换

MUX B 交替输入方式,并指派不同的模拟信号给采样保持放大器。选择同步采样模式时 A/D 模块会同时采样所有通道,而 A/D 转换则是依次顺序进行的。在本范例采用自动采样方式,转换结束后将自动开始采样动作。

具体设置方法为:每次中断采样 4 次(SMPI=3),每次采样 4 个通道 CH0、CH1、CH2 和 CH3(CHPS=3),同步采样模式(SIMSAM=1),缓冲区整体填充模式(BUFM=0),交替使用

MUX A 和 MUX B(ALTS=1);MUX A 的 CH0 正端输入是 AN13(CH0SA=13),负端输入是 AN1(CH0NA=1),不扫描输入(CSCNA=0),CH1、CH2 和 CH3 正端输入分别为 AN0、AN1 和 AN2(CH123SA=0),CH1、CH2 和 CH3 的负端输入为 V_{REF-}(CH123NA=0);MUX B 的 CH0 正端输入是 AN14(CH0SB=14),CH0 的负端信号是 V_{REF-}(CH0NB=0),CH1、CH2 和 CH3 正端输入分别为 AN3、AN4 和 AN5(CH123SB=1),CH1、CH2 和 CH3 的负端输入为 AN6、AN7 和 AN8(CH123NB=2)。

因此每次中断后 A/D 结果缓冲区里的 16 个数据分别为:(AN13~AN1,AN0,AN1,AN2)、(AN14,AN3~AN6,AN4~AN7,AN5~AN8)、(AN13~AN1,AN0,AN1,AN2)和(AN14,AN3~AN6,AN4~AN7,AN5~AN8),以上数据组交替来自 MUX A 和 MUX B。第二次中断到来后缓冲区将被同样模拟序列的新数据覆盖一次。

图 5.18 所示为这种工作模式的时序图。

范例 16 使用顺序采样方式对 8 个模拟量进行 A/D 转换。

用户可以使用顺序采样方式对 8 个模拟量进行 A/D 转换。顺序采样方式采样一个以上模拟量时,触发信号出现时 A/D 模块将依次采样一个通道,然后对该通道进行 A/D 转换。在本范例中采用自动采样,A/D 转换完成后将自动开始下一个通道采样。当 ASAM 清零时,转换完成后将不会继续采样,但当 SAMP 位置位时会继续采样。

当对多个模拟通道进行转换时,可以利用采样时间,也就是说当一个通道正在转换时可以对另外一个通道进行采样。这样一来可以提高效率。图 5.19 所示为这种工作模式的时序图。

具体设置方法为:每次中断采样 16 次(SMPI=15),每次采样 4 个通道 CH0、CH1、CH2 和 CH3(CHPS=3),顺序采样模式(SIMSAM=0),缓冲区整体填充模式(BUFM=0),交替使用 MUX A 和 MUX B(ALTS=1);MUX A 的 CH0 正端输入信号是 AN13(CH0SA=13),CH0 的负端信号是 AN1(CH0NA=1),不扫描输入(CSCNA=0),CH1、CH2 和 CH3 正端输入信号分别为 AN0、AN1 和 AN2(CH123SA=0),CH1、CH2 和 CH3 的负端信号为 V_{REF-}(CH123NA=0);MUX B 的成 CH0 正端输入为 AN14(CH0SB=14),CH0 的负端输入为 V_{REF-}(CH0NB=0),CH1、CH2 和 CH3 正端输入信号分别为 AN3、AN4 和 AN5(CH123SB=1),CH1、CH2 和 CH3 的负端输入信号分别为 AN6、AN7 和 AN8(CH123NB=2)。

因此每次中断后 A/D 结果缓冲区里的 16 个数据分别为:(AN13~AN1,AN0,AN1,AN2)、(AN14,AN3~AN6,AN4~AN7,AN5~AN8)、(AN13~AN1,AN0,AN1,AN2)和(AN14,AN3~AN6,AN4~AN7,AN5~AN8),以上数据组分别来自 MUX A 和 MUX B。第二次中断到来后缓冲区将被同样模拟序列的新数据覆盖一次。

范例 6 和范例 7 非常类似,其转换结果也几乎一样。但二者采用了不同的采样模式。

范例 17 使用巧妙配置,获得更高的 A/D 采样速率。

dsPIC30F 数字信号处理器数据手册上关于 10 位 A/D 的采样速率为 500 KSPS。这在某些场合可能不够用。采用一定的技巧,我们可以获得高达 1 MSPS 的采样速率。

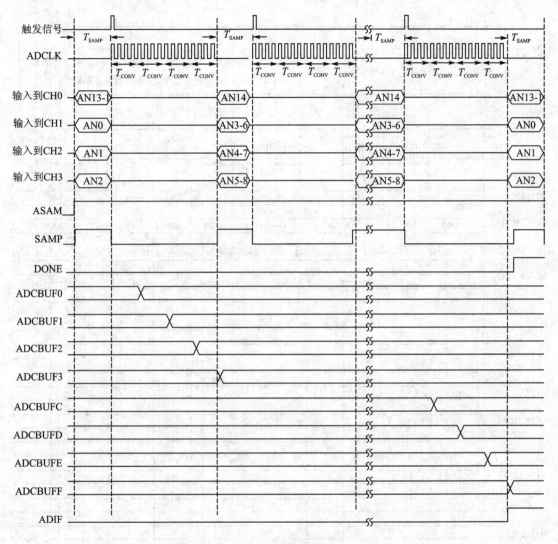

图 5.18 使用同步采样方式采样 8 个模拟量

表 5.7 里总结了几种关于 dsPIC30F 10 位 A/D 转换器提高采样速率的情况：

表 5.7 10 位 ADC 扩展采样速率

dsPIC30F 10 位 A/D 扩展转换速率				
ADC 速率	R_s Max/Ω	V_{DD}/V	温度/℃	备注
1 MSPS	500	4.5~5.5	−40~85	使用两路采样保持(S/H)电路进行交替采样和转换。必须使用外部 V_{REF}

续表 5.7

750 KSPS	500	4.5~5.5	−40~85	
600 KSPS	500	3.0~5.5	−40~125	使用两路采样保持(S/H)电路进行交替采样和转换。必须使用外部 V_{ref} 才能获得要求的精度

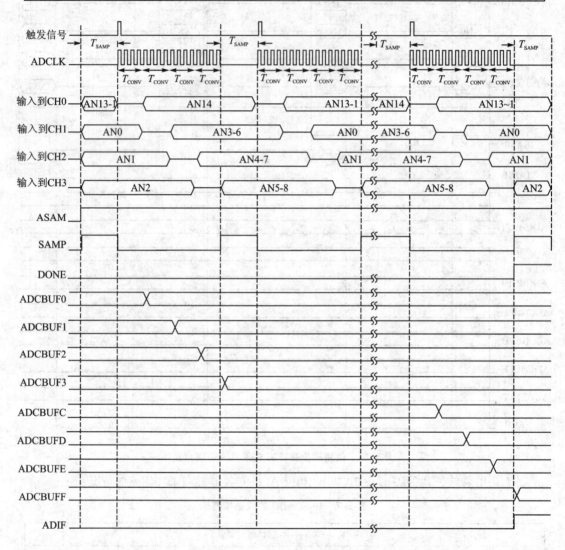

图 5.19 使用顺序采样方式采样 8 个模拟量

必须合理地配置 A/D 转换器，从而获得更高的转换速率。按照以下几条原则进行配置。其中省略了一些与转换速率无关的配置。

1. 750 KSPS 配置指南

通过以下方法可以获得 750 KSPS 的转换速率。本方法假设只对一路模拟输入采样。
- 源电阻、芯片工作电压、工作温度必须满足表 5.7 中的参数。
- A/D 使用外部参考电压源,电路图如图 5.20 所示。
- 为了获得 750 KSPS 的转换速率,必须使用内部转换触发(自动转换)方式。ADCON1 寄存器里的位 SSRC<2∶0> = 111 使能内部触发工作方式。
- 使能自动采样:令 ADCON1 寄存器里的 ASAM = "1"。
- 允许一次采样并保持通道:令 ADCON2 寄存器里的 CHPS<1∶0> = 00。
- ADCON2 寄存器里的 SMPI<3∶0>三位写相应的值,获得每次中断想要的转换次数。
- 2 个 A/D 时钟周期用来采样,12 个时钟周期用来转换。因此 A/D 时钟周期为 1/(14×750 000) = 95 ns,从而达到 750 KSPS 的转换速率。给 ADCON3 寄存器里的 ADCS<5∶0>写入一个值,使得可以得到这样一个时钟周期值。由于 A/D 时钟来源于系统时钟(ADRC=0),需要选择一个合适的系统时钟从而可以得到想要的 A/D 时钟周期。
- 令 SAMC<4∶0> = 00010 A/D 转换之间的采样时间为 T_{AD}。

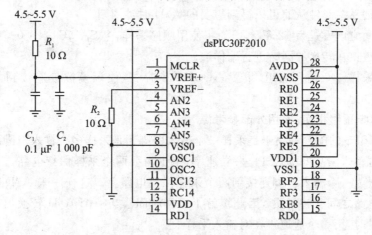

图 5.20　A/D 转换参考电压设置

2. 1 MSPS 配置指南

1 MSPS 的配置取决于是采样一个输入引脚还是采样多个输入引脚。

对于用一个模拟输入实现 1 MSPS 采样速率,至少需要两个采样保持电路。模拟输入多路切换器需要配置为一个输入引脚连接到两个采样保持电路上。这样一来 A/D 转换器可以在两个采样保持电路之间交替切换,因此缓解了采样时间。当一个 A/D 转换器正在转化第一个通道的模拟量时,第二个通道正在对输入采样。

使用多个采样保持电路,A/D 转换器也可以用来采样多个输入信号。这时多个通道总的转换速率为 1 MSPS。比如 4 个输入可以工作在采样速率为每个通道 250 KSPS，假如是两个输入，则每个通道的采样速率为 500 KSPS。这种配置必须使用顺序采样才能使每个模拟输入获得足够的采样时间。

- 源电阻、工作电压、工作温度等参数必须满足表 5.7 的要求。
- A/D 使用外部参考电压源，电路图见图 5.20。
- 为了获得 1 MSPS 的转换速率，必须使用内部转换触发（自动转换）方式。ADCON1 寄存器里的位 SSRC<2：0>＝111 使能自动转换工作方式。
- 使能自动采样：令 ADCON1 寄存器里的 ASAM＝"1"。
- 使用顺序采样：令 ADCON1 寄存器的 SIMSAM＝"0"。
- 使能至少两个采样保持电路：给 ADCON2 寄存器里的 CHPS 位里写相应的值。
- 写适当的值到 ADCON2 寄存器的 SMPI<3：0>获得想要的每次中断转换次数。至少 SMPI<3：0>＝0001，因为至少需要使能两个采样保持电路。
- 转换需要 12 个周期，因此 A/D 时钟周期为 $1/(12 \times 1\,000\,000) = 83$ ns，从而达到 1 MSPS 转换速率。给 ADCON3 寄存器里的 ADCS<5：0>写入一个值，使得可以得到这样一个时钟周期值。由于 A/D 时钟来源于系统时钟（ADRC＝0），需要选择一个合适的系统时钟从而可以得到想要的 A/D 时钟周期。
- 采样时间应该设置为 12 T_{AD}，因为将使用顺序采样，令 SAMC<4：0>＝01100。在其他通道正在转换的同时进行采样。
- 假如只采样一个输入通道，设置 ADCHS 寄存器，使该模拟量连接到两个采样保持电路。

3. 600 KSPS 配置指南，使用外部参考源

获得 600 KSPS 的配置取决于是采样一个输入引脚还是采样多个输入引脚。

用一个模拟输入实现 600 KSPS 采样速率，至少需要两个采样保持电路。模拟输入多路切换器需要配置为一个输入引脚连接到两个采样保持电路上。这样一来 A/D 转换器可以在两个采样保持电路之间交替切换，因此缓解了采样时间。当一个 A/D 转换器正在转化第一个通道的模拟量时，第二个通道正在对输入采样。

使用多个采样保持电路，A/D 转换器也可以用来采样多个输入信号。这时多个通道总的转换速率为 600 KSPS。比如 4 个输入可以工作在采样速率为每个通道 150 KSPS，假如是两个输入，则每个通道的采样速率为 300 KSPS。这种配置必须使用顺序采样才能使每个模拟输入获得足够的采样时间。

- 源电阻、工作电压、工作温度等参数必须满足表 5.7 的要求。
- A/D 使用外部参考电压源，电路图见图 5.20。
- 为了获得 600 KSPS 的转换速率，必须使用内部转换触发（自动转换）方式。ADCON1 寄存器里的位 SSRC<2：0>＝111 使能自动转换工作方式。

- 使能自动采样:令 ADCON1 寄存器里的 ASAM ="1"。
- 使用顺序采样:令 ADCON1 寄存器的 SIMSAM ="0"。
- 使能至少两个采样保持电路:给 ADCON2 寄存器里的 CHPS 位里写相应的值。
- 写适当的值到 ADCON2 寄存器的 SMPI<3:0>获得想要的每次中断转换次数。至少 SMPI<3:0> = 0001,因为至少需要使能两个采样保持电路。
- 转换需要 12 个周期,因此 A/D 时钟周期为 $1/(12 \times 600\,000) = 139$ ns,从而达到 600 KSPS 转换速率。给 ADCON3 寄存器里的 ADCS<5:0>写入一个值,使得可以得到这样一个时钟周期值。由于 A/D 时钟来源于系统时钟(ADRC = 0),需要选择一个合适的系统时钟从而可以得到想要的 A/D 时钟周期。
- 采样时间应该设置为 $12\,T_{AD}$,因为将使用顺序采样,令 SAMC<4:0> = 01100。这一设置可以提供两次转换之间最大的采样时间。
- 假如只采样一个输入通道,设置 ADCHS 寄存器,使该模拟量连接到两个采样保持电路。

5.4 A/D 转换的防混叠滤波器

根据信号处理的基本知识:通常在模拟量进入 A/D 转换器之前,我们需要先将信号进行防混叠(Anti Aliasing)处理。所谓的防混叠也就是一个低通滤波器(LPF),目的是要避免因为采样速度的限制而导致高端信号的功率反褶(Fold Back)到有用信号的频带内,导致信噪比降低,破坏有用信息的真实性。也可以理解为:使用低通滤波器把高于信号频率段的所有能量从时域滤除掉,这样就可以有效避免采样后高端频率成分的能量被反褶回来。

图 5.21 所示为采样频率不足时导致高端信号(大于 $f_s/2$)反褶到有用信号范围的示意图。由于 A/D 转换的采样频率不能无限高,再则有成本的限制(采样速率越高,A/D 转换越贵),通常使用的 A/D 转换不能照顾所有的谐波成分,因此可能出现混叠现象。由此可以推论,假如需要采样一个信号(比如工频交流电)的若干次谐波,一定要先根据奈奎斯特(Nyquist)采样定理计算出采样频率再选择相应的 A/D 转换器。

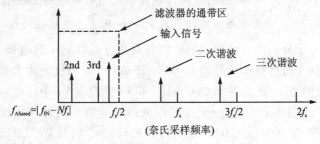

图 5.21 采样频率不足而导致的混叠现象

一个简单的 RC 阻容回路是一个简单的无源防混叠滤波器(Anti Aliasing Filter)。但是众所周知这样的低通滤波器特性是比较差的,转折频率处开始衰减很慢,依然可能有杂音反褶回来干扰有用信号。但是这种方案成本低,容易实现,对于很多要求不高的场合还是合适的。请适当注意选择 R、C 的值,满足必需的滤波要求。

假如系统要求较高的信噪比,可以选用幅频特性较好的有源滤波器,从而获得陡峭的转折特性。有源滤波器可以用运算放大器结合阻容元件实现。根据需要可以选择一阶、二阶、四阶、八阶等不同阶次的滤波器。滤波器的拓扑类型有巴特沃斯、切比雪夫等,各自有不同的特性(下降速度、过冲和纹波系数等)。

图 5.22 所示为一阶有源滤波器的电路拓扑和幅频特性。这种有源滤波器幅值下降速度为 20 dB/dec,每 10 倍频程的时候幅度下降 20 dB,可以满足大多数应用的要求。

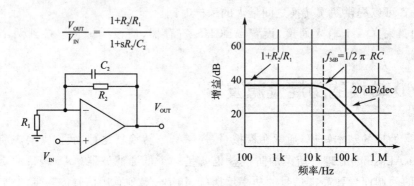

图 5.22　一阶有源滤波器幅频特性

假如一阶有源滤波器不能满足系统要求,则需要用更高阶次的有源滤波器,从而获得更陡峭的截止速度,拦截大多数通带以外的信号功率。

图 5.23 所示为两种不同拓扑类型的二阶有源滤波器:Sallen-Key 和多重反馈型滤波器。用户可以选用 Microchip 的 MCP604 等单电源供电、高输入阻抗、轨至轨输出的运算放大器,结合 Microchip 网站上可以免费下载的 FilterLab 软件包,可以非常方便地设计一个滤波器。用户只要输入滤波器形式、阶次等参数,软件包就可以给出参考电路图和阻容元件的参数。

注意:这些参数是理想值,用户可以在市场上找到一个最接近理想值的标准电阻和电容。

图 5.24 所示为一个典型的传感器调理模拟前端。可以看到来自电桥(压力传感器、温度传感器等)的毫伏级甚至微伏级小信号输入到 A1 和 A2 组成的仪表放大器进行放大,把信号转换成芯片可以接受的范围 0~5 V 或者 0~4.096 V(见图 5.24 中所示)。运算放大器可以选用 MCP604 等四合一运算放大器,分别用其中的两只运算放大器构成仪表放大器,另外一支可以用于构成二阶有源滤波器。dsPIC30F/33F 系列 DSC 以及 PIC24F/24H 系列 MCU 的 A/D 转换器可以选用内部参考源,也可以选用从外部引脚输入的高精度外部电压参考源。

第 5 章　A/D 转换器及其应用

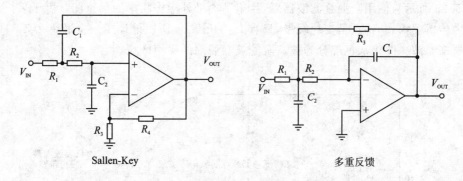

图 5.23　两种不同类型的滤波器拓扑结构

电路中 A3 及其周围的阻容元件构成了一个二阶有源滤波器,成为一个二阶防混叠滤波器,对来自仪表放大器的信号进行低通滤波,将高于有用信号频段的能量滤除。芯片里的 A/D 转换器采样速率可以选用高于信号频率 4 倍,以便获得较好的转换效果。

请注意需要对运算放大器的电源进行去耦,可以选取几百 pF 至 0.1 μF 之间的瓷片电容并以最近的距离连接到运算放大器的电源端。所有的模拟地要连接在一起并尽量地连接到芯片的模拟地上,千万不能和大电流地、数字地、高频电路地共地,以免吸收噪声信号。模拟地和数字地要选择噪声最小的地方(比如电源输入端子)进行单点接地。请注意当放大倍数很大时,可能要选择较大的电阻,而较大的电阻有较大的噪声,因此需要选择合理的阻值和良好温度系数的电阻。

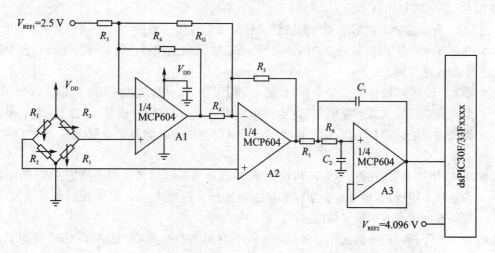

图 5.24　带有防混叠滤波器的 A/D 模拟前端

图 5.25 所示为使用防混叠滤波器后，拦阻了通带外噪声功率的示意图。由于采样的信号来自压力传感器等，其特点是变化缓慢，只有大约几 Hz。所以设计了一个通带为 10 Hz 的低通滤波器来滤波。图中灰色部分为被二阶滤波器滤除的噪声区域。

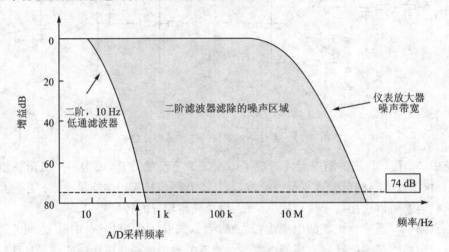

图 5.25 使用二阶有源防混叠滤波器后噪音功率被滤除

范例 18 使用 FilterLab 软件包为 dsPIC30F 内部的 12 位 A/D 转换器设计一个防混叠滤波器。

从 Microchipo 官方网站可以免费下载到最新版本的 FilterLab 滤波器设计软件包，安装到 PC 上并运行 FilterLab。

图 5.26 所示的第 1 到第 6 步为滤波器设计的参数设置过程。

- 在 Filter 菜单里选择 Anti-Aliasing Wizerd（防混叠滤波器设计向导），可出现图中第一步的欢迎界面。
- 单击"下一步"按钮进入第 2 步，设置滤波器的"-3 dB 带宽"（Filter Bandwidth）。在数据窗口里输入截止频率 f_c，这也是用户需要保留的部分（通带）。注意：为了保证运算放大器能够正常工作，运算放大器的闭环带宽应该比滤波器带宽大至少 100 倍才能满足要求。
- 单击"下一步"按钮进入第 3 步，设置 A/D 转换器采样频率。用户根据 A/D 转换器的参数和实际要求，结合奈奎斯特采样定理选择采样频率 f_s。图中看到高于 $f_s/2$ 的信号将被反褶到有用信号范围。
- 单击"下一步"按钮进入第 4 步，设置 A/D 转换的分辨率（注意 A/D 分辨率并不是精度，精度是和 A/D 转换器的信噪比相关的）。
- 单击"下一步"按钮进入第 5 步，设置滤波器的信噪比 SNR(Signal to Noise Rate)。顾名思义，就是有用信号与噪声的比值。信噪比选择越高，意味着防混叠滤波器的特性越陡,意味着从高端反褶回来的噪声越少,意味着需要选择更高阶次(Order)的滤波器,意味着需要更多运算放大器。
- 单击"下一步"按钮进入最后一步,选择滤波器类型。用户可以选择巴特沃斯型,也可以选择切比雪夫型。单击"完成"按钮即可结束防混叠低通滤波器的设计。

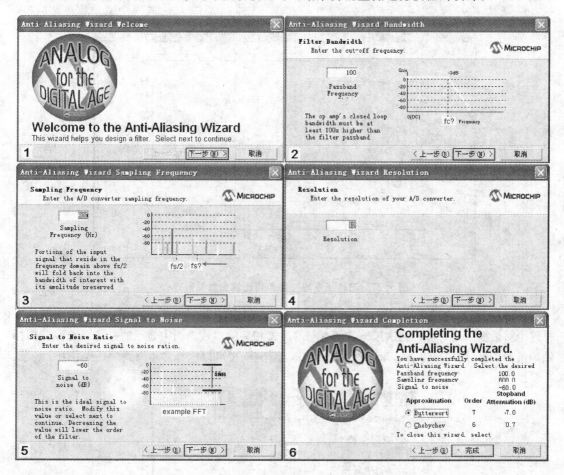

图 5.26 使用 FilteLab 软件包设计一个防混叠滤波器

图 5.27 所示为设计完成的防混叠滤波器幅频特性。图中对比了两种不同类型的滤波器:巴特沃斯型(Butterworth)和切比雪夫型(Chebychev)。

从图中可以看到:在通带范围内,巴特沃斯型滤波器有比较平滑的通带特性和较小的振荡幅度,但是在通带外下降速度没有切比雪夫快。而切比雪夫型滤波器在通带内有振荡,幅频特性不平滑,但是在通带外有比较快的下降速度。因此这两种滤波器各有特点,用户可以根据实际需要选择。

假如用户需要，还可以看到相频特性，设计者可以看到相位随着频率变化的曲线。还可以观察到滤波器的群延迟特性曲线。

在幅频特性窗口里，用户移动鼠标即可看到纵横两条参考线，帮助用户读取光标所在位置的坐标值。

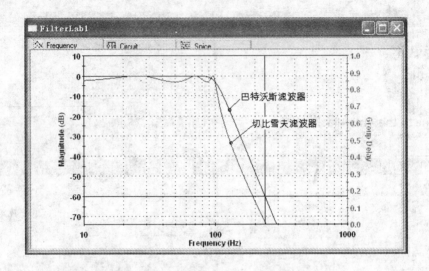

图5.27 巴特沃斯滤波器和切比雪夫滤波器比较

图5.28所示为选择滤波器设计参数的对话框。单击"Filter"菜单选择"Design"命令即可看见这个对话框。用户可以在这里输入所有与滤波器相关的参数。图中显示的是选择滤波器拓扑结构的标签页，用户可以在这里选择 Sallen Key 型拓扑，也可以选择多重反馈（MFB）拓扑。

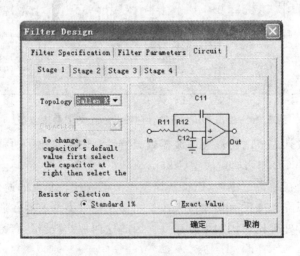

图5.28 滤波器设计参数设置窗口

图 5.29 所示为最后生成的滤波器电路图。其中电阻和电容的取值可能不是标准数值,用户需要根据市场上现有的元件选择最接近的参数。

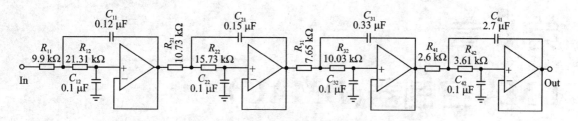

图 5.29　电路图的生成

软件还可以生成 PSpice 模型。用户可以根据电路模型进行电路模拟和仿真,进一步研究电路的信号相应曲线和其他各种特性。

第 6 章
DMA 控制器(DMAC)

DMAC(Direct Memory Access Controller)称为直接存储器访问控制器,是一个专门的硬件逻辑。DMA 控制器可以利用其专门的地址总线、数据总线系统进行独立于 CPU 的数据传输。外设与内存之间,内存与外设之间都可以直接进行数据交流。这种与 CPU 并行的直接数据传输大大提高了数据交换效率,降低了 CPU 的负荷。比如当 CPU 很忙碌的时候可以使用 DMA 在后台将 A/D 转换的结果传输到 DMA 缓冲 RAM 里,这样的硬件并行处理机制使得芯片可以完成很多普通 CPU 无法完成的实时任务。

DMA 控制器除了拥有自己的总线系统、中断响应逻辑、冲突检测逻辑,还拥有自己的缓冲 RAM,因此 DMAC 完全可以看作一个独立的微处理器(或称协处理器)。该 DMA 控制器是完全独立的。为了保证实时性,该系列芯片的 DMA 舍弃了很多嵌入式 CPU 常用的周期窃取(Cycle Stealing)技术。因为周期窃取模式会在出现 DMA 请求的时候停止 CPU,转去执行 DMA 操作,虽然这样满足了外设的快速响应,但却使得 CPU 的执行过程变得不可预测,降低了实时性。而 Microchip 的 DMAC 使用了专门的双端口存储器 DPSRAM(Dual Port SRAM),采用了独特的寄存器结构和子总线系统。这些特性使得 DMAC 完全是独立运行,不干扰 CPU 正常执行,实时性大大提高。

目前对于 dsPIC33Fxxxx 系列 16 位 DSC 和 PIC24Hxxxx 系列 16 位 MCU 内部都集成了 DMA 控制器。这些芯片里大多数主要的外设都支持 DMA 操作功能,这些外设包括:外部中断 0、输入捕捉 1、输入捕捉 2、输出比较 1、输出比较 2、定时器 2、定时器 3、SPI1、SPI2、UART1、UART2、A/D 转换器 1、A/D 转换器 2、DCI、CAN 模块 1 和 CAN 模块 2 等。

6.1 DMA 操作模式

DMA 控制器有 8 个功能一样的 DMA 通道,每个通道都有自己独立的控制寄存器和状态寄存器。DMA 主要的一些特性包括:
- 每个通道都可以配置成从 DMA 专用的双端口 RAM 到外设的 SFR 寄存器里,当然,传输方向也可以反过来。
- DMA 控制器可以进行字(16 位)或字节(8 位)数据传输。
- 对于 DMA 的双端口 RAM 里的数据可以通过间接寻址进行操作。这种间接寻址的指针可以支持后加操作。
- 支持外设间接寻址。对于有些外设,DMA 数据区读或写地址可以部分来自外设。
- 支持单次块操作(One-Shot)模式。也即在 DMA 完成一块(Block)数据传输后就停止工作。
- 支持连续块操作模式。在 DMA 完成每个块数据操作后重新装载 DMA 缓冲区起始地址。
- 支持"乒乓"(Ping-Pong)模式。在 DMA 缓冲区里设置两块同样大小的缓冲区,当一个缓冲区里的数据传输完毕后,自动把 DMA 起始地址切换到另外一个缓冲区,如此循环往复,称为"乒乓"模式。
- 支持自动(Automatic)或手动(Manual)初始化块传输。
- 每个 DMA 通道可以从 32 个可能的数据源地址或目的地址里进行选择。

当一个块或者半个块数据传输完成时会产生 DMA 中断请求。DMA 中断通过相应的允许标志位进行允许,当产生 DMA 中断后,中断信号会被传递给中断控制器。

当 DMA 缓冲区写冲突(XWCOLx)和外设写冲突(PWCOLx)时都将产生一个 DMA 错误陷阱(优先级 10)。这两个冲突标志位位于寄存器 DMACS0 里。

图 6.1 所示为 DMA 控制器及其专用总线和 CPU 之间的关系。当外设的数据准备好后(比如 A/D 转换结束),外设会产生中断请求。CPU 和 DMA 控制器都可以响应外设中断请求。用户可以选择任何外设中断作为 DMA 请求,当某一个中断被分配给 DMAC 作为 DMA 请求后,则应该禁止相应的 CPU 中断,否则当中断产生时 CPU 依然会响应中断请求。

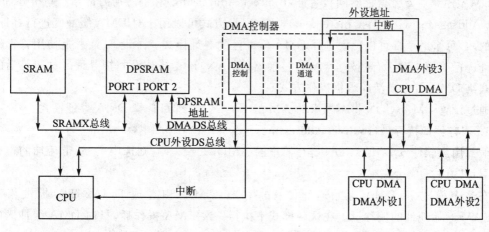

图 6.1　DMA 控制器及其专用总线

当有两个DMA请求同时出现时,优先仲裁逻辑会决定哪一个DMA请求胜出。获胜的DMA通道会在下一个周期间完成数据传输。DMAC会首先执行从外设地址(用户事先赋给DMAC)读取一个数据的操作。然后DMAC把该数据送到双端口RAM里。数据(字节型或字型)读或写都可以在一个总线周期里完成。整个过程中DMA请求处于锁定状态,直到数据传输结束。DMA通道会同时检测传输计数寄存器DMAxCNT的数值,当传输的数据个数和用户事先定义的计数值匹配时,数据传输自动停止。紧接着会产生一个CPU中断,通知CPU数据传输结束,让CPU准备处理接收到的数据。

6.1.1 字节或字传输模式

每个DMA通道可以配置为字节或字传输模式。注意字传输模式时,为了避免寻址错误,数据需要按照偶数地址对齐。对于字节传输模式,数据可以存放在任何合法的地址里。

假如DMAxCON寄存器里的SIZE＝"0",则选中"字"传输模式,此时DMA缓冲区地址寄存器(DMAxSTA或DMAxSTB)的最低位被忽略。假如允许了地址后加操作,则DMA缓冲区地址寄存器在每次数据传输完成后会自动加"2"。

假如DMAxCON寄存器里的SIZE＝"1",则选中"字节"传输模式。假如允许了地址后加操作,则DMA缓冲区地址寄存器DMAxSTA或DMAxSTB在每次数据传输完成后会自动加"1"。

注意：寄存器DMAxCNT与字节模式或字模式没有关系。假如需要地址偏移,则计数器需要左移一位从而可以正确生成(对齐的)字传输所要求的偏移。

6.1.2 寻址模式

DMA控制器支持寄存器间接寻址(Indirect Addressing)和带后加的寄存器间接寻址(Indirect Addressing with Post Increment),这些寻址方式可以用于对DMA缓冲区进行寻址(源或目的)。每个通道都可以独立选择DMA缓冲区的寻址模式。外设SFR总是使用寄存器间接寻址进行访问。对于有些外设(A/D转换器、ECAN)还支持外设间接寻址。这些灵活的寻址方式给DMA带来灵活的数据操作方式。

通过设置DMAxCON寄存器里的AMODE<1：0>即可选择DMA寻址模式。

1. 寄存器间接寻址(Indirect Addressing)

假如用户软件令DMAxCON寄存器里的AMODE＝"01",则选中了"不带后加的寄存器间接寻址"方式。

在这个模式下,DMA起始地址偏移寄存器(DMAxSTA或DMAxSTB)提供相对于DPSRAM起始地址的偏移量。在这种模式下执行一次DMA操作后,指向DMA缓冲区的地址是不变化的。因此,所有传输的数据都放置在一个单元里,依次覆盖。

2. 带后加的寄存器间接寻址(Indirect Addressing with Post Increment)

假如用户软件令 DMAxCON 寄存器里的 AMODE="00",则选中了"带后加的寄存器间接寻址"方式,这是一种用得比较多的寻址模式。芯片复位后默认为带后加的寄存器间接寻址。

在这个模式下,每次 DMA 操作后,指向 DMA 缓冲区的地址自动增加。每次 DMA 传输后数据依次存放在地址不断增加的 DPSRAM 里面。

图 6.2 所示为带后加的寄存器间接寻址示意图。将 DMA 通道 1 配置给 A/D 转换器,A/D 转换器工作在连续采样 Ch0、Ch1、Ch2、Ch3 这 4 个通道。每次 A/D 转换结束发出中断并引发 DMA 请求,DMA 通道会立即把数据取出来,存储在 DPSRAM 里面,接着 DMA 通道自动改变 DPSRAM 地址,指向下一个存储空间,为下次 DMA 做好准备。DMA 里的传输计数器会自动加 1 并和传输计数寄存器 DMACNTx 比较,假如相等则说明转换结束,DMA 通道停止工作。

这种 DMA 方式会把每个 A/D 通道的转换值依次按照通道号"0、1、2、3、0、1、2、3…"的顺序放置在 DPSRAM 里。这种存放顺序使 CPU 需要花时间去寻找各个通道的数值,效率不高。

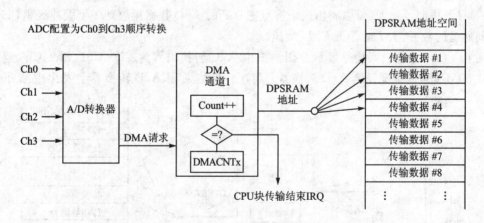

图 6.2 带后加的寄存器间接寻址

3. 外设间接寻址(Peripheral Indirect Addressing)

假如用户软件令 DMAxCON 寄存器里的 AMODE="1x",则可以将任何 DMA 通道配置成工作在"外设间接寻址"模式。目前只有 ECAN 和 A/D 模块支持外设间接寻址方式。

图 6.3 所示为外设间接寻址方式时 DMA 缓冲区间接地址的拼装过程。

低位地址来自于外设,称为外设间接地址(PIA),当外设中断产生 DMA 请求后会把 PIA 提供给 DMA 地址生成逻辑,外设会使用几个最低有效位作为寻址空间(不同外设占用的位数不同),运算的时候对于超过外设空间的位全部填"0";另一方面,DMA 地址寄存器会提供一个固定的基地址作为高位地址,用户在选择缓冲区基址(Base Address)地址偏移量的时候要注意,保证地址里有若干个(≥PIA 的位数)最低有效位为"0"。这些为"0"的最低有效位是为 PIA 留出来的。最后,高位填"0"后的外设间接地址和 DMA 起始地址寄存器进行"或"逻辑,这样就合成了有效地指向 DMA 缓冲 RAM 的地址。

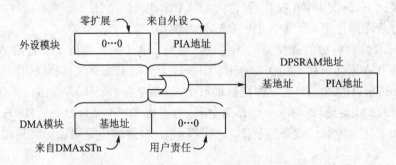

图 6.3 DMA 缓冲区间接地址的拼装过程

根据外设的特点,这个模式可以双向工作,因此 DMA 控制器需要作相应的配置以支持外设读或写操作。外设提供地址序列,用于访问 DPSRAM 里的数据。允许分散/集中(Scatter/Gather)寻址机制。比如:可以利用这个特点把收到的 A/D 数据投放到多个缓冲区里,归类来自不同通道的数据,大大减轻了 CPU 负担。

图 6.4 所示为外设间接寻址示意图。图中 A/D 转换设置为 Ch0、Ch1、Ch2、Ch3 连续转换模式,DMA 通道 1 配置给 A/D 转换器。每次转换结束后,A/D 转换器会发出中断并引发

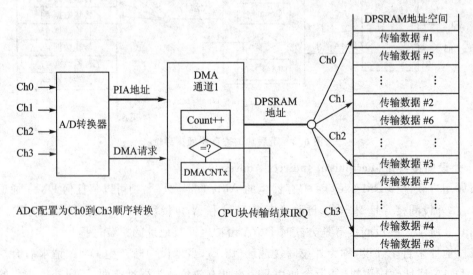

图 6.4 外设间接寻址示意图

DMA 请求。同时 A/D 转换器会提供 PIA(外设间接地址)给 DMA 控制器以便和起始地址偏移量寄存器装配 DPSRAM 地址,确定相应缓冲区的地址位置。由于每个 A/D 通道的外设地址是不同的,因此在 DPSRAM 里每个 A/D 通道都有自己独立的缓冲区。

形象地说:A/D 转换的结果被不断丢给(Scatter)DMA 控制器,DMA 控制器根据寄存器间接寻址机制,把相应 A/D 通道的数据收集(Gather)在 DPSRAM 里各个 A/D 通道独立的缓冲区里。

显而易见,这种方式提高了 A/D 转换的 DMA 传输效率。CPU 可以很方便地利用简单的寻址方式直接利用这些数据。

6.1.3 DMA 传输方向

每个 DMA 通道都可以配置成"外设→RAM"或"RAM→外设"的数据传输模式。

假如 DMAxCON 寄存器里的传输方向位 DIR="0",则执行"外设→RAM"传输模式。使用 DMA 外设寻址寄存器 DMAxPAD 从外设的 SFR 里读取数据,并使用 DMA 缓冲 RAM 地址寄存器把数据通过专门的 DMA 数据总线传送到 DMA 缓冲 RAM 里面。

假如 DMAxCON 寄存器里的传输方向位 DIR="1",则执行"RAM→外设"传输模式。使用 DMA 缓冲 RAM 地址寄存器把数据通过专门的 DMA 数据总线读出来,并使用 DMA 外设寻址寄存器 DMAxPAD 把数据写到外设的 SFR 里。

> **注意**:每个 DMA 通道一旦设置好了传输方向后,数据就只能单方向传输。假如用户希望能双向传输数据,则需要分配两个独立的 DMA 通道给外设。

范例 6.1 设置 DMA 通道 0 和通道 1,分别传输字型数据到外设和从外设传输回来。这样可以做到外设和 DPSRAM 之间双向数据传输。

```
DMA0CONbits.SIZE = 0;        // 设置 DMA 为字传输模式
DMA0CONbits.DIR = 1;         // 传输方向为 RAM→外设
DMA1CONbits.SIZE = 0;        // 设置 DMA 为字传输模式
DMA1CONbits.DIR = 0;         // 传输方向为外设→RAM
```

6.1.4 空数据外设写(Null Data Peripheral Write)模式

假如 DMAxCON 寄存器里的空数据写位 NULLW="1",当执行"外设→RAM"操作模式时,当外设 SFR 里的一个数据传输到 DMA 缓冲 RAM 里以后,还要附加传输一个空数据(Null Data)到外设 SFR 里。这个模式在有些应用里是非常有用的,在这些应用里要求数据顺序接收,而不用任何数据传输(比如 SPI)。

SPI 实际上就是一个移位寄存器,用时钟推动数据位输出或输入。假如 SPI 配置为主模式时可能遇到这样的情况,SPI 输出时钟驱动信息收发,有时只关心接收到的数据,问题是此时仍然需要写一个数据到数据寄存器,以便启动 SPI 时钟,这样才能接收到数据。

一种解决方案是给 SPI 分配两个 DMA 通道:一个负责接收数据,另一个负责填充空数据(Null Data)给 SPI 数据寄存器。这种方法会占用两个 DMA 通道。

另外一种效率更高的方案是使用一个 DMA 通道,将该通道配置为 DMA 空数据外设写模式。这种模式下,DMA 配置成从外设读数据,每次 DMA 接收和发送完到数据后,可以自动写一个空数据给 SPI 数据寄存器。

这种模式工作时,空数据写操作必须在响应外设 DMA 请求之后才发生(比如数据接收完毕并准备传输)。因此,需要 CPU 最初向外设发出一个写(Null)操作,启动接收第一个字。之后,DMA 将会接管所有后续的外设数据写(Null)操作。也就是说:CPU 写空数据启动 SPI 主模式发送/接收数据,以此为触发信号,生成 DMA 请求,通知 DMA 来搬运最近接收到的数据。

6.1.5 单次传输模式(One-Shot)

假如 DMAxCON 寄存器里的模式设置位 MODE ="x1",则该 DMA 通道工作在单次传输模式(One-Shot)。

这种模式只把数据块传输一遍即结束,适合于不用重复操作数据的场合(比如把缓冲 RAM 里的数据一次性通过 UART 发送出去)。当所有的数据被传输完毕(比如检测到缓冲区结束位置),DMA 通道会被自动禁止。在最后一次数据传输完成后,有效地址将不会继续生成。DMA 缓冲 RAM 地址寄存器将保持最后一次传输完成后的状态。传输结束后硬件令 CHEN ="0",模块关闭。假如事先设置了 DMAxCON 寄存器里的 HALF ="0",则硬件令传输结束中断标志位 DMAxIF ="1"。反之,假如事先设置了 HALF ="1",则 DMAxIF 将不被置位,DMA 被自动禁止。

范例 6.2 配置 DMA 通道 0 为:单次(One-Shot)模式,采用带后加的寄存器间接寻址,传输方向为"RAM→外设",设置一个单缓冲区。

```
DMA0CONbits.AMODE = 0 ;        // 寻址模式设置为带后加的寄存器间接寻址
DMA0CONbits.MODE = 1 ;         // 设置为单次模式,单缓冲区
DMA0CONbits.DIR = 1 ;          // 设置传输方向为 RAM→外设
```

6.1.6 连续传输模式(Continuous)

假如 DMAxCON 寄存器里的模式设置位 MODE="x0",则该 DMA 通道工作在连续传输模式。

图 6.5 所示为 DMA 连续传输模式示意图。当所有的数据被传输完毕(比如检测到缓冲

区结束位置),DMA 通道会自动重新配置起始地址和计数值,为下一次传输做好准备。在最后一次数据传输完成后,下一个有效地址将变为最初的起始地址,该起始地址来自用户选中的 DMAxSTA 或者 DMAxSTB 寄存器。假如 DMAxCON 寄存器里的 HALF ="0",则硬件令传输结束中断标志位 DMAxIF ="1"。反之,假如 HALF ="1",则 DMAxIF 将不被置位,DMA 继续处于使能状态。

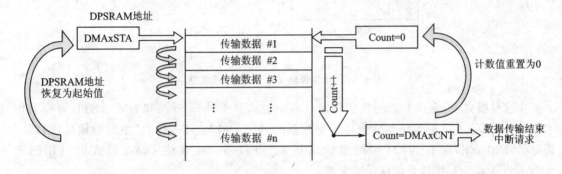

图 6.5 DMA 连续传输模式示意图

范例 6.3 配置 DMA 通道 1 为连续模式,带后加的寄存器间接寻址,传输方向设置为"外设→RAM",传输模式为"乒乓"模式。

```
DMA1CONbits.AMODE = 0;      //寻址模式设置为带后加的寄存器间接寻址
DMA1CONbits.MODE = 2;       // 设置模式为连续操作的"乒乓"模式
DMA1CONbits.DIR = 0;        // 传输方向设置为"外设→RAM"
```

6.1.7 "半块传输结束"中断与"整块传输结束"中断模式

每个 DMA 通道都可以产生一个独立的"整块传输结束"(HALF ="0")或者"半块传输结束"(HALF ="1")中断。也就是说,当 DMA 传输了一半数据时就可以发出中断给 CPU,告诉 CPU 当前传输进度到一半了,CPU 可以前去 DPSRAM 里读取这一半块里的数据。当然,也可以设置为整块数据传输结束后中断 CPU,通知 CPU 前来读取数据。

比如,在某个应用里希望 A/D 转换不停地连续采样,以免信号采样失真,丢失信息。这时就可以利用"半块传输结束"中断的方式进行操作。当 CPU 收到半块传输结束中断后就去读取这一半块缓冲区的内容,而另一半块继续正处于填充。

图 6.6 所示为半块传输结束中断工作模式示意图。

6.1.8 "乒乓"模式

当 DMAxCON 寄存器里的 MODE<1∶0> ="1x"时 DMA 被选择为"乒乓"传输模式。

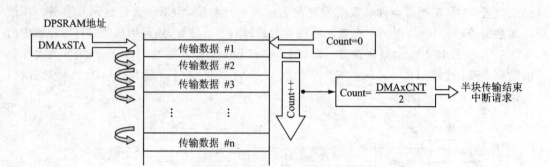

图 6.6 "半块传输结束"中断工作原理

在这种模式下,连续不断的数据传输过程中会选择 DMAxSTA 和 DMAxSTB 寄存器作为 DMA 缓冲 RAM 的起始地址偏移量寄存器。其中 DMAxSTA 称为"主起始地址偏移量"寄存器,DMAxSTA 称为"从起始地址偏移量"寄存器。在其他 DMA 模式里只用到了 DMAxSTA 作为起始地址偏移量寄存器。

根据传输形式,"乒乓"模式分为连续传输型"乒乓"模式、单次传输型"乒乓"模式。

1. 连续传输型"乒乓"模式

图 6.7 所示为连续传输型"乒乓"模式。假如在"乒乓"模式下选择了连续传输方式时,DMA 通道交替工作于两个相同长度的 DMA 缓冲区:主缓冲区(Primary Buffer)数据传输完后,DMA 将会重新初始化起始地址,使其指向从缓冲区(Secondary Buffer),并把数据传输到从缓冲区里;从缓冲区传输结束后,地址指针又会指向主缓冲区,如此循环不断。使用这种技术可以最大程度提高数据传输效率:当某一块缓冲 RAM 处于 DMA 装载状态之中时,CPU 可以利用这个间隙处理另外一块缓冲 RAM 里的数据,如此交替往复。这种方式的缺点是占用了双倍的 DPSRAM 空间。

2. 单次传输型"乒乓"模式

图 6.8 所示为单次传输型"乒乓"模式。假如在"乒乓"模式下选择了单次传输方式时,DMA 通道先后工作于两个相同长度的 DMA 缓冲区:主缓冲区(Primary Buffer)数据传输完后,DMA 将会重新初始化起始地址,使其指向从缓冲区(Secondary Buffer),并把数据传输到从缓冲区里;从缓冲区传输结束后,DMA 传输结束,通道关闭。

这种模式适应于数据块只搬移一次即可的应用场合。

6.1.9 手动传输(Manual Transfer)模式

用户只要用软件令 DMAxREQ 寄存器里的 FORCE ="1"即可进入手动 DMA 模式。手动模式只能执行单个数据传输。注意:FORCE 位一旦被置位,只有在完成 DMA 传输后才能

第 6 章 DMA 控制器(DMAC)

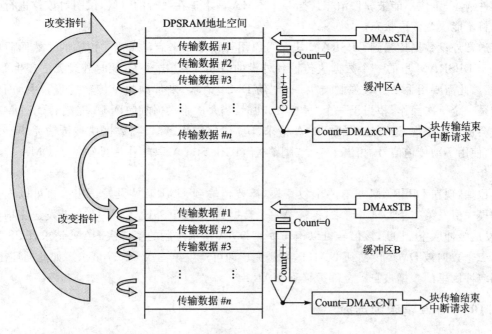

图 6.7 连续传输型"乒乓"模式示意图

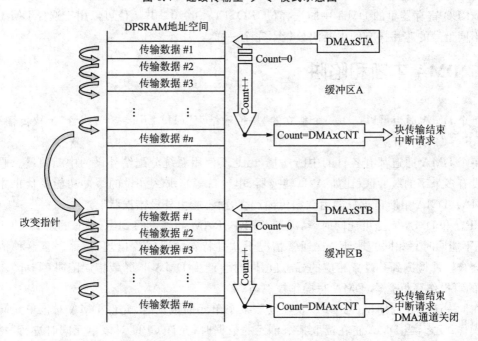

图 6.8 单次传输型"乒乓"模式示意图

被硬件清零,该位不能被软件清零。当一个 DMA 请求正在执行的时候,试图对该位进行置位操作将不能改变该位状态。

通常外设数据传输到 DPSRAM 里是可以用外设中断来启动 DMA 传输的。然而假如要将位于 DPSRAM 里的一个数据块传输到外设的时候,问题出现了:此时外设无法产生 DMA 请求,因此需要用手动方式强制产生一个"伪 DMA 请求"来带动整个传输过程。手动 DMA 传输是一个单次操作,相当于一个"扳机"的功能:当每次手动(强制)DMA 完成后,该 DMA 通道就会被导入正规,进行连续的"DMA 请求、响应"操作状态,直到数据块被传输完毕。简单地讲,使用手动传输信号,相当于一个"脚踏板"(Kick Start)一样,作为推动整个 DMA 传输的第一步。

比如:现在 DPSRAM 里有一个数据块,需要传输到 UART 外设发送出去。可以先使用手动模式引发第一个 DMA 请求,传输第一个数据到 UART 外设,随着 UART 发送完毕会产生"发送缓冲区空"中断,该信号可以担任手动 DMA 请求之后的第二次 DAM 请求,DPSRAM 里第二个数据被 DMA 传输到 UART,发送完毕即可产生第三次 DMA 请求。如此循环往复,直到缓冲区里的数据被自动全部搬移到 UART。

6.1.10 DMA 请求源选择

每个 DMA 通道都可以选择 128 个中断源中的任何一个作为 DMA 请求源。在 DMAxREQ 寄存器里的 DMA 中断选择位 IRQSEL<6:0>共 7 位可以用于选择 DMA 中断源。不同型号的芯片拥有的中断源数量不完全一样。

6.2　DMA 中断和陷阱

每个 DMA 通道可以产生一个独立的"块传输结束"(HALF ="0")或者"半块传输结束"(HALF ="1")中断。

每个 DMA 通道都有各自的中断向量,因此不使用系统分配给外设的中断向量。假如一个外设有多个字的缓冲区(比如 A/D 转换器、串行口等),那么外设的缓冲功能要禁止才能使用 DMA。DMA 中断请求只能由数据传输产生,而不能由外设错误状况产生。

CPU 和 DMA 完全可能同时读,或读/写 DPSRAM 和外设的 SFR,唯一的限制是 CPU 和 DMA 不能同时写相同的地址。在通常情况下这种特殊情况很少出现,然而一旦这种情况发生就会被硬件检测到并设置相应的标志位,同时会产生 DMA 非屏蔽错误陷阱(Trap)。这时 CPU 的写操作赢得竞争,DMA 写操作被忽略。

在同一个总线周期里,当 CPU 正在读取某个单元的数据时,允许 DMA 对该单元同时进行写操作;反之,当 DMA 正在读取某个单元的数据时,允许 CPU 对该单元同时进行写操作。然而需要指出的是:当时读出的数据是前次的旧数据(Stale Data),而非将要写入的数据。这是正常的操作情况，不需要任何特殊处理动作。

DMA 控制器可以对外设和 DMA 缓冲 RAM 写冲突错误发生反应。在下列情况时将产生 DMA 陷阱事件：

① CPU 和外设之间发生了 DMA 缓冲 RAM 写冲突。这种情况发生在 CPU 和一个外设同时对相同的 DMA 缓冲 RAM 地址进行写操作。

② CPU 和 DMA 控制器之间发生了外设 SFR 数据写冲突。这种情况发生在 CPU 和 DMA 控制器同时对相同的外设 SFR 进行写操作。

DMA 控制器错误陷阱的中断号码为第 10 级，DMA 缓冲 RAM 和外设写冲突错误都可以通过同一个陷阱入口进行紧急处理。在 DMAC 状态寄存器 DMACS 里，对每个 DMA 通道都设置了一个"DMA 缓冲 RAM 写冲突"状态位（XWCOLx）和一个"外设写冲突"状态位（PWCOLx）。这样 DMA 控制器的错误陷阱处理机（Error Trap Handler）就可以判断错误事件的发生源。

范例 6.4 使能 DMA 通道 0 和 DMA 通道 1，并对相关的 DMA 中断进行处理。

```
IFS0bits.DMA0IF = 0;        // 清零 DMA 通道 0 中断标志
IEC0bits.DMA0IE = 1;        // 允许 DMA 通道 0 中断
IFS0bits.DMA1IF = 0;        // 清零 DMA 通道 1 中断标志
IEC0bits.DMA1IE = 1;        // 允许 DMA 通道 1 中断

void __attribute__((__interrupt__)) _DMA0Interrupt(void)
{       /* 在这里处理 DMA 通道 0 中断 */
        IFS0bits.DMA0IF = 0;    // 清零 DMA0 中断标志
}
void __attribute__((__interrupt__)) _DMA1Interrupt(void)
{       /* 在这里处理 DMA 通道 1 中断 */
        IFS0bits.DMA1IF = 0;    // 清零 DMA1 中断标志
}
```

6.3 和 DMA 相关的寄存器

以下是和 DMA 控制器操作相关的各个特殊功能寄存器定义。

(1) 表 6.1 所列为 DMA 通道控制寄存器 DMAxCON 相关的位及其含义。

表 6.1 DMAxCON 寄存器

R/W-0	R/W-0	R/W-0	R/W-0	R/W-0	U-0	U-0	U-0
CHEN	SIZE	DIR	HALF	NULLW	—	—	—
bit 15							bit 8
U-0	U-0	R/W-0	R/W-0	U-0	U-0	R/W-0	R/W-0
—	—	AMODE<1:0>		—	—	MODE<1:0>	
bit 7							bit 0

其中：R=可读位，W=可写位，C=只能被清零，U=未用（读作 0），-n=上电复位时的值

Bit15	CHEN：DMA 通道允许位	1=使能 DMA 通道 0=禁止 DMA 通道
Bit14	SIZE：数据传输规格	1=字节模式 0=字模式
Bit13	DIR： 传输方向位（源/目标总线选择）	1=从 DMA 缓冲 RAM 地址读数据，写到外设地址 0=从外设地址读数据，写入 DMA 缓冲 RAM
Bit12	HALF： 块传输结束中断选择位	1=当数据的一半传输结束后，引发块传输结束中断 0=当所有数据传输结束后，引发块传输结束中断
Bit11	NULLW： 空数据外设写模式选择位	1=DMA 缓冲 RAM 写完成后再向外设写一个空数据 （必须让 DIR ="0"） 0=正常操作
Bit10~6	未用	读作"0"
Bit5~4	AMODE<1:0>： DMA 通道操作模式选择位	00=带后加的寄存器间接寻址 01=不带后加的寄存器间接寻址 10=外设间接寻址模式 11=保留（将来用作外设间接寻址）
Bit3~2	未用	读作"0"
Bit1~0	MODE<1:0>： DMA 通道操作模式选择位	00=连续模式,禁止"乒乓"模式 01=单次模式,禁止"乒乓"模式 10=连续"乒乓"模式 11=单次"乒乓"模式（从 DMA RAM 传输一个块到外设 或者从外设传输一个块到 DMA RAM）

（2）表 6.2 所列为 DMA 通道中断请求选择寄存器 DMAxREQ 相关的位及其含义。

表 6.2 DMAxREQ 寄存器

R/W-0	U-0	U-0	U-0	U-0	U-0	U-0	U-0
FORCE	—	—	—	—	—	—	—
bit 15							bit 8
U-0	R/W-0	R/W-0	R/W-0	R/W-0	R/W-0	R/W-0	R/W-0
—	IRQSEL6	IRQSEL5	IRQSEL4	IRQSEL3	IRQSEL2	IRQSEL1	IRQSEL0
bit 7							bit 0

其中：R=可读位，W=可写位，C=只能被清零，U=未用（读作 0），-n=上电复位时的值

第6章 DMA控制器(DMAC)

续表6.2

Bit15	FORCE： 强制DMA传输控制位	1=强制单次DMA传输(手动模式) 0=自动DMA传输(由DMA请求引起)
Bit14~7	未用	读作"0"
Bit6~0	IRQSEL<6：0>： DMA外设中断请求号选择位	0000000~1111111=DMAIRQ0~DMAIRQ127 选择其中之一作为DMA通道DMAREQ

(3) DMAxSTA寄存器称为DMA通道缓冲RAM起始地址寄存器A。这是一个长度为16位的寄存器,DMA缓冲RAM的地址也是16位,其地址为STA<15：0>,称为基本DMA缓冲RAM起始地址(源地址或目的地址)。

(4) DMAxSTB寄存器称为DMA通道缓冲RAM起始地址寄存器B。这是一个长度为16位的寄存器,DMA缓冲RAM的地址也是16位,其地址为STB<15：0>,称为基本DMA缓冲RAM起始地址(源地址或目的地址)。

对DMAxSTA或DMAxSTB寄存器进行读操作时,返回值是当前DMA缓冲RAM地址寄存器的值,而不是写入到STA<15：0>或STB<15：0>的值。假如通道使能(比如在工作状态)时,对这两个寄存器进行写操作可能导致在DMA出现不可预测的行为。因此,应该避免DMA工作时读DMAxSTA或DMAxSTB寄存器。

(5) DMAxPAD寄存器称为DMA通道外设地址寄存器。这是一个长度为16位的寄存器,而DMA外设地址也是16位,其地址为PAD<15：0>,称为外设地址。DMA在工作的时候应该避免写该寄存器,否则可能导致DMA产生不可预料后果。

(6) 表6.3所列为DMAC状态寄存器DMACS0相关的位及其含义。

表6.3 DMACS0寄存器

R/C-0	R/C-0	R/C-0	R/C-0	R/C-0	R/C-0	R/C-0	R/C-0
PWCOL7	PWCOL6	PWCOL5	PWCOL4	PWCOL3	PWCOL2	PWCOL1	PWCOL0
bit 15							bit 8
R/C-0	R/C-0	R/C-0	R/C-0	R/C-0	R/C-0	R/C-0	R/C-0
XWCOL7	XWCOL6	XWCOL5	XWCOL4	XWCOL3	XWCOL2	XWCOL1	XWCOL0
bit 7							bit 0

其中:R=可读位,W=可写位,C=只能被清零,U=未用(读作0),-n=上电复位时的值

Bit15	PWCOL7:DMA7外设写冲突标志位	1=有写冲突	0=无写冲突
Bit14	PWCOL6:DMA6外设写冲突标志位	1=有写冲突	0=无写冲突
Bit13	PWCOL5:DMA5外设写冲突标志位	1=有写冲突	0=无写冲突
Bit12	PWCOL4:DMA4外设写冲突标志位	1=有写冲突	0=无写冲突

续表 6.3

Bit11	PWCOL3：DMA3 外设写冲突标志位	1=有写冲突	0=无写冲突
Bit10	PWCOL2：DMA2 外设写冲突标志位	1=有写冲突	0=无写冲突
Bit9	PWCOL1：DMA1 外设写冲突标志位	1=有写冲突	0=无写冲突
Bit8	PWCOL0：DMA0 外设写冲突标志位	1=有写冲突	0=无写冲突
Bit7	XWCOL0：DMA0RAM 写冲突标志位	1=有写冲突	0=无写冲突
Bit6	XWCOL1：DMA1RAM 写冲突标志位	1=有写冲突	0=无写冲突
Bit5	XWCOL2：DMA2RAM 写冲突标志位	1=有写冲突	0=无写冲突
Bit4	XWCOL3：DMA3RAM 写冲突标志位	1=有写冲突	0=无写冲突
Bit3	XWCOL4：DMA4RAM 写冲突标志位	1=有写冲突	0=无写冲突
Bit2	XWCOL5：DMA5RAM 写冲突标志位	1=有写冲突	0=无写冲突
Bit1	XWCOL6：DMA6RAM 写冲突标志位	1=有写冲突	0=无写冲突
Bit0	XWCOL7：DMA7RAM 写冲突标志位	1=有写冲突	0=无写冲突

（7）DSADR 寄存器称为最近 DMA 缓冲 RAM 地址寄存器。这是一个长度为 16 位的寄存器，而最近使用 DMA 缓冲 RAM 地址值也是 16 位，其计数值为 DSADR<15：0>，称为 DAM 控制器最近访问过的缓冲 RAM 的地址。

（8）DMAxCNT 寄存器称为 DMA 通道传输计数寄存器。这是一个长度为 16 位的寄存器，而 DMA 传输计数值是 10 位，其计数值为 CNT<9：0>，称为传输计数值。请注意，DMA 传输数据个数为 CNT<9：0>＋1。DMA 在工作的时候应该避免写该寄存器，否则可能导致 DMA 产生不可预料后果。

（9）表 6.4 所列为 DMA 控制器状态寄存器 DMACS1 相关的位及其含义。

表 6.4 DMACS1 寄存器

U-0	U-0	U-0	U-0	R-1	R-1	R-1	R-1
—	—	—	—	LSTCH<3:0>			

bit 15　　　　　　　　　　　　　　　　　　　　　　　　　　　　　bit 8

R-0	R-0	R-0	R-0	R-0	R-0	R-0	R-0
PPST7	PPST6	PPST5	PPST4	PPST3	PPST2	PPST1	PPST0

bit 7　　　　　　　　　　　　　　　　　　　　　　　　　　　　　bit 0

其中，R=可读位，W=可写位，C=只能被清零，U=未用（读作 0），−n=上电复位时的值

Bit15~12	未用	读作"0"

第 6 章 DMA 控制器(DMAC)

续表 6.4

Bit11~8	LSTCH<3:0>： 最近 DMA 通道活动情况位	1111＝从芯片复位开始没有发生过 DMA 操作 1110~1000＝保留 0111＝最近一次 DMA 传输是 DMA 通道 7 0110＝最近一次 DMA 传输是 DMA 通道 6 0101＝最近一次 DMA 传输是 DMA 通道 5 0100＝最近一次 DMA 传输是 DMA 通道 4 0011＝最近一次 DMA 传输是 DMA 通道 3 0010＝最近一次 DMA 传输是 DMA 通道 2 0001＝最近一次 DMA 传输是 DMA 通道 1 0000＝最近一次 DMA 传输是 DMA 通道 0
Bit7	PPST7： DMA7"乒乓"操作状态位	1＝当前选择 DMA7STB 寄存器 0＝当前选择 DMA7STA 寄存器
Bit6	PPST6： DMA6"乒乓"操作状态位	1＝当前选择 DMA6STB 寄存器 0＝当前选择 DMA6STA 寄存器
Bit5	PPST5： DMA5"乒乓"操作状态位	1＝当前选择 DMA5STB 寄存器 0＝当前选择 DMA5STA 寄存器
Bit4	PPST4： DMA4"乒乓"操作状态位	1＝当前选择 DMA4STB 寄存器 0＝当前选择 DMA4STA 寄存器
Bit3	PPST3： DMA3"乒乓"操作状态位	1＝当前选择 DMA3STB 寄存器 0＝当前选择 DMA3STA 寄存器
Bit2	PPST2： DMA2"乒乓"操作状态位	1＝当前选择 DMA2STB 寄存器 0＝当前选择 DMA2STA 寄存器
Bit1	PPST1： DMA1"乒乓"操作状态位	1＝当前选择 DMA1STB 寄存器 0＝当前选择 DMA1STA 寄存器
Bit0	PPST0： DMA0"乒乓"操作状态位	1＝当前选择 DMA0STB 寄存器 0＝当前选择 DMA0STA 寄存器

6.4 DMA 控制器的使用

使用 DMA 控制器之前必须对 DMA 及相关外设进行初始化，以保证 DMA 控制器能正常工作。本节将主要介绍初始化 DMA 的基本过程，同时列举了几个典型范例供读者使用时参考。

6.4.1 将 DMA 通道和相关的外设联系起来

只有 DMA 通道和外设发生关联后，DMA 通道才知道它即将为哪个外设服务，做什么样的服务（读或写操作）。用户可以通过 DMAxREQ 指定一个外设中断请求 IRQ 作为 DMA 请求信号，通过 DMAxPAD 指定外设读/写地址。

范例 6.5 本范例演示如何将 DMA 通道 0 和 1 与 UART2 关联起来。

```
DMA0REQbits.IRQSEL = 0x1F ;
DMA0PAD = (volatile unsigned int) &U2TXREG ;
DMA0REQbits.IRQSEL = 0x1E ;
DMA0PAD = (volatile unsigned int) &U2RXREG ;
```

6.4.2 对外设进行相应的配置

根据 DMA 操作的特点，一些外设必须正确地配置，以便适应做 DMA 操作。

由于 DMA 通道每次只传输一个数据，相应的外设在每次传输的时候都要产生 DMA 请求。比如 UART 模块可以设置为每接收到一个、三个、四个数据后产生中断，然而作 DMA 操作时 UART 必须设置为每接收到一个数据就产生中断。

范例 6.6 本范例讲述如何配置 UART2，使其每次发送（TX）和接收（RX）数据的时候都发生中断。

```
U2STAbits.UTXISEL0 = 0 ;        // 每次发送一个字符后中断
U2STAbits.UTXISEL1 = 0 ;
U2STAbits.URXISEL = 0 ;         // 接收一个字符后中断
```

> **注意**：当赋予了 DMA 功能的外设发生操作错误时，通常会让标志位置位并产生中断（假如允许了中断的话）。用户可以在中断服务子程序里检查错误标志位并采取相应的措施保证数据的完整性。然而，当 DMA 操作外设时，DMA 只能对数据传输请求发生响应，而不会介意任何的错误情况。因此用户需要使能相应外设的中断源，当发生错误情况时用户可以在相应的中断服务子程序里进行错误处理。

范例 6.7 本范例演示如何使能和处理 UART2 错误中断。

```
IEC4bits.U2EIE = 0 ;            // 使能 UART2 错误中断
void __attribute__((__interrupt__)) _U2ErrInterrupt(void)
{
    /* UART 2 错误处理 */
    IFS4bits.U2EIF = 0;         // 清除 UART2 错误中断标志位
}
```

6.4.3 初始化 DPSRAM(双端口 SRAM)数据起始地址

这一步的目的是让 DMA 通道知道要把数据写到哪个地址所在的存储单元里,或者从哪个地址单元读出内容。

双端口 RAM 是专门设计给 DMA 操作使用的。在 dsPIC33F/PIC24H 系列芯片家族里,不同芯片的双端口 RAM 大小和在存储器里的地址位置可能有所不同。要想 DMA 正常工作必须配置好 DPSRAM。DMA 需要知道将要写(或读取)哪个地址。用户可以在 DMAxSTA 和 DMAxSTB 两个"起始地址偏移寄存器"(Start Address Offset Register)里设置。顾名思义,里面的数值是相对于 DMA 存储器起始地址的偏移量。

范例 6.8 本范例帮助用户认识"起始地址偏移寄存器"的概念。使用代码设置 DMA 主缓冲区起始地址和 DMA 从缓冲区起始地址。

```
DMA4STA = 0x0000 ;        //DMA 通道 4 的主缓冲区起始地址为 0x7800
DMA4STB = 0x0010 ;        //DMA 通道 4 的从缓冲区起始地址为 0x7810
```

范例 6.9 在 DMA 双端口 RAM 里为 DMA 通道 1 分配两个缓冲区,每个区大小为 8 个字,将 DMA 通道 0 也与其中一个缓冲区相关联起来。在这个范例里请用户注意其中__attribute_(space(dma)) 和_builtin_dmaoffset()的用法。

图 6.9 所示为在双端口 RAM 中分配两个缓冲区示意图。

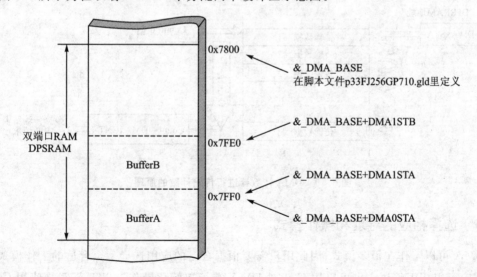

图 6.9 在双端口 RAM 中分配两个缓冲区

以下是参考程序:

```
unsigned int BufferA[8] __attribute__(space(dma));         //声明的数组位于 DPSRAM
```

```
unsigned int BufferB[8] __attribute__(space(dma));    //声明的数组位于 DPSRAM

DMA1STA = __builtin__dmaoffset(BufferA);              //取得缓冲区 A 的偏移量
DMA1STB = __builtin__dmaoffset(BufferB);              //取得缓冲区 B 的偏移量
DMA0STA = __builtin__dmaoffset(BufferA);
```

6.4.4 初始化 DMA 传输计数值

这一设置的目的是要告诉 DMAC 即将传递多少个数据,然后给 CPU 发出中断。

图 6.10 所示为 DMA 计数器进行传输计数的原理。每个 DMA 通道都可以在各自的 DMAxCNT 计数寄存器里设置一个计数值 N,DMA 控制器里的硬件计数器从 Count = 0 开始,每次 DMA 操作后 Count 都自动加一,当硬件检测到 Count = DMAxCNT 后(DMA 传输次数等于 $N+1$)结束 DMA 操作并向 CPU 发出 DMA 传输结束中断。举例说明,假如用户给该寄存器赋值"0",则完成"0 + 1 = 1"次 DMA 操作后结束。DMA 传输次数与传输数据的类型(字节型或字型)没有关系。

范例 6.10 设置 DMA 通道 0 和通道 1 的传输次数为 8。

```
DMA0CNT = 7;        //设置 DMA 通道 0 的 DMA 传输次数为 8 次
DMA1CNT = 7;        //设置 DMA 通道 1 的 DMA 传输次数为 8 次
```

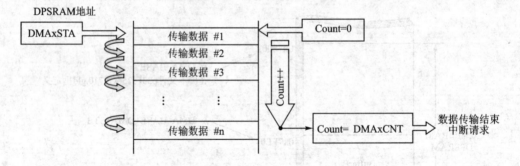

图 6.10 DMA 计数器进行传输计数的原理

6.4.5 选择相应的寻址和操作模式

DMA 可以工作在很多模式,因此用户需要根据自己的应用选择一个合适的工作模式。

用户可以用汇编语言也可以用 C30 对 DMA 进行初始化操作。以下范例是使用 C 语言进行 DMA 初始化操作的过程。请注意范例中是如何在 C 语言下取得外设(这里是 A/D 结果寄存器 ADCBUF0)地址并赋给 DMA0 外设地址寄存器 DMA0PAD 的。

范例 6.11 使用 C 语言对 DMA 通道 0 进行初始化设置。

第6章 DMA控制器(DMAC)

```
    DMACS0 = 0;                                    //清零所有DMA控制器状态位
//设置DMA通道0:字模式,外设→DMA;数据传输完毕中断;后加型间接寻址;连续模式,禁止"乒乓"
//模式
    DMA0CON = 0x0000;
    DMA0REQ = 0x000D;                              //由DMA请求引起的自动DMA传输;给ADC1
                                                   //设置DMA外设中断请求 IRQ 号
    DMA0STA = 0x0000;                              //把偏移量设置给DMA RAM,这样存储A/D结
                                                   //果的缓冲区起始于DMA RAM 的基础上
    DMA0PAD = (volatile unsigned int) &ADC1BUF0;   //把A/D结果寄存器的地址赋给DMA0PAD
    DMA0CNT = 0x0100 ;                             // DMA 传输 256 个字数据
    IFS0bits.DMA0IF = 0;                           //清零 DMA0 中断标志位
    IEC0bits.DMA0IE = 1;                           //使能 DMA0 中断
    DMA0CONbits.CHEN = 1;                          //使能 DMA0 通道 1
```

范例 6.12 本范例用 DMA0 和 DMA1 配合 UART2 进行数据自动发送和接收。使用 DMA0 发送数据,使用 DMA1 作为数据接收。

在 MPLAB IDE 集成开发环境下,使用 C30 编译工具将程序编译成功后,用 ICD2 或 REAL ICE 烧写到目标芯片里后,整步运行程序。在超级终端界面(9600−8−N−1−N)下,用 PC 键盘输入字符,DMA1 使用"乒乓"模式将接收到的数据交替填充到缓冲区 A 或缓冲区 B 里。当一个缓冲区接收满 8 个数据后即产生 DMA1 中断,在 DMA1 中断服务子程序里用手动触发方式启动 DMA0 传输链条,随后 DMA0 以单次模式发送这 8 个数据到 UART2,显示在超级终端里。在 DMA1 中断服务子程序里还将缓冲区标记指向另外一个缓冲区,以便为下一次发送选择正确的缓冲区。

工作过程可以理解为:DMA1 接收数据 1~8 到缓冲区 A→产生 DMA1 中断→用 DMA0 发送缓冲区 A 里的数据,当前缓冲区标记设为 B→DMA1 接收数据 1~8 到缓冲区 B→产生 DMA1 中断→用 DMA0 发送缓冲区 B 里的数据,当前缓冲区标记设为 A……如此循环往复。

形象的描述就是:DMA1 用"乒乓"模式不断接收 UART2 的数据并往两个缓冲区里"喂","喂"饱(8 次传输)之后又启动 DMA0 用单次模式把数据(8 个)"吐"给 UART2。看到的现象是:敲入 8 个字符后,数据一次性显示在屏幕上,再敲入 8 个字符,再次显示在屏幕上,如此不断,自动运行。可见这种模式占用 CPU 时间非常少。慢速外设根本不会拉慢 CPU 的运行,这样 CPU 就可以有更多的时间维护其他任务。

本范例的硬件连接很简单,只要将 UART2 经电平转换后连接到 PC 的 RS-232 接口即可。范例程序已经在 Microchip 的 Explore16 演示板(dsPIC33FJ256GP710)上验证通过,用户只要修改相应的头文件和脚本文件即可以在自己的目标板上运行本范例程序。

用户可以在本书配套的光盘上(路径:..\LIBs\DMA\)找到关于本范例的工程和相关代码。用户只要直接打开工程即可。脚本文件(.gld)的目录可能和读者的 C30 安装目录不一

样,可以移除(REMOVE)该文件,添加自己电脑上 C30 安装目录里的文件。

```c
#include "p33Fxxxx.h"
#define FCY      40000000             //设置机器周期为 40 MHz
#define BAUDRATE 9600                 //设置波特率为 9 600 bps
#define BRGVAL   ((FCY/BAUDRATE)/16)-1 //波特率发生器值
                                      //芯片配置字设置
_FOSCSEL(FNOSC_PRIPLL);               //主振荡器 XT,带锁相环 PLL
_FOSC(FCKSM_CSDCMD & OSCIOFNC_OFF & POSCMD_XT); //禁止时钟切换和时钟监控,OSC2 脚时钟输出
_FWDT(FWDTEN_OFF);                    //看门狗由软件开关,关闭看门狗可以禁止 LPRC
_FPOR(FPWRT_PWR1);                    //关闭上电定时器
_FGS(GSS_OFF);                        //禁止代码保护
// * * * * * * * * * * * * * * * * * * 主程序 * * * * * * * * * * * * * * * * * *
int main(void)
{   // 对于 8 MHz 晶体:F_osc = F_in × M/(N1 × N2) = 8 M × 40(2 × 2) = 80 MHz,F_CY = F_osc/2 = 40 MHz
    PLLFBD = 38;                      // M = 40
    CLKDIVbits.PLLPOST = 0;           // N1 = 2
    CLKDIVbits.PLLPRE = 0;            // N2 = 2
    OSCTUN = 0;                       //假如用到 FRC,校正快速 RC 振荡器 FRC
    RCONbits.SWDTEN = 0;              //软件关闭看门狗
    while(OSCCONbits.LOCK! = 1) {};   //等待 PLL 稳定锁定
    cfgDma0UartTx();                  //设置 DMA 通道 0 为发送
    cfgDma1UartRx();                  //设置 DMA 通道 1 为接收
    cfgUart2();                       // UART2 初始化
    while(1);
}
unsigned int BufferA[8] __attribute__((space(dma))); //定义 DMA 缓冲区 A
unsigned int BufferB[8] __attribute__((space(dma))); //定义 DMA 缓冲区 B
static unsigned int BufferCount = 0;  //指示哪一个缓冲区里包含将要被发送(Rx)的
                                      //数据
void cfgUart2(void)                   // * * * * * * 配置 UART2 * * * * * *
{   U2MODEbits.STSEL = 0;             // 1 个停止位
    U2MODEbits.PDSEL = 0;             //无奇偶校验,8 位数据格式
    U2MODEbits.ABAUD = 0;             //禁止自动波特率
    U2BRG = BRGVAL;                   //波特率设置为 9 600
    U2STAbits.UTXISEL0 = 0;           //设置为每次字符传输(TX)结束后中断(这是
    //DMA 的要求)
    U2STAbits.UTXISEL1 = 0;
```

第6章 DMA 控制器(DMAC)

```
        U2STAbits.URXISEL = 0;                  //设置为每次字符接收(RX)到以后中断(这是
        //DMA 的要求)
        U2MODEbits.UARTEN = 1;                  //使能 UART2
        U2STAbits.UTXEN = 1;                    //使能 UART2 发送(Tx)
        IEC4bits.U2EIE = 0;     }
void cfgDma0UartTx(void)                        // *将 DMA 通道 0 分配给 UART 发送(Tx)*
{       DMA0REQ = 0x001F;                       // DMA 请求中断源选择:UART2 发送中断
        DMA0PAD = (volatile unsigned int) &U2TXREG;  //获得外设地址并赋给外设地址寄存器
        DMA0CONbits.AMODE = 0;                  //寻址模式:带后加的寄存器间接寻址
        DMA0CONbits.MODE = 1;                   //传输模式:单次模式,禁止"乒乓"操作
        DMA0CONbits.DIR = 1;                    //传输方向:RAM→外设(UART2)
        DMA0CONbits.SIZE = 0;                   //传输格式:字
        DMA0CNT = 7;                            // DMA 计数器:8 次 DMA 传输后中断
        DMA0STA = __builtin_dmaoffset(BufferA); //单次操作,为 DMA 通道 0 配置一个单缓冲区
        IFS0bits.DMA0IF = 0;                    //清零 DMA 中断标志位
        IEC0bits.DMA0IE = 1;    }               //使能 DMA 中断
void cfgDma1UartRx(void)                        // *将 DMA 通道 1 分配给 UART 接收(Rx)*
{       DMA1REQ = 0x001E;                       // DMA 请求中断源选择:UART2 接收中断
        DMA1PAD = (volatile unsigned int) &U2RXREG;  //获得外设地址并赋给外设地址寄存器
        DMA1CONbits.AMODE = 0;                  //寻址模式:带后加的寄存器间接寻址
        DMA1CONbits.MODE = 2;                   //传输模式:连续"乒乓"模式
        DMA1CONbits.DIR = 0;                    //传输方向:外设(UART2)→RAM
        DMA1CONbits.SIZE = 0;                   //传输格式:字
        DMA1CNT = 7;                            // DMA 计数器:8 次 DMA 传输后中断
        DMA1STA = __builtin_dmaoffset(BufferA); //给 DMA1 分配缓冲区 A,用于"乒乓"模式
        DMA1STB = __builtin_dmaoffset(BufferB); //给 DMA1 分配缓冲区 B,用于"乒乓"模式
        IFS0bits.DMA1IF = 0;                    //清零 DMA 中断
        IEC0bits.DMA1IE = 1;                    //允许 DMA 中断
        DMA1CONbits.CHEN = 1;   }               //使能 DMA 通道 1,准备接收 UART 数据
// **DMA0 中断服务子程序。发送完 8 个数据后产生中断,在该子程序里清零 DMA0 中断标志位**
void __attribute__((__interrupt__)) _DMA0Interrupt(void)
{ IFS0bits.DMA0IF = 0; }                        //清零 DMA0 中断标志位
// **DMA1 中断服务子程序。接收到 8 个数据后中断,在该子程序里启动 DMA0 发送这 8 个数据**
void __attribute__((__interrupt__)) _DMA1Interrupt(void)
{       if(BufferCount == 0)                    //判断缓冲区标记是否为"0"
        { DMA0STA = __builtin_dmaoffset(BufferA); } //假如标记为"0",则传输缓冲区 A
Else                                            //假如标记为"1",则传输缓冲区 B
```

```
    { DMA0STA = __builtin_dmaoffset(BufferB); } //将 DMA 通道 0 指向将要传输的数据
    DMA0CONbits.CHEN = 1;                       //重新允许 DMA 通道 0,准备用单次模式发送
                                                //8 个数据
    DMA0REQbits.FORCE = 1;                      //手动模式:强制启动(扳机)第一次数据发送,
                                                //发送开始
    BufferCount ^= 1;                           //将缓冲区标记取反,指向另外一个缓冲区
    IFS0bits.DMA1IF = 0;       }                //清零 DMA 通道 1 中断标志位
// * * * * * UART2 错误中断服务子程序 * * * * *
void __attribute__ ((__interrupt__)) _U2ErrInterrupt(void)
{ IFS4bits.U2EIF = 0; }                         //清零 UART2 错误中断标志位
```

第 7 章

串行通信端口

串行通信口有其独特的优点:占用端口少、抗干扰能力强和成本低等。同时,通信速度也在不断提高。因此串行通信口成为中高端 MCU 的基本配置。在 dsPIC 芯片上,串行口的类型包括 USART、I^2C、SPI、AC97 接口和 CAN 总线接口等类型。本章对主要的几种串行通信端口进行介绍,帮助理解和掌握各种串行口的工作原理和用途。

7.1 通用异步收发器(UART)

通用异步收发器(Universal Asynchronous Receiver Transmitter,UART)是目前最通用的串行通信方式之一。在 dsPIC30F 系列芯片中可能有一个或两个这样的通信口(视芯片的情况而定),文中用"x"代表不同的 UART 通道号。利用这样的串行通信口可以和个人电脑、各种控制设备进行数据通信。通过不同的线路驱动,可以适用于 RS-232 或 RS-485 接口,进行全双工异步或同步通信。同时也可以扩展成 LIN 总线通信接口,广泛用于汽车和工业控制等领域。

UART 模块的主要特性有:
- 支持 8 位或 9 位全双工数据传输(通过 UxTX 和 UxRX 引脚进行)。
- 支持奇偶校验(对于 8 位数据)。
- 支持一或两个停止位(适用于 LIN 总线规范)。
- 独立的波特率发生器(具有 16 位预分频器)。
- 当 F_{CY} 为 30 MHz 时,波特率从 29 bps 到 1.875 Mbps。
- 4 级深度的发送数据缓冲器(FIFO)。
- 4 级深度的接收数据缓冲器(FIFO)。
- 支持奇偶,成帧和缓冲溢出错误检测。
- 支持带地址检测的 9 位模式(第 9 位=1)。
- 具有独立的发送和接收中断。
- 具有用于诊断的环回模式(Loop Back)。

图 7.1 所示为 UART 的简化框图。可以看到，UART 模块由波特率发生器、异步发送器和异步接收器等部件组成。其中波特率发生器用于产生相应的通信时钟频率，根据不同的振荡频率选择不同的数值就可以产生不同的波特率。

图 7.1 UART 简化框图

7.1.1 相关的寄存器

表 7.1 列出了与 UARTx 模式寄存器(UxMODE)相关的各个位及其对应的含义。

表 7.1 UARTx 模式寄存器(UxMODE)

R/W-0	U-0	R/W-0	U-0	U-0	R/W-0	U-0	U-0
UARTEN	—	USIDL	—	保留	ALTIO	保留	保留
bit 15							bit 8
R/W-0	R/W-0	R/W-0	U-0	U-0	R/W-0	R/W-0	R/W-0
WAKE	LPBACK	ABAUD	—	—	PDSEL<1:0>		STSEL
bit 7							bit 0

其中：R＝可读位，W＝可写位，C＝只能被清零，U＝未用(读作 0)，-n＝上电复位时的值

Bit15	UARTEN： UART 使能位	1＝UART 使能，UEN<1：0>和 UTXEN 位定义了 UART 如何控制 UART 引脚 0＝UART 禁止，UART 引脚由相应的 PORT、LAT 和 TRIS 位控制
Bit14	未用	读作"0"
Bit13	USIDL： IDLE 模式位	1＝当芯片进入 IDLE 模式时，UART 停止运行 0＝当芯片进入 IDLE 模式时，UART 继续运行
Bit12	未用	读作"0"
Bit11	保留	此位应该写"1"
Bit10	ALTIO： UART 备用 I/O 选择	1＝UART 通过 UxATX 和 UxARX I/O 引脚通信 0＝UART 通过 UxTX 和 UxRX I/O 引脚通信 注意：不是所有的芯片都有 UART 备用引脚，参照相应芯片数据手册
Bit9～8	保留	此位应该写"1"

续表 7.1

Bit7	WAKE： 起始位唤醒使能	1＝允许唤醒 0＝禁止唤醒
Bit6	LPBACK： 环回模式选择	1＝允许环回模式 0＝禁止环回模式
Bit5	ABAUD： 自动波特率使能	1＝从 UxRX 引脚输入到捕捉模块 0＝从 ICx 引脚输入到捕捉模块
Bit4～3	未用	读作"0"
Bit2～1	PDSEL<1：0>： 校验和数据位	00＝8 位数据,无奇偶校验　　10＝8 位数据,奇校验 01＝8 位数据,偶校验　　　　11＝9 位数据,无奇偶校验
Bit0	STSEL： 停止位选择	1＝2 个停止位 0＝1 个停止位

表 7.2 列出了与 UARTx 状态与控制寄存器(UxSTA)相关的各个位及其对应的含义：

表 7.2　UARTx 状态与控制寄存器(UxSTA)

R/W-0	U-0	U-0	U-0	R/W-0	R/W-0	R-0	R-1
UTXISEL	—	—	—	UTXBRK	UTXEN	UTXBF	TRMT
bit 15							bit 8
R/W-0	R/W-0	R/W-0	R-1	R-0	R-0	R/C-0	R-0
URXISEL<1:0>		ADDEN	RIDLE	PERR	FERR	OERR	URXDA
bit 7							bit 0

其中：R＝可读位,W＝可写位,C＝只能被清零,U＝未用(读作 0),—n＝上电复位时的值

Bit15	UTXISEL： 发送中断模式选择	1＝当一个字符被传输到发送移位寄存器导致缓冲器空时发生中断 0＝当一个字符被传输到发送移位寄存器(这里暗示发送缓冲器中至少还有一个字符)时发生中断
Bit14～12	未用	读作"0"
Bit11	UTXBRK：发送中止位	1＝不管发送器处在什么状态,拉低 UxTX 引脚 ,0＝UxTX 引脚正常工作
Bit10	UTXEN：发送使能位	1＝UART 发送器使能,UART 控制 UxTX 引脚(如果 UARTEN ＝ 1) 0＝UART 发送器禁止,所有待进行的发送中断,缓冲器复位。PORT 控制 UxTX 引脚

续表 7.2

Bit9	UTXBF：发送缓冲器满状态位(只读)	1=发送缓冲器满 0=发送缓冲器未满,至少一个或多个数据字可以写入缓冲区
Bit8	TRMT：发送移位寄存器空(只读)	1=发送移位寄存器空,同时发送缓冲器为空(上一个发送已经完成) 0=发送移位寄存器非空,发送在进行中或在发送缓冲器中排队
Bit7~6	URXISEL<1:0>：接收中断模式选择位	11=接收缓冲器满时(即,有4个字符),中断标志位置位 10=接收缓冲器的3/4满时(即,有3个字符),中断标志位置位 0x=当接收到一个字符时,中断标志位置位
Bit5	ADDEN：地址字符检测(接收数据的第8位=1)	1=地址检测模式使能。如果没有选择9位模式,这个控制位将无效 0=地址检测模式禁止
Bit4	RIDLE：接收器 IDLE 位(只读)	1=接收器 IDLE 0=正在接收数据
Bit3	PERR：奇偶校验错误状态位(只读)	1=检测到当前字符的奇偶校验错误 0=没有检测到奇偶校验错误
Bit2	FERR：成帧错误状态位(只读)	1=检测到当前字符的成帧错误 0=没有检测到成帧错误
Bit1	OERR：接收缓冲器溢出错误状态位(只读/清零)	1=接收缓冲器溢出 0=接收缓冲器没有溢出
Bit0	URXDA：接收缓冲器数据可用位(只读)	1=接收缓冲器中有数据,至少一个或多个字符可读 0=接收缓冲器为空

表 7.3 列出了与 UARTx 接收寄存器(UxRXREG)相关的各个位及其对应的含义。

表 7.3 UARTx 接收寄存器(UxRXREG)

U-0	U-0	U-0	U-0	U-0	U-0	U-0	R-0
—	—	—	—	—	—	—	URX8
bit 15							bit 8
R-0	R-0	R-0	R-0	R-0	R-0	R-0	R-0
URX<7:0>							
bit 7							bit 0

其中：R=可读位,W=可写位,C=只能被清零,U=未用(读作0),-n=上电复位时的值

Bit15~9	未用	读作"0"
Bit8	URX8：数据	接收到的字符的第8位数据(9位模式下)
Bit7~0	URX<7:0>：数据	接收到的字符的7~0位数据

表 7.4 列出了与 UARTx 发送寄存器(UxTXREG)相关的各个位及其对应的含义:

表 7.4 UARTx 发送寄存器(UxTXREG)

U-0	U-0	U-0	U-0	U-0	U-0	U-0	W-x
—	—	—	—	—	—	—	URX8

bit 15   bit 8

W-x	W-x	W-x	W-x	W-x	W-x	W-x	W-x
			UTX<7:0>				

bit 7   bit 0

其中:R=可读位,W=可写位,C=只能被清零,U=未用(读作 0),—n=上电复位时的值

Bit15~9	未用	读作"0"
Bit8	UTX8:数据	发送的字符的第 8 位数据(9 位模式下)
Bit7~0	UTX<7:0>:数据	发送的字符的 7~0 位数据

表 7.5 列出了与 UARTx 发送寄存器(UxBRG)相关的各个位及其对应的含义。

表 7.5 UARTx 波特率寄存器(UxBRG)

R/W-0	R/W-0	R/W-0	R/W-0	R/W-0	R/W-0	R/W-0	R/W-0
			BRG<15:8>				

bit 15   bit 8

R/W-0	R/W-0	R/W-0	R/W-0	R/W-0	R/W-0	R/W-0	R/W-0
			BRG<7:0>				

bit 7   bit 0

其中:R=可读位,W=可写位,C=只能被清零,U=未用(读作 0),—n=上电复位时的值

Bit15~0	BRG<15:0>	波特率除数位

7.1.2 UART 波特率发生器(Baud Rate Generator,BRG)

UART 模块包含一个专用的 16 位波特率发生器。UxBRG 寄存器控制一个自由运行的 16 位定时器的周期。显示了计算波特率的公式。

$$波特率 = \frac{F_{CY}}{16 \cdot (UxBRG + 1)}$$

$$UxBRG = \frac{F_{CY}}{16 \cdot 波特率} - 1$$

其中:F_{CY} 表示指令周期时钟的频率。

举例:已知 F_{CY} = 4 MHz,所需的波特率 = 9 600。计算波特率误差。

    所需的波特率 = $F_{CY}/(16(UxBRG + 1))$

    UxBRG 值的计算方法:

UxBRG = $((F_{CY}/$所需的波特率$)/16) - 1$

$$= ((4\ 000\ 000/9\ 600)/16) - 1$$
$$= [25.042] = 25$$

实际波特率 $= 4\ 000\ 000/(16(25+1))$
$$= 9\ 615$$

误差 $= \dfrac{(\text{计算出来的波特率} - \text{所需的波特率})}{\text{所需的波特率}}$

$$= (9\ 615 - 9\ 600)/9\ 600$$
$$= 0.16\%$$

最大可能的波特率是 $F_{CY}/16$(当 UxBRG = 0),最小可能的波特率是 $F_{CY}/(16\times 65\ 536)$。向 UxBRG 寄存器中写新值会导致 BRG 定时器复位(清零)。这保证了 BRG 在产生新的波特率之前不需要等待定时器溢出。

表 7.6、7.7 和 7.8 所列为不同的系统时钟(F_{CY})下选择不同波特率的对应关系以及相应的误差。同时表中也列出了每个频率下最小和最大的波特率取值。

假如表中列出的波特率无法满足要求,用户需要自己根据公式计算出一个最适合于系统的晶体振荡频率或外部输入频率。

表 7.6 频率为 30 MHz、25 MHz、20 MHz 和 16 MHz 时对应的波特率、误差和 BRG 取值

波特率/kbps	F_{CY}=30 MHz			F_{CY}=25 MHz			F_{CY}=20 MHz			F_{CY}=16 MHz		
	波特率/kbps	误差/%	BRG/Dec.	波特率/kbps	误差/%	BRG/Dec.	波特率/kbps	误差/%	BRG/Dec.	波特率/kbps	误差/%	BRG/Dec
0.3	0.3	0.0	6 249	0.3	+0.01	5 207	0.3	0.0	4 166	0.3	+0.01	3 332
1.2	1.1996	0.0	1 562	1.2001	+0.01	1 301	1.1996	0.0	1 041	1.2005	+0.004	832
2.4	2.4008	0.0	780	2.4002	+0.01	650	2.3992	0.0	520	2.3981	−0.08	416
9.6	9.6154	+0.2	194	9.5859	−0.15	162	9.615	+0.2	129	9.6154	+0.16	103
19.2	19.1327	−0.4	97	19.2901	+0.47	80	19.2308	+0.2	64	19.2308	+0.16	51
38.4	38.2653	−0.4	48	38.1098	−0.76	40	37.8788	−1.4	32	38.4615	+0.16	25
56	56.8182	+1.5	32	55.8036	−0.35	27	56.8182	+1.5	21	55.5556	−0.79	17
115	117.1875	+1.9	15	111.6071	−2.95	13	113.6364	−1.2	10	111.1111	−3.38	8
250							250	0.0	4	250	0.0	3
500										500	0.0	1
最大	0.0286	0.0	65 535	0.0238	0.0	65 535	0.019	0.0	65 535	0.015	0.0	65 535
最小	1 875	0.0	0	1 562.5	0.0	0	1 250	0.0	0	1 000	0.0	0

表 7.7　频率为 12 MHz、10 MHz、8 MHz 和 7.68 MHz 时对应的波特率、误差和 BRG 取值

波特率/kbps	$F_{CY}=12$ MHz			$F_{CY}=10$ MHz			$F_{CY}=8$ MHz			$F_{CY}=7.68$ MHz		
	波特率/kbps	误差/%	BRG/Dec.	波特率/kbps	误差/%	BRG/Dec.	波特率/kbps	误差/%	BRG/Dec.	波特率/kbps	误差/%	BRG/Dec
0.3	0.3	0.0	2 499	0.3	0.0	2 082	0.2999	−0.02	1 666	0.3	0.0	1 599
1.2	1.2	0.0	624	1.1993	0.0	520	1.199	−0.08	416	1.2	0.0	399
2.4	2.3962	−0.2	312	2.4038	+0.2	259	2.4038	+0.16	207	2.4	0.0	199
9.6	9.6154	−0.2	77	9.6154	+0.2	64	9.615	+0.16	51	9.6	0.0	49
19.2	19.2308	+0.2	38	18.9394	−1.4	32	19.2308	+0.16	25	19.2	0.0	24
38.4	37.5	+0.2	19	39.0625	+1.7	15	38.4615	+0.16	12			
56	57.6923	−2.3	12	56.8182	+1.5	10	55.5556	−0.79	8			
115			6									
250	250	0.0	2				250	0.0	1			
500							251	0.0	0			
最大	0.011	0.0	65 535	0.010	0.0	65 535	0.008	0.0	65 535	0.007	0.0	65 535
最小	750	0.0	0	625	0.0	0	500	0.0	0	480	0.0	0

表 7.8　频率为 5 MHz、4 MHz、3.072 MHz 和 1.8432 MHz 时对应的波特率、误差和 BRG 取值

波特率/kbps	$F_{CY}=5$ MHz			$F_{CY}=4$ MHz			$F_{CY}=3.072$ MHz			$F_{CY}=1.8432$ MHz		
	波特率/kbps	误差/%	BRG/Dec.	波特率/kbps	误差/%	BRG/Dec.	波特率/kbps	误差/%	BRG/Dec.	波特率/kbps	误差/%	BRG/Dec
0.3	0.299	0.0	1 041	0.3001	0.0	832	0.3	0.0	639	0.3	0.0	383
1.2	1.2019	+0.2	259	1.2019	+0.2	207	1.2	0.0	159	1.2	0.0	95
2.4	2.4038	+0.2	129	2.4038	+0.2	103	2.4	0.0	79	2.4	0.0	47
9.6	9.4697	−1.4	32	9.6154	+0.2	25	9.6	0.0	19	9.6	0.0	11
19.2	19.5313	+1.7	15	19.2308	+0.2	12	19.2	0.0	9	19.2	0.0	5
38.4	39.0625	+1.7	7				38.4	0.0	4	38.4	0.0	2
最大	0.005	0.0	65 535	0.004	0.0	65 535	0.003	0.0	65 535	0.002	0.0	65 535
最小	312.5	0.0	0	250	0.0	0	192	0.0	0	115.2	0.0	0

7.1.3 UART 配置

UART 通信信息使用非归零(Non-Return-to-Zero,NRZ)格式。支持 1 个起始位、8 个或 9 个数据位、1 个或 2 个停止位。硬件提供奇偶校验,用户可以配置成偶校验、奇校验或者不使用奇偶校验。上电缺省配置是数据格式 8 位,没有奇偶校验位,有一个停止位(用 8、N、1 表示)。数据位和停止位的数目、奇偶校验等参数在串行口模式寄存器(UxMODE)里用 PDSEL、STSEL 位设置。专用 16 位波特率发生器可以用来由振荡器产生标准的波特率。UART 先发送和接收数据的最低位(LSB)。UART 的发送器和接收器从功能上讲是独立的,但使用相同的数据格式和波特率。

使能 UART 模块的方法很简单,首先令 UxMODE 寄存器里的 UARTEN="1",然后令 UxSTA 寄存器里的 UTXEN="1"即可。一旦使能了 UART,UxTX 和 UxRX 引脚被分别配置为输出和输入,相应 I/O 端口引脚的 TRIS 和 PORT 寄存器位的设置被忽略。在没有发送时 UxTX 引脚是逻辑"1"。

禁止 UART 模块的方法也很简单,令 UxMODE 寄存器里的 UARTEN="0"即可。芯片上电后 UART 的默认状态是关闭。UART 禁止后所有与 UART 相关的引脚变为通用 I/O、缓冲器为空状态、波特率发生器被复位、所有错误和状态标志都复位(URXDA、OERR、FERR、PERR、UTXEN、UTXBRK、UTXBF="0",RIDLE、TRMT="1",ADDEN、URXISEL<1:0>、UTXISEL、UxMODE 和 UxBRG 寄存器不受影响)。

当 UART 处于活动状态时,对 UARTEN 位清零将中止所有有待进行的发送和接收,同时像如上定义那样将该模块复位。再次使能 UART 将使用同样的配置重新启动 UART。

假如 UART 引脚和其他复用功能有冲突时可以启用备用 UART 引脚。备用 I/O 引脚通过置位 ALTIO 位(UxMODE<10>)来使能。如果 ALTIO="1",UART 模块使用 UxATX 和 UxARX 引脚代替 UxTX 和 UxRX 引脚。如果 ALTIO="0",UART 模块使用 UxTX 和 UxRX 引脚。注意:不是所有芯片都有备用引脚,具体情况参考相应芯片数据手册。

7.1.4 UART 发送器

图 7.2 所示是 UART 发送器的原理框图。发送器的核心是发送移位寄存器(UxTSR)。移位寄存器从发送 FIFO 缓冲器 UxTXREG 中获得数据。UxTXREG 寄存器使用软件加载数据。直到前一次加载数据的停止位发送完成后才开始加载 UxTSR 寄存器。停止位一发送,UxTSR 就从 UxTXREG 寄存器加载新的数据(如果有可用数据的话)。注意:UxTSR 寄存器没有映射到数据存储空间,所以它对用户是不可用的。

软件令串行口状态寄存器(UxSTA)里的 UTXEN="1"使能发送功能。一旦 UxTXREG 寄存器被加载了数据并且波特率发生器(UxBRG)产生了移位时钟后数据就开始发送过程。还可以先加载 UxTXREG 寄存器然后置位 UTXEN 使能位来开始发送。一般来说,第一次开

第 7 章 串行通信端口

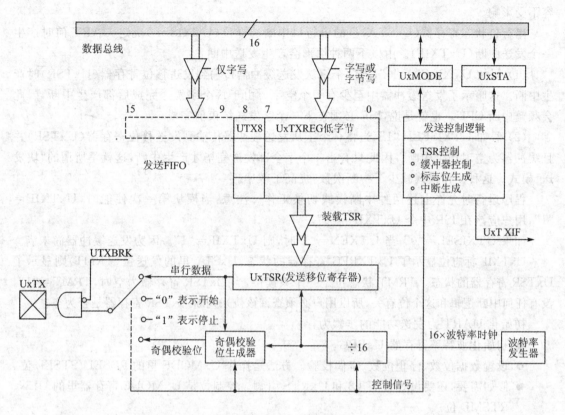

图 7.2 USART 发送器框图

始发送的时候,由于 UxTSR 寄存器为空,这样传输数据到 UxTXREG 会导致该数据立即传输到 UxTSR。发送过程中对 UTXEN 位清零,会导致发送中止并复位发送器。因此,UxTX 引脚将恢复到高阻抗状态。

要想进行 9 位数据传输,可以令串行口模式寄存器(UxMODE)里的 PDSEL="11"。第 9 位数据写到发送寄存器(UxTXREG)里的 UTX9 位。由于 dsPIC 是 16 位芯片因此可以用字写操作一次性将发送的 9 位数据写入 UxTXREG。在 9 位数据发送的情况下,没有奇偶校验功能。

图 7.2 所示可以看到每个 UART 都有一个 4 级深、9 位宽的先入先出(FIFO)发送数据缓冲器。UxTXREG 寄存器提供对下一个可用的缓冲单元的用户访问。用户最多可在缓冲器中写 4 个字。一旦 UxTXREG 的内容被传送到 UxTSR 寄存器,当前缓冲单元就可以写入新的数据,下一个缓冲单元将成为 UxTSR 寄存器的数据源。无论何时,只要缓冲器满,UxSTA 寄存器里的 UTXBF="1"。缓冲器满后用户发送的数据将不会被 FIFO 接收。

芯片复位时 FIFO 也会复位,但当芯片进入省电模式或从省电模式唤醒时,FIFO 里的内容不受影响。

串行口状态寄存器(UxSTA)里的串行口中断选择位(UTXISEL)决定 UART 何时产生一个发送中断(UxTXIF)。由以下两种情形会产生发送中断:

(1)假如 UTXISEL="0",当一个字从发送缓冲器传输到发送移位寄存器(UxTSR)时产生中断。这暗示了发送缓冲器中至少有一个空字。由于每个字发送完成后都产生中断,因此会频繁中断 CPU。也就是说,ISR 必须在下一个字发送结束前完成。

(2)假如 UTXISEL="1",当将一个字从发送缓冲器传输到发送移位寄存器(UxTSR)并且缓冲器为空时产生中断。因此只有当 4 个字全部发送完毕才产生中断,这就是所谓的"块发送"模式。这种工作模式减少了中断次数,提高了效率。

程序运行时允许上述两种中断模式切换工作。注意:当模块第一次使能时,UxTXIF="1",用户应该在 ISR 中令 UxTXIF="0"。

如果 UTXISEL="0",当 UTXEN="1"时,则 UxTXIF="1"。因为发送缓冲器尚未满。

UxTXIF 标志位显示了 UxTXREG 寄存器的状态,UxSTA 里的发送位(TRMT)则显示了 UxTSR 寄存器的状态。TRMT 状态位是一个只读位,当 UxTSR 寄存器为空时,TRMT="1"。没有任何中断逻辑和这个位有关,所以用户必须查询该位来判断 UxTSR 寄存器是否为空。

初始化 UART 为发送功能的步骤为:
- 初始化波特率寄存器 UxBRG。
- 设置数据位数、停止位数、奇偶校验。方法是操作 UxMODE 里的 PDSEL、STSEL 位。
- 假如需要,还要设置 UxCTS 和 UxRTS 引脚。控制位是 UxMODE 寄存器里的 UEN、RTSMD 位。
- 如果需要发送中断,就要令 IEC 中的 UxTXIE="1",也要通过 UxTXIP 位来设置发送中断的优先级。通过 UTXISEL(UxSTA<15>)位来选择发送中断模式。
- 令 UxMODE 寄存器里的 UARTEN="1",使能 UART 模块。
- 令 UxSTA 寄存器里的 UTXEN="1"使能发送功能,同时将置位 UxTXIF。在 UART 发送中断 ISR 中,令 UxTXIF="0"。UxTXIF 位的操作受 UTXISEL 控制位控制。
- 向 UxTXREG 寄存器装载数据(开始发送)。如果选择了 9 位发送,则加载一个字。如果选择了 8 位发送,则加载一个字节。数据可以不断加载到缓冲器,直到 UxSTA 里的 UxTXBF="1"为止。

注意:在 UARTEN 位置位之前不应该置位 UTXEN 位。否则,UART 发送将无法使能。

图 7.3 所示是使用 UART 发送单个 8 位或 9 位数据的时序图。

图 7.4 所示是使用 UART 连续发送多个数据的时序图。

假如令串行口状态寄存器(UxSTA)里的 UTXBRK="1",将强制 UxTX 引脚为"0"。UTXBRK 忽略任何其他的发送器活动。用户令 UTXBRK="1"之前应该等待发送器空闲(TRMT=1)。

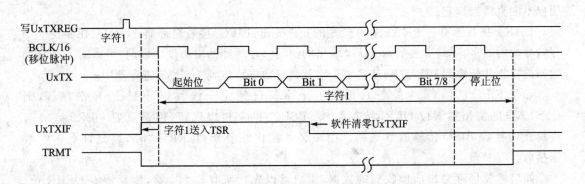

图 7.3　8 位/9 位数据发送(单个数据)

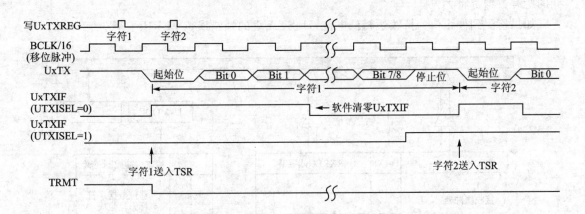

图 7.4　连续发送数据

为了发送中止符(Break Character),必须软件令 UTXBRK="1"并保持该位置位至少 13 个波特率时钟(在软件中计时)。然后通过软件令 UTXBRK="0",产生停止位。用户在再次加载 UTXBUF 或重新开始新的发送活动前,必须等待至少一或两个波特率时钟,来保证产生了有效的停止位。发送一个中止符不会产生发送中断。一般说来这种特性用在 LIN 总线场合非常有价值。所以说这种 UART 是一种直接支持 LIN 总线的串行口。用户只需要极少的软件就可以直接使用这种 UART 作为 LIN 总线的通信接口。

7.1.5　UART 接收器

图 7.5 所示为 UART 接收器的原理框图。接收器的核心是接收(串行)移位寄存器(UxRSR)。数据在 UxRX 引脚上接收,并送到数据恢复区中。数据恢复区以 16 倍波特率运行,而主接收串行移位器以波特率运行。在采集到 UxRX 引脚上的停止位后,UxRSR 里面接收到的数据传输到接收 FIFO 中(如果为空)。UxRSR 寄存器没有映射到数据存储空间,所以

用户不能直接操作它。

UART 接收器有一个 4 级深、9 位宽的先进先出(FIFO)接收缓冲器。UxRXREG 是一个存储器映射的寄存器,可提供对 FIFO 输出的访问。在缓冲器溢出发生以前,可以有 4 个字的数据被接收并传输到 FIFO 中,从第 5 个字开始将数据移位到 UxRSR 寄存器中。

如果 FIFO 已满(4 个字符),而第五个字符已经完全接收到了 UxRSR 寄存器,则 UxSTA 里的溢出错误位 OERR="1"。UxRSR 中的字得以保留,但是只要 OERR="1",将禁止向接收 FIFO 传输后续数据。用户必须在软件中令 OERR="0",以允许更多的数据接收。

如果需要保存溢出前接收到的数据,用户可以先读所有 5 个字符,然后清零 OERR 位。如果这 5 个字符可以丢弃,用户可简单地清零 OERR 位。这将复位接收 FIFO,同时先前接收到的所有数据都将丢失。

如果检测到停止位为持续逻辑低电位,UxSTA 里的帧错误位 FERR="1"。

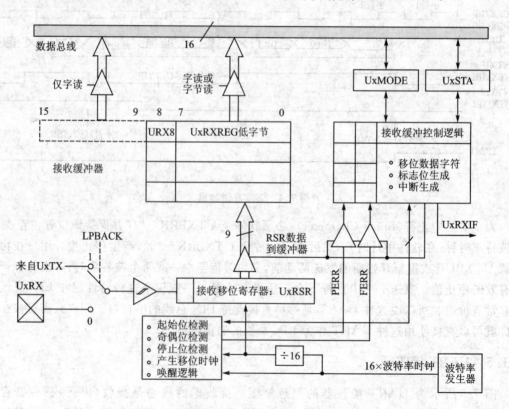

图 7.5 USART 接受器框图

如果检测到当前数据字有奇偶校验错误,则 UxSTA 里的奇偶校验错误位 PERR="1"。

举例来说,如果奇偶校验设置为偶,但检测出数据中 1 的总数为奇,就产生了奇偶校验错误。9 位模式时 PERR 位没用。FERR 和 PERR 位和接收到的数据字一起存入缓冲区,并且应该在读取数据字之前读出。

UART 接收中断标志(UxRXIF)在相应中断标志状态寄存器(IFS)中。UxSTA 寄存器里的 URXISEL<1:0>控制位决定 UART 接收器何时产生中断。有以下 3 种情形才会产生接收中断:

① 假如 URXISEL="00"或"01",每当一个数据字从接收移位寄存器(UxRSR)传输到接收缓冲器后就会产生中断。接收缓冲器中可以有一个或多个字符。

② 假如 URXISEL="10",当一个字从移位寄存器(UxRSR)传输到了接收缓冲器使得缓冲器中有 3 或 4 个字符时产生中断。

③ 假如 URXISEL="11",当一个字从移位寄存器(UxRSR)传输到了接收缓冲器使得缓冲器中有 4 个字符时(也就是说,缓冲器满了)产生中断。

在运行时可以在 3 个中断模式间切换。

URXDA 和 UxRXIF 标志位指示 UxRXREG 寄存器的状态,UxSTA 寄存器里的 RIDLE位(只读)显示了 UxRSR 寄存器的状态。当接收器空闲(UxRSR 寄存器空)时,RIDLE="1"。没有任何中断逻辑和这个位有关,用户必须查询该位来确定 UxRSR 寄存器是否为空闲。

UxSTA 寄存器里的 URXDA 位(只读)指示了接收缓冲器是否为空。接收缓冲器非空,则 URXDA="1"。

初始化 UART 为接收功能的步骤:

① 计算并设置波特率寄存器 UxBRG。

② 设置数据位数、停止位数、奇偶校验选择。方法是操作 UxMODE 里的 PDSEL 和 STSEL 位。

③ 假如需要,还要设置 UxCTS 和 UxRTS 引脚。控制位是 UxMODE 寄存器里的 UEN 和 RTSMD 位。

④ 如果需要中断,就要令 IEC 中的 UxRXIE="1",并设置 IPC 中的 UxTXIP 位指定中断优先级。同时设置 UxSTA 中的 URXISEL 位,选择接收中断的模式。

⑤ 使能 UART 模块。方法是令 UxMODE 里的 UARTEN="1"。

⑥ 接收中断取决于 URXISEL<1:0>控制位的设置。如果没有允许接收中断,用户可以查询 URXDA 位。记得在 UART 接收 ISR 中令 UxRXIF="0"。

⑦ 从接收缓冲器读取数据。如果选择 9 位传输,读一个字。否则,读一个字节。无论何时,只要缓冲中有数据可读,则 UxSTA 里的 URXDA="1"。

图 7.6 所示为 UART 接收数据(连续接收两个数据)的时序图。图中显示了从 UxRX 输入端接收到 2 个字符的过程。

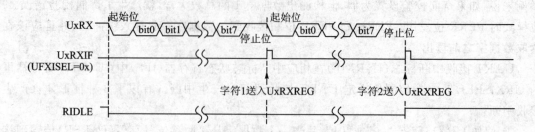

图 7.6　UART 接收数据时序

图 7.7 所示为 UART 在接收溢出时接收数据的时序图。从图中可以看到，在用户未对输入缓冲器进行任何读操作的情况下连续接收了 6 个字符。接收到的第 5 个字符保存在接收移位寄存器（RSR）里。当第 6 个字符开始接收的时候将会发生溢出（Overrun）错误。

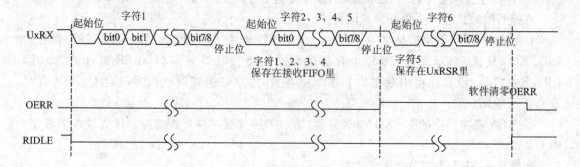

图 7.7　UART 在接收溢出的时候接收数据

关于 UART 的 9 位通信协议，常用于典型的多处理器通信协议，用来区别数据字节和地址/控制字节。一般的方法是使用第 9 个数据位来识别数据字节是地址还是数据信息。如果第 9 位置位，数据就作为地址或控制信息处理。如果第 9 位清零，接收到的数据就作为和前面的地址/控制字节相关的数据处理。协议运作如下：

① 主芯片发送一个数据字，其第 9 位为"1"。而数据字是从芯片的地址信息。
② 所有的从芯片接收该地址字并检查从地址值是否和本身地址匹配。
③ 地址匹配的从芯片将接收和处理主芯片发送的后续数据字节。所有其他的从芯片则丢弃后面的数据字节，直到接收到一个新的地址字（第 9 位置位），回到第 1 步。

UART 接收器有一个地址检测模式（只使用于 9 位数据模式），该模式允许接收器忽略第 9 位清零的数据字。这减少了中断开销，因为第 9 位清零的数据字不被缓冲。只要令 UxSTA 里的 ADDEN="1" 就可以了。

除了要令 UxMODE 里的 PDSEL="11" 外，设置 9 位发送的过程几乎和设置 8 位发送模式一样。对 UxTXREG 寄存器应该使用写字操作（开始发送）。

除了要令 UxMODE 里的 PDSEL="11"外,设置 9 位接收的过程几乎和设置 8 位接收模式一样。对 UxTXREG 寄存器应该使用写字操作(开始发送)。

接收中断模式应该通过设置 UxSTA 里的 URXISEL 位来配置。

> **注意**:如果地址检测模式使能(ADDEN="1")了,URXISEL<1:0>控制位应该配置成接收到每个字后就产生中断。每个接收到的数据字在接收后必须立即在软件中进行检查,看是否地址匹配。

使用地址检测模式的过程如下所述:

① 令 UxSTA 里的 ADDEN="1"使能地址检测。必须保证 URXISEL 控制位配制成每接收一个字就产生一个中断。

② 读 UxRXREG 寄存器,检查每个 8 位地址,确定芯片是否被寻址。

③ 如果地址和本机地址不匹配,就丢弃接收到的字。

④ 如果和芯片地址匹配则令 ADDEN="0",允许后来的数据字节可以读进接收缓冲器,并中断 CPU。如果后续数据很多,则需要改变接收中断模式,以使中断之间可以缓冲多于一个的数据字节。

⑤ 如果最后的数据字节接收到了,令 ADDEN="1"以便只接收地址字节。同时应该配置 URXISEL 控制位以便每接收一个字就产生一个中断。

图 7.8 所示为带地址检测的数据接收。从图中可以看到,在一个数据字节后面紧跟着一个地址字节。由于设置了 ADDEN="1",同时第 8 位数据为"0",所以该数据字节并没有读入接收缓冲区 UxRXREG 里面。

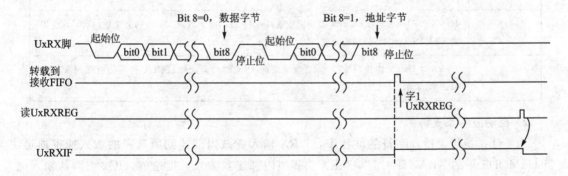

图 7.8 带地址检测的接收(ADDEN="1")

接收器会根据 UxMODE 里的 PDSEL 和 STSEL 位设置的数值进行计数。

如果中止(Break)超过 13 个时间单位,当 PDSEL 和 STSEL 指定时间单位之后,认为接收完成。URXDA="1",FERR="1",接收 FIFO 中被加载零,同时如果 RIDLE="1",则产生中断。

如果模块接收到了中止(Break)信号,同时接收器检测到了起始位、数据位和无效停止位(这会使 FERR="1"),接收器在找寻下一个起始位(START)前必须等待一个有效停止位(STOP)到来。不能理所当然的认为通信线上出现的中止(Break)信号就是下一个起始位。所谓"中止"符就是一个除了 FERR="1"其余全部位为"0"的字符。中止符被加载到缓冲器中。只有接收到停止位后才可以接收更多的字符。注意:当接收到停止位时,RIDLE="1"。

7.1.6 UART 的其他特性

1. 环回模式(Loop Back Mode)

令 LPBACK="1"可以使能环回模式,在该模式下 UxTX 和 UxRX 在内部被连接到一起。当配置为环回模式时,UxRX 引脚从内部 UART 接收逻辑电路上断开。但是,UxTX 引脚仍然正常工作。

首先将 UART 配置为所需的工作模式,令 LPBACK="1"使能环回模式,然后使能发送。表 7.9 所列是环回模式下,不同的 UEN<1:0>位的设置所对应的引脚功能分配。

表 7.9 环回模式引脚功能

UEN<1:0>	引脚功能,LPBACK ="1"
00	UxRX 与 UxTX 连接;UxTX 脚功能生效;UxRX 脚功能无效;UxCTS/UxRTS 未用
01	UxRX 与 UxTX 连接;UxTX 脚功能生效;UxRX 脚功能无效;UxRTS 脚功能生效;UxCTS 未用
10	UxRX 与 UxTX 连接;UxTX 脚功能生效;UxRX 脚功能无效;UxRTS 功能生效;UxCTS 连接到 UxRTS;UxCTS 脚功能无效
11	UxRX 与 UxTX 连接;UxTX 脚功能生效;UxRX 脚功能无效;BCLK 脚功能有效;UxCTS/UxRTS 未用

2. 自动波特率支持

为了让系统确定接收字符的波特率,UxRX 输入应该内部连到所选择的输入捕捉通道。当 UxMODE 里的 ABAUD="1",UxRX 引脚被内部连到输入捕捉通道。ICx 引脚从输入捕捉通道断开。

至于哪个输入捕捉通道支持自动波特率取决于芯片。更多的细节请参见芯片数据手册。

这种模式只有在 UART 使能(UARTEN="1"),同时禁止环回模式(LPBACK="0")的情况下有效。而且用户必须对捕捉模块编程,使其检测起始位的上升沿和下降沿。这个特性也是其全面支持 LIN 总线的特点之一。

7.1.7 在 CPUSLEEP 和 IDLE 模式下的 UART 工作

UART 在 SLEEP 模式下不能工作。如果在发送进行期间进入 SLEEP 模式,则将中止发送并且 UxTX 引脚被驱动为"1"。同样地,如果接收进行期间进入 SLEEP 模式,接收将中止。

UART 可以用来在检测到起始位时选择性地将 dsPIC 芯片从 SLEEP 模式唤醒。如果 UxSTA 里的 WAKE="1",芯片处于 SLEEP 模式同时允许接收中断(UxRXIE ="1"),则 UxRX 引脚上的下降沿将产生一个接收中断。接收中断选择模式位(URXISEL)对该功能无效。为了产生唤醒中断,必须令 UARTEN="1"。

UxMODE 里的 USIDL 位用于选择当芯片进入 IDLE 模式时模块是停止工作还是继续工作。如果 USIDL="0",模块将在 IDLE 模式期间继续正常工作。如果 USIDL="1",模块将在 IDLE 模式停止。将停止任何正在进行的发送或接收操作。

7.1.8 UART 使用范例

范例 7.1 发送器/接收器 8 位模式的初始化程序(针对 UART1)。UxBRG 寄存器中加载的值取决于所需要的波特率和芯片的频率。

```
MOV     #baudrate,W0          ;设置波特率
MOV     W0,U1BRG
BSET    IPC2,#U1TXIP2         ;设置 UART TX 中断优先级
BCLR    IPC2,#U1TXIP1         ;
BCLR    IPC2,#U1TXIP1         ;
BSET    IPC2,#U1TXIP2         ;设置 UART TX 中断优先级
BCLR    IPC2,#U1TXIP1         ;
BCLR    IPC2,#U1TXIP1         ;
CLR     U1STA
MOV     #0x8800,W0            ;UART 允许,设置 8 位数据模式、无奇偶、1 停止位、禁止唤醒 U 通行
MOV     W0,U1MODE
BSET    U1STA,#UTXEN          ;允许发送
BSET    IEC0,#U1TXIE          ;允许发送中断
BSET    IEC0,#U1RXIE          ;允许接收中断
```

范例 7.2 9 位地址检测模式下可寻址 UART 的初始化(针对 UART1)。UxBRG 寄存器中加载的值取决于所需要的波特率和芯片的频率。

```
MOV     #baudrate,W0          ;设置波特率
MOV     W0,U1BRG
BSET    IPC2,#U1TXIP2         ;设置 UART TX 中断优先级
```

```
    BCLR    IPC2,#U1TXIP1       ;
    BCLR    IPC2,#U1TXIP0       ;
    BSET    IPC2,#U1RXIP2       ;设置 UART RX 中断优先级
    BCLR    IPC2,#U1RXIP1       ;
    BCLR    IPC2,#U1RXIP0       ;
    BSET    U1STA,#ADDEN        ;允许地址检测
    MOV     #0x8883,W0          ;UART1 允许,设置 9 位数据模式、无奇偶、1 停止位、允许唤醒
    MOV     W0,U1MODE
    BSET    U1STA,#UTXEN        ;允许发送
    BSET    IEC0,#U1TXIE        ;允许发送中断
    BSET    IEC0,#U1RXIE        ;允许接收中断
```

范例 7.3 使用 C30 高级语言初始化 UART1,在按键 SW1 按下后把一个数组 Txdata[]里的数据发送到超级终端,同时接收从 PC 键盘敲入的字符数据,并把接收到的数据回发到超级终端(9600-8-N-1-N)显示。

本范例的硬件非常简单:按键 SW1 接在 RA1 引脚和地之间,RA1 脚被拉到高电平,因此常态时 RA1 是高电平。按键按下时 RA1 引脚上为低电平。这时启动发送序列,当发送过程中检测到取出的数据为 NULL(数组中最后一个数据)的时候停止发送。UART1 通过电平转换芯片(比如 MAX232 等)连接到 PC 的 RS-232 串行口。

本程序已经在 Microchip 的 dsPICDEM1.1 演示版上验证通过。用户只要修改相应的头文件和链接器文件(.gld)即可适用于自己的目标板。

在本书附带的光盘上(路径:..\LABs\UART\)包含有本范例的代码和相关工程文件,供读者参考。作者已经建立好了一个工程,用户直接打开工程文件即可。

```c
#include <uart.h>
#include <p30F6014.h>
//- - - - - - - - - - - - - - - - - -配置字设置- - - - - - - - - - - - - - - - - -
    _FOSC(CSW_FSCM_OFF & XT_PLL4);      //晶体 XT 振荡,带 4×PLL,关闭时钟丢失监控
    _FWDT(WDT_OFF);                     //关闭看门狗
    _FBORPOR(PBOR_OFF & MCLR_EN);       //关闭掉电复位,允许外部复位 MCLR
    _FGS(CODE_PROT_OFF);                //关闭代码保护
#define BAUDRATE 9600                   //波特率设置,超级终端需要设置为 9600-8-N-1-N
#define FCY     7372800                 //晶体 = 7.3728 MHz;PLLx4
#define SW1     PORTAbits.RA12          //按键 SW1 定义,按键为常高("1"),按下接地("0")
#define LF      0x0A                    //换行符
#define CR      0x0D                    //回车符
#define NULL 0x00                       //空字符
```

```c
void InitUART1(void);                          //声明 UART1 初始化程序
                                               // UART1 TX 发送中断入口
void __attribute__((__interrupt__)) _U1TXInterrupt(void)
{IFS0bits.U1TXIF = 0;    }                     //清零 UART1 发送中断标志位
                                               // UART1 RX 接收中断入口
void __attribute__((__interrupt__)) _U1RXInterrupt(void)
{    IFS0bits.U1RXIF = 0;                      //清零 UART1 接收中断标志位
    U1TXREG = (char)U1RXREG; }                 //把从 PC 键盘敲入的字符显示到超级终端上

// * * * * * * * * * * * * * * * * * * * * 主程序 * * * * * * * * * * * * * * * * * * * *
int main(void)
{
char Txdata[] = {'U','a','r','t','1',' ','T','e','s','t',CR,LF,NULL};
unsigned char TxIndex;
    InitUART1();                               //初始化 UART1
    TRISA = 0xFFFF;                            //设置 PORTA 为输入,为按键 SW1 做准备
    while(1)                                   //设置一个死循环
    {
    TxIndex = 0;                               //数组下标值清零,指向数组里的第一个数据
    while (SW1);                               //当 SW1 按下时启动传输
    while (Txdata[TxIndex])                    //当发送数据为 NULL 字符时结束
        {
        WriteUART1((int)Txdata[TxIndex++]);
                                               //调用外设库函数发送字符
        while(BusyUART1());                    //等待移位寄存器里的数据发送结束
        }
    while (! SW1);                             //等待 SW1 按键放开
    }
}                                              //回到主循环
void InitUART1(void)
{
unsigned int baudvalue;
unsigned int U1MODEvalue;
unsigned int U1STAvalue;
    CloseUART1();
    ConfigIntUART1(UART_RX_INT_EN & UART_RX_INT_PR6 & UART_TX_INT_EN & UART_TX_INT_PR2);
    U1MODEvalue = UART_EN & UART_IDLE_CON & UART_DIS_WAKE & UART_DIS_LOOPBACK &
```

```
                        UART_EN_ABAUD & UART_NO_PAR_8BIT & UART_1STOPBIT;
    U1STAvalue = UART_INT_TX_BUF_EMPTY & UART_TX_PIN_NORMAL & UART_TX_ENABLE &
                 UART_INT_RX_CHAR & UART_ADR_DETECT_DIS & UART_RX_OVERRUN_CLEAR ;
    baudvalue = ((FCY/16)/BAUDRATE) - 1 ;
                                        //设置波特率发生器值
    OpenUART1(U1MODEvalue, U1STAvalue, baudvalue) ;
                                        //启动 UART1
}
```

7.2 串行外设接口(SPI)

7.2.1 SPI 简介

串行外设接口(Serial Peripheral Interface,SPI)模块是一个同步串行接口,可用于与其他外设或者单片机进行通信。这些外设可以是串行 EEPROM、移位寄存器、显示驱动器、A/D 转换器等。SPI 模块与 Motorola 的 SPI 和 SIOP 接口兼容。SPI 接口占用 I/O 少,速度快,是一种广泛使用的接口逻辑。比如 Microchip 有 SPI 接口的 EEPROM(25Cxx)和以太网接口芯片(ENC28J60)等产品。

dsPIC30F 系列产品会在单个芯片上提供一个或两个 SPI 模块,这一点取决于不同的芯片。SPI1 和 SPI2 功能相同。很多高引脚数(64 引脚或更多)封装的产品具有 SPI2 模块,而 SPI1 模块则是所有的芯片都具有的。

在本章中,SPI 模块统称为 SPIx,其中"x"分别称为 SPI1 和 SPI2。特殊功能寄存器也使用类似的符号表示上述类似的意思。例如,SPIxCON 指 SPI1 或 SPI2 模块的控制寄存器。

SPI 串口主要有 3 个特殊功能寄存器。SPIxBUF 是作为发送和接收数据的缓冲器,与 SPIxTXB 和 SPIxRXB 寄存器共享一个地址;SPIxCON 是控制寄存器,用来设置模块工作模式;SPIxSTAT 是 SPI 状态寄存器,用来显示各种状态。此外,还有一个 16 位移位寄存器 SPIxSR,但它不是存储器映射的。该寄存器可用于将数据移入或移出 SPI 端口。

图 7.9 所示为 SPI 接口的内部原理框图。SPI 缓冲寄存器(SPIxBUF)是用于 SPI 数据接收和发送的寄存器。在内部 SPIxBUF 实际上是由两个独立的寄存器(SPIxTXB 和 SPIxRXB)组成的。接收缓冲寄存器 SPIxRXB 和发送缓冲寄存器 SPIxTXB 是两个单向 16 位寄存器。这两个寄存器共享名为 SPIxBUF 的 SFR 地址单元。如果用户将需要发送的数据写入 SPIxBUF 地址单元,该数据会内部写入 SPIxTXB 寄存器。与此类似,当用户从 SPIxBUF 读取已接收到的数据时,该数据在内部是从 SPIxRXB 寄存器读取的。这种接收和发送操作的双缓冲可以使数据在后台连续传输。发送和接收可同时进行。

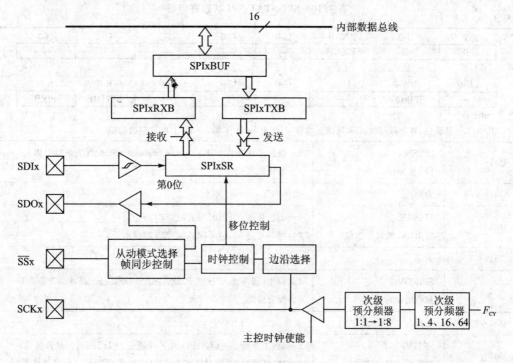

图 7.9 SPI 模块框图

假如 SPIxRXB 里的数据没有被及时读取,这时移位寄存器 SPIxSR 里又接收完毕一个新数据,则产生溢出,硬件令 SPIxSTAT 里的 SPIROV="1"(溢出标志)。这时模块不会将移位寄存器(SPIxSR)里的数据传输到 SPIxRXB。用户必须用软件令 SPIROV="0",否则 SPI 模块禁止接收任何后续数据。

> **注意**：用户无法直接写入 SPIxTXB 寄存器或读取 SPIxRXB 寄存器。所有的读写操作都是通过 SPIxBUF 寄存器进行的。SPIxTXB 和 SPIxRXB 寄存器通过存储器映射到 SPIxBUF 寄存器,它们共同享用一个特殊功能寄存器(SFR)地址。

标准的 SPI 串行接口占用 4 个引脚,分别是 SDIx(串行数据输入)、SDOx(串行数据输出)、SCKx(移位时钟输入或输出)和 SSx(从动选择或者输入帧同步 I/O 脉冲)。其中 SSx 是低电平有效,其余脚是高电平有效。

SPI 模块也可以配置为 3 线模式,也可以配置为 4 线模式。当配置为 3 线模式时,不使用 SSx 引脚功能。

7.2.2 主要的寄存器及其各位的含义

表 7.11 所列为 SPI 状态寄存器(SPIxSTAT)各位的分布和定义。

表 7.10　SPIxSTAT：SPI 状态寄存器

R/W-0	U-0	R/W-0	U-0	U-0	U-0	U-0	U-0
SPIEN	—	SPISIDL	—	—	—	—	—

bit 15　　　　　　　　　　　　　　　　　　　　　　　　　　　　　　　　bit 8

U-0	R/W-0	U-0	U-0	U-0	U-0	R-0	R-0
—	SPIROV	—	—	—	—	SPITBF	SPIRBF

bit 7　　　　　　　　　　　　　　　　　　　　　　　　　　　　　　　　bit 0

其中：R＝可读位，W＝可写位，C＝只能被清零，U＝未用（读作 0），—n＝上电复位时的值

Bit15	SPIEN： SPI 使能位	1＝使能模块并将 SCKx、SDOx、SDIx 和 SSx 配置为串口引脚 0＝禁止模块
Bit14	未用	读作"0"
Bit13	SPISIDL： 在 IDLE 模式停止位	1＝当芯片进入 IDLE 模式时，SPI 停止运行 0＝当芯片进入 IDLE 模式时，SPI 继续运行
Bit12～7	未用	读作"0"
Bit6	SPIROV： 接收溢出标志位	1＝溢出（缓冲器 SPIxBUF 非空，但 SPIxSR 已经接收一个数据） 0＝没有溢出
Bit5～2	未用	读作"0"
Bit1	SPITBF： 发送缓冲器状态位	1＝满，未开始发送（写 SPIxBUF 并装载 SPIxTXB 时，硬件置位） 0＝空，开始发送（数据从 SPIxTXB 传输到 SPIxSR 时，硬件清零）
Bit0	SPIRBF： 接收缓冲器状态位	1＝接收完成，SPIxRXB 满（数据从 SPIxSR 传输到 SPIxRXB 时） 0＝接收未完成，SPIxRXB 空（读 SPIxBUF 地址单元读 SPIxRXB 时）

　　SPI 状态寄存器 SPIxSTAT 是 SPI 模块的一个主要寄存器。其低 8 位里包含了 SPI 模块缓冲器状态位（SPIRBF、SPITBF）和 SPI 溢出标志位。寄存器的高 8 位里有两位其实是用于控制模块功能的。其中 SPISIDL 用于控制 SPI 在 IDLE 模式下是否继续工作，SPIEN 则相当于一个开关，专门用于软件启动和停止 SPI 模块。一旦使能 SPI 模块，其对应的 I/O 引脚自动被配置为 SPI 外设相应的功能。
　　表 7.11 所列为 SPI 控制寄存器（SPIxCON）各位的分布和定义。

表 7.11　SPIxCON 控制寄存器

U-0	R/W-0	R/W-0	U-0	R/W-0	R/W-0	R/W-0	R/W-0
—	FRMEN	SPIFSD	—	DISSDO	MODE16	SMP	CKE

bit 15　　　　　　　　　　　　　　　　　　　　　　　　　　　　　　　　bit 8

R/W-0	R/W-0	R/W-0	R/W-0	R/W-0	R/W-0	R/W-0	R/W-0
SSEN	CKP	MSTEN	SPRE<2:0>			PPRE<1:0>	

bit 7　　　　　　　　　　　　　　　　　　　　　　　　　　　　　　　　bit 0

其中：R＝可读位，W＝可写位，C＝只能被清零，U＝未用（读作 0），—n＝上电复位时的值

续表 7.11

Bit15	未用	读作"0"
Bit14	FRMEN： 分帧 SPI 支持位	1＝支持分帧 SPI 0＝禁止分帧 SPI
Bit13	SPIFSD： 帧同步脉冲方向位	1＝SSx 引脚作为帧同步脉冲输入（从动模式） 0＝SSx 引脚作为帧同步脉冲输出（主控模式）
Bit12	未用	读作"0"
Bit11	DISSDO： SDOx 引脚使能位	1＝禁用 SDOx 引脚，该引脚由端口寄存器控制 0＝使用 SDOx 引脚，该引脚由 SPI 模块控制
Bit10	MODE16： 字/字节通信选择位	1＝通信为字宽（16 位） 0＝通信为字节宽（8 位）
Bit9	SMP： 数据采样控制位	主控模式时： 1＝在输入数据时间末尾采样 0＝在输入数据时间中间采样 从动模式时： 当 SPI 在从动模式下使用时，必须将 SMP 清零
Bit8	CKE： SPI 时钟沿选择位	1＝上沿输出数据（当 CKP＝"1"时） 　　下沿输出数据（当 CKP＝"0"时） 0＝下沿输出数据（当 CKP＝"1"时） 　　上沿输出数据（当 CKP＝"0"时） 注意：在分帧 SPI 模式（FRMEN＝"1"）下未用 CKE，令 CKE＝"0"
Bit7	SSEN： 从动模式选择使能	1＝SS 引脚用于从动模式 0＝模块不使用 SS 引脚，引脚由端口功能控制
Bit6	CKP： 时钟极性选择位	1＝低电平有效 0＝高电平有效
Bit5	MSTEN： 主控模式使能位	1＝主控模式 0＝从动模式
Bit4～2	SPRE＜2：0＞： 次级预分频（主控模式）	（支持设置：1：1，2：1 到 8：1 全部支持） 111＝次级预分频比 1：1 110＝次级预分频比 2：1 … 000＝次级预分频比 8：1
Bit1～0	PPRE＜1：0＞： 初级预分频（主控模式）	11＝初级预分频比 1：1　　01＝初级预分频比 16：1 10＝初级预分频比 4：1　　00＝初级预分频比 64：1

SPI 控制寄存器里包含了 SPI 模块主要的控制位。特别指出的是:假如令 SPIxCON 寄存器里的 DISSDO="1"可以禁止 SDOx 引脚的发送功能,这样可以将 SPIx 模块配置为仅接收的工作模式。SDOx 引脚将由相应端口功能控制。DISSDO 功能适用于所有的 SPI 工作模式,这种情况下可以让系统多一个 I/O 口资源。

7.2.3 工作模式

SPI 模块有多种灵活的工作模式,主要包括:8 位和 16 位数据发送/接收、主控模式和从动模式、分帧 SPI 模式。

设置 SPI 控制寄存器(SPIxCON)里的控制位 MODE16 可以让模块在 8 位或 16 位模式下通信。除了接收和发送位数不同外,这两种模式的功能是相同的。软件修改 MODE16 位时,会引起模块复位,因此在正常工作过程中不要改变该位。8 位模式下数据从 SPIxSR 的 bit7 发出,16 位工作模式下数据从 SPIxSR 的 bit15 发出。在两种模式下,数据都会移入 SPIxSR 的 bit0。在 8 位模式下移入/移出数据需要 8 个时钟脉冲,而在 16 位模式下则需要 16 个脉冲。

图 7.10 所示为使用 SPI 进行双机通信的原理框图。其中左边为主机,右边为从机。

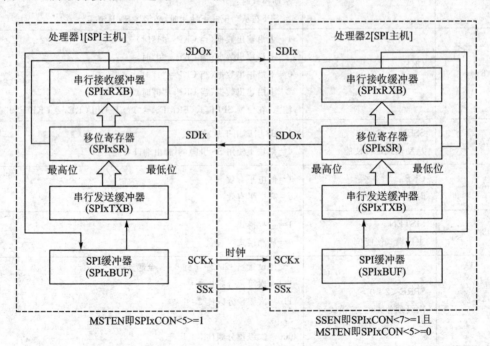

图 7.10　SPI 用于双机通信框图

7.2.3.1 主控模式(Master Mode)

SPI 模块主控模式设置过程很简单:假如使用中断则首先令相应 IFSn 里的 SPIxIF = "0"、令相应 IECn 里中 SPIxIE = "1"、设置相应 IPCn 里的 SPIxIP 位以及设置中断优先级;然后分别令 SPIxCON 里的 MSTEN = "1"、SPIxSTAT 里的 SPIROV = "0" 和 SPIEN = "1";最后将待发送数据写入 SPIxBUF 寄存器后发送(或接收)就会立即开始。

在主控模式下,串行时钟是系统时钟被预分频后得到的。预分频取决于 SPIxCON 里的 PPRE 和 SPRE 位的设置。串行时钟通过 SCKx 引脚输出到从动芯片。仅当有待发送数据时才会产生时钟脉冲。CKP 位和 CKE 位确定使用哪个时钟沿发送数据。SPIxBUF 作为待发送数据和已接收数据的缓冲器,用户可以写(发送)和读(接收)该寄存器。

图 7.11 是 SPI 工作在主控模式的时序图。

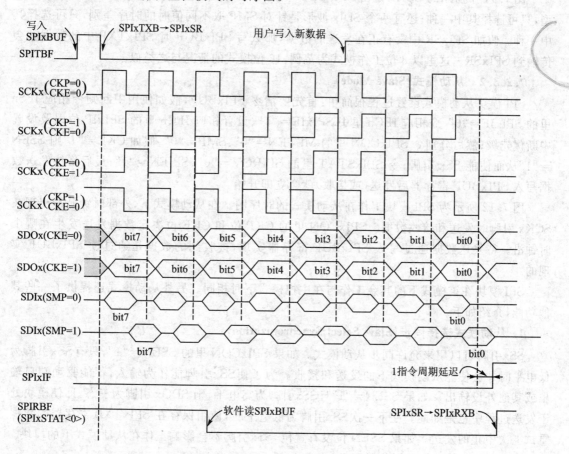

图 7.11 SPI 主控模式时序

初始化 SPI 以后,主控模式 SPI 模块就可以工作了。以下是其工作过程:

① 使能为主控模式并将待发送数据写入 SPIxBUF 寄存器后,SPIxSTAT 里的 SPITBF="1"。
② 一旦 SPIxTXB 的内容移到移位寄存器 SPIxSR 后,则硬件令 SPITBF="0"。
③ 时钟脉冲将数据从 SPIxSR 移出到 SDOx 引脚,同时将 SDIx 引脚的数据移入 SPIxSR。
④ 当传输结束后,SPIxIF="1"(假如允许了中断),SPIxSR 的内容会移到 SPIxRXB 寄存器,SPIxSTAT 里的 SPIRBF="1"(接收缓冲器满)。用户读 SPIxBUF 后 SPIRBF="0"。
⑤ 如果 SPIRBF="1"(接收缓冲器满)时恰好从 SPIxSR 又传输了一个数据到 SPIxRXB,SPIxSTAT 里的 SPIROV="1",表明发生了溢出。只要 SPITBF="0"(发送缓冲器空),就可以写 SPIxBUF。在 SPIxSR 移出数据同时可以对缓冲器进行装载,因此可以允许连续发送。

图 7.11 中所示的 SCKx 是由 SPIxCON 里的 CKP 位和 CKE 位决定的 4 种不同时钟类型,只可选择其中一种;还有两个 SDIx 波形是针对 SMP 取不同值时的时序差别,只可选择其中一种。假如 SPIxSR 中没有正在发送的数据,那么写 SPIxBUF 时 SPIxTXB 中的数据就会传输到 SPIxSR。这里以 8 位工作模式为范例,16 位模式的情况与之类似。

7.2.3.2 从动模式(Slave Mode)

SPI 模块从动模式设置过程很简单:首先要清零 SPIxBUF,假如使用中断则令相应 IFSn 里的 SPIxIF="0"、令相应 IECn 里中 SPIxIE="1"、设置相应 IPCn 里的 SPIxIP 位以及设置中断优先级;然后分别令 SPIxCON 里的 MSTEN="0"、SMP="0",假如 CKE="1"则 SSEN="1"从而使能 SSx 引脚;令 SPIxSTAT 里的 SPIROV="0"、SPIEN="1";最后将待发送数据写入 SPIxBUF 寄存器后发送(或接收)就会立即开始。

图 7.12 所示为 SPI 模块工作在从动模式的时序图。在从动模式下,外部时钟脉冲出现在 SCKx 引脚时发送和接收数据。SPIxCON 里的 CKP 位和 CKE 位决定数据发送发生在哪个时钟沿。待发送数据通过写入 SPIxBUF 寄存器实现,接收到的数据是通过读 SPIxBUF 实现的。

SPI 模块在该模式下的其余工作与在主控模式下时相同。另外从动模式还提供了一些其他功能,介绍如下。

1. 从动模式选择同步(Slave Select Synchronization)

$\overline{SSx}$ 引脚可以用来允许同步从动模式。如果 SPIxCON 里的 SSEN="1",只有 $\overline{SSx}$ 引脚为低电平时才会使能从动模式下的发送和接收。为了使 $\overline{SSx}$ 引脚能作为输入,不能驱动端口输出或其他外设输出。如果 SSEN="1"且 $\overline{SSx}$ 引脚为高电平,则 SDOx 引脚为三态,即使模块处于发送过程中也是如此。在下一次 $\overline{SSx}$ 引脚为低电平时,使用保存在 SPIxTXB 寄存器的数据重试上次中止的发送。如果 SSEN 位没有置位,$\overline{SSx}$ 引脚不会影响工作在从动模式下的模块。

2. SPITBF 状态标志工作原理

SPITBF(SPIxSTAT<1>)位的功能在从动工作模式下是与主控模式不同的。以下描述了从动工作模式下 SPITBF 的各种设置所对应的功能:

① 如果 SPIxCON 里的 SSEN="0"，则装载 SPIxBUF 时硬件令 SPITBF="1"。而 SPIxTXB 中的数据传输到 SPIxSR 时 SPITBF="0"。这与主控模式下 SPITBF 位的功能类似。

② 如果 SPIxCON 里的 SSEN="1"，则装载 SPIxBUF 时硬件令 SPITBF="1"。但是，它只有在 SPIx 数据发送完后才清零。当 $\overline{SSx}$ 引脚变为高电平时发送将中止并可能在一段时间以后重试。每个数据字都保存在 SPIxTXB 中，直到所有的位都被发送到接收机为止。

要符合模块的时序要求，当 CKE="1" 时，在从动模式下必须使能 $\overline{SSx}$ 引脚，参考图 7.13 所示的时序图。

图 7.12 中所示的是 SPI 模块工作在从动模式并禁止 $\overline{SSx}$ 引脚功能的工作时序。图中 SCKx 是由 SPIxCON 里的 CKP 位和 CKE 位决定的两种不同时钟类型，只可选择其中一种；假如 SPIxSR 中没有正在发送的数据，那么写 SPIxBUF 时 SPIxTXB 中的数据就会传输到 SPIxSR。这里是以 8 位工作模式为范例，16 位模式的情况与之类似。

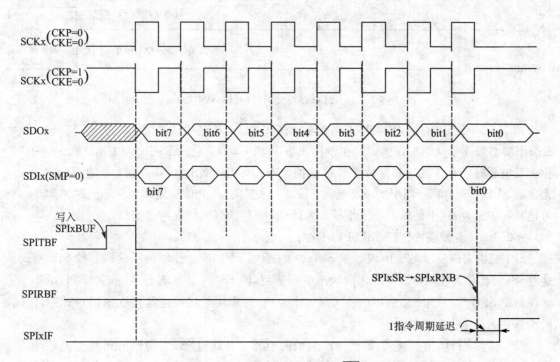

图 7.12　SPI 从动模式时序(禁止 $\overline{SSx}$ 引脚)

图 7.13 中所示的是 SPI 模块工作在从动模式并允许 $\overline{SSx}$ 引脚功能的工作时序。在该模式下令 SPIxCON 里的 SSEN="1"，只有 $\overline{SSx}$ 引脚拉为低电平时才允许发送和接收。发送数据保存在 SPIxTXB 中，并且在数据的所有位发送完之前 SPITBF="1"。图中 SCKx 是由

SPIxCON 里的 CKP 位和 CKE 位决定的两种不同时钟类型,只可选择其中一种;这里是以 8 位工作模式为范例,16 位模式的情况与之类似。

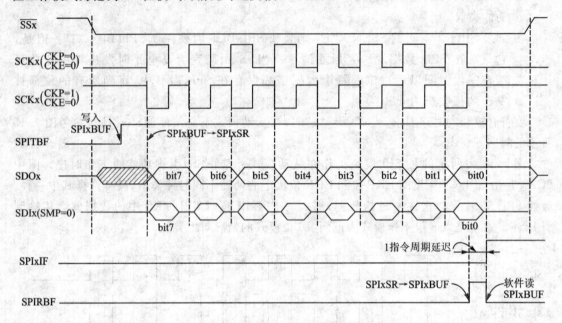

图 7.13　SPI 从动模式时序(允许$\overline{SSx}$引脚)

图 7.14 中所示的是 SPI 模块工作在从动模式并令 CKE="1"的工作时序。CKE="1"时 SSx 引脚必须用于从动工作模式。在该模式下令 SPIxCON 里的 SSEN="1",只有 SSx 引脚拉为低电平时才允许发送和接收。发送数据保存在 SPIxTXB 中,并且在数据的所有位发送完之前 SPITBF="1"。图中 SCKx 是由 SPIxCON 里的 CKP 位决定的两种不同时钟类型,只可选择其中一种;这里是以 8 位工作模式为范例,16 位模式的情况与之类似。

7.2.3.3　分帧模式(Framed SPI Mode)

SPI 模块支持分帧 SPI 协议。令 SPIxCON 里的 FRMEN="1"可以使能分帧 SPI 模式。这时$\overline{SSx}$引脚作为帧同步脉冲输入或输出引脚使用,而 SSEN 的状态会被忽略。SPIxCON 里的控制位 SPIFSD 决定$\overline{SSx}$引脚的输入或输出方向(即模块是接收还是产生帧同步脉冲)。帧同步脉冲为高电平有效脉冲。

SPI 模块支持帧主控模式,即模块产生帧同步脉冲并通过$\overline{SSx}$引脚输出到其他设备;也支持帧从动模式,即 SPI 模块通过$\overline{SSx}$引脚接收从上位设备传来的帧同步脉冲。

主控模式和从动模式都支持分帧 SPI 模式。因此,用户可以使用 4 种分帧 SPI 配置:SPI 主控模式下的帧主控模式、SPI 主控模式下的帧从动模式、SPI 从动模式下的帧主控模式、SPI 从动模式下的帧从动模式。这 4 种模式决定 SPIx 模块是否产生串行时钟和帧同步脉冲。

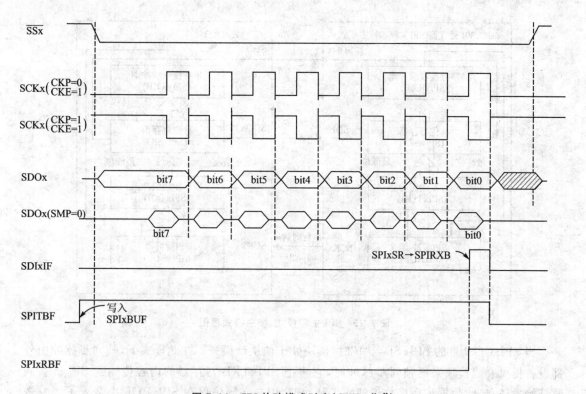

图 7.14　SPI 从动模式时序(CKE="1")

图 7.15 所示的是 SPI 主控模式下的帧主模式工作示意图。左边的设备是工作在主控模式下的帧主模式。在分帧 SPI 模式下,使用 $\overline{SSx}$ 引脚发送/接收帧同步脉冲。分帧 SPI 模式要求使用所有 4 个引脚(即必须使用 $\overline{SSx}$ 引脚)。SPIxTXB 和 SPIxRXB 寄存器通过存储器映射到 SPIxBUF 寄存器。

当 SPIxCON 里的 FRMEN="1"并且 MSTEN="1"时,SCKx 成为输出引脚,此时 SCKx 上的 SPI 时钟成为自由运行时钟;当 FRMEN="1"并且 MSTEN="0"时,SCKx 成为输入引脚。假设提供给 SCKx 引脚的源时钟信号是自由运行时钟信号。

时钟的极性由 SPIxCON 里的 CKP 位选择。分帧模式下不使用 CKE 位,可以令 CKE="0"。当 CKP="0"时,帧同步脉冲输出和 SDOx 数据输出在 SCKx 引脚时钟上升沿变化,在时钟的下降沿从 SDIx 引脚上采样输入数据;当 CKP="1"时,帧同步脉冲输出和 SDOx 数据输出在 SCKx 引脚上脉冲下降沿变化,在时钟的上升沿从 SDIx 输入引脚上采样输入数据。

当 SPIxCON 里的 SPIFSD="0"时,SPIx 模块处于帧主控模式。在此模式下,当用户软件将发送数据写入 SPIxBUF(从而可将发送数据写入 SPIxTXB 寄存器)时,启动帧同步脉冲。在帧同步脉冲的末尾,SPIxTXB 的数据被传输到 SPIxSR,同时开始发送/接收数据。

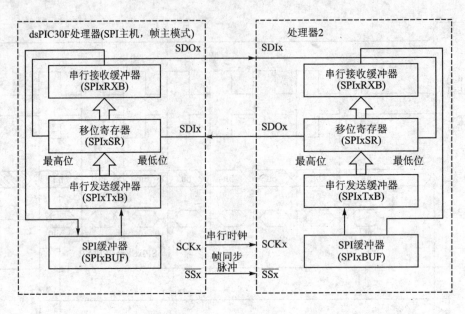

图 7.15 SPI 主控模式、帧主模式框图

当 SPIxCON 里的 SPIFSD="1"时,模块处于帧从动模式。在此模式下,帧同步脉冲由外部设备提供。当模块采样帧同步脉冲时,它将把 SPIxTXB 寄存器的内容传输到 SPIxSR,同时开始发送/接收数据。在接收到帧同步脉冲前,用户必须确保在 SPIxBUF 中装入了要发送的正确数据。

无论数据是否写入 SPIxBUF,在接收到帧同步脉冲的同时都将开始发送数据。如果新数据尚未写入,将发送 SPIxTXB 里的原有数据。

1. SPI 主控模式下的帧主控模式

图 7.16 所示为 SPI 工作在主控模式下的帧主模式工作时序。通过令 SPIxCON 里的 MSTEN="1"、FRMEN="1"和 SPIFSD="0"使能此模式。在此模式下,无论模块是否正在发送,串行时钟都将在 SCKx 引脚连续输出。当写入 SPIxBUF 时,$\overline{SSx}$引脚将在 SCKx 时钟的下一个发送沿驱动为高电平。$\overline{SSx}$引脚在一个 SCKx 时钟周期内将为高电平。模块将在 SCKx 的下一个发送沿开始发送数据。

图 7.15 所示为在此工作模式下的各个信号连接逻辑和信号传输方向。

2. SPI 主控模式下的帧从动模式

图 7.17 所示为 SPI 工作在主控模式下的帧从模式工作时序。通过令 SPIxCON 里的 MSTEN="1"、FRMEN="1"和 SPIFSD="1"使能此模式。在此模式下$\overline{SSx}$为输入引脚,并在 SPI 时钟的采样沿对其进行采样。当采样到高电平时,在紧接着的时钟发送沿就会发送数据。当发送完成时中断标志 SPIxIF="1"。在$\overline{SSx}$引脚收到信号前,用户必须确保在 SPIx-

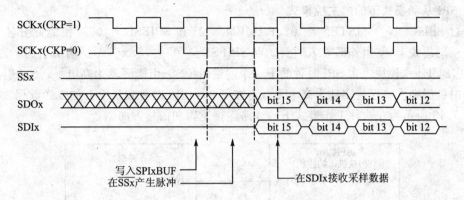

图 7.16　SPI 主模式、帧主模式操作时序

BUF 中装入了正确的待发送数据。

图 7.18 所示为在此工作模式下的各个信号的连接逻辑和信号传输方向。

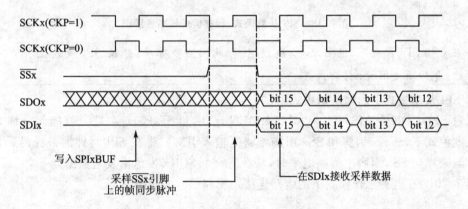

图 7.17　SPI 主控模式、帧从模式操作时序

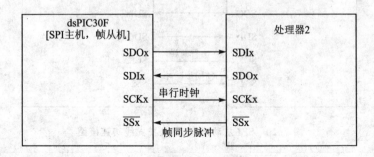

图 7.18　SPI 主控模式、帧从模式线路连接图

3. SPI 从动模式下的帧主控模式

通过 SPIxCON 令 MSTEN="0"、FRMEN="1"和 SPIFSD="0"可使能此分帧 SPI 模式。在从动模式下,使用外部输入时钟。当 SPIFSD="0"时,$\overline{SSx}$引脚是输出引脚。因此,当写入 SPIBUF 时,模块将在 SPI 时钟的下一个发送沿把$\overline{SSx}$引脚驱动为高电平。$\overline{SSx}$引脚在一个 SPI 时钟周期内将保持驱动为高电平。将在下一个 SPI 时钟发送沿开始发送数据。

图 7.19 所示为在这种工作模式下的线路连接逻辑和信号方向图。

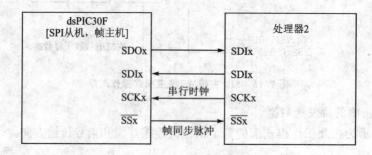

图 7.19　SPI 从动模式、帧主模式线路连接图

注意:在分帧 SPI 模式下,使用$\overline{SSx}$引脚发送/接收帧同步脉冲;分帧 SPI 模式要求使用所有 4 个引脚(即必须使用$\overline{SSx}$引脚)。

4. SPI 从动模式下的帧从动模式

通过 SPIxCON 令 MSTEN="0"、FRMEN="1"和 SPIFSD="1"可使能此分帧 SPI 模式式。在此模式下,SCKx 引脚和 SSx 引脚都将是输入引脚。将在 SPI 时钟的采样沿采样 SSx 引脚。当采样到 SSx 引脚上为高电平时,将在下一个 SCKx 发送沿发送数据。

图 7.20 为在这种工作模式下的线路连接逻辑和信号方向图。

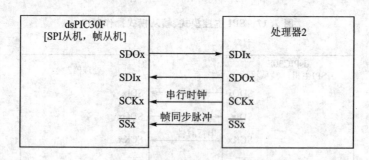

图 7.20　SPI 从动模式、帧从模式线路连接图

注意:在分帧 SPI 模式下,使用$\overline{SSx}$引脚发送/接收帧同步脉冲;分帧 SPI 模式要求使用所有 4 个引脚(即必须使用$\overline{SSx}$引脚)。

7.2.4 SPI 主控模式时钟频率

在主控模式下,提供给 SPI 模块的时钟周期就是指令周期(T_{CY})时钟。然后此时钟信号由主预分频器(由 SPIxCON 里的 PPRE<1:0>指定)和辅助预分频器(由 SPIxCON 里的 SPRE<2:0>指定)分频。经过分频的时钟就成为 SPI 串行时钟并通过 SCKx 引脚提供给外部设备。

注意:SCKx 信号时钟在正常 SPI 模式下不是自由运行的。它仅在 SPIxBUF 加载了数据后运行 8 或 16 个脉冲时间。但是在分帧模式下,它会连续运行(自由运行)。

公式(7-1)所示是 SPI 时钟计算公式。

$$F_{SCK} = \frac{F_{CY}}{\text{初级预分频比} \times \text{次级预分频比}} \quad (7-1)$$

表 7.12 所列为部分 SPI 时钟速率(表中 SCKx 频率的单位为 kHz)。可以根据两个分频器灵活地选择所需要的 SPI 时钟速率。

注意:SPI 模块并非能够支持所有的时钟速率。如需更多信息,参见相应芯片数据手册里的 SPI 时序规范。

表 7.12 SPI 时钟速率(SCKx 频率)

$F_{CY}=30$ MHz		辅助预分频器设置				
		1:1	2:1	4:1	6:1	8:1
主预分频器设置	1:1	30 000	15 000	7 500	5 000	3 750
	4:1	7 500	3 750	1 875	1 250	938
	16:1	1 875	938	469	313	234
	64:1	469	234	117	78	59
$F_{CY}=5$ MHz						
主预分频器设置	1:1	5 000	2 500	1 250	833	625
	4:1	1 250	625	313	208	156
	16:1	313	156	78	52	39
	64:1	78	39	20	13	10

7.2.5 低功耗模式下 SPI 的工作

dsPIC30FXXXX 系列芯片具有两种能耗模式：第一种是工作模式，此时内核与外设均处于运行状态。第二种是低功耗模式，通过执行 PWRSAV 指令可进入该模式。dsPIC30F 系列芯片支持两种低功耗模式。在 PWRSAV 指令中可以通过参数来指定具体的模式。这两种能耗模式如下。

1. SLEEP 模式

芯片时钟停振。可通过以下指令实现：

```
;include device p30fxxxx.inc file
PWRSAV #SLEEP_MODE
```

SPIx 从主控模式进入 SLEEP 模式后，波特率发生器停止并复位。如果在发送/接收的过程中进入 SLEEP 模式，则发送/接收将被中止。因为在发送或接收未完成时没有自动的方式能防止 SPIx 模块进入 SLEEP 模式，因此用户软件必须将进入 SLEEP 模式与 SPI 模块工作同步以防止传输中止。在 SLEEP 模式下发送器和接收器将停止工作。发送器或接收器在被唤醒后不会继续完成传输工作。

SPIx 从从动模式进入 SLEEP 模式后，由于 SCKx 的时钟脉冲由外部提供，所以模块在 SLEEP 模式下将继续工作。它将在进入到 SLEEP 模式的过渡时间内完成所有事务。完成事务后，SPIRBF="1"，从而将 SPIxIF="1"。如果允许 SPI 中断（SPIxIE="1"），芯片将从 SLEEP 模式唤醒。如果 SPI 中断的优先级高于当前 CPU 优先级，将从 SPIx 中断向量地址单元处恢复代码执行。否则，将继续执行在进入 SLEEP 模式之前执行的 PWRSAV 指令后的代码。如果此模块作为从设备工作，那么在进入 SLEEP 模式时它将不会复位。当 SPIx 模块进入或退出 SLEEP 模式时，寄存器内容不受影响。

2. IDLE 模式

芯片时钟处于工作状态，但是 CPU 和所选外设的时钟被关闭。

```
;include device p30fxxxx.inc file
PWRSAV #IDLE_MODE
```

当芯片进入 IDLE 模式时，系统时钟源保持工作。SPIxSTAT 里的 SPISIDL 位决定模块在 IDLE 模式下是停止工作还是继续工作。如果 SPISIDL="1"，SPI 模块将在进入 IDLE 时停止通信，其工作状况将和处于 SLEEP 模式时相同。如果 SPISID="0"（默认选择），模块将在 IDLE 模式下继续工作。

7.3 内部互联总线(I²C 总线)

7.3.1 概 述

I²C 总线也称内部集成电路(Inter-Integrated Circuit, I²C),是一种应用非常广泛的串行接口逻辑,常用于板内不同模块之间的数据交换。其总线通常只使用两根通信线进行连接,在总线上可能有很多个外设并联在一起。这些模块互相连接,按照 I²C 总线通信规则协调工作。由于 I²C 总线有占用口线少、可以寻址和接口简单等好处,因此得到了广泛的应用。

通常在 dsPIC30F、dsPIC33F 以及 PIC24F 和 PIC24H 系列芯片上可能有一个或两个 I²C 总线模块。在低引脚数(比如 28 脚)的型号里通常只有一个 I²C 模块。具体情况需要参考相应型号的数据手册。

I²C 总线是与其他外设或单片机芯片通信非常有用的串行端口。这些外设可以是串行 EEPROM、显示驱动器、A/D 转换器、温度传感器和可编程运算放大器等,也可以连接其他的 CPU 进行数据通信。I²C 模块可以工作在从机状态、单主系统和多主系统(用到总线冲突检测和仲裁)等工作模式。

I²C 模块包含有独立的 I²C 主逻辑(Master Logic)电路和 I²C 从逻辑(Slave Logic)电路。这两个逻辑电路都会根据相应事件产生中断。在多主系统中,控制软件可以分为主控制器软件和从控制器软件。

当 I²C 主逻辑电路有效时,从逻辑电路也保持有效,以检测总线状态并可能接收自身的报文(单主系统)或来自其他主设备的报文(多主系统)。在多主机总线仲裁时不会丢失报文。在多主系统中,与系统中其他主设备冲突的总线冲突会被检测到,模块提供了终止并重新开始报文传输的方法。

图 7.21 所示为 I²C 模块原理框图。可以看到模块包含一个独立的波特率发生器。I²C 波特率发生器不消耗芯片中的其他定时器资源。

dsPIC 系列芯片的 I²C 模块有一些独特的特点。

- 具有独立的主(Master)和从(Slave)逻辑电路。
- 可以支持多主机(Multi-Master)模式,这样在仲裁时就不会丢失报文。
- 可以检测 7 位和 10 位芯片地址。
- 可以按 I²C 协议的定义检测全局呼叫地址。
- 支持总线转发器(Bus Repeater)模式。作为从设备,不论报文地址如何,可接收所有报文。
- 支持自动 SCL 时钟延长(Clock Stretching)。这个特性可为处理器提供响应从设备数据请求的延时。
- 支持 100～400 kHz 总线规范。

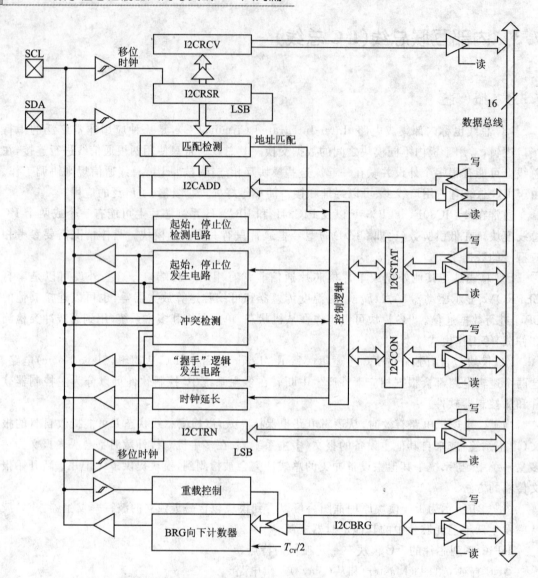

图 7.21 I²C 模块原理框图

7.3.2 I²C 总线特性

图 7.22 是一个典型的 I²C 总线应用实例,即 dsPIC30F 和 24LC256 串行 EEPROM 的典型接口示意图。可以看到 I²C 总线是一个双线串行接口。I²C 接口使用了完善的协议以确保可靠的数据发送与接收。在通信时,一个芯片作为主设备启动总线上的传输并产生时钟信号以允许该传输,而其他芯片作为该传输的从设备。时钟线"SCL"从主设备输出并输入到从设

备,虽然从设备偶尔也会驱动 SCL 线。数据线"SDA"可以是主设备和从设备两者的输出和输入。

由于 SDA 和 SCL 线是双向的,驱动 SDA 和 SCL 线的芯片输出必须漏极开路以执行总线的"线与"功能。另外使用了外部上拉电阻,以确保当没有芯片将线拉低时能保持高电平。

在 I²C 接口协议中,每个芯片都有一个地址。当主设备想开始数据传输时,它首先发送想要"通话"(Talk)的目标芯片地址。所有从设备都会"接听"(Listen),以确定是否与其地址匹配。在该地址中,bit0 指定主设备是希望读还是写从设备。在数据传输时,主设备和从设备总是工作在相反的模式(发送器/接收器)下。但在任何情况下,都由主设备产生 SCL 时钟信号。

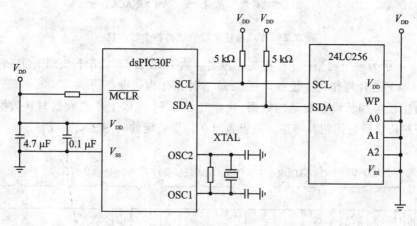

图 7.22 典型的 I²C 应用电路图

7.3.3 总线协议与报文协议

图 7.23 所示为 I²C 总线协议时序结构。只有在总线不忙时才可以开始数据传输。以下是总线协议:

① 启动(S):在总线空闲状态,当 SCL 为高,SDA 由高变低即为"启动"。

② 停止(P):当 SCL 为高时,SDA 由低变为高即为"停止"。

③ 重复启动(R):在"等待"状态,当 SCL 为高时,SDA 由高变低即为"重复启动"。重复启动可以让主芯片在不失去总线控制的情况下改变总线方向。

④ 数据有效(D):在启动条件之后,如果 SDA 线在时钟信号的高电平期间保持稳定,则 SDA 线的状态代表有效数据。每个 SCL 时钟都有一位数据。

⑤ 应答(A)或不应答(N):所有数据传输必须由接收器作出应答(ACK)或不作出应答(NACK)。接收器会将 SDA 线拉低发出 ACK 或释放 SDA 线发出 NACK。使用一个 SCL 时钟,应答信号需要一个一位周期。

⑥ 等待/数据无效(Q)：在时钟信号的低电平周期，必须修改线上数据。通过将 SCL 线拉低，芯片可以延长时钟低电平时间，导致总线的"等待"状态。

⑦ 总线空闲(I)：在停止后，启动前，数据线和时钟线在这段时间保持高电平。

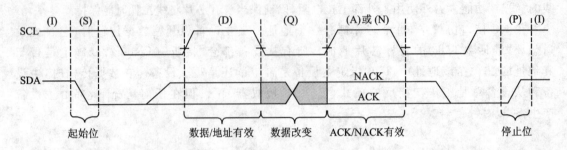

图 7.23　I²C 总线通信协议的各个状态位

图 7.24 所示为一个典型的 I²C 报文。报文会从 24LC256 I²C 串行 EEPROM 读取指定的字节。dsPIC30F 芯片将作为主设备，24LC256 芯片将作为从设备。

表明由主设备和从设备驱动的数据，注意复合的 SDA 线上是主数据与从数据的"线与"值。主设备对协议进行控制并排序。从设备只在特别确定的时间驱动总线。

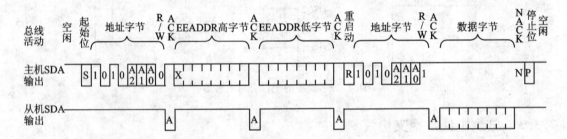

图 7.24　读串行 EEPROM 时典型的 I²C 总线消息(随机寻址模式)

以下各项是主要的报文协议：

1. 启动报文(START Message)

所有报文都以启动(START)条件开始并以停止(STOP)条件终止。在启动和停止条件之间传输的数据字节取决于主设备。如系统协议所定义的，报文的字节可以有"芯片地址字节"或"数据字节"等特殊意义。

2. 寻址从设备(Address Slave)

如图 7.24 所示，第一个字节是芯片地址字节，任何 I²C 报文的最初部分必须为此字节。它包含一个芯片地址和一个 R/W 位。注意该第一个地址字节的 R/W="0"，表示主设备将充当发送器，从设备则将是接收器。

3. 从设备应答(Slave Acknowledge)

接收到每个字节后,接收芯片必须产生应答信号"ACK"。主设备必须产生另外一个与该应答位有关的 SCL 时钟信号。

4. 主设备发送(Master Transmit)

主设备发送到从设备的接下去两个字节是包含所请求 EEPROM 数据字节位置的数据字节。从器件必须确认每个数据字节。

5. 重复启动(Repeated START)

此时,从设备 EEPROM 拥有将所请求数据字节返回主设备所必需的地址信息。但是,第一个器件地址字节中的 R/W 位指定了主设备发送,从设备接收。要让从设备向主设备发送数据,总线必须转为另一个方向。

假如想不用结束报文就实现此功能,主设备可发送一个"重复启动"信号。"重复启动"后接一个芯片地址字节,该字节包含和前面相同的芯片地址,但 R/W ="1",以表明从设备发送,主设备接收。

6. 从机应答(Slave Reply)

现在从设备发送驱动 SDA 线的数据字节,主设备继续产生时钟信号,但是释放其 SDA 驱动。

7. 主设备应答(Master Acknowlwdge)

在读取时,主设备必须通过对报文的最后一个字节不作出应答(产生一个"NACK")来终止对从设备的数据请求。

8. 停止报文(STOP Message)

主设备发送停止信号终止报文并将总线恢复到空闲(IDLE)状态。

7.3.4 相关寄存器

图 7.25 所示为与 I^2C 模块相关的 6 个寄存器。这些寄存器可在字节或字模式下访问。

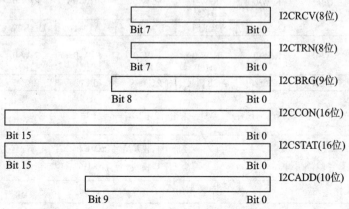

图 7.25 与 I^2C 总线操作相关的寄存器

- 控制寄存器(I2CCON)：此寄存器负责设置 I2C 工作方式。
- 状态寄存器(I2CSTAT)：此寄存器包含表明 I2C 工作过程中模块状态的状态标志。
- 接收缓冲寄存器(I2CRCV)：这是读取数据字节的缓冲寄存器。I2CRCV 寄存器是只读寄存器。
- 发送寄存器(I2CTRN)：这是发送寄存器，在发送操作时，字节会写入此寄存器。I2CTRN 寄存器是读/写寄存器。
- 地址寄存器(I2CADD)：I2CADD 寄存器保存从设备地址。
- 波特率发生器重载寄存器(I2CBRG)：保存 I2C 模块波特率发生器的波特率发生器重载值。

I2CTRN 是写入待发送数据的寄存器。当模块从主设备发送数据到从设备或从设备发送应答数据到主设备时，要使用此寄存器。在报文传输过程中，I2CTRN 寄存器会移出各个位。因此，除非总线处于空闲状态，否则可能无法写入 I2CTRN。在发送当前数据时，可以重载 I2CTRN。

主设备或从设备正在接收的数据被移入一个名为 I2CRSR 的不可访问移位寄存器。当接收到完整的字节时，该字节会被传输到 I2CRCV 寄存器。接收时，I2CRSR 和 I2CRCV 会创建一个双重缓冲接收器。这可以允许在读取已接收数据的当前字节前开始接收下一个字节。

如果在软件从 I2CRCV 寄存器读取前一个字节前，模块接收到了另一个完整字节，将会发生接收器溢出，同时令 I2CCON 里的 I2COV="1"。I2CRSR 中的字节则会丢失。

I2CADD 寄存器用于保存从设备地址。在 10 位模式时所有的位都是地址。在 7 位寻址模式时只有 I2CADD<6：0>是地址。I2CCON 里的 A10M 指定从设备地址的宽度模式。

表 7.13 所列为 I^2C 控制寄存器(I2CCON)各位的分布和含义。

表 7.13 I^2C 控制寄存器(I2CCON)

R/W-0	U-0	R/W-0	R/W-1 HC	R/W-0	R/W-0	R/W-0	R/W-0
I2CEN	—	I2CSIDL	SCLREL	IPMIEN	A10M	DISSLW	SMEN

bit 15   bit 8

R/W-0	R/W-0	R/W-0 HC	R/W-0 HC	R/W-0 HC	R/W-0 HC	R/W-0 HC	R/W-0 HC
GCEN	STREN	ACKDT	ACKEN	RCEN	PEN	RSEN	SEN

bit 7   bit 0

其中：R=可读位，W=可写位，WC=硬件清零，U=未用(读作 0)，−n=上电复位时的值

Bit15	I2CEN： I^2C 使能位	1=使能 I^2C 模块并将 SDA 和 SCL 引脚配置为串行端口引脚 0=禁止 I^2C 模块，所有的 I^2C 引脚都由端口功能控制
Bit14	未用	读作"0"

续表 7.13

Bit13	I2CSIDL：IDLE 模式停止位	1＝IDLE 模式时关闭模块　0＝IDLE 模式继续工作
Bit12	SCLREL： SCL 释放控制位（从模式）	1＝释放 SCL 时钟　0＝保持 SCL 时钟为低电平（时钟延长） 当 STREN＝1 时该位可读写的，在从设备发送开始时由硬件清零；在从设备接收结束时由硬件清零 当 STREN＝0 时该位为读/置位（即软件只能写入 1 释放时钟）在从设备发送开始时由硬件清零
Bit11	IPMIEN：智能外设管理接口（IPMI）使能位	1＝使能 IPMI 支持模式，所有的地址已确认 0＝未使能 IPMI 模式
Bit10	A10M： 10 位从设备地址	1＝I^{2}CADD 是一个 10 位从设备地址 0＝I^{2}CADD 是一个 7 位从设备地址
Bit9	DISSLW： 上升速率控制位	1＝禁止上升速率控制 0＝使能上升速率控制
Bit8	SMEN： SMBus 输入电平位	1＝使能符合 SMBus 规范的 I/O 引脚阈值 0＝禁止 SMBus 输入阈值
Bit7	GCEN： 全局呼叫使能位（从模式）	1＝I2CRSR 接收到全局呼叫地址时允许中断（已使能接收功能） 0＝禁止全局呼叫地址
Bit6	STREN： SCL 时钟延长使能位（从模式）	与 SCLREL 位一起使用 1＝使能软件或接收时钟延长 0＝禁止软件或接收时钟延长
Bit5	ACKDT： 应答数据位（主模式，适用于主设备接收过程）	当软件开始应答序列时将发送的值 1＝在非应答时发送 NACK 0＝在应答时发送 ACK
Bit4	ACKEN： 应答序列使能位	（当作为 I^{2}C 主设备工作时，适用于主设备接收过程。） 1＝发出应答和 ACKDT 数据位，主设备应答序列结束时硬件清零 0＝不是应答序列
Bit3	RCEN： 接收使能位（主模式）	1＝接收模式，主设备接收数据字节的第八位结束时由硬件清零 0＝非接收模式
Bit2	PEN： 停止条件位（主模式）	1＝发出停止条件，在主设备停止序列结束时由硬件清零 0＝不发出停止条件
Bit1	RSEN： 重复启动条件位（主模式）	1＝发出重复启动条件，主设备重复启动序列结束时硬件清零 0＝不产生重复启动条件
Bit0	SEN： 启动条件位（主模式）	1＝发出启动条件，在主设备启动序列结束时硬件清零 0＝不发出启动条件

表 7.14 所列为 I²C 状态寄存器(I2CSTAT)各位的分布和含义。

表 7.14 I²C 状态寄存器(I2CSTAT)

R-0 HS,HC	R-0 HS,HC	U-0	U-0	U-0	R/C-0 HS	R-0 HS,HC	R-0 HS,HC
ACKSTAT	TRSTAT	—	—	—	BCL	CCSTAT	ADDIO
bit 15							bit 8
R/C-0 HS	R/W-0 HS	R-0 HS,HC	R/C-0 HS,HC	R/C-0 HS,HC	R-0 HS,HC	R-0 HS,HC	R-0 HS,HC
IWCOL	I²COV	D_A	P	S	R_W	RBF	TBF
bit 7							bit 0

其中:R=可读位,W=可写位,WC=硬件清零,WS=硬件置位,U=未用(读作 0),-n=上电复位时的值

Bit15	ACKSTAT: "应答"状态位	(I²C 主模式时,用于主设备发送操作) 1=接收到来自从设备的 NACK 0=接收到来自从设备的 ACK 在从设备应答结束时由硬件置位或清零
Bit14	TRSTAT: "发送"状态位	(I²C 主模式时,用于主设备发送操作) 1=主设备正在发送(8 位+ACK) 0=主设备未进行发送 主设备发送开始时由硬件置位,从设备应答结束时由硬件清零
Bit13～11	未用	读作"0"
Bit10	BCL: 主设备总线冲突位	1=主设备工作期间遇到总线冲突 0=未发生冲突 在检测到总线冲突时由硬件置位
Bit9	GCSTAT: 全局呼叫状态位	1=收到了全局呼叫地址 0=未收到全局呼叫地址 当地址与全局呼叫地址匹配时由硬件置位 在停止检测时由硬件清零
Bit8	ADD10: 10 位地址状态位	1=10 位地址匹配 0=10 位地址不匹配 在匹配的 10 位地址的第二个字节匹配时由硬件置位 在停止检测时由硬件清零
Bit7	IWCOL: 写冲突检测位	1=总线冲突,写 I2CTRN 寄存器失败 0=未发生冲突 当总线忙,写 I2CTRN 发生时由硬件置位(由软件清零)
Bit6	I2COV: 接收溢出标志位	1=当 I2CRCV 寄存器仍然保存有原先的字节时接收了新字节 0=无溢出 尝试从 I2CRSR 传输到 I2CRCV 时由硬件置位(由软件清零)
Bit5	D_A: 数据/地址位(I²C 从模式)	1=上次接收的字节是数据 0=上次接收的字节是芯片地址 芯片地址匹配时由硬件清零 通过写 I2CTRN 或接收从设备字节由硬件置位
Bit4	P: 停止位	1=上次检测到了停止位 0=上次未检测到停止位 当检测到起始、重复启动或停止时由硬件置位或清零

续表 7.14

Bit3	S： 起始位	1=上次检测到起始(或重复启动)位 0=上次未检测到起始位 当检测到起始、重复启动或停止时由硬件置位或清零
Bit2	D_W： 读/写位信息位(I^2C 从模式)	1=读,表示数据来自从设备 0=写,表示数据传输到从设备 接收到 I^2C 芯片地址字节后由硬件置位或清零
Bit1	RBF： 接收缓冲器状态位	1=接收完成,I2CRCV 满,当使用接收到字节时由硬件置位 0=接收未完成,I2CRCV 空,当软件读 I2CRCV 时由硬件清零
Bit0	TBF： 发送缓冲器状态位	1=I2CTRN 满,正在发送,当软件写 I2CTRN 时由硬件置位 0=I2CTRN 空,发送完成,数据发送完成时由硬件清零

7.3.5 使能 I^2C 操作

通过令 I2CCON 里的 I2CEN="1"可以使能模块。当模块被使能后,主设备和从设备功能同时有效,并且会按软件或总线事件作出反应。

I^2C 使能后,模块将释放 SDA 和 SCL 引脚,将总线置于空闲状态。主设备功能将保持在空闲状态,除非软件将某个控制位置位以开始一个主设备事件。从设备功能将开始监视总线。如果从芯片逻辑在总线上检测到启动事件和有效地址,从设备逻辑将开始从设备事务处理。

I^2C 总线使用了两个引脚。一个是用于时钟信号传输的 SCL 引脚,另一个是作为数据信号传输的 SDA 引脚。当模块被使能后,假定没有其他具有更高优先级的模块拥有控制权,那么模块会控制 SDA 和 SCL 引脚。软件不需要关心这些引脚端口 I/O 的状态,端口状态和方向控制寄存器设置失效。在初始化时,引脚为三态(释放)。

I^2C 模块会产生两个中断。一个中断被分配给主设备事件,另一个则被分配给从设备事件。这些中断将会把相应的中断标志位置位,并且如果相应的中断允许位置位,且对应中断优先级够高,将会中断当前软件执行,进入中断入口。

主设备中断名为 MI2CIF,会在主设备报文事件完成时激活。下列事件会产生 MI^2CIF 中断:启动条件、停止条件、数据传输字节已发送/已接收、应答发送、重复启动和总线冲突事件检测。

从设备中断称为 SI2CIF,检测到有发送到从设备的报文时被激活。下列事件会产生 SI2CIF 中断:检测到有效芯片地址(包括全局呼叫地址)、发送数据的请求和接收数据。

当作为 I^2C 主设备工作时,模块必须产生系统 SCL 时钟。通常 I^2C 系统时钟被指定为 100 kHz、400 kHz 或 1 MHz。系统时钟速率被指定为最小 SCL 低电平时间加上最小 SCL 高电平时间。在大部分情况下,这是通过两个 T_{BRG} 间隔定义的。

图 7.26 所示为波特率发生器框图。其重载值是 I2CBRG 寄存器的内容。当波特率发生器装入该值后,发生器递减计数直至 0,然后停止直到再次装入。发生器计数会在每个指令周期(T_{CY})递减两次。波特率发生器在波特率重新启动时会自动重新加载。例如,如果发生了时钟同步,波特率发生器会在 SCL 引脚采样为高电平时重新加载。

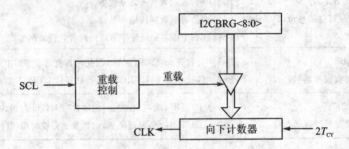

图 7.26 I²C 波特率发生器示意图

公式(7-2)可以用来计算波特率发生器重载值。

$$\text{I2CBRG} = \left(\frac{F_{CY}}{F_{SCL}} - \frac{F_{CY}}{1\,111\,111} \right) - 1 \tag{7-2}$$

表 7.15 所列为 I²C 对应的时钟速率与系统时钟的关系。

表 7.15 I²C 对应的时钟速率与系统时钟的关系

所需的系统 F_{SCL}	F_{CY}	I2CBRG 十进制	I2CBRG 十六进制	实际 F_{SCL}
100 kHz	40 MHz	399	0×18F	100 kHz
100 kHz	30 MHz	299	0×12B	100 kHz
100 kHz	20 MHz	199	0×0C7	100 kHz
400 kHz	10 MHz	24	0×018	400 kHz
400 kHz	4 MHz	9	0×009	400 kHz
400 kHz	1 MHz	2	0×002	333 kHz**
1 MHz*	2 MHz	1	0×001	1 MHz*
1 MHz	1 MHz	0	0×000(无效)	1 MHz

注意: * $F_{CY} = 2$ MHz 是 $F_{SCL} = 1$ MHz 时允许的最小输入时钟频率。
         ** 这个 F_{CY} 值是最接近 400 kHz 的值。

7.3.6 在单主环境中作为主设备的通信

I²C 模块一种典型的应用是使用主设备(比如 dsPIC)去操作一个或多个从设备(比如 EEPROM 等)。主设备控制总线上的所有通信数据。比如使用 dsPIC30F 的 I²C 模块作为系统的唯一主设备,用它来负责产生 SCL 时钟并控制报文协议。软件负责将协议中的组件排序以构成完整的报文。

图 7.24 所示为在单主系统中的一种典型工作方式。这个时序是主机通过 I²C 总线对外部串行 EEPROM 读取一个字节。以下步骤是报文生成过程。

① 通过 SDA 和 SCL 发出启动(START)信号。
② 将写操作指示位(Write Indication)和设备地址字节发送到从设备。
③ 等待并验证来自从设备的应答(Acknowledge)信号。
④ 将串行存储器地址的高字节发送到从设备。
⑤ 等待并验证来自从设备的应答(Acknowledge)信号。
⑥ 将串行存储器地址的低字节发送到从设备。
⑦ 等待并验证从设备的应答(Acknowledge)信号。
⑧ 通过 SDA 和 SCL 发出重复启动(Repeated SRART)信号。
⑨ 将读操作指示位(Read Indication)和设备地址字节发送到从设备。
⑩ 等待并验证来自从设备的应答(Acknowledge)信号。
⑪ 使能主设备的接收(Reception)功能以接收来自串行存储器数据。
⑫ 接收完数据字节后产生 ACK 或 NACK 信号。
⑬ 通过 SDA 和 SCL 发出停止(STOP)信号。

I²C 模块支持主控模式(Master Mode)通信。主要功能包括启动(START)和停止(STOP)信号发生器、数据字节发送、数据字节接收、应答信号发生器(Acknowledge Generator)和波特率发生器。软件通过操作控制寄存器以开始一个特定步骤,然后等待一个中断或查询状态以等待传输完成。

I²C 模块不允许事件排队。例如,在启动(START)信号结束前,不允许软件开始启动信号并立即写 I2CTRN 寄存器以开始传输。这种情况下将不会写入 I2CTRN,硬件将令 IWCOL="1",表明对 I2CTRN 的写操作无效。

7.3.6.1 产生启动(START)信号

软件令 I2CCON 寄存器里的启动使能位 SEN="1"即可产生启动信号。注意在将启动位置位前,软件需要检查 I2CSTAT 寄存器里的 P 状态位以确保总线处于空闲状态。

图 7.27 显示了启动条件的时序。从设备逻辑会检测启动条件、令 I2CSTAT 里的 S="1"、P="0"。SEN 位会在启动条件结束时自动清零。在启动条件完成时会产生 MI2CIF 中断。在启动条件后,SDA 线和 SCL 线会保持在低电平状态(Q 状态)。

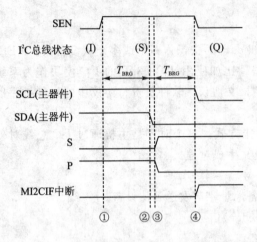

图 7.27 主设备"启动"(START)时序

在启动序列进行过程中,如果软件写 I2CTRN,则硬件令 IWCOL="1",同时发送缓冲器内容不变(写操作无效)。由于不允许事件排队,在启动信号结束之前,不能对 I2CCON 的低 5 位进行写操作。

7.3.6.2 发送数据到从设备

图 7.28 所示为模块工作在主模式时发送数据的时序图。当软件将待发送的数据字节(7 位地址或 10 位地址)写入 I2CTRN 寄存器后硬件将令 I2CSTAT 寄存器里的缓冲器满标志位 TBF="1"。数据字节从 SDA 引脚移出,直到发送完所有 8 位。地址/数据的每个位都将在 SCL 的下降沿后移出到 SDA 引脚上。在第 9 个 SCL 时钟,模块会从从设备移入 ACK 位并将该值写入 I2CCON 寄存器里的 ACKSTAT 位。模块在第 9 个 SCL 时钟周期结束时产生 MI2CIF 中断。

发送 7 位设备地址时将向从设备发送 1 个字节。7 位地址字节必须包含 7 位的 I²C 设备地址和一个 R/W 位,该位定义报文是写入从设备(主设备发送,从设备接收)还是由从设备读取(从设备发送,主设备接收)。

发送 10 位设备地址时将向从设备发送两个字节。第一个字节中包含 10 位地址中的两位,另外 5 位作为 10 位寻址模式保留的 I²C 设备地址。第二个字节是 10 位地址剩下的 8 位。由于从设备必须接收到第二个字节,因此第一个字节中的 R/W 必须是"0",以表明主设备发送,从设备接收。如果报文数据也要发到到从设备,主设备可以继续发送数据。但是,如果主设备希望得到一个来自从设备的应答,应该令 R/W="1",配合一个重复启动(Repeated START)信号,将把报文的 R/W 状态修改为读取从设备。

在第 8 个时钟的下降沿时硬件将令 TBF="0",主设备将 SDA 引脚拉为高电平,以允许从设备发出一个应答(Acknowledge)信号。紧接着主设备会产生第 9 个 SCL 时钟。这样如果发生地址匹配或数据接收正确,被寻址的从设备将在第9位时间以一个ACK位作为响应。从设备识别出地址(包括全局呼叫地址)匹配或正确接收数据后,会发送一个应答信号。ACK的状态会在第9个SCL时钟的下降沿被写入I2CSTAT里的应答状态位ACKSTAT。在第9个SCL时钟后,模块会产生MI2CIF中断并进入空闲状态,直到下一个数据字节被装入I2CTRN。

当从设备发送了应答(ACK="0")信号后,硬件将令ACKSTAT="0";而当从设备不应答时(ACK="1"),则ACKSTAT="1"。

当发送已经进行时(即模块仍在移出一个数据字节),如果用软件写I2CTRN寄存器,则硬件令IWCOL="1",缓冲器内容不变(写操作无效)。IWCOL必须用软件清零。

由于不允许事件排队,在启动条件结束之前,不能对I2CCON的低5位进行写操作。

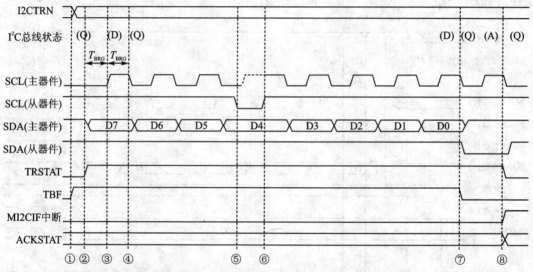

① 写I2CTRN寄存器将启动主器件发送事件,TBF位置位
② 波特率发生器启动,I2CTRN的MSB驱动SDA,SCL保持低电平,TRSTAT位置位
③ 波特率发生器超时,释放SCL。波特就绪发生器重新启动
④ 波特率发生器超时,SCL驱动为低电平,检测到SCL为低电平后,I2CTRN下一位驱动SDA
⑤ 当SCL为低电平时,从器件也能拉低SCL以开始"等待"(时钟延长)
⑥ 主器件已经释放了SCL,从器件可以释放以结束"等待",波特率发生器重新启动
⑦ 在第8个SCL时钟的下降沿,主器件释放SDA,TBF位清零,从器件驱动ACK/NACK
⑧ 在第9个SCL时钟的下降沿,主器件产生中断,SCL在下一个事件前保持低电平,从器件释放SDA,TRSTAT清零

图 7.28 主模式发送时序

7.3.6.3 接收来自从设备的数据

图7.29所示为模块工作在主模式时接收数据的时序图。软件令I2CCON里的接收使能位RCEN="1",可以使能主设备接收来自从设备的数据。做此操作之前I2CCON的低5位必须为"0"以确保主控逻辑(Master Logic)处于无效状态。

主控逻辑电路开始产生时钟,并在 SCL 的每次下降沿出现之前,采样 SDA 线并将数据移入 I2CRSR。在第 8 个 SCL 时钟脉冲的下降沿出现之后硬件令 RCEN="0"、移位寄存器 I2CRSR 里的内容传输到 I2CRCV 里(将导致 RBF="1")、模块产生 MI2CIF 中断。当 CPU 读取缓冲器 I2CRCV 之后,硬件将令 RBF="0"。软件可以处理数据然后产生应答信号。

如果 RBF="1" 且前一个字节保持在 I2CRCV 寄存器中没有被读取的情况下,移位寄存器 I2CRSR 接收到了另一个字节,那么硬件会令 I2COV="1" 并且 I2CRSR 中的数据将会丢失。假如让 I2COV 为"1" 并不会阻止继续接收。如果通过读 I2CRCV 将 RBF 清零,而且 I2CRSR 接收了另一个字节,该字节将被传输到 I2CRCV。

如果接收已经在进行时(即 I2CRSR 仍在移入数据字节时)软件执行写 I2CTRN 操作,则硬件令 IWCOL="1" 且缓冲器内容不变(不发生写操作)。由于不允许事件排队,在数据接收条件结束之前禁止对 I2CCON 的低 5 位进行写操作。

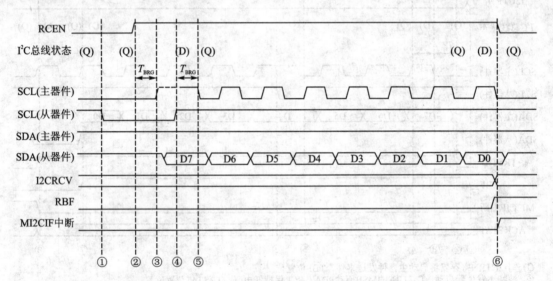

① 通常,从器件可以将SCL拉低(时钟延长)以请求等待来为数据响应作准备
　　当准备就绪时,从器件将把数据最高位(MSB)推出到SDA上
② RCEN位将启动主器件接收事件,波特率发生器启动,SCL保持低电平
③ 波特率发生器超时,主器件尝试释放SCL
④ 当从器件释放SCL时,波特率发生器重新启动
⑤ 波特率发生器超时,响应MSB移入I2CRSR,在下一个波特率间隔SCL驱动为低电平
⑥ 在第8个SCL时钟的下降沿,I2CRSR的内容被传输到I2CRCV,模块清零RCEN位
　　RBF位置位,主器件产生中断

图 7.29　主模式接收时序

7.3.6.4　应答(Acknowlwdge)逻辑的产生

令 I2CCON 里的 ACKEN="1" 即可使能产生主设备应答(Acknowledge)序列。在做这个操作之前,I2CCON 的低 5 位必须为"0"(主控逻辑电路无效)。

图 7.30 所示为 ACK 序列时序图,图 7.31 所示为 NACK 序列时序图。I2CCON 寄存器里的 ACKDT(应答数据位)用于指定 ACK 或 NACK。

在两个波特率周期后硬件将令 ACKEN="0",模块产生 MI^{2}CIF 中断。

假如应答序列正在进行,此时用软件对 I2CTRN 寄存器进行写操作,则硬件令 IWCOL="1"且缓冲器内容不变(不发生写操作)。同时由于不允许事件排队,在应答条件结束之前,禁止对 I2CCON 的低 5 位进行写操作。

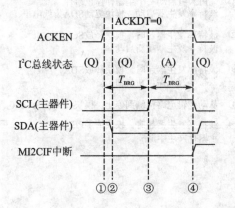

7.30 主设备应答(ACK)时序的产生

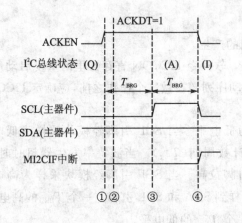

7.31 主设备不应答(NACK)时序的产生

7.3.6.5 停止(STOP)逻辑的产生

图 7.32 所示为模块工作在主模式时停止(STOP)信号的生成时序。只要令 I2CCON 寄存器里的停止序列使能位 PEN="1"即可使能主设备产生停止序列。在做此操作之前,I2CCON 的低 5 位必须为"0",以便确认主控逻辑电路无效。

从设备检测到停止条件,硬件将令 I2CSTAT 寄存器里的 P="1",并令 S="0"。硬件自动令 PEN="0",同时模块将产生 MI2CIF 中断。

如果停止序列正在生成的时候对 I2CTRN 进行写操作,则硬件将令 IWCOL="1"且缓冲器内容不变(不发生写操作)。

注意:由于不允许事件排队,在停止条件结束之前,禁止对 I2CCON 的低 5 位进行写操作。

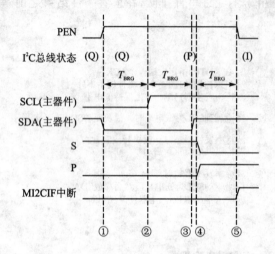

图 7.32 主设备停止(STOP)时序的产生

7.3.6.6 重复启动(Repeated START)逻辑的产生

图 7.33 所示为重复启动逻辑的产生时序图。软件令 I2CCON 寄存器里的重复启动序列使能位 RSEN="1"即可使能主设备产生重复启动序列。在做这个操作之前,应确定 I2CCON 寄存器的低 5 位为"0",确保主控逻辑电路无效。

产生重复启动条件后模块将 SCL 引脚拉为低电平。当 SCL 引脚经模块采样为低电平时,模块会在 SDA 引脚释放一个波特率发生器计数周期(T_{brg})。当波特率发生器超时时,如果 SDA 经模块采样为高电平,模块会将 SCL 引脚拉高。当 SCL 引脚经模块采样为高电平时,波特率发生器重新装载并开始计数。必须采样到 SDA 和 SCL 引脚上一个 T_{BRG} 的高电平。接下来,当 SCL 为高电平时,将 SDA 引脚拉为一个 T_{BRG} 的低电平。

重复启动序列的产生过程为:从设备检测到启动条件,令 I2CSTAT 寄存器里的 S="1"并令 P="0",硬件令 RSEN="0",同时模块产生 MI2CIF 中断。

假如重复启动序列正在进行时对 I2CTRN 寄存器进行写操作,则硬件令 IWCOL="1"且缓冲器内容不变(不发生写操作)。同时由于不允许事件排队,在重复启动条件结束前,禁止对 I2CCON 的低 5 位进行写操作。

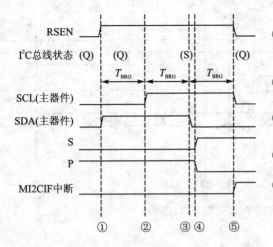

图 7.33 主设备重复启动时序的产生

7.3.7 作为主设备在多主机环境下通信

I^2C 协议允许系统总线上挂接一个以上的主设备。请记住,主设备可以启动报文事务并为总线产生时钟,协议有方法解决一个以上的主设备尝试控制总线的情形。时钟同步确保了多个节点能够同步它们的 SCL 时钟以形成 SCL 线上的一个共同的时钟。如果一个以上的节点尝试报文事务,总线仲裁(Bus Arbitration)能确保有且仅有一个节点将成功完成该报文。其他节点都将输掉总线仲裁并留下一个总线冲突。

主控模块没有特别的设置来使能多主机工作。该模块始终执行时钟同步和总线仲裁。如果该模块在单主机模式下使用,则只在主设备和从设备之间发生时钟同步,而总线仲裁将不会发生。

在多主机系统中,不同的主设备可能会有不同的波特率。时钟同步将确保当这些主设备尝试总线仲裁时,它们的时钟将是相同的。

图 7.34 所示为具有时钟同步的波特率发生器工作时序。当主设备拉高 SCL 引脚(SCL 试图悬空为高电平)时,发生时钟同步。当释放 SCL 引脚时,波特率发生器(BRG)将暂停计数直到 SCL 引脚被实际采样到高电平为止。当 SCL 引脚被采样到高电平时,波特率发生器重新装载 I2CBRG<8:0>的内容并开始计数。这可以保证在发生外部芯片将时钟保持为低的事件时,SCL 始终至少保持一个 BRG 计满返回计数周期的高电平。

总线仲裁(Bus Arbitration)功能使得系统可以支持多主机系统的工作。SDA 线的"线与"特性使得仲裁功能得以实现。当第一个主设备通过让 SDA 悬空为高电平并在 SDA 上输出一个"1",而且与此同时,第二个主设备通过把 SDA 拉为低电平并在 SDA 上输出一个"0"时,发

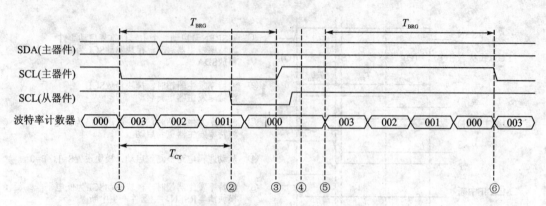

① 波特率计数器每个 T_{CY} 递减两次，计满返回时，主器件SCL将翻转
② 从器件已经拉低了SCL来开始 "等待"
③ 此时主器件波特率计数器本该发生计满返回，但是检测到SCL为低电平保持计数器的值
④ 逻辑电路每个 T_{CY} 采样一次SCL，逻辑电路检测到SCL为高电平
⑤ 波特率计数器在下一个周期发生计满返回
⑥ 在下一次计满返回发生时，主器件SCL将翻转

图 7.34 具有时钟同步的波特率发生器时序

生仲裁，SDA 信号将变低。在这种情况下，第二个主设备赢得了总线仲裁。第一个主设备输掉了总线仲裁，从而发生了一个总线冲突。

所谓总线冲突（Bus Collision）就是：第一个主设备期望 SDA 上的数据是"1"，但是 SDA 上采样到的数据却是"0"，产生了冲突。第一个主设备将令 I2CSTAT 里的总线冲突位 BCL="1"并产生主设备中断。该主控模块会将 I^2C 端口复位到空闲状态。

在多主机工作中，必须监视 SDA 线来进行仲裁，查看信号电平是否为期望的输出电平。检查由主控模块执行，并将结果放入 BCL 位。可能丢失仲裁的状态包括：启动、重复启动、地址/数据或应答位和停止。

当发生总线冲突时，硬件令 BCL="1"并产生一个主设备中断。如果在字节发送过程中发生总线冲突则发送停止，硬件令 TBF="0"且 SDA 和 SCL 引脚被拉高。如果在启动、重复启动、停止或应答条件的执行过程中发生总线冲突，则这种条件被中止，I2CCON 寄存器中的对应控制位清零，并且 SDA 和 SCL 线被拉高。

软件预备在主设备事件完成后发生中断。软件可以检查 BCL 位以确定主设备事件是否成功完成或是否发生了冲突。如果发生了冲突，软件必须中止发送待发报文的其余部分，并准备在总线返回空闲状态后，启动条件发生时开始重新发送整个报文序列。软件可以监视 S 和 P 位以等待总线空闲。当软件处理主设备中断服务程序并且 I^2C 总线空闲时，软件可通过发

出启动条件恢复通信。

系统如何处理启动(START)期间出现的总线冲突呢?在发出启动命令前,软件应该使用 S 状态位和 P 状态位验证总线的空闲状态。两个主设备可能尝试在同一个时间点启动报文。通常这两个主设备将同步它们的时钟并持续仲裁报文直到一个主设备输掉仲裁为止。然而某些条件会引起在启动时发生总线冲突。这种情况下在起始位发送期间输掉仲裁的主设备会产生一个总线冲突中断。

系统如何处理重复启动(Repeated START)期间出现的总线冲突呢?如果两个主设备在整个地址字节未发生冲突,则当一个主设备尝试发出重复启动条件而另一个主器件正在发送数据时可能产生总线冲突。在这种情况下,产生重复启动条件的主设备将输掉仲裁并产生一个总线冲突中断。

系统如何处理报文发送过程中的总线冲突呢?最典型的数据冲突(Data Collision)发生在主设备尝试发送芯片地址字节、数据字节或应答位时。假如软件正确地检查总线状态,那么在启动(START)发生时不太可能发生总线冲突。然而另一个主设备可能在非常接近的时间检查总线并发出启动条件,此时很有可能发生 SDA 仲裁并同步两个主设备的启动。此时两个主设备都将开始并持续发送它们的报文直到一个主设备在一个报文位上输掉仲裁为止。记住 SCL 时钟同步会保持两个主设备同步直到一个主设备输掉仲裁为止。

图 7.35 所示为报文位仲裁的一个示例。

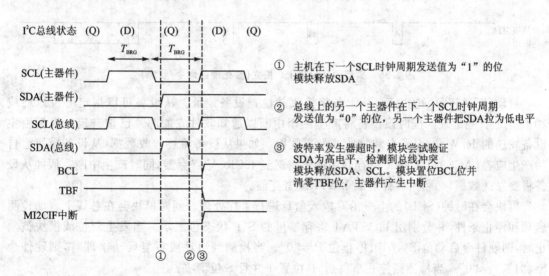

图 7.35 发送消息时候的总线冲突

系统如何处理停止(STOP)条件期间发生的总线冲突呢?如果主设备软件失去了对 I^2C 总线状态的跟踪,有些条件将导致总线冲突在停止条件期间发生。在这种情况下,产生停止条件的主设备将输掉仲裁并产生一个总线冲突中断。

7.3.8 作为从设备通信

在有些系统中,尤其是在有多个处理器互相通信的系统中,dsPIC30F 芯片可以作为从设备通信。从机的时钟来自主设备。

图 7.36 所示为多处理器系统里典型的从设备 I^2C 报文时序。当 I^2C 模块工作在从模式状态时从设备不能主动启动报文传输,它只能被动地响应由主设备发出的报文序列。主设备会向某个从设备索取回应信息。至于这个从设备是谁,完全由 I^2C 协议中的设备地址决定。从设备将在的适当时刻(由协议定义)对主设备发出回答信息。

主设备的软件负责设置返回信息的时序协议。从设备会自动检测总线上的设备地址,判断是否与本设备的地址相匹配。

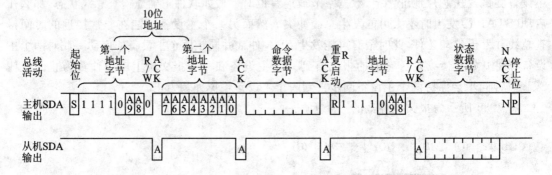

图 7.36　典型的从设备 I^2C 报文(多处理器命令/状态)

启动(START)发生之后,从设备将接收并检查设备地址。从设备可以指定 7 位地址或 10 位地址。当地址匹配时该设备将产生一个中断以通知软件它的芯片已被选定。根据由主设备发送的 R/W 位,从设备将接收或发送数据。如果从设备将要接收数据,从设备模块会自动产生应答(ACK),I2CRSR 寄存器中的值将送到 I2CRCV 寄存器,同时产生中断。假如从设备将要发送数据,必须用软件装载 I2CTRN 寄存器。

模块会在时钟(SCL)的上升沿对输入信息进行采样处理。同时模块会在总线上自动检测启动和停止条件,并分别用 I2CSTAT 寄存器里的 S、P 状态位表示。当发生复位或模块被禁止时,则硬件令启动位 S="0"、停止位 P="0"。当检测到启动或重复启动事件时,则硬件令 S="1"、P="0"。当检测到停止事件后,P 位置 1 并且 S 位清零。

7.3.8.1　地址检测(Detecting the Address)

模块被使能后将等待启动(START)条件的发生。一旦发生启动条件,根据 I2CCON 寄存器里 A10M 位的信息,从设备将尝试检测 7 位或 10 位地址。从设备模块比较接收到的一个字节(对于 7 位地址格式)或接收到的两个字节(对于 10 位地址格式)。7 位地址还包含一个 R/W 位,该位指定该地址后数据传输的方向。如果 R/W="0",则指定一个写操作,而且从设备将从主设备接收数据。如果 R/W="1",则指定一个读操作,而且从设备会将数据发送给主设备。10 位地址也包含一个 R/W 位,然而按照定义总有 R/W="0",因为从设备必须接收 10 位地址的第 2 个字节。

图 7.37 所示为写从设备(7 位地址模式)时的地址检测时序。可以看到启动条件发生后,该模块将 8 位数据移入 I2CRSR 寄存器。这时候 I2CRSR<7∶1>的值与 I2CADD<6∶0>的值作比较。在第 8 个时钟(SCL)脉冲下降沿的时候进行设备地址比较。如果地址匹配就会产生一个 ACK 信号并硬件令 D_A="0",R_W="0",同时在第 9 个时钟的下降沿产生 SI^{2}CIF 中断。模块将等待主设备发送数据。

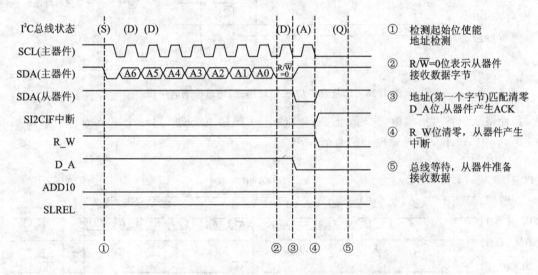

图 7.37 写从设备(7 位地址模式)地址检测时序图

图 7.38 所示为读从设备(7 位地址模式)时的地址检测时序。在 7 位地址模式时,假如用户要实现读从设备的功能,可以通过令 R/W="1"来实现。检测设备地址的过程与写从设备操作时类似。如果发生地址匹配就会产生一个 ACK 信号并硬件令 D_A="0",R_W="1",同时在第 9 个时钟的下降沿产生 SI2CIF 中断。

由于此时从设备应该以数据进行回答,必须暂停 I^{2}C 总线的工作以允许软件准备响应。这在该模块清零 SCLREL 位时自动完成。当 SCLREL="0"时,从设备的时钟线被拉低,导致 I^{2}C 总线上产生一个等待。从设备和 I^{2}C 总线将一直保持这一状态,直到软件写 I2CTRN 寄存器为止。

注意:检测到读从设备地址后,SCLREL 将自动清零,而不管 STREN 位的状态如何。

图 7.39 所示为在 10 位地址模式下的地址检测时序。从设备必须接收两个芯片地址字节:第一个地址字节的 5 个最高有效位指定该地址是 10 位地址。该地址的 R/W 位必须指定

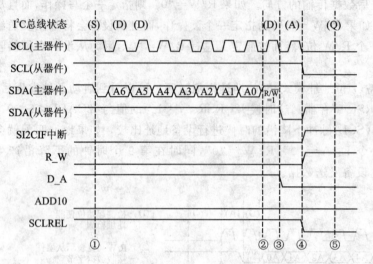

图 7.38 读从设备(7 位地址模式)地址检测时序图

为写,使得从设备可接收第二个地址字节。对于一个 10 位地址,第一个字节等于"11110 A9 A8 0",其中 A9 和 A8 是该地址的两个 MSb。

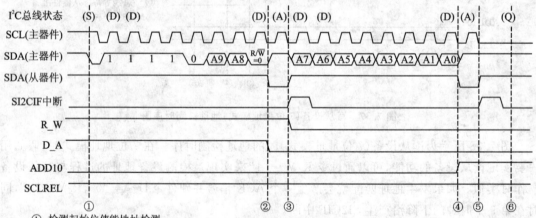

① 检测起始位使能地址检测
② 与第一个字节地址匹配,清零 D_A 位并使从动逻辑电路产生 $\overline{ACK}$
③ 接收到第一个字节,清零 R_W 位,从动逻辑电路产生中断
④ 第一个和第二个字节都地址匹配,置位 ADD10 并使从动逻辑电路产生 ACK
⑤ 接收到第二个字节完成 10 位地址,从动逻辑电路产生中断
⑥ 总线等待,从器件准备接收数据

图 7.39 10 位地址检测时序图

启动条件发生后,8 位数据被移入 I2CRSR 里。I2CRSR<2:1>里的值会与 I2CADD<9:8>里的值进行比较。同时 I2CRSR<7:3>的值会与"11110"作比较。在第 8 个时钟的下降沿比较设备地址。如果地址匹配就会产生一个 ACK 信号并令 D_A="0"和 R_W="0",同时在第 9 个时钟的下降沿产生 SI2CIF 中断。模块接收到 10 位地址的第一个字节之后会产生中断。

模块将继续接收第二个字节,并将其放入 I2CRSR。此时 I2CRSR<7:0>会与 I2CADD<7:0>比较。如果地址匹配就会产生一个 ACK 信号并令 ADD10="1",同时在第 9 个时钟的下降沿产生 SI2CIF 中断。模块将等待主设备发送数据或发出一个重复启动(Repeated START)信号。

10 位模式下,重复启动信号发生后,从设备模块只匹配第一个 7 位地址(11110A9A80)。

全局呼叫(General Call)的概念是:主设备发出的地址能寻址所有从设备,也就是总线上每个结点都能"听见"主设备的呼叫。当主设备发出这个地址后所有被使能的从设备都以应答信号(Acknowledge)响应。全局呼叫地址(General Call Address)是 I²C 协议里保留的特殊地址。该地址的 R/W="0",其余位也全为 0。

图 7.40 所示为全局呼叫地址识别时序图。令 I2CCON 里的全局呼叫使能位 GCEN="1"即可使能全局呼叫地址识别。当检测到起始位后 8 位数据移入 I2CRSR 并与 I2CADD 比较同时也与全局呼叫地址相比较。如果全局呼叫地址匹配会产生一个 ACK 信号、I2CSTAT 里的 GCSTAT="1"、D_A 和 R_W="0",在第 9 个时钟的下降沿产生 SI2CIF 中断,I2CRSR 里的数据被送到 I2CRCV 且 RBF="1"(在第 8 位期间),接着模块等待主设备发送数据。

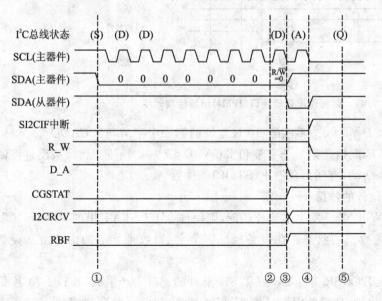

图 7.40　全局呼叫地址检测时序图

响应中断时软件根据 GCSTAT 位可以判断中断类型以确定设备地址是设备本身地址还是全局呼叫地址。注意全局呼叫地址是 7 位地址。假如令 A10M="1"使得从设备设置为 10 位地址模式,但是在 GCEN="1"的情况下从设备仍将继续检测 7 位全局呼叫地址。

某些 I^2C 系统协议要求从设备对总线上的所有报文作出响应。智能外设管理接口总线(Intelligent Peripheral Management Interface,IPMI)使用 I^2C 节点作为分布式网络中的消息中继器(Message Repeater)。要允许一个节点中继所有报文,从设备必须接收所有报文而不管接收到的设备地址是什么。

图 7.41 所示为工作在智能外设管理接口(IPMI)模式时地址检测时序图。软件令控制寄存器 I2CCON 里的 IPMIEN="1"即可使能此模式。这时候不管 I2CADD 寄存器和 A10M、GCEN 位的状态如何,所有地址都将被接收。

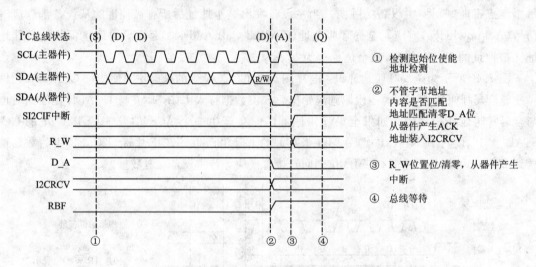

图 7.41　智能外设管理接口(IPMI)地址检测时序

如果 7 位地址与 I2CADD<6:0>不匹配、10 位地址的第一个字节与 I2CADD<9:8>不匹配或者虽然第一个字节匹配但是第二个字节和 I2CADD<7:0>不匹配时,从设备将回到空闲状态并忽略所有总线活动,直到出现停止(STOP)条件后。

7.3.8.2　接收来自主设备的数据

当设备地址字节的 R/W="0"且发生了地址匹配,则硬件令 I2CSTAT 里的 R_W="0"。从设备进入等待主设备发送数据的状态。在设备地址字节之后,数据字节的内容由从设备接收。

从设备将 8 位数据移入 I2CRSR 寄存器。在第 8 个脉冲的下降沿产生 ACK 或 NACK 信号并令 RBF="1";紧接着 I2CRSR 里的内容被传送到 I2CRCV,D_A="1"同时产生从设备中断,软件可以检查 I2CSTAT 的状态以确定事件的原因然后令 SI2CIF="0"。模块将等待下一个数据字节。

通常情况下从设备将在第 9 个时钟时发送 ACK 应答所有接收的字节。如果接收缓冲器溢出则从设备就不会产生 ACK。在传输的报文被接收前,假如 I2CSTAT 里的缓冲满位 RBF="1"或者溢出位 I2COV="1"就表示溢出。

表 7.16 所列为当接收到一个数据字节时可能发生的各种情况。从 RBF 和 I2COV 位的状态可以判断这些情况。如果在从设备尝试发送到 I2CRCV 时 RBF 位已经为 1 则这个传输不会发生但是会产生中断并令 I2COV="1"。如果 RBF 和 I2COV 都为"1"则从设备的行为与前面所述类似。读 I2CRCV 就可以硬件令 RBF="0",而想清零 I2COV 必须通过软件对该寄存器写 0。表中阴影单元表示软件没有正确清零溢出条件的情况。

表 7.16 数据传输接收字节行为

数据字节接收的状态位		发送 I2CRSR→I2CRCV	产生 $\overline{ACK}$	产生 SI2CIF 中断(如果允许的话产生中断)	设置 RBF	设置 I2COV
RBF	I2COV					
0	0	是	是	是	是	无变化
1	0	否	否	是	无变化	是
1	1	否	否	是	无变化	是
0	1	是	否	是	是	无变化

当从设备接收一个数据字节后主设备会立即发送下一个字节。这样从设备的软件获得 9 个时钟的时间以处理前面接收的字节。如果该时间还不够,从设备的软件可以产生总线等待(WAIT)周期来满足时序要求。

令 I2CCON 里的 STREN="1"使能总线等待。当在一个接收字节的第 9 个时钟下降沿时 STREN="1"则从设备令 SCLREL="0",这将导致从设备将 SCL 线拉低,开始一个等待时间。主、从模块的 SCL 时钟将同步。当软件准备好继续接收时令 SCLREL="1",这将导致从设备释放 SCL 线并且主设备恢复产生时钟信号。

7.3.8.3 发送数据到主设备

当收到的设备地址字节里的 R/W="1"且发生了地址匹配,则将 I2CSTAT 里的 R_W 置"1"。在这一点上,主设备希望从设备通过发送一个数据字节作为响应。此字节的内容由系统协议定义且只可以由从设备发送。

当发生来自地址检测的中断时,软件可以将字节写入 I2CTRN 寄存器以开始数据发送。从设备令 TBF="1",8 个数据位会在 SCL 输入的下降沿上移出,这样保证 SDA 信号在 SCL 高电平时有效。当 8 位全部移出后 TBF="0"。从设备则在第 9 个时钟的上升沿时检测来自主接收器的应答信号。

如果SDA线为低表示一个应答（ACK），主设备需要更多数据，即报文传输未完成。模块产生一个从设备中断以表示有更多的数据被请求。在第9个时钟的下降沿产生从中断，软件必须检查I2CSTAT寄存器的状态并令SI2CIF＝"0"。如果SDA线为高表示不应答（NACK），数据传输完成。从设备复位且不产生中断并将等待检测下一个起始位。

在从设备发送报文的过程中，主设备希望在检测到有效地址（R/W＝"1"）后立即返回数据。由于这个原因，不管何时返回数据，从设备都会自动产生一个总线等待。自动的等待在有效设备地址字节或由主设备应答的发送字节的第9个时钟下降沿时发生，表示希望发送更多的数据。

从设备令SCLREL＝"0"将导致从设备将SCL拉为低并开始等待（WAIT）。主、从设备的SCL时钟将同步。当软件装载I2CTRN并准备恢复发送时，软件令SCLREL＝"1"，这将导致从模块释放SCL线，主模块恢复产生时钟信号。

7.3.9　I²C总线的外围连接和电气规范

图7.42所示为I²C总线外围连接原理图。由于I²C总线是一个"线与"总线，所以总线上需要上拉电阻R_P。图中串联电阻R_S是可选的，用于提高ESD性能。电阻R_P和R_S的值由供电电压、总线容量和连接的设备数目等参数决定。

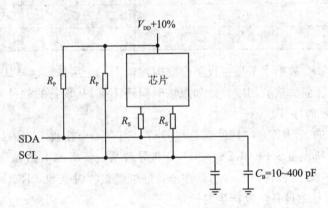

图7.42　I²C总线外围连接

由于设备有可能将总线拉低，因此在引脚输出低电平$V_{OLmax}=0.4$ V时，电阻R_P上流过的电流必须大于最小灌电流$I_{OL}=3$ mA。例如当电源电压$V_{DD}=5$ V并考虑10%的上浮时（5.5 V）：

$$R_{Pmin} = (V_{DDmax} - V_{OLmax}) / I_{OL}$$
$$= (5.5-0.4) \text{ V} / 3 \text{ mA}$$
$$= 1.7 \text{ k}\Omega$$

在 400 kHz 系统中，最小上升时间规范为 300 ns，而在 100 kHz 的系统中该规范为 1 000 ns。

由于 R_P 必须在总电容 C_B 的最大上升时间 300 ns 中将总线电压拉高到 $0.7\,V_{DD}$，R_P 的最大电阻就必须小于：

$$R_{Pmax} = -t_R / C_B \times \ln(1 - (V_{ILmax} - V_{DDmax})$$
$$= -300 \text{ ns} / (100 \text{ pF} \times \ln(1-0.7))$$
$$= 2.5 \text{ k}\Omega$$

R_S 的最大值是由低电平时能容忍的噪声容限(Noise Margin)决定的，原则是在 R_S 上产生的电压降加上芯片输出低电平 V_{OL} 之和不能超过 V_{IL} 能允许的最大值。

$$R_{Smax} = (V_{ILmax} - V_{OLmin}) / I_{OLmax}$$
$$= (0.3\,V_{DD} - 0.4 \text{ V}) / 3 \text{ mA}$$
$$= 366 \text{ } \Omega$$

SCL 和 SDA 引脚上都有滤波电路(Glitch Filter)。100 kHz 和 400 kHz 速率的系统 I^2C 总线都要求有此滤波器。

I^2C 总线工作在 400 kHz 速率时要求对芯片引脚输出进行转换率(Slew Rate)控制。此转换率控制是集成在芯片中的。如果 I2CCON 里的 DISSLW＝"0"则转换率控制被激活。对于其他较低的总线速度 I^2C 规范不要求转换率控制并且 DISSLW＝"1"。

某些实现 I^2C 总线的系统需要 V_{IL}(最大值)和 V_{IH}(最小值)不同的输入电平。

在正常的 I^2C 系统中：

V_{IL}(最大值)＝ 1.5 V 和 $0.3\,V_{DD}$ 中较小的一个。

V_{IH}(最小值)＝ 3.0 V 和 $0.7\,V_{DD}$ 中较大的一个。

在 SMBus(系统管理总线)系统中：

V_{IL}(最大值)＝ $0.2\,V_{DD}$。

V_{IH}(最小值)＝ $0.8\,V_{DD}$。

I2CCON 里的 SMEN 位用来控制输入电平。SMEN＝"1"意味着输入电平为 SMBus 规范。

7.3.10 在低功耗模式下的工作情况

低功耗模式有两种：IDLE 和 SLEEP。其中 IDLE 模式是待机状态，时钟电路是在工作的，但是时钟信号没有注入 CPU 核心。这时 CPU 虽然停止工作但是外设还可以工作。IDLE 状态消耗的电流要比 SLEEP 模式大，但是 IDLE 模式唤醒的时间比从 SLEEP 唤醒要短。SLEEP 状态也称睡眠状态，这时振荡器停止振荡。这意味着 CPU 和外设都会停止工作，这时电流消耗最小(微安级)。

当芯片执行指令"PWRSAV 0"时，芯片即可进入 SLEEP 状态。当芯片进入 SLEEP 模式时,主设备和从设备将终止所有未处理的报文活动并将模块复位。当芯片从 SLEEP 模式唤醒时所有在处理中的发送/接收都不会继续。在芯片回到工作模式后,主模块将处于空闲状态等待报文命令而从设备将等待启动(START)条件。

在 SLEEP 模式中 IWCOL、I2COV、BCL="0"。此外由于终止了主设备的功能,所以 SEN、RSEN、PEN、RCEN、ACKEN、TRSTAT="0"。TBF、RBF="0"且缓冲器在唤醒时可用。

不管发送或接收是激活的还是待进行的,都没有自动的方法可以阻止模块进入 SLEEP 模式。软件必须将进入 SLEEP 模式与 I^2C 操作同步以避免中止报文。

在 SLEEP 过程中,从模块不会监视 I^2C 总线。因此不可能根据 I^2C 总线而产生唤醒(Wake Up)事件。其他中断输入,比如电平变化中断输入可以用于检测 I^2C 总线上的报文信息并引起芯片唤醒。

当芯片执行指令"PWRSAV 1"时,芯片即可进入 IDLE 状态。在 IDLE 模式下该模块会根据 I2CCON 里的 I2CSIDL 位决定是否进入低功耗状态。

如果 I2CSIDL="1"模块将进入低功耗模式与进入 SLEEP 模式的行为相类似;如果 I2CSIDL="0",模块将不会进入低功耗模式,而将继续正常工作。

第 8 章

输入捕捉与输出比较

8.1 概 述

输入捕捉(Input Capture,IC)是嵌入式控制应用常见的一种外设。输入捕捉通常用来测量事件发生的时刻,应用在超声波测距、信号周期的精确测量等场合。输入捕捉像一个"跑表"一样精确测量事件之间的定时时序,其后台使用一个定时计数器(可选某个定时器)作为时基,根据某个捕捉输入引脚上事件出现的时刻进行捕捉(事件出现时刻定时器里的数值)工作。在电机控制或电源控制等场合,常用输入捕捉来获得传感器反馈信号或交流电信号的周期。

输出比较(Output Compare,OC)也是一种常用外设。通过相应的比较寄存器设定比较时刻,这个时刻会和一个定时器担当的时基比较,当二者相等时就会产生中断、在特定的 I/O 引脚上输出有效的电平信号等。同时,输出比较模块还可以工作在 PWM 模式,提供脉冲宽度调制任务。

8.2 输入捕捉(Input Capture)

图 8.1 所示是输入捕捉的简化框图。根据不同型号,一颗芯片上可能有多个功能相同的输入捕捉通道。本书中用"x"表示某一个通道,如:ICx 表示第 x 个输入捕捉通道(x = 0,1,2,3…)。输入捕捉的工作模式主要有 4 种:每个下降沿捕捉、每个上升沿捕捉、每 4 个上升沿捕捉、每 16 个上升沿捕捉、每个上升沿和下降沿都捕捉。可以看到捕捉模块有 4 级先进先出(FIFO)捕捉缓冲区。有了缓冲区就可以极大缓解 CPU 的负担,使其成为一个智能外设。和A/D 转换模块类似,用户还可以选择在捕捉若干次后中断 CPU。这样用户可获得极大的自由度来安排程序的任务,提高系统效率。

输入捕捉可以选择 TMR2 或 TMR3 作为时基(视不同芯片而定)。定时器的时钟可以是 $F_{osc}/4$,也可以是来自 TxCK 引脚上的经过同步处理后的外部时钟信号。当事件出现在 ICx

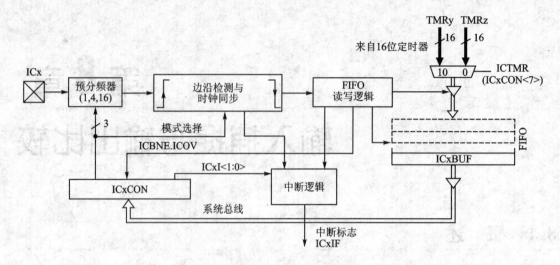

图 8.1 输入捕捉框图

引脚上时捕捉定时器的数值。可被捕捉的事件包括：简单事件捕捉（每次上升沿捕捉或每次下降沿捕捉）、边沿事件捕捉（上沿和下沿都捕捉）和预分频事件捕捉（每 4 次上升沿或 16 次上升沿捕捉）。这些模式可以通过 ICxCON 寄存器里的 ICM（3 位）设置。

8.2.1 和输入捕捉相关的寄存器

和输入捕捉相关的寄存器有输入捕捉控制寄存器 ICxCON 和输入捕捉缓冲寄存器 ICxBUF。

表 8.1 所列为输入捕捉控制寄存器 ICxCON 各位的定义和具体含义。

表 8.1 输入捕捉控制寄存器 ICxCON

U-0	U-0	R/W-0	U-0	U-0	U-0	U-0	U-0
—	—	ICSIDL	—	—	—	—	—
bit 15							bit 8
R/W-0	R/W-0	R/W-0	R-0,HC	R-0,HC	R/W-0	R/W-0	R/W-0
ICTMR	ICI<1:0>		ICOV	ICBNE	ICM<2:0>		
bit 7							bit 0

其中：R＝可读位，W＝可写位，HC＝硬件清零，U＝未用（读作 0），－n＝上电复位时的值

Bit15～14	未用	读作"0"
Bit13	ICSIDL： IDLE 模式运行位	1 = IDLE 模式下输入捕捉停止 0 = IDLE 模式下继续输入捕捉

第 8 章 输入捕捉与输出比较

续表 8.1

Bit12~8	未用	读作"0"
Bit7	ICTMR： 捕捉寄存器选择	1 = TMR2 作为捕定定时器 0 = TMR3 作为捕定定时器
Bit6~5	ICI<1：0>： 每次中断捕捉次数	11 = 每捕捉 4 次后中断　　10 = 每捕捉 3 次后中断 01 = 每捕捉 2 次后中断　　00 = 每捕捉一次后中断
Bit4	ICOV：（只读） 捕捉溢出状态位	1 = 输入捕捉溢出 0 = 输入捕捉未溢出
Bit3	ICBNE：（只读） 捕捉缓冲区空标志	1 = 捕捉缓冲区非空 0 = 捕捉缓冲区空
Bit2~0	ICM<2：0>： 捕捉模式选择位	111 = 当芯片 SLEEP 或 IDLE 时，捕捉信号只唤醒 CPU 110 = 未用（模块关闭） 101 = 每 16 个上升沿开始捕捉 100 = 每 4 个上升沿开始捕捉 011 = 每个上升沿开始捕捉 010 = 每个下降沿开始捕捉 001 = 每个上升沿和下降沿都开始捕捉（不受 ICI 位的控制） 000 = 输入捕捉模块关闭

8.2.2 简单事件捕捉（Simple Capture Events）

这种模式下，通过设置 ICxCON 寄存器中的 ICM 位（010 或 011）可设置简单事件捕捉模式。模块在捕捉输入引脚上信号的上升沿事件或下降沿事件时捕捉事件出现的时刻。这种模式下输入预分频器未用。捕捉时基可以选择 TMR2 或 TMR3。

根据选择的模式不同，输入捕捉逻辑会自动监测并同步捕捉引脚上的上升沿或下降沿。假如出现事件，模块会自动把当前定时器时基里的数值捕捉到缓冲区里。假如缓冲区里捕捉的事件次数和 ICI 位设置的次数相等时就会产生相应的中断（ICxIF）。注意：从最后一次写缓冲区到中断发生之间有两个指令周期延迟。

假如时基发生器在每个指令周期加 1，那么捕捉到的实际计数值应该比 ICx 引脚上事件出现的真正时刻晚 1 或 2 个指令周期。其原因是引脚上输入事件出现的沿和指令周期时钟之间有同步时间，同时输入捕捉逻辑电路也有延迟。假如时基采用了预分频器，时基加 1 的时间大于至少 2 个指令周期时钟，则不会存在上面提到的捕捉延迟问题。

8.2.3 边沿事件捕捉(Edge Detection Mode)

这种模式下,捕捉模块会在输入引脚上每个上升沿和下降沿都捕捉时基寄存器里的计数值。只要令 ICxCON 寄存器里的 ICM="001"即可。这种模式下预分频计数器不能使用。

在这种模式下,输入捕捉引脚上每个上升沿和下降沿时都会产生捕捉中断,相应的 ICxIF 将置"1"。也就是说"捕捉若干次后中断"的模式被禁止,ICI 位的设置无效。同样,捕捉缓冲区溢出位 ICOV 不会产生。

在简单事件捕捉模式下,输入捕捉逻辑会检测并将引脚上的上升沿和下降沿与内部时钟相位同步。当产生上升沿或下降沿时,捕捉逻辑将把当前时基定时器里的数值写入捕捉缓冲区里并通知中断生成逻辑电路。两个指令周期之后,相应的捕捉通道中断标志位 ICxIF 将被置"1"。

同样,捕捉到的定时器值将比在引脚 ICx 出现的边沿晚 1 到 2 个指令周期(T_{CY})。

8.2.4 预分频事件捕捉(Prescaler Capture Events)

捕捉模块有两种预分频事件捕捉。设置 ICxCON 寄存器里的 ICM 为"100"或"101"即可选择这两种模式。这些模式下,捕捉模块会在 ICx 引脚上出现 4 个或 16 个沿后捕捉事件发生时刻的时基值。

捕捉预分频器在输入捕捉引脚上每个上升沿都加 1,当预分频器的输入累计达到 4 个脉冲或 16 个脉冲时计数器就会输出一个有效的捕捉事件信号,该信号会和指令周期时钟同步。经过同步的捕捉事件信号用于触发捕捉缓冲区写事件并通知中断生成逻辑电路。捕捉缓冲区写事件之后 2 个指令周期,相应的捕捉中断 ICxIF 会产生。

假如时基发生器在每个指令周期加 1,那么捕捉到的实际计数值应该比 ICx 引脚上事件出现的真正时刻晚 1 或 2 个指令周期。其原因是引脚上输入事件出现的沿和指令周期时钟之间有同步时间,同时输入捕捉逻辑电路也有延迟。

捕捉模块在不同输入预分频值之间切换时可以产生一个中断。而且预分频计数器将不会清零。因此第一次捕捉可能来自一个非零预分频器。芯片复位时可以将预分频计数器清零;同样如果关闭输入捕捉通道(ICM="000")也可以将预分频计数器清零。

范例 8.1 具体说明了如何在不同的输入捕捉预分频设置之间切换。

```
;下列代码将会设置输入捕捉 1 模块:两次捕捉后中断、每 4 个上升沿捕捉、TMR2 作为时基
;本范例中清零 ICxCON 从而避免不可预知的中断
BSET IPC0, #IC1IP0          ;设置 IC1 中断优先级为"1"
BCLR IPC0, #IC1IP1
BCLR IPC0, #IC1IP2
BCLR IFS0, #IC1IF           ;清零 IC1 中断标志位
BSET IEC0, #IC1IE           ;允许 IC1 中断
```

```
CLR IC1CON                  ;关闭 IC1 模块
MOV #0x00A2,w0              ;在 W 寄存器里装载新的预分频模式
MOV w0,IC1CON               ;装载 IC1CON
MOV #IC1BUF,w0              ;设置捕捉数据取指针
MOV #TEMP_BUFF,w1           ;设置数据保存指针
;假设 TEMP_BUFF 已经预先定义,下列代码演示了当中断发生时如何读取捕捉缓冲区数据
;w0 里保存了捕捉缓冲区地址,IC1 中断服务子程序为:
__IC1Interrupt:
BCLR IFS0,#IC1IF            ;清零相应的终端标志位
MOV [w0++],[w1++]           ;读取并保存第一个捕捉数据
MOV [w0],[w1]               ;读取并保存第二个捕捉数据
;这里放置用户的其他代码
RETFIE                      ;返回 ISR
```

8.2.5 捕捉缓冲区的操作与捕捉中断

每个捕捉通道都有相应的四级深度先入先出(FIFO)缓冲区。虽然有四级深度,但是用户只能通过一个特殊功能寄存器 ICxBUF 访问缓冲区的内容。当 ICM="000"的时候捕捉模块关闭,缓冲区溢出标志位 ICxOV="0",缓冲区空标志位 ICBNE="0"。

注意:在芯片复位后、缓冲区空的时候、捕捉模块先关闭然后打开等情况下对 FIFO 进行读操作将导致不可预知的结果。因此可以通过查询相关的标志位 ICBNE(捕捉缓冲区非空)和 ICOV(捕捉缓冲区溢出)来判断 FIFO 的情况。

ICBNE 是一个只读位。只要缓冲区有至少一个数据该位就一直保持为"1",直到缓冲区数据全部读出后该位才会变为"0"。每次读操作后缓冲区里的下一个数据会自动弹到 ICxBUF 寄存器的位置供 CPU 读取,直到缓冲区的数据被读完。

ICOV 位也是一个只读位。当捕捉缓冲区溢出的时候该位自动置"1"。"缓冲区溢出"的含义是:缓冲区里已有 4 个数据,在第 5 个数据到来之前还不算是溢出,假如第 5 个数据到来了而缓冲区还有 4 个数据的话,就会发生缓冲区溢出事件,但并不会产生相应的捕捉中断。需要提醒的是:第 5 个捕捉数据不会被压入 FIFO 里,因此以前的 4 个捕捉数据没有被破坏,依然可用。要想清零 ICOV 位,用户只要连续读取缓冲区数据直到 ICBNE="0",也可以令 ICM="000"或者让芯片产生复位事件。

输入捕捉还可以当作一个外部中断源使用。只要令 ICM="000"关闭捕捉模块,并令 ICI="00"即可。这样只要捕捉引脚有事件出现就可以中断 CPU。当芯片的外部中断输入口有限时,可以选用这种模式增加额外的外部中断。

输入捕捉可以在若干次捕捉事件后产生中断,只要简单地设置 ICI 位即可。当 ICI="00"时,在捕捉缓冲区溢出事件被解除之前不会产生中断。当捕捉缓冲区空时(复位芯片或者读缓

冲区直到空)中断计数复位。这允许中断计数和FIFO状态重新同步。

每个捕捉通道都有独立的捕捉中断标志位(ICxIF)和中断优先级位(ICxIP)。用户在编程时可以分别查询和设置。

8.2.6 捕捉模块对UART自动波特率的支持

UART模块可以工作在自动波特率检测的模式,用户只要令UxMODE寄存器里的ABAUD="1"即可。此时UART的接收引脚Rx会在内部和输入捕捉模块相连接,捕捉模块的输入信号从捕捉引脚上断开。波特率的大小是通过使用输入捕捉模块对一个空(NULL)信号的起始位进行测量得到的。输入捕捉模块需要设置为边沿事件捕捉模式(Edge Detection Mode),也即每个下降沿和上升沿都进行捕捉工作。

给每个UART分配的输入捕捉模块可能有所不同,取决于不同的具体芯片型号。请注意参考具体的芯片数据手册。

8.2.7 在低功耗模式下输入捕捉模块的工作情况

当芯片进入SLEEP模式时系统时钟停止工作,因此输入捕捉模块只能作为一个外部中断源,用来唤醒CPU。可以令ICM="111"选择这种工作模式,此时只要在输入捕捉引脚上有上升沿即可唤醒芯片。假如使能了输入模块的中断允许,并且该模块的中断优先级符合中断时刻的要求,将会产生一个相应的中断。当输入捕捉模块被配置成除了ICM="111"以外的其他模式时,当芯片进入SLEEP状态后,不管输入捕捉引脚上有上升沿还是下降沿事件产生都不会产生芯片唤醒。

当芯片进入IDLE模式时CPU时钟停止供应,但外设还是有时钟供应的。当ICxCON寄存器里的ICSIDL="0"时,IDLE状态下捕捉模块将继续运行。由ICM位决定的工作模式,包括1∶4和1∶16预分频设置都可以工作。相应地,与这些输入捕捉模块相关联的定时器也要设置为IDLE模式下继续工作。

假如令ICM="111"工作模式时,此时只要在输入捕捉引脚上有上升沿即可唤醒芯片。假如使能了输入模块的中断允许,并且该模块的中断优先级高于中断时刻CPU的优先级时,将会产生一个相应的中断。此时没有必要给捕捉模块分配定时器。

假如ICSIDL="1",那么在IDLE模式时模块停止工作。

8.3 输出比较(Output Compare)

输出比较可以把一个或两个(取决于工作模式)比较寄存器里的数值和时基定时器的数值进行比较。而且模块在比较匹配时可以产生中断,还可以产生单稳输出或者脉冲串。

取决于不同型号的芯片,dsPIC系列单片机最多可有8个功能相同的比较通道,称为OC1、OC2和OC3等。和前面类似,我们称之为OCx,其中x表示比较通道的序号。

每个比较通道可以从两个定时器中选择一个作为时基定时器。使用 OCxCON 寄存器中的 OCTSEL 位可以具体选择哪个定时器作时基。

事实上输出比较模块也可以工作在 PWM 模式,因此输出比较模块是可以用作通用 PWM 功能的。只要设置相应的模式控制位即可。在有些应用比如步进电机的控制中,需要使用 PWM 进行细分控制的场合,通用 PWM 就非常有用了。

图 8.2 所示为输出比较模块的简化框图。图中 OCFA 和 OCFB 分别控制 OC1~OC4 以及 OC5~OC8 比较通道。

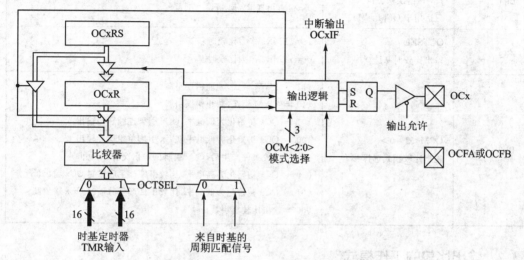

图 8.2 输出比较模块框图

8.3.1 输出比较相关的寄存器

每个输出比较通道都有 3 个主要的寄存器:输出比较控制寄存器(OCxCON)、输出比较数据寄存器(OCxR)和输出比较第二数据寄存器(OCxRS)。所有 8 个通道的控制寄存器各位的分布和含义是完全一样的。

表 8.2 所列为输出比较控制寄存器 OCxCON 各位的分布和具体含义。

表 8.2 输出比较控制寄存器 OCxCON

U-0	U-0	U-0	R/W-0	U-0	U-0	U-0	U-0	U-0	U-0
—	—	—	OCSIDL	—	—	—	—	—	—
bit 15									bit 8

U-0	U-0	U-0	U-0	R-0,HC	R/W,HC	R/W-0	R/W-0	R/W-0
—	—	—	—	OCFLT	OCTSEL	OCM<2:0>		
bit 7								bit 0

其中:R=可读位,W=可写位,HC=硬件清零,U=未用(读作 0),−n=上电复位时的值

续表 8.2

Bit15~14	未用	读作"0"
Bit13	OCSIDL： IDLE 模式运行位	1 = IDLE 模式下输出比较停止 0 = IDLE 模式下继续输出比较捕捉
Bit12~5	未用	读作"0"
Bit4	OCFLT： PWM 错误状态位 只适用于 OCM="111"	1＝出现了 PWM 错误事件(硬件清零) 0＝没有出现 PWM 错误
Bit3	OCTSEL： 输出比较时基选择	1 = TMR3 作为比较时基 0 = TMR2 作为比较时基
Bit2~0	OCM<2：0>： 输出比较模式选择	111 = PWM 模式,使能错误引脚 110 = PWM 模式,禁止错误引脚 101 = OCx 初始化为低电平,OCx 引脚连续脉冲输出 100 = OCx 初始化为低电平,OCx 引脚单稳脉冲输出 011 = 比较事件产生后,OCx 引脚的输出交变(Toggle) 010 = OCx 初始化为高电平,比较事件产生后强制 OCx 输出低 001 = OCx 初始化为低电平,比较事件产生后强制 OCx 输出高 000 = 输出比较模块禁止

8.3.2 输出比较的工作模式

输出比较的工作模式主要有 3 种：单次比较模式、双次比较模式(单稳输出或连续脉冲输出)和简单 PWM 模式(可选错误输入信号)。在模式之间切换时最好先关闭模块,再切换到另外一个模式。

1. 单次比较模式

当 OCM="001"、"010"或"011"时设置为单次比较模式。在单次比较模式下,OCxR 被赋予一个数值(和时基比较)。我们这里称这个时基为 TMRy,y 表示某一个选中的时基定时器(2 或 3)。当比较匹配的时候将有 3 种情况产生：

(1) 当选择 OCM="001"并且使能时基定时器后,OCx 引脚将被初始化为低电平,当 TMRy 和 OCx 比较匹配后将强制 OCx 引脚输出高电平,同时产生中断。需要注意的是：匹配事件发生后一个指令周期 OCx 引脚才被拉高；比较时基定时器将一直向上计数到和相应的周期寄存器相等并在下一个指令周期复位到 0；当匹配事件发生、OCx 引脚被拉高以后的两个指令周期 OCxIF="1"。

(2) 当选择 OCM="010"并且使能时基定时器后,OCx 引脚将被初始化为高电平,当 TMRy 和 OCx 比较匹配后将强制 OCx 引脚输出低电平,同时产生中断。需要注意的是：匹配事件发生后一个指令周期OCx引脚才被拉低;比较时基定时器将一直向上计数到和相应的周期寄存器相等并在下一个指令周期复位到0;当匹配事件发生、OCx引脚被拉低以后的两个指令周期OCxIF="1"。

(3) 当选择OCM="011"并且使能时基定时器后,OCx引脚将被初始化为低电平,以后当每次TMRy和OCx比较匹配时将交变(Toggle)OCx引脚的输出电平,同时产生中断。需要注意的是:匹配事件发生后一个指令周期OCx引脚才被交变,之后一直保持该电平直到下次匹配事件发生时才切换到相反的电平;比较时基定时器将一直向上计数到和相应的周期寄存器相等并在下一个指令周期复位到0;当匹配事件发生、OCx引脚被交变以后2个指令周期OCxIF="1"。

范例 8.2 用于比较匹配交变模式时初始化OC1引脚为高或低电平。

```
;交变模式,引脚初始状态为低
    MOV 0x0001, w0              ;设置值装载到w0
    MOV w0, OC1CON              ;使能OC1引脚为低,匹配时交变到高
    BSET OC1CON, #1             ;设置模块为交变模式,引脚初始状态为低
;交变模式,引脚初始状态为高
    MOV 0x0002, w0              ;设置值装载到w0
    MOV w0, OC1CON              ;使能OC1引脚为高,匹配时交变到低
    BSET OC1CON, #0             ;设置模块为交变模式,引脚初始状态为高
```

范例 8.3 设置OC1在输出交变时产生中断,TMR2作为时基(假设TMR2和PR2已经设置好)并使能TMR2。

```
    CLR OC1CON                  ;关闭OC1模块
    MOV #0x0003, w0             ;把新的工作模式装载到w0
    MOV w0, OC1CON              ;装载OC1CON
    MOV #0x0500, w0             ;比较寄存器OC1R装在为0x0500
    MOV w0, OC1R
    BSET IPC0, #OC1IP0          ;设置OC1中断优先级为1
    BCLR IPC0, #OC1IP1
    BCLR IPC0, #OC1IP2
    BCLR IFS0, #OC1IF           ;清零OC1IF中断标志位
    BSET IEC0, #OC1IE           ;使能OC1中断
    BSET T2CON, #TON            ;启动Timer2
;OC1中断服务子程序:
__OC1Interrupt:
    BCLR IFS0, #OC1IF           ;清零中断标志位
;用户程序放置在这里
```

```
RETFIE                              ;中断返回
```

2. 双次比较模式

当 OCxCON 寄存器的 OCM 设置为"100"或"101"的时候就被配置为双次比较模式。双次比较模式分为单稳输出和连续脉冲输出两种模式。双次比较模式下使用了 OCxR 和 OCxRS 两个寄存器。首先 OCxR 和 TMRy 进行比较，匹配后在 OCx 引脚上产生输出脉冲的上升沿；接着 OCxRS 寄存器继续和 TMRy 进行比较，匹配后在 OCx 引脚上产生输出脉冲的下降沿。下面是双次比较模式的两种主要输出模式：

（1）当设置 OCM="100"时配置为双次比较模式的单稳输出模式。另外要选择相应的时基定时器。此时 OCx 引脚将被拉低并保持到 OCxR 和时基匹配。需要注意的是：OCxR 和时基定时器匹配事件发生后一个指令周期 OCx 引脚才被拉高，此高电平一直保持到 OCxRS 和时基定时器再次匹配，OCx 拉低为止；比较时基定时器将一直向上计数到和相应的周期寄存器相等并在下一个指令周期复位到 0；假如时基定时器的 PRy＜OCxRS，将没有下降沿产生，OCx 引脚保持高电平直到 PRy≥OCxRS 或者切换到别的模式、芯片复位等事件发生；当匹配事件发生、OCx 引脚被拉低以后两个指令周期 OCxIF="1"。

范例 8.4 设置 OC1 工作于双次比较模式的单稳输出模式。其中选择 TMR2 作为时基并在单稳事件时中断 CPU。注意 TMR2 的周期寄存器 PR2≥OC1RS。当脉冲下降沿出现后，假如想再次输出脉冲，则重新对 OCxCON 寄存器进行一次写操作即可，不用关闭模块。

```
CLR OC1CON                          ;关闭 OC1 模块
MOV #0x0004, w0                     ;将新的比较模式装载到 OC1CON 寄存器
MOV W0, OC1CON
MOV #0x3000, w0                     ;初始化 OC1 比较寄存器数值:0x3000
MOV W0, OC1R
MOV #0x3003, w0                     ;初始化 OC1 第二比较寄存器数值:0x3003
MOV W0, OC1RS
BSET IPC0, #OC1IP0                  ;设置 OC1 中断优先级为 1
BCLR IPC0, #OC1IP1
BCLR IPC0, #OC1IP2
BCLR IFS0, #OC1IF                   ;清除 OC1 中断标志位
BSET IEC0, #OC1IE                   ;使能 OC1 中断
BSET T2CON, #TON                    ;启动 TMR2
;OC1 中断服务子程序：
__OC1Interrupt:
BCLR IFS0, #OC1IF                   ;清零 IC1 中断标志位
;用户代码放置在这里
RETFIE                              ;中断返回
```

(2) 当设置 OCM="101"时配置为双次比较模式的连续脉冲输出模式。另外要选择相应的时基定时器。此时 OCx 引脚将被拉低并保持到 OCxR 和时基匹配。需要注意的是：OCxR 和时基定时器匹配事件发生后一个指令周期 OCx 引脚才被拉高，此高电平一直保持到 OCxRS 和时基定时器再次匹配，OCx 拉低为止；以上脉冲将自动连续不断出现，直到模式改变或模块关闭；比较时基定时器将一直向上计数到和相应的周期寄存器相等并在下一个指令周期复位到 0；假如时基定时器的 PRy＜OCxRS，将没有下降沿产生，OCx 引脚保持高电平直到 PRy≥OCxRS 或者切换到别的模式、芯片复位等事件发生；当匹配事件发生、OCx 引脚被拉低以后两个指令周期 OCxIF="1"。

范例 8.5 设置 OC1 工作于双次比较模式的连续脉冲输出模式。其中选择 TMR2 作为时基并在连续脉冲事件时中断 CPU。注意：TMR2 的周期寄存器 PR2≥OC1RS。

```
    CLR OC1CON              ;关闭 OC1 模块
    MOV ＃0x0005,w0         ;将新的比较模式装载到 OC1CON 寄存器
    MOV W0,OC1CON
    MOV ＃0x3000,w0         ;初始化 OC1 比较寄存器数值:0x3000
    MOV W0,OC1R
    MOV ＃0x3003,w0         ;初始化 OC1 第二比较寄存器数值:0x3003
    MOV W0,OC1RS
    BSET IPC0,＃OC1IP0      ;设置 OC1 中断优先级为 1
    BCLR IPC0,＃OC1IP1
    BCLR IPC0,＃OC1IP2
    BCLR IFS0,＃OC1IF       ;清除 OC1 中断标志位
    BSET IEC0,＃OC1IE       ;使能 OC1 中断
    BSET T2CON,＃TON        ;启动 TMR2
;OC1 中断服务子程序:
__OC1Interrupt:
    BCLR IFS0,＃OC1IF       ;清零 IC1 中断标志位
;用户代码放置在这里
    RETFIE                  ;中断返回
```

3. 简单 PWM 模式

设置 OCxCON 寄存器里的模式控制位为"110"或"111"的时候，输出比较模块就分别工作在不带错误输入的 PWM 模式和带错误输入的 PWM 模式。

假如工作在带错误输入的模式下，当 OCFA(负责 1～4 通道)或 OCFB(负责 5～8 通道)引脚上出现逻辑"0"电平时 PWM 模块将立即关闭(高阻态)。用户可以在输出脚上拉或下拉，保证在错误出现时 PWM 输出有一个固定电平。当错误出现时硬件令 OCFLT="1"、OCxIF="1"，假如允许了中断则会发出中断申请。当错误撤销后并且重新令 OCM="111"启动

PWM 功能，PWM 才能重新开始工作，此时硬件才令 OCFLT 位＝"0"。在 SLEEP 和 IDLE 模式下错误引脚依然可以控制 OCx 引脚的输出。

PWM 模式下 OCxR 寄存器是只读的从占空比寄存器，用户把占空比值写入占空比缓冲寄存器 OCxRS 里。当定时器和周期寄存器匹配时（PWM 周期结束）OCxRS 里的数值将被装载到占空比寄存器 OCxR 里。在每次 PWM 周期的边沿处，硬件令 TyIF＝"1"。

由于 OCxR 寄存器在使能 PWM 模式后变成只读，因此要在设置 PWM 模式之前先给 OCxR 赋值。这可以保证 PWM 的第一个周期里有确定的占空比值。

图 8.3 所示为输出比较模块工作在 PWM 模式时的基本原理。

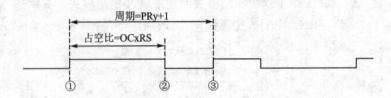

图 8.3 输出比较模块工作于 PWM 模式原理

图中：①处清零 TMRy 寄存器，新占空比值从 OCxRS 装载道 OCxR 里；②处 TMRy＝OCxR，OCx 引脚被拉低；③处 TMRy 溢出，OCxRS 里的值装载到 OCxR 里，OCx 引脚拉高，同时硬件令 TyIF＝"1"。

PWM 的周期计算可以参考公式（8－1）。

$$\text{PWM 周期} = (PRy + 1) \times T_{CY} \times \text{TMRy 预分频值} \quad (8-1)$$

PWM 占空比由 OCxRS 给定，每次只有当一个 PWM 周期结束后才把 OCxRS 里的数值装载到 OCxR 里。这样一种缓冲机制避免了 PWM 输出突变（即所谓的无毛刺 PWM）。

请注意以下 3 种特殊情况：假如 OCxR 被装载成"0"则输出一直保持低（占空比 0%）；假如 OCxR＞PRy，则输出保持"1"（占空比 100%）；假如 OCxR＝PRy，则输出保持"0"一个时基计数值，随后维持"1"不变。

PWM 最大分辨率和芯片的振荡频率及 PWM 频率相关。公式（8－2）所列为 PWM 最大分辨率与芯片工作频率和 PWM 频率之间的关系：

$$\text{最大 PWM 分辨率（位）} = \log_{10}(F_{osc} \div F_{PWM}) \div \log_{10}(2) \quad (8-2)$$

范例 8.6 设置 PWM 的一个样本程序。使用 OC1 工作在 PWM 模式，振荡频率 40 MHz。要求：禁止错误输入信号、50% 占空比、PWM 频率 52.08 kHz、使用 TMR2 作为时基、使能 TMR2 中断。

```
CLR OC1CON              ；关闭 OC1 模块
MOV #0x0060, w0         ；初始化占空比为 0x0060
MOV w0, OC1RS           ；写占空比缓冲寄存器
```

```
MOV w0, OC1R              ;装载 OC1R,初始化起始占空比(要在使能 PWM 功能之前设置)
MOV ＃0x0006, w0          ;把新的工作模式装载到 OC1CON 寄存器里,使能 PWM 功能
MOV w0, OC1CON
MOV ＃0x00BF w0           ;初始化 PR2 = 0x00BF
MOV w0, PR2 ;
BSET IPC0, ＃T2IP0        ;设置 Timer2 中断优先级为 1
BCLR IPC0, ＃T2IP1
BCLR IPC0, ＃T2IP2
BCLR IFS0, ＃T2IIF        ;清零 Timer2 中断标志位
BSET IEC0, ＃T2IIE        ;使能 Timer2 中断
BSET T2CON, ＃TON         ;启动 Timer2
;Timer2 中断服务子程序：
__T2Interrupt：
BCLR IFS0, ＃T2IIF        ;清零中断标志位
;用户的其他代码放置在这里
RETFIE                    ;中断返回
```

第 9 章
电机控制专用外设

本章主要介绍和电机控制相关的主要外设：电机控制专用 PWM 和 QEI 传感器反馈接口。这两个外设是进行电机控制设计时要用到的两个主要外设。针对电机控制的特殊要求，dsPIC30F 系列 16 位 MCU 的电机专用 PWM 模块具有许多独特的功能，为电机控制提供了最大的支持。结合硬件 QEI 接口，可以简化系统设计并能极大程度减少电机控制系统软件开销，提供快速、精确的位置反馈信息。

9.1 电机控制专用 PWM

9.1.1 概　述

控制电机的 PWM(MCPWM)有很多特殊要求，对于这样的专用 PWM 模块不但要求有 PWM 的基本功能，还有很多独特的要求，比如互补对称输出、死区可控制、边沿或中心对齐工作方式可选择等。这样就可以方便地控制交流感应电机（单相或三相）、直流无刷电机（BLDC）和开关磁阻电机（SR）等。具体应用场合包括电动工具、纺织机械、工业机器人、工业电焊机器人、电动缝纫机和绣花机等。

针对这些特殊要求，Microchip 推出了专门用于电机控制的 dsPIC 系列数字信号控制器。这些芯片集成了专用的电机控制 PWM。型号有 dsPIC30F6010(64 引脚)、dsPIC30F2010(28 引脚)和 dsPIC30F4011(40 引脚)等近 10 种。专用 PWM 的集成简化了客户的设计，发挥了最大的效率并降低了成本。其中的专用 PWM 模块有 3 个或 4 个，同时有 6 个或 8 个输出线。同时该类型的 dsPIC 型号还在不断增加，几乎每季度都有新的型号发布，这充分满足了客户的不同设计的要求。

应该注意到，电源控制类应用具有和电机控制类应用非常相似的要求，一些常见的应用如 UPS 电源、太阳能或风能逆变器、工业电焊机和通信电源等，同样要用到电机专用 PWM 控制器及其特殊的控制模式。同时还有一个专门设计的电源控制系列数字信号处理器。

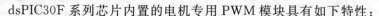

dsPIC30F 系列芯片内置的电机专用 PWM 模块具有如下特性：
- 精度高：具有专用的时基单元，支持 $T_{CY}/2$ PWM 精度。
- 互补对称输出：每个 PWM 发生器都有两个互补对称输出引脚，简化外围电路设计。
- 每个 PWM 可以独立工作，也可以互补对称输出。
- 独特灵活的死区控制单元：非常适用于互补对称模式，提供可以灵活调整的死区时间，使控制更安全可靠并节省了外部死区逻辑接口电路。
- PWM 引脚输出极性可编程：在烧写芯片时可以方便地由芯片配置位设定。
- 有多种工作模式：边沿对齐模式、中心对齐模式、带双更新的中心对齐模式、单事件模式。
- 手动强制：可以优先由程序干预，强制（Override）控制 PWM 输出引脚。
- 硬件故障输入：具有一个或两个功能可编程的硬件故障输入引脚，用于快速故障处理和保护（电源、电机等应用）。
- 特殊事件触发器：作为同步触发信号，触发 A/D 模块的转换时序。
- 引脚控制灵活：每个与 PWM 相关的输出引脚都可以被单独使能。

表 9.1 所列为 PWM 主要资源对比。对于 64 引脚或 64 引脚以上的电机控制系列 dsPIC 芯片上集成了 4 个通道的 PWM（4 对，8 只输出脚）模块。而小于 64 引脚的芯片则只有 3 个通道的 PWM（3 对，6 只输出脚）。

表 9.1 3 通道 MCPWM 和 4 通道 MCPWM 的特点对比

特性	3 通道 MCPWM 模块	4 通道 MCPWM 模块
占用 I/O 引脚数	6	8
PWM 发生器模块	3	4
故障输入引脚数	1	2
死区发生单元数	1	2

3 通道 MCPWM 模块可用于单相或 3 相电机或电源的应用，而 4 通道 MCPWM 则能支持 4 相电机或大功率电源的应用。在快速安全保护方面，4 通道 MCPWM 还支持两个故障输入引脚和两个可编程死区发生单元。

图 9.1 所示为 MCPWM 模块的简化框图，图中所示是以 4 个 MCPWM 模块为范例。

9.1.2 与 MCPWM 相关的控制寄存器

表 9.2 列出了所有跟 MCPWM 模块相关的工作寄存器和控制寄存器。假如 PWM 工作不正常，请一定检查是否正确设置了各个相关的特殊功能寄存器和配置位。尽管复位的时候 SFR 有一个初始值，出于可靠性考虑，依然建议在初始化程序里对相关寄存器初始化一下。

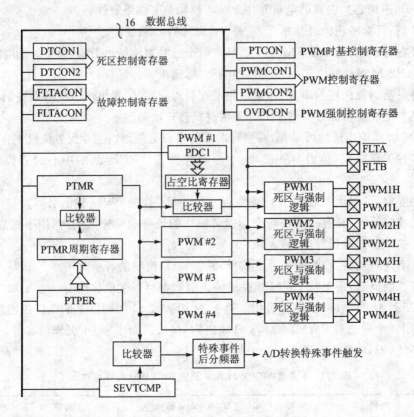

图 9.1 MCPWM 模块的简化框图

表 9.2 所有与 MCPWM 相关的寄存器

序号	寄存器名	寄存器说明	具体资料
1	PTCON	PWM 时基控制寄存器	表 9.3
2	PTMR	PWM 时基寄存器	表 9.4
3	PTPER	PWM 时基周期寄存器	表 9.5
4	SEVTCMP	PWM 特殊事件比较寄存器	表 9.6
5	PWMCON1	PWM 控制寄存器 1	表 9.7
6	PWMCON2	PWM 控制寄存器 2	表 9.8
7	DTCON1	死区时间控制寄存器 1	表 9.9
8	DTCON2	死区时间控制寄存器 2	表 9.10
9	FLTACON	故障 A 控制寄存器	表 9.11

续表 9.2

序号	寄存器名	寄存器说明	具体资料
10	FLTBCON	故障 B 控制寄存器	表 9.12
11	OVDCON	强制控制寄存器	表 9.13
12	PDC1	PWM 占空比寄存器 1	表 9.14
13	PDC2	PWM 占空比寄存器 2	表 9.15
14	PDC3	PWM 占空比寄存器 3	表 9.16
15	PDC4	PWM 占空比寄存器 4	表 9.17
16	FBORPOR	上电/掉电状态配置位	表 9.18

除了 15 个与 MCPWM 相关的特殊功能寄存器外,还有 3 个与 MCPWM 模块相关的芯片配置位位于 FBORPOR 中。这些位用来设置复位状态及 I/O 引脚的输出极性。

表 9.3 列出了与 PTCON(PWM 时基控制寄存器)相关的各个位及其对应的含义。

表 9.3　PTCON:PWM 时基控制寄存器

R/W-0	U-0	R/W-0	U-0	U-0	U-0	U-0	U-0
PTEN	—	PTSIDL	—	—	—	—	—

bit 15　　　　　　　　　　　　　　　　　　　　　　　　　　　　　bit 8

R/W-0	R/W-0	R/W-0	R/W-0	R/W-0	R/W-0	R/W-0	R/W-0
PTOPS<3:0>				PTCKPS<1:0>		PTMOD<2:0>	

bit 7　　　　　　　　　　　　　　　　　　　　　　　　　　　　　bit 0

其中:R=可读位,W=可写位,C=只能被清零,U=未用(读作 0),-n=上电复位时的值

Bit15	PTEN: PWM 时基定时器使能	1=打开 PWM 时基 0=关闭 PWM 时基
Bit14	未用	读作 0
Bit13	PTSIDL: PWM 时基在 IDLE 时的位状态	1= PWM 时基在 IDLE 模式时关闭 0= PWM 时基在 IDLE 模式时运行
Bit12~8	未用	读作 0
Bit7~4	PTOPS<3:0>: PWM 时基后分频比选择	1111=1:16 后分频　　0001=1:2 后分频 1110=1:15 后分频　　0000=1:1 后分频 …
Bit3~2	PTCKPS<1:0>: PWM 时基预分频比选择	11=PWM 时基输入时钟周期为 $64T_{CY}$(1:64 预分频) 10=PWM 时基输入时钟周期为 $16T_{CY}$(1:16 预分频) 01=PWM 时基输入时钟周期为 $4T_{CY}$(1:4 预分频) 00=PWM 时基输入时钟周期为 $1T_{CY}$(1:1 预分频)

续表 9.3

Bit1~0	PTMOD<1:0>： PWM 时基输出模式选择	11=PWM 时基工作在连续上/下模式(带双 PWM 更新中断) 10=PWM 时基工作在连续上/下计数模式 01=PWM 时基工作在单事件模式 00=PWM 时基工作在自由运行模式

表 9.4 列出了与 PTMR(PWM 时基寄存器)相关的各个位及其对应的含义。

表 9.4 PTMR：PWM 时基寄存器

R-0	R/W-0	R/W-0	R/W-0	R/W-0	R/W-0	R/W-0	R/W-0
PTDIR	PTMR<14:8>						
bit 15							bit 8
R/W-0	R/W-0	R/W-0	R/W-0	R/W-0	R/W-0	R/W-0	R/W-0
PTMR<7:0>							
bit 7							bit 0

其中：R=可读位，W=可写位，C=只能被清零，U=未用(读作 0)，-n=上电复位时的值

Bit15	PTDIR： PWM 时基计数方向状态位(只读)	1=PWM 时基向下计数 0=PWM 时基向上计数
Bit14~0	PTMR<14:0>： PWM 时基寄存器计数值	

表 9.5 列出了与 PTPER(PWM 时基周期寄存器)相关的各个位及其对应的含义。

表 9.5 PTPER：PWM 时基周期寄存器

U-0	R/W-0	R/W-0	R/W-0	R/W-0	R/W-0	R/W-0	R/W-0
—	PTPER<14:8>						
bit 15							bit 8
R/W-0	R/W-0	R/W-0	R/W-0	R/W-0	R/W-0	R/W-0	R/W-0
PTPER<7:0>							
bit 7							bit 0

其中：R=可读位，W=可写位，C=只能被清零，U=未用(读作 0)，-n=上电复位时的值

Bit15	未用	读作 0
Bit14~0	PTPER<14:0>： PWM 时基周期值位	

表 9.6 列出了与 SEVTCMP(特殊事件比较寄存器)相关的各个位及其对应的含义。

第9章 电机控制专用外设

表 9.6　SEVTCMP：PWM 特殊事件比较寄存器

R/W-0	R/W-0	R/W-0	R/W-0	R/W-0	R/W-0	R/W-0	R/W-0
SWVTDIR	SEVTCMP<14:8>						
bit 15							bit 8
R/W-0	R/W-0	R/W-0	R/W-0	R/W-0	R/W-0	R/W-0	R/W-0
SEVTCMP<7:0>							
bit 7							bit 0

其中：R＝可读位，W＝可写位，C＝只能被清零，U＝未用（读作 0），－n＝上电复位时的值

Bit15	SEVTDIR： 特殊事件触发器时基方向位	1＝当 PWM 时基向下计数时触发特殊事件。 0＝当 PWM 时基向上计数时触发特殊事件。 SEVTDIR 与 PTDIR（PTMR＜15＞）比较以产生特殊事件触发信号
Bit14～0	SEVTCMP＜14：0＞： 特殊事件比较值	SEVTCMP＜14：0＞与 PTMR＜14：0＞比较以产生特殊事件触发信号

表 9.7 列出了与 PWMCON1（PWM 控制寄存器 1）相关的各个位及其对应的含义。

表 9.7　PWMCON1：PWM 控制寄存器 1

U-0	U-0	U-0	U-0	R/W-0	R/W-0	R/W-0	R/W-0
—	—	—	—	PMOD4	PMOD3	PMOD2	PMOD1
bit 15							bit 8
R/W-1	R/W-1	R/W-1	R/W-1	R/W-1	R/W-1	R/W-1	R/W-1
PEN4H	PEN3H	PEN2H	PEN1H	PEN4L	PEN3L	PEN2L	PEN1L
bit 7							bit 0

其中：R＝可读位，W＝可写位，C＝只能被清零，U＝未用（读作 0），－n＝上电复位时的值

Bit15～12	未用	读作 0
Bit11～8	PMOD4～PMOD1： PWM I/O 引脚对模式位	1＝PWM I/O 引脚对处于独立输出模式 0＝PWM I/O 引脚对处于互补输出模式
Bit7～4	PEN4H～PEN1H： PWMxH I/O 使能位	1＝PWMxH 引脚使能为 PWM 输出 0＝PWMxH 引脚禁止，引脚成为通用 I/O
Bit3～0	PEN4L～PEN1L： PWMxL I/O 使能位	1＝PWMxL 引脚使能为 PWM 输出 0＝PWMxL 引脚禁止，引脚成为通用 I/O

注：PENxH 和 PENxL 位的复位状态取决于在 FBORPOR 芯片配置寄存器中的 PWM/PIN 配置位的值

表 9.8 列出了与 PWMCON2（PWM 控制寄存器 2）相关的各个位及其对应的含义。

表 9.8　PWMCON2:PWM 控制寄存器 2

U-0	U-0	U-0	U-0	R/W-0	R/W-0	R/W-0	R/W-0
—	—	—	—	\<colspan=4\> SEVOPS<3:0>			
bit 15							bit 8
U-0	U-0	U-0	U-0	U-0	U-0	R/W-0	R/W-0
—	—	—	—	—	—	OSYNC	UDIS
bit 7							bit 0

其中:R=可读位,W=可写位,C=只能被清零,U=未用(读作 0),-n=上电复位时的值

Bit15~12	未用	读作 0
Bit11~8	SEVOPS<3:0>: PWM 特殊事件触发器输出后分频比选择位	1111＝1:16 后分频 ⋮ 0001＝1:2 后分频 0000＝1:1 后分频
Bit7~2	未用	读作 0
Bit1	OSYNC: 强制输出同步位	1＝通过 OVDCON 寄存器的强制输出和 PWM 时基同步 0＝通过 PVDCON 寄存器的强制输出在下一个 T_{CY} 边沿发生
Bit0	UDIS: PWM 更新禁止位	1＝禁止从占空比和周期缓冲寄存器更新 0＝允许从占空比和周期缓冲寄存器更新

表 9.9 列出了与 DTCON1(死区时间控制寄存器 1)相关的各个位及其对应的含义。

表 9.9　DTCON1:PWM 死区控制寄存器 1

R/W-0	R/W-0	R/W-0	R/W-0	R/W-0	R/W-0	R/W-0	R/W-0
\<colspan=2\> DTBPS<1:0>		\<colspan=6\> DTB<5:0>					
bit 15							bit 8
R/W-0	R/W-0	R/W-0	R/W-0	R/W-0	R/W-0	R/W-0	R/W-0
\<colspan=2\> DTAPS<1:0>		\<colspan=6\> DTA<5:0>					
bit 7							bit 0

其中:R=可读位,W=可写位,C=只能被清零,U=未用(读作 0),-n=上电复位时的值

Bit15~14	DTBPS<1:0>: B 死区预分频选择	11＝B 死区的时钟周期为 $8T_{CY}$ 10＝B 死区的时钟周期为 $4T_{CY}$ 01＝B 死区的时钟周期为 $2T_{CY}$ 00＝B 死区的时钟周期为 $1T_{CY}$
Bit13~8	DTB<5:0>: B 死区时间值	6 位无符号数值

续表9.9

Bit7~6	DTAPS<1:0>: A 死区预分频选择	11=A 死区的时钟周期为 $8T_{CY}$ 10=A 死区的时钟周期为 $4T_{CY}$ 01=A 死区的时钟周期为 $2T_{CY}$ 00=A 死区的时钟周期为 $1T_{CY}$
Bit5~0	DTA<5:0>: A 死区时间值	6 位无符号数值

表 9.10 列出了与 DTCON2(死区时间控制寄存器 2)相关的各个位及其对应的含义。

表 9.10 DTCON2:PWM 死区控制寄存器 2

U-0 —	U-0 —	U-0 —	U-0 —	U-0 —	U-0 —	U-0 —	U-0 —
bit 15							bit 8
R/W-0 DTS4A	R/W-0 DTS4I	R/W-0 DTS3A	R/W-0 DTS3I	R/W-0 DTS2A	R/W-0 DTS2I	R/W-0 DTS1A	R/W-0 DTS1I
bit 7							bit 0

其中:R=可读位,W=可写位,C=只能被清零,U=未用(读作 0),—n=上电复位时的值

Bit15~8	未用	读作 0
Bit7	DTS4A: PWM4 信号变为有效的死区时间选择位	1=由单元 B 提供死区时间 0=由单元 A 提供死区时间
Bit6	DTS4I: PWM4 信号变为无效的死区时间选择位	1=由单元 B 提供死区时间 0=由单元 A 提供死区时间
Bit5	DTS3A: PWM3 信号变为有效的死区时间选择位	1=由单元 B 提供死区时间 0=由单元 A 提供死区时间
Bit4	DTS3I: PWM3 信号变为无效的死区时间选择位	1=由单元 B 提供死区时间 0=由单元 A 提供死区时间
Bit3	DTS2A: PWM2 信号变为有效的死区时间选择位	1=由单元 B 提供死区时间 0=由单元 A 提供死区时间
Bit2	DTS2I: PWM2 信号变为无效的死区时间选择位	1=由单元 B 提供死区时间 0=由单元 A 提供死区时间
Bit1	DTS1A: PWM1 信号变为有效的死区时间选择位	1=由单元 B 提供死区时间 0=由单元 A 提供死区时间
Bit0	DTS1I: PWM1 信号变为无效的死区时间选择位	1=由单元 B 提供死区时间 0=由单元 A 提供死区时间

表 9.11 列出了与 FLTACON(故障 A 控制寄存器)相关的各个位及其对应的含义。

表 9.11 FLTACON:故障 A 控制寄存器

R/W-0	R/W-0	R/W-0	R/W-0	R/W-0	R/W-0	R/W-0	R/W-0
FAOV4H	FAOV4L	FAOV3H	FAOV3L	FAOV2H	FAOV2L	FAOV1H	FAOV1L
bit 15							bit 8
R/W-0	U-0	U-0	U-0	R/W-0	R/W-0	R/W-0	R/W-0
FLTAM	—	—	—	FAEN4	FAEN3	FAEN2	FAEN1
bit 7							bit 0

其中:R=可读位,W=可写位,C=只能被清零,U=未用(读作 0),—n=上电复位时的值

位	名称	含义
Bit15~8	FAOV4H~FAOV1L: 故障输入 A 的 PWM 强制值	1=当发生故障输入时,PWM 引脚驱动有效 0=当发生故障输入时,PWM 引脚驱动无效
Bit7	FLTAM: 故障 A 模式选择位	1=逐周期模式中(Cycle by Cycle),故障 A 输入引脚工作 0=当发生故障 A 输入时,所有 PWM 输出引脚将被锁存在由 FLTACON<15:8>这 8 位所设置的状态
Bit6~4	未用	读作 0
Bit3	FAEN4: 故障输入 A 使能位	1=PWM4H/PWM4L 这对引脚由故障输入 A 控制 0=PWM4H/PWM4L 这对引脚不由故障输入 A 控制
Bit2	FAEN3: 故障输入 A 使能位	1=PWM3H/PWM3L 这对引脚由故障输入 A 控制 0=PWM3H/PWM3L 这对引脚不由故障输入 A 控制
Bit1	FAEN2: 故障输入 A 使能位	1=PWM2H/PWM2L 这对引脚由故障输入 A 控制 0=PWM2H/PWM2L 这对引脚不由故障输入 A 控制
Bit0	FAEN1: 故障输入 A 使能位	1=PWM1H/PWM1L 这对引脚由故障输入 A 控制 0=PWM1H/PWM1L 这对引脚不由故障输入 A 控制

注:如果 A,B 故障输入同时允许的话,故障引脚 A 的优先级高于故障引脚 B

表 9.12 列出了与 FLTBCON(故障 B 控制寄存器)相关的各个位及其对应的含义。

表 9.12 FLTBCON:故障 B 控制寄存器

R/W-0	R/W-0	R/W-0	R/W-0	R/W-0	R/W-0	R/W-0	R/W-0
FBOV4H	FBOV4L	FBOV3H	FBOV3L	FBOV2H	FBOV2L	FBOV1H	FBOV1L
bit 15							bit 8
R/W-0	U-0	U-0	U-0	R/W-0	R/W-0	R/W-0	R/W-0
FLTBM	—	—	—	FBEN4	FBEN3	FBEN2	FBEN1
bit 7							bit 0

其中:R=可读位,W=可写位,C=只能被清零,U=未用(读作 0),—n=上电复位时的值

第 9 章　电机控制专用外设

续表 9.12

Bit15～8	FBOV4H～FBOV1L： 故障输入 B PWM 强制值	1＝当发生外部故障时，PWM 输出引脚驱动有效 0＝当发生外部故障时，PWM 输出引脚驱动无效
Bit7	FLTBM： 故障 B 模式	1＝逐周期模式中(Cycle by Cycle)，故障 B 输入引脚工作 0＝当发生故障 B 输入时，所有 PWM 输出引脚将被锁存在由 FLT-BCON＜15：8＞这 8 位所设置的状态
Bit6～4	未用	读作 0
Bit3	FBEN4： 故障输入 B 使能位	1＝PWM4H/PWM4L 这对引脚由故障输入 B 控制 0＝PWM4H/PWM4L 这对引脚不由故障输入 B 控制
Bit2	FBEN3： 故障输入 B 使能位	1＝PWM3H/PWM3L 这对引脚由故障输入 B 控制 0＝PWM3H/PWM3L 这对引脚不由故障输入 B 控制
Bit1	FBEN2： 故障输入 B 使能位	1＝PWM2H/PWM2L 这对引脚由故障输入 B 控制 0＝PWM2H/PWM2L 这对引脚不由故障输入 B 控制
Bit0	FBEN1： 故障输入 B 使能位	1＝PWM1H/PWM1L 这对引脚由故障输入 B 控制 0＝PWM1H/PWM1L 这对引脚不由故障输入 B 控制

注：如果 A，B 故障输入同时允许的话，故障引脚 A 的优先级高于故障引脚 B。

表 9.13 列出了与 OVDCON(强制控制寄存器)相关的各个位及其对应的含义。

表 9.13　OVDCON：OVERIDE 控制寄存器

R/W-1	R/W-1	R/W-1	R/W-1	R/W-1	R/W-1	R/W-1	R/W-1
POVD4H	POVD4L	POVD3H	POVD3L	POVD2H	POVD2L	POVD1H	POVD1L
bit 15							bit 8
R/W-0	R/W-0	R/W-0	R/W-0	R/W-0	R/W-0	R/W-0	R/W-0
POUT4H	POUT4L	POUT3H	POUT3L	POUT2H	POUT2L	POUT1H	POUT1L
bit 7							bit 0

其中：R＝可读位，W＝可写位，C＝只能被清零，U＝未用(读作 0)，-n＝上电复位时的值

Bit15～8	POVD4H～POVD1L： PWM 输出强制位	1＝PWMxx I/O 引脚上的输出由 PWM 发生器控制 0＝PWMxx I/O 引脚上的输出由相应的 POUTxx 位中的值控制
Bit7～0	POUT4H～POUT1L： PWM 手动输出位	1＝PWMxx I/O 引脚在相应的 POVDxx 位被清零时驱动为有效 0＝PWMxx I/O 引脚在相应的 POVDxx 位被清零时驱动为无效

表 9.14～9.17 分别列出了与 PDC1(PWM 占空比寄存器♯1)、PDC2(PWM 占空比寄存器♯2)、PDC3(PWM 占空比寄存器♯3)和 PDC4(PWM 占空比寄存器♯4)相关的各个位及其对应的含义。

表 9.14 PDC1：PWM 占空比寄存器 #1

R/W-0	R/W-0	R/W-0	R/W-0	R/W-0	R/W-0	R/W-0	R/W-0
PDC1<15:8>							
bit 15							bit 8
R/W-0	R/W-0	R/W-0	R/W-0	R/W-0	R/W-0	R/W-0	R/W-0
PDC1<7:0>							
bit 7							bit 0

其中：R＝可读位，W＝可写位，C＝只能被清零，U＝未用(读作 0)，−n＝上电复位时的值

Bit15～0	PDC1<15：0>：PWM 占空比 #1 值

表 9.15 PDC2：PWM 占空比寄存器 #2

R/W-0	R/W-0	R/W-0	R/W-0	R/W-0	R/W-0	R/W-0	R/W-0
PDC2<15:8>							
bit 15							bit 8
R/W-0	R/W-0	R/W-0	R/W-0	R/W-0	R/W-0	R/W-0	R/W-0
PDC2<7:0>							
bit 7							bit 0

其中：R＝可读位，W＝可写位，C＝只能被清零，U＝未用(读作 0)，−n＝上电复位时的值

Bit15～0	PDC2<15：0>：PWM 占空比 #2 值

表 9.16 PDC3：PWM 占空比寄存器 #3

R/W-0	R/W-0	R/W-0	R/W-0	R/W-0	R/W-0	R/W-0	R/W-0
PDC3<15:8>							
bit 15							bit 8
R/W-0	R/W-0	R/W-0	R/W-0	R/W-0	R/W-0	R/W-0	R/W-0
PDC3<7:0>							
bit 7							bit 0

其中：R＝可读位，W＝可写位，C＝只能被清零，U＝未用(读作 0)，−n＝上电复位时的值

Bit15～0	PDC3<15：0>：PWM 占空比 #3 值

表 9.17 PDC4：PWM 占空比寄存器 #4

R/W-0	R/W-0	R/W-0	R/W-0	R/W-0	R/W-0	R/W-0	R/W-0
PDC4<15:8>							
bit 15							bit 8
R/W-0	R/W-0	R/W-0	R/W-0	R/W-0	R/W-0	R/W-0	R/W-0
PDC4<7:0>							
bit 7							bit 0

其中：R＝可读位，W＝可写位，C＝只能被清零，U＝未用(读作 0)，−n＝上电复位时的值

Bit15～0	PDC4<15：0>：PWM 占空比 #4 值

表 9.18 列出了与 FBORPOR(BOR 和 POR 芯片配置寄存器)相关的各个位及其对应的含义。配置字的字长为 2 位,与程序字的宽度一样,这些信息是在烧写芯片时一次性写入的,用户程序不能对其进行修改。表中只列出了和 PWM 相关的 3 个配置位含义。

表 9.18　FBORPOR: BOR 和 POR 芯片配置寄存器

U-0	U-0	U-0	U-0	U-0	U-0	U-0	U-0
—	—	—	—	—	—	—	—

bit 23　　　　　　　　　　　　　　　　　　　　　　　　　　bit 16

U-0	U-0	U-0	U-0	U-0	R/P	R/P	R/P
—	—	—	—	—	PWMPIN	HPOL	LPOL

bit 15　　　　　　　　　　　　　　　　　　　　　　　　　　bit 8

R/P	U-0	R/P	R/P	U-0	R/P	R/P	R/P
BOREN	—	BORV<1:0>		—		FPWRT<1:0>	

bit 7　　　　　　　　　　　　　　　　　　　　　　　　　　bit 0

其中:R=可读位,P=可编程配置位,U=未用(读作 0),-n=上电复位时的值

Bit10	PWMPIN: MPWM 复位时输出状态位	1=复位时的引脚状态由 I/O 端口控制(PWMCON1<7:0> = 0x00) 0=复位时的引脚状态由模块控制(PWMCON1<7:0> = 0xFF)
Bit9	HPOL: 上桥臂(PWMxH)输出极性位	1=PWMxH 引脚上的输出信号高电平有效极性 0=PWMxH 引脚上的输出信号低电平有效极性
Bit8	LPOL: 下桥臂(PWMxL)输出极性位	1=PWMxL 引脚上的输出信号高电平有效 0=PWMxL 引脚上的输出信号低电平有效

图 9.2 所示为与 PWM 相关的芯片配置位信息在 MPLAB IDE 环境下的设置菜单。只要简单单击"Configure"菜单选择"Configurition Bits"命令就可以进入配置状态。

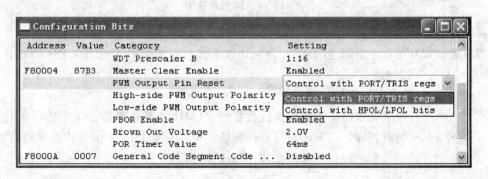

图 9.2　和 PWM 相关的芯片配置位

9.1.3 PWM 时基

图 9.3 所示为 PWM 时基逻辑,由一个带有预分频器和后分频器的 15 位定时器提供。时基的 15 位可通过 PTMR 寄存器访问。PTMR<15>为一个只读状态位 PTDIR,指出 PWM 时基当前的计数方向。如 PTDIR 状态位处于清零状态,则表示 PTMR 正在向上计数。如果 PTDIR 处于置位状态,则表示 PTMR 正在向下计数。

通过置位/清零 PTEN 位(PTCON<15>)来使能/禁止时基。当 PTEN 位由软件清零时,PTMR 位不会清零。

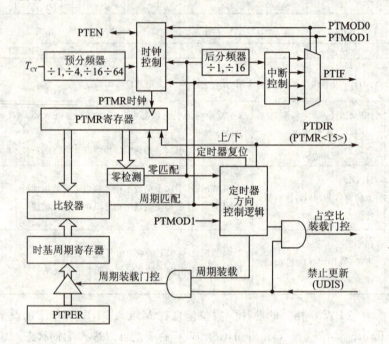

图 9.3 PWM 时基框图

可以将 PWM 时基配置为 4 种不同的工作模式:自由运行模式、单事件模式、连续向上/向下计数模式和带双更新中断的连续向上/向下计数模式。这 4 个模式由 PTCON 寄存器里的 PTMOD<1:0>控制。

1. 自由运行模式(Free Running)

所谓自由运行模式就是时基不断向上计数直到 PTMR 与周期寄存器(PTPER)的值相等(匹配),在下一个时钟边沿时 PTMR 寄存器将会被复位。只要 PTEN 位保持为置位状态,时基将继续向上计数。自由运行模将保持循环计数操作,周而复始。

2. 单事件模式(Single—Event)

所谓单事件模式就是 PWM 时基在 PTEN 位置位时开始向上计数。当 PTMR 值与周期寄存器(PTPER)的值相等(匹配)时,PTMR 寄存器将在接下来的输入时钟边沿被复位,同时由硬件令 PTEN="0"以停止时基。所以单事件模式只运行了一个周期就停止下来。

3. 上/下计数模式(Up/Down Counting)

在连续上/下计数模式中,PWM 时基将向上计数直到 PTMR 与周期寄存器(PTPER)中的值相等(匹配),定时器将在接下来的输入时钟边沿开始连续向下计数直到达到 0。

时基寄存器(PTMR)的第 15 位(PTDIR)是一个只读位,它指出当前计数的方向(上/下),当定时器向下计数时 PTDIR 位将置位。

4. PWM 时基预分频器

从图 9.3 所示的 PWM 时基电路中可以看到,时基寄存器(PTMR)的输入时钟是由(T_{CY})经过预分频 1∶1、1∶4、1∶16、1∶64 后得到。分频选择由时基控制寄存器(PTCON)里的 PTCKPS<1∶0>这 2 位进行选择。这样用户可以根据需要,比较自由地选择 PWM 时基的输入时钟。

请注意:当出现任何芯片复位、写 PTMR 或 PTCON 寄存器时预分频器将被清零。但是假如写 PTCON 寄存器时,PTMR 寄存器不会被清零。

5. PWM 时基后分频器

从图 9.3 所示的 PWM 时基电路中看到,时基寄存器(PTMR)的匹配输出可以通过一个 4 位后分频器(它可以进行 1∶1~1∶16 的 16 个分频选项),这可以灵活地选择产生中断的频率。当 PWM 占空比不需要在每个 PWM 周期都更新的情形,使用后分频器非常有用。

请注意:当出现任何芯片复位、写 PTMR 或 PTCON 寄存器时预分频器将被清零。但是假如写 PTCON 寄存器时,PTMR 寄存器不会被清零。

6. PWM 时基中断

PWM 时基可以产生中断信号(PTIF)。根据时基控制寄存器(PTCON)里的模式选择位 PTMOD<1∶0>以及后分频位 PTOPS<3∶0>的设置产生相应的中断信号。

(1) 自由运行模式

当 PWM 时基处于自由运行模式(PTMOD<1∶0> = 00)时,PTMR 寄存器由于与 PTPER 寄存器相匹配而复位到"0",同时产生中断。在此定时器模式中可以使用后分频比选择位以减小中断事件发生的频率。

(2) 单事件模式

当 PWM 时基工作在单事件模式(PTMOD<1∶0> = 01)时,时基寄存器(PTMR)与 PTPER 寄存器相匹配而复位到"0",同时产生中断。此时 PTEN 位(PTCON<15>)也被清零以阻止 PTMR 继续加计数。后分频比选择位对单事件模式没有影响。

(3) 上/下计数模式

在上/下计数模式(PTMOD<1∶0> = 10)中,每当时基寄存器(PTMR)的值为零和 PWM 时基开始向上计数时发生中断事件。在此定时器模式中可能会使用到后分频比选择位以减小中断事件发生的频率。

(4) 带双更新的上/下计数模式

在双更新模式(PTMOD<1∶0> = 11)中,每次当时基寄存器(PTMR)等于零和每当发生周期匹配时产生中断。后分频器选择位对此工作模式没有影响。

在双更新模式下 PWM 占空比在一个周期内可以被更新两次,双更新模式可以分别控制 PWM 信号上升沿和下降沿的占空比。因此也可以说双更新模式的控制带宽加倍。

7. PWM 周期

周期寄存器(PTPER)用于设置 PTMR 的计数周期。用户必须将 15 位值写入 PTPER<14∶0>。当 PTMR<14∶0>的值与 PTPER<14∶0>中的值匹配时,时基将复位为 0 或在下一个时钟输入边沿改变计数方向。具体执行哪一种行为取决于时基的工作模式。

从图 9.3 可以看到:时基周期寄存器采用了双缓冲设计,这允许在运行时动态(On-the-fly)修改 PWM 周期,同时不会产生毛刺。周期寄存器(PTPER)作为时基周期寄存器的缓冲器,用户可以操作 PTPER 但却操作不了时基周期寄存器。

那么什么时候周期寄存器(PTPER)里的内容被加载到实际时基周期寄存器呢?

对于自由运行模式和单事件模式来说,当时基寄存器(PTMR)与周期寄存器(PTPER)匹配后,时基寄存器(PTMR)被复位为零时 PTPER 的内容被加载到实际时基寄存器里。

对于上/下计数模式来说,当时基寄存器(PTMR)为零时,周期寄存器(PTPER)的内容被加载到实际时基寄存器里。

当 PWM 时基被禁止(PTEN = 0)时,周期寄存器(PTPER)中保存的值将被自动装入时基周期寄存器。

图 9.4 和图 9.5 所示是不同运行模式时将周期寄存器(PTPER)中的值装入时基周期寄存器的时序图。

公式(9-1)所示是 PWM 周期的计算公式。

$$\text{PTPER} = \frac{F_{\text{CY}}}{F_{\text{PWM}} \cdot (\text{PTMR 预分频比})} - 1 \tag{9-1}$$

举例:假如 $F_{\text{CY}} = 20 \text{ MHz}$,$F_{\text{PWM}} = 20 \text{ kHz}$,PTMR 预分频值 = 1∶1,求 PWM 周期。

$$\begin{aligned}
\text{PTPER} &= [F_{\text{CY}}/(F_{\text{PWM}} \times \text{PTMR 预分频值})] - 1 \\
&= [20\,000\,000/(20\,000 \times 1)] - 1 \\
&= 1000 - 1 \\
&= 999
\end{aligned}$$

第 9 章 电机控制专用外设

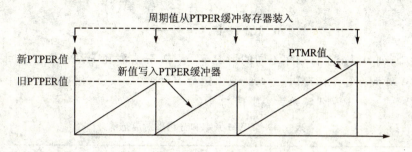

图 9.4 自由运行模式时 PWM 周期缓冲器的更新

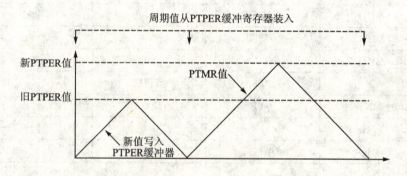

图 9.5 上/下计数模式时 PWM 周期缓冲器的更新

> 注意：如果 PWM 时基被配置为两种上/下计数模式中的一种，PWM 的周期将会是公式表示值的两倍。

9.1.4 PWM 占空比单元

调节占空比就可以调节 PWM 信号的直流分量。MCPWM 模块共有 4 个 PWM 发生器。共有 4 个特殊功能寄存器（PDC1、PDC2、PDC3、PDC4）用于为 PWM 发生器设置占空比。在后面的讨论中，用 PDCx 统一表示 4 个 PWM 占空比寄存器中的任何一个。

1. PWM 占空比精度

假如已知一个芯片的工作频率不变，那么其 PWM 分辨率和 PWM 频率是一对矛盾。要想 PWM 输出频率高，那么其分辨率就降低；反之其分辨率就提高。可以这么理解，假如 PWM 的频率提高（周期减小），则在一个周期里能够插入的时钟周期数自然也降低，也就是说分辨率降低了。对于普通单片机来说 PWM 频率大约几 kHz 到几十 kHz。对于 dsPIC30F 系列电源控制类 DSC 的 PWM 可以做到接近 1 MHz（10 位分辨率时）。

公式（9-2）所示为在时钟一定的情况下 PWM 分辨率与 PWM 频率之间的关系。

$$\text{PWM 分辨率} = \frac{\log\left(\frac{2T_{\text{PWM}}}{T_{\text{CY}}}\right)}{\log 2} \tag{9-2}$$

表 9.19 所列为系统工作频率不同的情况下 PWM 分辨率和 PWM 频率之间的关系。注意表中的 PWM 频率是工作在边沿对齐(自由运行 PTMR)模式下,假如工作在中心对齐模式(上/下计数模式),则 PWM 频率为表中值的 1/2。

表 9.19 PWM 频率和分辨率对应范例

$T_{\text{CY}}(F_{\text{CY}})$	PTPER 值	PWM 分辨率	PWM 频率
33 ns(30 MHz)	0x7FFF	16 位	915 Hz
33 ns(30 MHz)	0x3FFF	11 位	29.3 kHz
50 ns(20 MHz)	0x7FFF	16 位	610 Hz
50 ns(20 MHz)	0x1FFF	10 位	39.1 kHz
100 ns(10 MHz)	0x7FFF	16 位	305 Hz
100 ns(10 MHz)	0xFF	9 位	39.1 kHz
200 ns(5 MHz)	0x7FFF	16 位	153 Hz
200 ns(5 MHz)	0xFF	8 位	39.1 kHz

图 9.6 所示为 PWM 占空比生成逻辑框图。MCPWM 模块产生的 PWM 信号边沿分辨率可达 $T_{\text{CY}}/2$。当预分频比为 1∶1 时候,每个 T_{CY} 脉冲都会让 PTMR 进行加计数。要想获得 $T_{\text{CY}}/2$ 边沿分辨率,需要将 PDCx<15∶1>与 PTMR<14∶0>进行比较以确定占空比匹配。而 PDCx<0>确定 PWM 信号边沿在 T_{CY} 边沿发生还是在 $T_{\text{CY}}/2$ 边沿发生。当选择 1∶4、1∶16 或 1∶64 预分频比时,PDCx<0>与预分频计数时钟的最高位(MSb)进行比较,从而确定 PWM 边沿的产生时间。

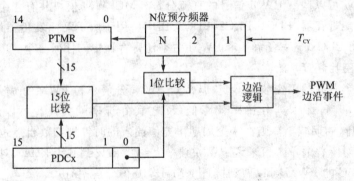

图 9.6 占空比生成逻辑

2. 边沿对齐的 PWM(Edge Aligned PWM)

图 9.7 所示为边沿对齐模式 PWM 的工作时序。当 PWM 时基工作在自由运行模式时,模块产生边沿对齐的 PWM 信号。PWM 输出信号的周期由周期寄存器(PTPER)的值决定,相应的占空比由占空比寄存器(PDCx)决定。假设占空比非零,在 PWM 周期开始时(PTMR=0),PWM 发生器的输出被驱动为有效。PTMR 在时钟推动下不断进行加计数,当 PTMR 的值与 PWM 占空比值匹配时,PWM 输出立即被驱动为无效。注意:PWM 输出"有效"(Active)还是"无效"(Inactive),可能是高电平也可能是低电平,取决于芯片配置字里的设置。

> **注意**:如果占空比寄存器(PDCx)的值为 0,则相应 PWM 引脚的输出在整个 PWM 周期内都将为无效。此外,如果占空比寄存器(PDCx)的值大于周期寄存器(PTPER)的值,那么 PWM 引脚的输出在整个 PWM 周期内将有效。

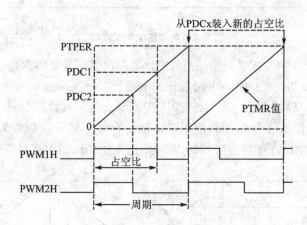

图 9.7 边沿对齐 PWM 波形

3. 单事件 PWM(Single Event PWM)

当 PWM 时基配置为单事件模式(PTMOD<1:0> = 01)时,PWM 模块将产生单脉冲输出。此工作模式通常用于驱动某些类型的电子换相电机,尤其适用于高速开关磁阻(SR)电机。在单事件模式下只能产生边沿对齐 PWM 输出。

图 9.8 所示为单事件 PWM 的工作时序。在单事件模式中,当 PTEN="1"时,PWM 引脚被驱动为有效状态。当 PTMR 的值与占空比值匹配时,PWM 引脚被驱动为无效状态。当与周期寄存器(PTPER)的值匹配时,PTMR 寄存器被清零,所有的有效 PWM 引脚都将驱动为无效状态,硬件令 PTEN="0",并产生一个中断。PWM 停止工作,直到 PTEN 在软件中被重新置位。

4. 中心对齐 PWM(Center Aligned PWM)

当 PWM 被配置为两个上/下计数模式(PTMOD<1:0> = 1x)之一时,PWM 模块将产生中心对齐的 PWM 信号。

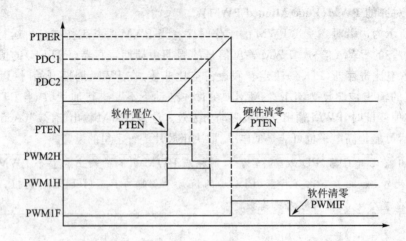

图 9.8 单事件 PWM 波形

图 9.9 所示为中心对齐 PWM 时序。当占空比寄存器的值与 PTMR 的值相匹配,并且 PWM 时基正在向下计数(PTDIR = 1)时,PWM 输出为有效状态(Active State);当 PWM 时基正在向上计数(PTDIR = 0)且 PTMR 与占空比值匹配时,PWM 输出为无效状态(Inactive State)。

如果占空比寄存器的值为 0,则相应 PWM 输出在整个周期中都将为无效。如果占空比寄存器的值大于 PTPER 寄存器的值,则 PWM 输出在整个周期内都将有效。

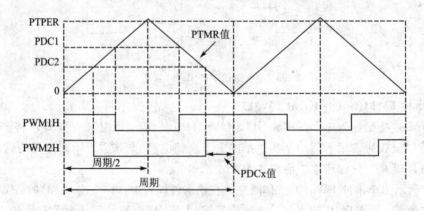

图 9.9 中心对齐 PWM 波形

5. 占空比寄存器缓冲技术

4 个 PWM 占空比寄存器 PDC1~PDC4 都采用了缓冲技术,保证 PWM 输出无毛刺。每个 PWM 模块都有可由用户访问的 PDCx 寄存器(缓冲寄存器),而保存实际比较值的占空比寄存器是用户无法访问的。在 PWM 周期的特定时刻,占空比寄存器(PDCx)中的值被取出来丢到 PWM 模块的占空比比较寄存器里。这样可以在任何时刻去改写 PDCx 的值，但 PDCx 仅仅是个缓冲器而已，改变它的数值并不会立即影响 PWM 输出波形。通常是在当前 PWM 周期结束后才把 PDCx 的值取出来，作为下一个周期的占空比比较数值。这样做可以避免 PWM 输出信号产生毛刺，也就是占空比出现预料不到的突然变化。

当 PWM 时基工作在自由运行或单事件模式（PTMOD<1：0> = 0x）时，只要 PTMR 与 PTPER 寄存器发生了匹配，PWM 占空比就会更新，同时 PTMR 复位为 0。

> 注意：当 PWM 时基被禁止（PTEN = 0）时，任何对 PDCx 寄存器的写入都会立即更新占空比。这样，一旦使能 PWM 模块占空比值已经修改并准备好了，提高了效率。

从图 9.10 所示可以看到在上/下计数模式时 PWM 占空比被更新的时刻。当 PWM 工作在上/下计数模式（PTMOD<1：0> = 10）时，当 PTMR 寄存器的值为 0 且 PWM 时基开始向上计数时，更新占空比。

图 9.11 所示可以看到带有双更新的上/下计数模式时 PWM 占空比被更新的时刻。PWM 时基工作于带有双更新的上/下计数模式（PTMOD<1：0> = 11）时，当 PTMR 寄存器的值为 0 以及 PTMR 寄存器的值与 PTPER 寄存器中的值匹配时，会更新占空比。

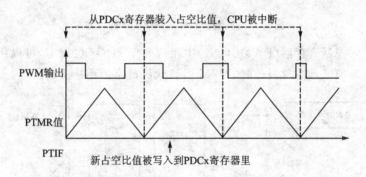

图 9.10　上/下计数模式（UP/DOWN）的占空比更新时刻

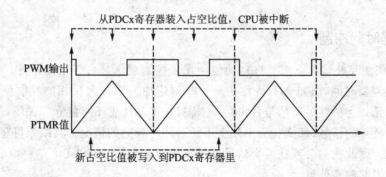

图 9.11　上/下计数模式（UP/DOWN）下双次占空比更新时刻

9.1.5 互补对称 PWM 输出模式(Complementary PWM Output)

图 9.12 所示为一个典型的互补对称输出模式驱动的逆变器负载。此逆变器架构常用于 ACIM 和 BLDC 等应用。在互补输出模式中,一对 PWM 输出不能同时有效。每个 PWM 通道的输出引脚均按图 9.13 所示配置。在功率器件切换过程中,由于某些原因(传输延迟)可能出现 PWM 的两个引脚输出均无效的短暂时期,此时可以选择插入一段死区时间。

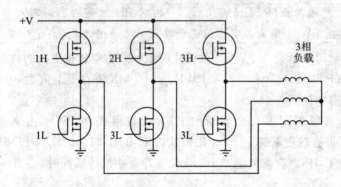

图 9.12 典型的互补对称 PWM 的负载

通过将 PWM 控制寄存器(PWMCON1)中相应的 PMODx 位清零,可以将一对 PWM 引脚选择为互补输出模式。芯片复位时,PWM 引脚默认置位为互补模式。

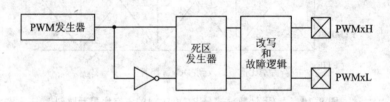

图 9.13 互补对称 PWM

9.1.6 死区时间控制

PWM 工作在互补输出模式时将自动使能死区控制逻辑。由于功率器件(MOSFET,IGBT 等)的切换需要时间,假如上下桥臂在某一时刻施加一个互为反相的控制信号,有可能引起严重问题。比如上桥臂关闭信号发出后,上桥臂功率晶体管不可能立即关闭,假如这时候立即发出开启下桥臂的信号,那么就会出现上下桥臂同时导通的情况。其结果可想而知,功率器件会立即烧毁。因此我们必须在两个信号交错的地方预留所谓的"死区"事件,目的是避开由于器件的惯性引起的意外事故。

6个输出端的 PWM 模块有一个可编程死区时间,而 8 个输出端的 PWM 模块有两个不同的可编程死区时间。

针对上桥臂和下桥臂晶体管的不同截止时间,可以利用死区控制对 PWM 信号进行优化。在上桥臂晶体管导通时间和下桥臂晶体管截止时间之间插入第一个死区时间。在上桥臂晶体管截止时间和下桥臂晶体管导通时间之间插入第二个死区时间。

每一对 PWM 引脚都可以分别设置两个死区时间。这样就可以很灵活地使用 PWM 的互补对称输出去驱动不同的功率模块。

1. 死区时间发生器

图 9.14 所示为 PWM 模块的死区发生逻辑。PWM 模块的每个互补对称输出对都有一个长度为 6 位的向下计数器(死区定时器),用于产生 PWM 死区时间。每个死区单元都有与占空比输出相连的上升沿和下降沿检测器。

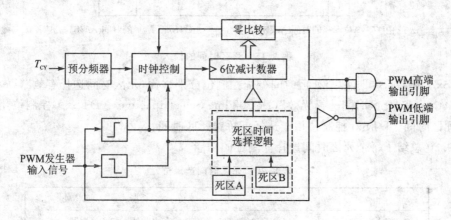

图 9.14 死区单元框图

当电路检测到 PWM 信号沿跳变时,两个可能的死区时间之一就被装入死区定时器。根据上升沿和下降沿的不同,两个互补对称输出信号中的某一个会被故意延迟,而延迟时间取决于死区定时器中的数值。

图 9.15 所示为在一对 PWM 输出中插入死区时间的时序图。为了更清楚地说明问题,图中用于上升沿和下降沿事件的两个不同死区时间被故意放大了。

2. 死区时间分配(Dead Time Assignment)

首先需要说明的是,只有 8 输出通道的 PWM 模块才有死区时间分配电路。对于那些只有 6 个输出通道的 PWM 模块只有一个死区时间。

死区控制寄存器(DTCON2)可以将两个可编程死区时间分配到每对互补对称输出。对于每对互补对称输出,都有两个死区时间分配控制位。例如,PWM1H/PWM1L 的死区时间由 DTS1A 和 DTS1I 控制位决定。

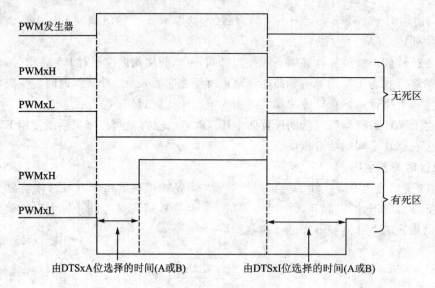

图 9.15 死区时间的插入

DTSxA 和 DTSxI 这两个死区时间分配控制位分别称为"死区时间选择有效"(Dead Time Select Active)和"死区时间选择无效"(Dead Time Select Inactive)。DTSxA 控制位用于选择上桥臂死区时间。DTSxI 控制位用于选择下桥臂死区时间。

表 9.20 总结了每个死区时间选择控制位的功能。

表 9.20 死区时间选择位

位	功 能
DTS1A	在 PWM1H 被驱动为有效状态之前插入的死区时间
DTS1I	在 PWM1L 被驱动为有效状态之前插入的死区时间
DTS2A	在 PWM2H 被驱动为有效状态之前插入的死区时间
DTS2I	在 PWM2L 被驱动为有效状态之前插入的死区时间
DTS3A	在 PWM3H 被驱动为有效状态之前插入的死区时间
DTS3I	在 PWM3L 被驱动为有效状态之前插入的死区时间
DTS4A	在 PWM4H 被驱动为有效状态之前插入的死区时间
DTS4I	在 PWM4L 被驱动为有效状态之前插入的死区时间

3. 死区时间范围

死区时间 A 和死区时间 B 是可以调整的。调整方法是改变预分频比或者调整死区时间计数器(6 位无符号值)的数值。

死区单元提供了 4 个预分频选项,可以根据芯片工作频率选择适当的死区时间。两个死区可以单独选择预分频值。死区控制寄存器(DTCON1)中的 DTAPS＜1：0＞和 DTBPS ＜1：0＞控制位用于设置死区时钟预分频比。每个死区可以选择的时钟为 $1T_{CY}$、$2T_{CY}$、$4T_{CY}$、$8T_{CY}$。

公式(9—3)所示为死区时间计算公式。

$$DT = \frac{死区时间}{预分频比 \cdot T_{CY}} \quad (9-3)$$

表 9.21 所列显示了死区时间范围与所选的输入时钟预分频器和芯片工作频率之间的关系。

表 9.21 不同输入频率对应的死区时间范围

$T_{CY}(F_{CY})$	预分频器选择	分辨率	死区范围
33 ns (30 MHz)	4 T_{CY}	130 ns	130～9μs
50 ns (20 MHz)	4 T_{CY}	200 ns	200～12μs
100 ns (10 MHz)	2 T_{CY}	200 ns	200～12μs

4. 死区时间失真

对于 PWM 占空比较小的情况，死区时间相对于有效 PWM 时间的比例可能会变大。在极端的情况下，当占空比小于一定程度时将不会产生 PWM 脉冲。在这些情况下，插入的死区时间将会导致 PWM 模块产生的波形失真。通常建议保持 PWM 占空比至少比死区时间大三倍，这样用户可以确保死区时间失真最小。用其他技术也可以纠正死区时间失真，例如使用闭环电流控制。

占空比接近 100% 时也可能产生类似问题。当占空比很大的时候通常建议使 PWM 信号的最小无效时间至少比死区时间大三倍。

9.1.7 独立 PWM 输出模式(Independent PWM Output)

图 9.16 所示为一种独立 PWM 输出模式，这种 PWM 工作模式对于驱动诸如图 9.17 所

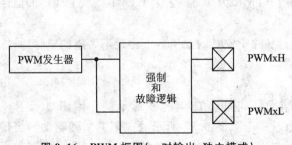

图 9.16 PWM 框图(一对输出、独立模式)

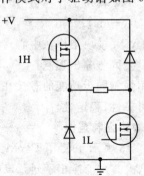

图 9.17 不对称 INVERTER

示的负载很有用。当 PWM 控制寄存器(PWMCON1)中某些 PMOD 位置位时,相应的 PWM 就工作于独立输出模式。值得注意的是:在独立模式中,死区时间发生器自动禁止,并且对输出引脚的状态没有任何限制。

9.1.8 PWM 输出强制(PWM Output Override)

PWM 输出强制位可以让用户手工将 PWM I/O 引脚驱动为指定逻辑状态,而不受占空比比较单元的影响。PWM 强制位在控制各种电子换相电机(比如直流无刷电机等)时很有用。

强制控制寄存器(OVDCON)用于设置与 PWM 输出强制功能相关逻辑。该寄存器的高 8 位(POVDxx)决定将要被强制的 PWM 引脚,而低 8 位(POUTxx)决定当通过 POVDxx 位强制时 PWM 引脚的状态。

POVD 控制位为低有效,当 POVD="1",相应的 POUTxx 位对 PWM 输出没有影响,此时 PWM 引脚的状态由 PWM 模块的输出决定;当一个 POVD="0",则相应的 PWM 输出引脚被强制接管,PWM 引脚输出将由相应的 POUT 位决定;当 POUT="1",PWM 引脚将被驱动为有效状态。当 POUT="0",PWM 引脚将被驱动为无效状态,此时完全由人工强制管理 PWM 输出引脚。

1. 互补输出模式的强制控制

当一对 PWM 引脚工作在互补对称模式时,PWM 模块将不会允许对输出进行某些强制。PMODx = 0 时模块将不允许输出对中的两个引脚同时变为有效。互补对称的每对输出中,上桥臂的引脚总是有优先权。

注意:当手工强制 PWM 通道时,仍将插入死区时间。

2. 强制同步(Override Synchronization)

如果 PWM 控制寄存器(PWMCON2)里的 OSYNC="1",所有通过 OVDCON 寄存器执行的输出强制将与 PWM 时基同步。

若 PWM 模块工作在边沿对齐模式,当 PTMR 为 0 时将发生同步输出强制(Sychronous Output Override)。

若 PWM 模块工作在中心对齐模式,当 PTMR 为 0 时或者当 PTMR 与 PTPER 的值匹配时也将发生同步输出强制。

使用强制同步功能的意义在于:可以避免在 PWM 输出引脚上出现不希望的窄脉冲,提高了系统可靠性、稳定性。

3. 输出强制范例

图 9.18 显示了使用 PWM 输出强制功能可能会产生的波形示例。该图显示了一个 BLDC 电机的六步换相序列。该电机可通过一个如图 9.12 所示的三相逆变器驱动。当传感器(比如霍尔器件)检测到适当的转子位置时,程序会通知 PWM 输出切换到序列中下一个换

相状态。在此例中,PWM 输出的驱动逻辑完全由手动强制控制。

表 9.22 所列是强制控制寄存器(OVDCON)的设置情况,可以看到其高 8 位全部为"0",说明 PWM 引脚的输出由手动强制控制,PWM 模块的输出被屏蔽。OVDCON 寄存器的低 8 位将分别用于决定每个 PWM 引脚的输出情况,表中列出了 6 种状态,分别对应直流无刷电机的 6 步换相逻辑,这一逻辑将控制输出功率模块切换并在电机的定子电枢里形成旋转磁场。

表 9.22　PWM 输出强制(范例#1)

状态	OVDCON<15:8>	OVDCON<7:0>
1	00000000b	00100100b
2	00000000b	00100001b
3	00000000b	00001001b
4	00000000b	00011000b
5	00000000b	00010010b
6	00000000b	00000110b

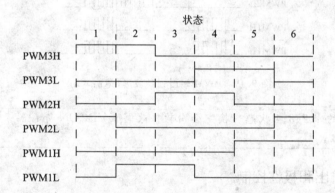

图 9.18　PWM 输出强制波形(范例#1)

完全由手动强制控制可以驱动一个直流无刷电机以满速度旋转,但是不能调速。也就是说这个方案的缺点是不能调节输出电压。

图 9.19 所示为使用 PWM 占空比寄存器和 OVDCON 寄存器产生可变占空比的输出波形。占空比寄存器控制流经负载的电流,OVDCON 寄存器专门控制换相。

表 9.23 所列为强制控制寄存器(OVDCON)的设置情况。当高 8 位里有"1"时,则对应的 PWM 引脚输出由 PWM 模块控制,反之则由低 8 位里相应位的状态决定。

表 9.23 PWM 输出强制（范例♯2）

状态	OVDCON<15：8>	OVDCON<7：0>
1	11000011b	00000000b
2	11110000b	00000000b
3	00111100b	00000000b
4	00001111b	00000000b

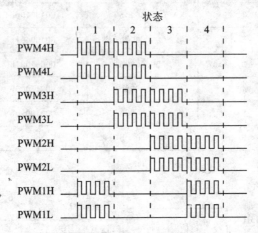

图 9.19 PWM 输出强制波形（范例♯2）

> 注意：图 9.19 中的 1、2、3、4 状态转换完全由软件改写 OVDCON 寄存器来实现，PWM 模块工作于独立输出模式。

9.1.9 PWM 输出和极性控制

PWM 控制寄存器(PWMCON1)中的 PENxx 控制位用于配置 PWM 输出引脚的功能。当相应引脚使能为 PWM 输出功能时，PORT 和 TRIS 寄存器相应的设置被自动禁止（外设优先）。

除了 PENxx 控制位，在芯片配置字(FBORPOR)中还有 3 个配置位可以对 PWM 引脚工作状态进行设置。这 3 个配置位分别是：HPOL、LPOL 和 PWMPIN。这 3 个配置位配合 PENxx 确保在发生芯片复位后，PWM 引脚处于用户设置状态。

PWM 引脚的极性是在芯片烧写时通过芯片配置字设置并在烧写程序时一起烧写到芯片内部一个特殊区域的。

图 9.20 所示为 MPLAB IDE 下对 PWM 输出极性进行配置的菜单。用户可以对上下桥

臂的输出极性进行配置。选择"Active High"则相应的 PWM 引脚输出极性为高电平有效；选择"Active Low"则相应的 PWM 引脚极性为低电平有效。

上下桥臂的 PWM 引脚输出极性可以分别配置的特点给了用户很大的设计灵活性。用户在选择功率模块时就可以非常自由，上下桥臂的功率管甚至可以选择不同驱动极性。

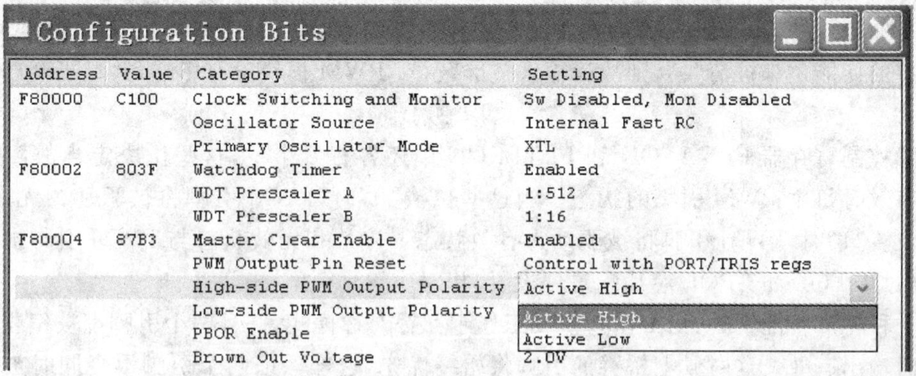

图 9.20　PWM 引脚输出极性设置菜单

PWM 引脚在芯片复位时处于什么状态对于系统安全性来说是很重要的。PWMPIN 配置位决定在芯片复位时的 PWM 输出引脚的状态。

如果 PWMPIN 配置位编程为"1"，PENxx 控制位将在芯片复位时清零。因此，所有的 PWM 输出将为三态，并由相应的 PORT 和 TRIS 寄存器控制。

如果 PWMPIN 配置位编程为"0"，PENxx 控制位将在芯片复位时置位。所有的 PWM 引脚使能为在芯片复位时用于 PWM 输出，并将处于由 HPOL 和 LPOL 配置位规定的无效状态。

图 9.2 所示是在 MPLAB IDE 环境下的配置位菜单里设置 PWM 引脚复位状态。

9.1.10　PWM 故障引脚(PWM Fault Pins)

芯片最多有两个与 PWM 模块有关的故障引脚，分别是 FLTA 和 FLTB，其作用相当重要。当突发事件(比如过电压、过载等情形)发生时，这些引脚可以迅速检测到并无需软件干预的情况下将 PWM 输出迅速设置为预先设定的状态，避免事故发生。因此可以快速处理故障事件。

根据不同的 dsPIC 芯片，故障引脚也可能会有其他复用功能。当用作故障输入时，每个故障引脚都可通过其相应 PORT 寄存器读取。FLTA 和 FLTB 是低电平有效，因此可以将多个突发事件信号并联在某一个错误输入引脚(当然要上拉电阻)上，以判断是否有突发事件。这些引脚也可以作为通用 I/O 或其他复用功能。每个故障引脚都有与其相关的中断向量、中断标志位、中断使能位和中断优先级位。

表 9.11 和表 9.12 所列是两个故障控制寄存器。FLTA 引脚的功能由 FLTACON 寄存器控制,FLTB 引脚的功能由 FLTBCON 寄存器控制。

故障控制寄存器 FLTACON 和 FLTBCON 各有 4 个控制位(FxEN1～FxEN4)用来决定 PWM 引脚是否受故障输入引脚的控制。要想发生突发事件时对 PWM 引脚强制控制,必须将 FLTACON 或 FLTBCON 寄存器中的相应位置"1"。如果 FLTACON 或 FLTBCON 寄存器中所有的使能位都被清"0",则故障输入被屏蔽,对 PWM 模块没有影响,并且不会产生故障中断。

故障控制寄存器 FLTACON 和 FLTBCON 中还各有 8 个位,这些位决定当故障输入引脚变为有效时每个 PWM 引脚的状态。当这些位清"0"时,PWM 引脚将被驱动为无效状态。当这些位置"1"时,PWM 引脚将被驱动为有效状态。有效和无效状态与 PWM 引脚被定义的极性(通过 HPOL 和 LPOL 芯片配置位设置)相对应。

有一种特殊情况就是:当 PWM 模块工作于互补对称模式,并且两个引脚都被编程为在发生故障时输出有效。这时候上桥臂的引脚将始终优先,这样保证两个引脚不会同时被驱动为有效状态而烧毁功率器件。

每个故障输入引脚都有锁存模式(Latched Mode)和逐周期模式(Cycle−by−Cycle Mode)两种工作模式。故障控制寄存器 FLTACON 和 FLTBCON 里的 FLTAM、FLTBM 控制位负责管理故障引脚的工作模式。

锁存模式:当故障引脚为低电平时,PWM 输出将进入 FLTxCON 寄存器定义的状态。PWM 输出将保持在此状态,直到故障引脚恢复为高电平并且相应的中断标志(FLTxIF)由软件清"0",PWM 输出将在下一个 PWM 周期开始时或在半周期边界返回到正常工作状态。如果中断标志在故障状态结束前清零,PWM 模块仍将等到故障引脚不再有效时才恢复输出。

逐周期模式:当故障引脚为低电平时,PWM 输出将一直保持定义的故障状态处理方法,直到故障引脚电平发生改变。在故障引脚恢复为高电平后,PWM 输出将在下一个 PWM 周期开始时(或中心对齐模式的半周期边界)返回正常工作状态。

当故障输入被使能且故障引脚输入为低电平时,无论 PDCx 和 OVDCON 寄存器中的值如何,PWM 引脚都会立即驱动为其预先设置的故障状态。故障操作的优先级高于所有其他的 PWM 控制寄存器。

当故障输入引脚恢复为高电平并且故障中断标志清零(仅锁存模式)后,才能清除故障状态。在故障引脚状态被清除后,PWM 模块将在下一个 PWM 周期或半周期边界恢复 PWM 输出信号。对于边沿对齐 PWM,PWM 输出将会在 PTMR = 0 时恢复。对于中心对齐 PWM,PWM 输出将会在 PTMR = 0 或 PTMR = PTPER 时复原。

PWM 时基被禁止(PTEN = 0)时,将发生例外的事件(不符合上述规则)。如果 PWM 时

第 9 章 电机控制专用外设

基被禁止,PWM 模块将在故障状态被清除后立即恢复 PWM 输出信号。

如果两个故障输入引脚都被使用,那么 FLTA 输入的故障事件将优先于 FLTB 输入。

当故障 A 状态被清除时,如果 FLTB 输入仍然被使能,PWM 输出将在下个周期或半周期边界返回 FLTBCON 寄存器中编程的状态。如果 FLTB 输入被禁止,PWM 输出将在下个周期或半周期边界返回正常工作状态。假如 FLTA 引脚设置为锁存模式时,PWM 输出将不会返回故障 B 状态或正常工作状态,直到故障 A 中断标志被清零并且 FLTA 引脚恢复高电平。

可以清零对应的 TRIS 位将引脚配置为输出,然后将引脚的 PORT 位清零就可以人工仿造一个故障输入事件。但要小心使用,因为如果故障引脚被设置为输出,那么输出电平固定(高或低),故障输入就无法从外部驱动,也无法多个事件并联。

图 9.21 所示为 PWM 工作在逐周期模式时的错误处理时序。

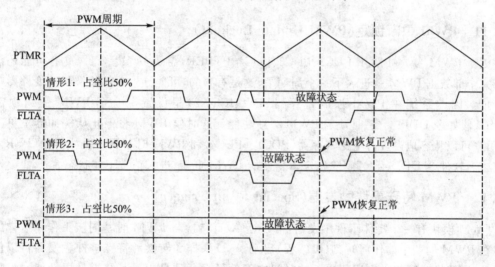

图 9.21　逐周期 (Cycle-by-Cycle) 模式的错误处理时序

图 9.22 所示为 PWM 工作在锁存模式时的错误处理时序。

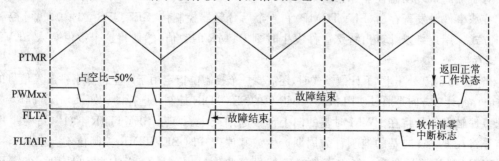

图 9.22　锁存 (Latched) 模式的错误处理时序

图 9.23 所示为 PWM 工作在逐周期带优先权控制模式时的错误处理时序。

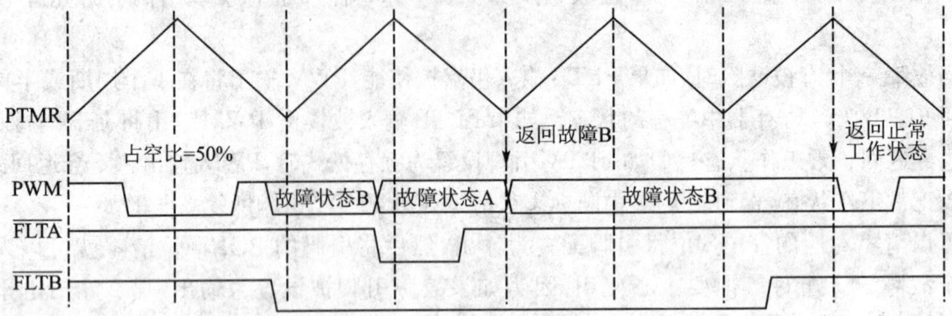

图 9.23 逐周期（Cycle-by-Cycle）带优先权的错误处理时序

9.1.11 PWM 更新锁定（PWM Update Lockout）

更新 PWM 参数（PDC1、PDC2、PDC3、PDC4、PTPER）需要多条指令，因此有可能还没有更新完全部数据 PWM 就进入下一个周期了，这是有害的，可能导致 PWM 波形畸变并影响系统性能。因此系统在 PWM 控制寄存器（PWMCON2）里设置了一个 PWM 更新锁定位 UDIS。假如令 UDIS="1"时锁定 PWM 更新功能。这时候 PWM 将停止从缓冲器里更新数据，用户可以从容地设置占空比寄存器（PDC1～PDC4）和 PWM 时基周期缓冲器 PTPER。更新完毕后软件令 UDIS="0"解除锁定重新使能 PWM 更新，进入正常工作状态。

9.1.12 PWM 特殊事件触发器（Special Event Trigger）

PWM 模块有一个特殊事件触发器，可以让 A/D 转换与 PWM 时基同步工作。这样用户可以在 PWM 周期中的任何时刻（可编程）启动 A/D 采样和转换。特殊事件触发器可以使用户将 A/D 转换时间与占空比值更新的时间之间的延迟减到最少。其结果是更智能、快速，用户可以在任何时刻对线电压、负载电流等参数进行采样并迅速更新 PWM 参数而无需软件干预。对于提高系统动态性能非常有好处。

特殊事件触发寄存器（SEVTCMP）和 4 个后分频器控制位（SEVOPS<3：0>）可控制其工作方式。用户可以计算出特殊事件发生时刻 PTMR 的数值，然后将这个数值装入 SEVTCMP 寄存器。

当 PWM 时基处于上/下计数模式时，还需要一个控制位指定用于产生特殊事件触发信号的计数方向。此计数方向是通过使用 SEVTCMP 里的 SEVTDIR 控制位选择的。如果 SEVTDIR="0"，特殊事件触发信号将在 PWM 时基的向上计数周期产生。如果 SEVTDIR="1"，特殊事件触发信号将在 PWM 时基的向下计数周期产生。其他模式时 SEVTDIR 控制位不会生效。

PWM 模块总是会产生特殊事件触发信号。此信号也可以由 A/D 模块选用。如需更多有关使用特殊事件触发器的信息,请参见 ADC 相关章节的介绍。

PWM 特殊事件触发器支持的后分频比为 1∶1～1∶16 的后分频器。当不需要在每个 PWM 周期同步 A/D 转换时,后分频器是很有用的。PWM 控制寄存器(PWMCON2)中的 SEVOPS<3∶0>控制位可配置后分频器。

当芯片复位并且对 SEVTCMP 寄存器进行写操作时,特殊事件输出后分频器将会清零。

9.1.13 芯片低功耗模式的工作情况

1. SLEEP 模式的 PWM 工作

当芯片进入 SLEEP 模式后,会禁止系统时钟。因为 PWM 时基的时钟来自系统时钟源(T_{CY}),所以它也会被禁止。所有使能的 PWM 输出引脚都会被冻结在进入 SLEEP 模式之前有效的输出状态。

如果 PWM 模块用于控制电源应用中的负载,在执行 PWRSAV 指令前,用户应该将 PWM 模块的输出置为一个"安全"的状态。根据不同的应用,当 PWM 输出冻结在特定输出状态下时,负载可能会开始消耗额外的电流。例如,如以下代码示例所示,OVDCON 寄存器可以用于手工关闭 PWM 输出引脚。

```
;本程序将所有 PWM 引脚输出设置为非活动状态(inactive state)
;执行 PWRSAV 指令之前
    CLR      OVDCON        ;强制所有 PWM 输出不工作
    PWRSAV   #0            ;芯片进入 SLEEP 模式
    SET.B    OVDCONH       ;芯片唤醒时设置 POVD 位
```

如果通过 FLTxCON 寄存器使能了故障 A 和故障 B 输入引脚来控制 PWM 引脚,则这两个输入引脚将在芯片处于 SLEEP 模式时继续正常工作。当芯片处于休眠模式时,如果其中一个故障引脚被驱动为低电平,PWM 输出将被驱动为在 FLTxCON 寄存器中编程的故障状态。

故障输入引脚也具有将 CPU 从 SLEEP 唤醒的功能。如果故障中断使能位置位(FLTx-IE = 1),则当故障引脚被驱动为低电平时,芯片将从 SLEEP 唤醒。如果故障引脚中断的优先级高于当前 CPU 的优先级,则当芯片被唤醒时,将在故障引脚中断向量处开始程序执行。否则,将继续执行 PWRSAV 指令后的下一条指令。

2. IDLE 模式下的 PWM 工作

当芯片进入 IDLE 模式时,系统时钟源保持工作且 CPU 停止执行代码。PWM 模块也可以继续在 IDLE 模式工作。通过 PTSIDL 位(PTCON<13>)可选择 PWM 模块在 IDLE 模式是停止工作还是继续正常工作。

如果 PTSIDL="0",当芯片进入 IDLE 模式时,模块将继续正常工作。如果使能了 PWM 时基中断,则可以使用它将芯片从 IDLE 状态唤醒。如果 PWM 时基中断使能位置位(PTIE ="1"),则

PWM 时基中断产生时,芯片将从 IDLE 模式唤醒。如果 PWM 时基中断的优先级高于当前 CPU 的优先级,则当芯片被唤醒时,将在 PWM 时基中断向量处开始程序执行。否则,将继续执行 PWRSAV 指令后的下一个指令。

如果 PTSIDL="1",在 IDLE 模式下模块将停止工作。如果 PWM 模块被编程为在 IDLE 模式停止工作,PWM 输出和故障输入引脚的工作情况将与休眠模式的工作状况相同。

9.1.14 用 dsPIC 的 PWM 模块产生正弦波,驱动三相交流感应电机的功率模块

下面给出一个实战范例,帮助大家理解 PWM 的原理和应用。

通常可以简单地用三相 PWM 直接输出去推动直流无刷电机(BLDC)或者交流感应电机(ACIM)并对其进行调压或调频。但是方波驱动的最大问题是力矩抖动(Torque Jitter)导致电机运行噪声大,拖动质量降低,当然还有诸如效率、EMC 等。因此严格来讲,方波驱动的方法不是一个理想的电机控制方案。

众所周知,对于电机来说最自然和友好的驱动源是正弦波。在大学的《电机学》里已经深入了解了这一点。很自然地会想到用 PWM 来模拟正弦波形!当然此过程是拟合的,近似的,要求 MCU 有很高的处理能力。而 dsPIC 正好满足这些要求,可以快速查表、运算,并可以快速控制 PWM。

思路是:在 Flash 里保存将要拟合的正弦波表,可以看到,点越多越可以拟合一个近似完美的正弦波,但有得到就有付出,还要考虑因此带来的时间延迟,也就是说,近似点是有限的。可以手工计算这些表数据,但最好的方法是借助计算机来计算,比如微软的 Excel 软件包、Matlab 软件包等,用户要做的只是告诉软件用户的要求、函数表达式就可以了。计算完毕就可以简单的"复制粘贴"(Copy and Past)就完成了。

下面的程序详细介绍了用 PWM 产生一个频率和幅度固定的正弦波信号,用于控制电机的功率模块。当然,这只是一个基本程序,根据用户的具体工程,可以简单修改该程序并嵌套到应用程序里就可以变成调整频率,调整电压幅度等具体需求了。这些应用非常广泛,比如空调压缩机、变频电源、安全监控系统、甚至一些特殊变压器等场合。

在程序中有详细的注释,理解起来非常方便,也建议大家在写程序的时候一定要写注释,这可以增加程序的可读性、移植性、可维护性,长期坚持受益匪浅。

```
;*****************************************************************
;本汇编程序用于产生一个固定频率和幅度的 PWM 正弦调制波,用于驱动交流感应电机 *
;*****************************************************************
        .equ __30F6010, 1
        .include "C:\pic30_tools\support\inc\p30f6010.inc"    ;具体目录可能不同
        .global __reset
;--------------未初始化变量,位于 Near 型数据存储器(RAM 的低 8 KB)--------
```

```
           .section .nbss, "b"
; 在每个 PWM 周期，本变量都被加到 16 位的正弦波表指针里。假如该值为 246 则设置为 60 Hz 调制
; 频率，PWM 频率为 16 kHz
Delta_Phase:
.space 2
; 这个变量用于设置调制幅度并调整从正弦表里取出的值，合法的数值为 0～32 767
Amplitude:
.space 2
; 这个变量是指向正弦表的指针，每个 PWM 中断时它都要增加一个数值，该数值存在 Delta_Phase 里
Phase:
.space 2
;－－－－－－－－－－－－－－－－程序存储器中存放的常量－－－－－－－－－－－－－－－
           .section .sine_table, "x"
           .align    256
; 下面是一个 64 点的正弦波表，覆盖了 360 电角度。这些数据可以使用 Excel 计算并复制到代码里
SineTable:
.hword 0,3212,6393,9512,12539,15446,18204,20787,23170,25329
.hword 7245,28898,30273,31356,32137,32609,32767,32609,32137,31356,30273,28898
.hword 27245,25329,23170,20787,18204,15446,12539,9512,6393,3212,0,-3212,-6393
.hword -9512,-12539,-15446,-18204,-20787,-23170,-25329,-27245,-28898,-30273
.hword -31356,-32137,-32609,-32767,-32609,-32137,-31356,-30273,-28898,-27245
.hword -25329,-23170,-20787,-18204,-15446,-12539,-9512,-6393,-3212
;－－－－－－－－－－－－－－－－－常量的定义－－－－－－－－－－－－－－－－
; 该常量用于把正弦表中查出的数据变成 PWM 占空比，这基于写到 PTPER 的数值，这里设 PTPER = 230
; 允许的占空比数值为 0 和 460，正弦表是有符号的，所以要把表数据乘以 230，再加一个常量偏移
; 把查表值变换为正值
           .equ PWM_Scaling, 230
; 指向正弦表的指针为 16 位，加 0x5555 到指针将提供 120°偏移，加 0xAAAA 将提供 240°偏移
; 这些偏移用于得到第 2 相和第 3 相的 PWM 输出查表值
           .equ Offset_120, 0x5555
;－－－－－－－－－－－－－－－－－程序代码段－－－－－－－－－－－－－－－－
.text                                 ; 开始一个区段
__reset:
           MOV       #__SP_init, W15   ; 初始化堆栈指针
           MOV       #__SPLIM_init, W0 ; 初始化堆栈深度限制寄存器 SPLIM
```

```
            MOV       W0,SPLIM
            NOP                              ;这里可能需要一个 NOP

            CALL      _wreg_init             ;调用_wreg_init 初始化程序,也可以用 RCALL
;- - - - - - - - - - - - - - - - - - - -设置 PWM- - - - - - - - - - - - - - - - - - - -
;首先我们进行 PWM 设置工作,设置 I/O 并复位功率模块,控制板上有驱动 IC,作为 PWM 的缓冲器,
;缓冲器有一个低电平有效输出允许由 RD11 控制。功率模块有一个高电平有效的复位控制,连接到 RE9
            clr       PORTD
            clr       PORTE
            mov       #0xF7FF,W0             ;设置 RD11 为输出,驱动 PWM 缓冲器
            mov       W0,TRISD               ;输出允许
            mov       #0xFDFF,W0
            mov       W0,TRISE               ;设置 RE9 为输出,驱动功率模块复位端
;对功率模块复位,也即将复位端拉高几个微秒
            bset      PORTE,#9
            repeat    #39
            nop
            bclr      PORTE,#9
;现在设置 PWM 寄存器
            mov       #0x0077,W0             ;互补模式,#1,#2,和#3 被允许
            mov       W0,PWMCON1
            mov       #0x000F,W0             ;2 μs 死区时间(7.38 MIPS 时)
            mov       W0,DTCON1
            mov       #230,W0                ;设置 PWM 频率为 16 kHz(7.38 MIPS 时)
            mov       W0,PTPER
            mov       #0x8002,W0             ;允许 PWM 时基,中央对齐模式
            mov       W0,PTCON
;- - - - - - - - - - - - - - - - - - - -变量初始化- - - - - - - - - - - - - - - - - - - -
            mov       #60,W0                 ;设置调制频率为大约 16 kHz
            mov       W0,Delta_Phase
            mov       #8000,W0               ;设置调制幅度为大约 25%
            mov       W0,Amplitude
;- - - - - - - - - - - -主程序循环(在主循环里查询 PWM 中断标志位)- - - - - - - - - - - -
Loop:       btss      IFS2,#PWMIF            ;查询 PWM 中断标志
            bra       Loop                   ;假如是 1 继续执行
            call      Modulation             ;调用正弦波调制程序
```

```
        bclr    IFS2,#PWMIF          ;清零 PWM 中断标志
        bra     Loop
;----------------------PWM 正弦波调制程序-------------------
Modulation:
        push.d  W0                   ;保存工作寄存器
        push.d  W2
        push.d  W4
        push.d  W6
        push.d  W8
        push.d  W10
;下面 3 条指令初始化 TBLPAG 和指针寄存器,用于访问正弦表数据
        mov     #tblpage(SineTable),W0
        mov     W0,TBLPAG
        mov     #tbloffset(SineTable),W0
;下列指令用于装载在正弦波调制程序里要用到的各种常量和变量
        mov     Phase,W1             ;装载正弦表指针
        mov     #Offset_120,W4       ;这是 120°的偏移值
        mov     Amplitude,W6         ;装载幅度调整参数
        mov     #PWM_Scaling,W7      ;装载 PWM 调整参数
        mov     Delta_Phase,W8       ;装载 Delta_Phase 常量,
                                     ;该常量将在每个中断里被加到表指针
;这是表指针调整代码。Delta_Phase 的值被加到正弦表指针里并在表里移动操作
;然后偏移量被加到该指针里,得到 2 相和 3 相的指针
        add     W8,W1,W1             ;把 Delta_Phase 的值加到正弦指针
        add     W1,W4,W2             ;给第 2 相加 120°的偏移量
        add     W2,W4,W3             ;给第 3 相加 120°的偏移量
;正弦表有 64 点,因此指针右移,得到一个 6 位的指针值
        lsr     W1,#10,W9            ;对第 1 相的指针右移,得到高 6 位
        sl      W9,#1,W9             ;左移 1 次,转换成字节地址
        lsr     W2,#10,W10           ;对第 2 相的指针右移,得到高 6 位
        sl      W10,#1,W10           ;左移 1 次,转换成字节地址
        lsr     W3,#10,W11           ;对第 2 相的指针右移,得到高 6 位
        sl      W11,#1,W11           ;左移 1 次,转换成字节地址
;现在每相的指针都被加到了表基址指针,得到查表值的绝对指针,查表值被转换。为正确的幅度值和
;合法的占空比值。下面的代码里计算第 1、2、3 相的占空比
        add     W0,W9,W9             ;形成第 1 相的表地址
```

```
            tblrdl    [W9],W5              ;读第 1 相的查表值
            mpy       W5*W6,A              ;乘以幅度变换系数
            sac       A,W5                 ;保存变换后的结果
            mpy       W5*W7,A              ;乘以 PWM 变换系数
            sac       A,W8                 ;保存变换结果
            add       W7,W8,W8             ;加 PWM 变换系数,得到 50% 偏移
            mov       W8,PDC1              ;写 PWM 占空比
;计算第 2 相的占空比(注释和上面第 1 相类似)
            add       W0,W10,W10
            tblrdl    [W10],W5
            mpy       W5*W6,A
            sac       A,W5
            mpy       W5*W7,A
            sac       A,W8
            add       W7,W8,W8
            mov       W8,PDC2
;计算第 3 相的占空比(注释和上面第 1 相类似)
            add       W0,W11,W11
            tblrdl    [W11],W5
            mpy       W5*W6,A
            sac       A,W5
            mpy       W5*W7,A
            sac       A,W8
            add       W7,W8,W8
            mov       W8,PDC3
;现在保存调整后的正弦波表指针,使其可以在下面的代码里被使用
            mov       W1,Phase
            pop.d     W10                  ;恢复工作寄存器
            pop.d     W8
            pop.d     W6
            pop.d     W4
            pop.d     W2
            pop.d     W0
            return                         ;子程序返回
;-------------------子程序:初始化 W 寄存器堆为 0x0000---------------
_wreg_init:
```

```
        CLR         W0
        MOV         W0,W14
        REPEAT      #12
        MOV         W0,[++W14]
        CLR         W14
        RETURN
;------程序代码结束------
.end
```

9.2 正交编码器接口(QEI)

在电机控制特别是同步电机的应用里,微控制器需要知道转子的确切位置并根据转子的位置向功率模块(MOSFET、IGBT、SCR)等发出开关切换信号或脉冲。假如位置检测不正确将可能导致定子线圈里的反向电动势(BEMF)和电源正向连接并发热甚至烧毁电机。可见位置检测对于电机控制是非常重要的。对于伺服电机等需要频繁正反转、精确定位的应用场合,位置检测元件显得更加重要。

常用的位置检测元件包括旋转变压器(Resolver)、霍尔元件和正交编码器等。其中正交编码器接口(QEI)是 dsPIC 家族里电机控制系列的标准配置。这个模块大大简化了使用正交编码器进行位置检测时的软件设计。

9.2.1 QEI 模块简介

正交编码器(Quadrature Encoder)又名增量编码器(Increament Encoder)或光电编码器(Optical Encoder)。主要用于检测旋转物体(比如电机转子)的位置和速度。正交编码器广泛应用于诸如开关磁阻(SR)电机、永磁同步电机(PMSM)、交流感应电机(ACIM)等多种电机系统,从而实现精确闭环控制。

图 9.24 所示为增量编码器的信号时序。QEI 的基本结构是一个放置在电机传动轴上的开槽的轮子和一个用于检测该轮上槽口的发射器/检测器模块。通常有 A 相、B 相、索引(INDEX)3 个输出信号,这些信息经过译码后可以提供有关电机转子的运动信息,包括位置和转向。相位 A(QEA)和相位 B(QEB)间的关系是唯一的:如果相位 A 超前相位 B,那么电机是正转;反之如果相位 A 落后相位 B,那么电机是反转。电机每转一圈将产生一个索引脉冲,该脉冲作为基准用来确定转子的绝对位置。正交信号由 4 个唯一状态组成。比如电机正转的时候编码方向为"01→00→10→11",当电机旋转方向改变时,则变成"11→10→00→01"。

正交编码器接口硬件可以捕捉相位信号 A、B 和索引脉冲,并根据这些信息得到位置的数字计数值。比如可以设置当电机正转时计数值递增计数,而反转时则递减计数。

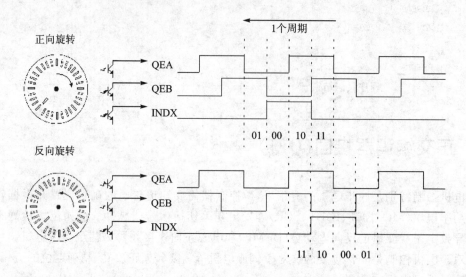

图 9.24 正交编码器接口信号

图 9.25 所示为 QEI 接口逻辑框图。由框图看到该硬件接口的一个主要部件是处理 A、B、INDX 信号的解码电路,另外一个重要部件是一个 16 位向上/向下计数器,用于记录位置信息。为了防止恶劣环境下的尖脉冲干扰计数器工作,在每个输入端上都设计了可编程数字滤波器。在解码输出信号里还包括了计数方向状态并可以通过一个引脚输出给其他外部逻辑电路。QEI 模块可以方便地设置并支持×2 和×4 计数分辨率。假如设计里不用 QEI 模块的时候,它还可以被设置成为一个 16 位定时计数器使用。

可编程数字噪声滤波器用于滤除输入索引脉冲(INDX)和正交信号(QEA、QEB)引脚上叠加的噪声。输入信号经过施密特触发器以及数字滤波器后可以滤除低电平噪声和通常在易产生噪声的应用(诸如电机、电源等应用)中出现的大而短时间的尖脉冲噪声。

数字滤波器的原理是以 3 个连续的滤波器周期(可通过预分频器设置)为单位,对引脚信号连续采样,假如每次都获得同一个值(高或低),滤波器的输出信号才切换到该电平。假如在这 3 个连续的滤波器周期里有任何一次采样值发生变化(比如干扰脉冲的出现)则 3 个滤波周期结束后,滤波器输出依然维持上一次的滤波输出不变化。由于采用这种"采样→判断→输出"的滤波过程,因此输出将有延迟。

可以把该数字滤波器看作一个低通滤波器(LPF)。滤波器的时钟速率决定了滤波器的滤波特性:滤波器时钟速率越低则该滤波器可以滤除信号中较低频率的噪声;反之假如我们提高滤波器时钟速率则将使得滤波器的通带截至频率增大。滤波器的工作时钟是芯片指令周期时

钟 F_{CY} 经过一个可编程预分频器后得到的。为了达到理想的滤波效果,又要避免把有用的信号滤除掉,应该选择合适的预分频值。

通过设置数字滤波器控制寄存器 DFLTCON 中的 QEOUT 位可以方便地允许或禁止 QEA、QEB、INDX 引脚上的数字滤波器;QECK 位(3 位)可以设置 QEA、QEB、INDX 上滤波时钟的预分频值。在芯片复位的时候所有的数字滤波器都是处于禁止状态。

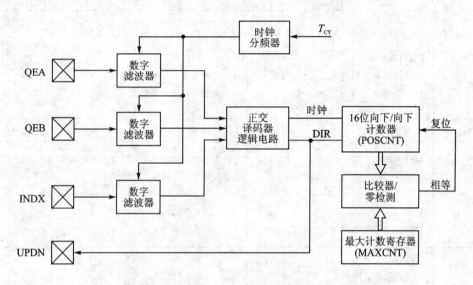

图 9.25　QEI 模块结构框图

9.2.2　控制和状态寄存器

QEI 模块相关的寄存器有 4 个:QEICON、DFLCON、POSCNT、MAXCNT。这些寄存器都可用字节和字的模式进行访问。其中 QEICON 和 DFLCON 是用于控制和设置。位置计数寄存器(POSCNT)是一个可读写的 16 位寄存器,里面放置着和位置相关的位置计数值(尽管该寄存器可以以字节方式读,但需要注意读某一个字节时另外一个字节可能发生变化。因此建议使用字读方式操作)。最大计数寄存器(MAXCNT)也是一个 16 位寄存器,专门用于保持一个最大计数值,工作时该值将与 POSCNT 寄存器的值进行比较。

表 9.24 所列为 QEI 控制状态寄存器(QEICON)各位的安排和具体含义。虽然是控制寄存器,但其中也包含了一些和模块相关的状态位。用户可以对该寄存器进行配置从而对 QEI 模块进行工作模式的配置,也可以查询 QEI 模块的状态信息。

表 9.24 QEI 控制寄存器(QEICON)

R/W-0	U-0	R/W-0	R-0	R/W-0	R/W-0	R/W-0	R/W-0
CNTERR	—	QEISIDL	INDEX	UPDN	QEIM<2:0>		
bit 15							bit 8
R/W-0	R/W-0	R/W-0	R/W-0		R/W-0	R/W-0	R/W-0
SWPAB	PCDOUT	TQGATE	TQCKPS<1:0>		POSRES	TQCS	UDSRC
bit 7							bit 0

其中:R=可读位,W=可写位,WC=硬件清零,U=未用(读作0),−n=上电复位时的值

Bit15	CNTERR: 计数错误状态标志位仅当 QEIM = 110 或 100 时 CNTERR 标志位才可用	1=已经发生了位置计数错误 0=未发生位置计数错误
Bit14	未用	读作"0"
Bit13	QEISIDL: IDLE 时停止位	1=当芯片进入 IDLE 时模块不继续工作 0=模块在 IDLE 模式下继续工作
Bit12	INDEX: INDEX 引脚状态状态位(只读)	1 = INDX 引脚为高电平 0 = INDX 引脚为低电平
Bit11	UPDN: 位置计数器方向状态位 当 QEIM = 1XX 时为只读位 当 QEIM = 001 时为可读/写位	1 = 位置计数器方向为正(+) 0 = 位置计数器方向为负(−)
Bit10~8	QEIM<2:0>: QEI 模式选择位	111=×4 模式,与 MAXCNT 匹配将位置计数器复位 110=×4 模式,通过索引脉冲将位置计数器复位 101=×2 模式,与 MAXCNT 匹配将位置计数器复位 100=×2 模式,通过索引脉冲将位置计数器复位 011、010= 禁止 QEI 模块 001=启动 16 位定时器 000=QEI/定时器关闭
Bit7	SWPAB: 相位 A 和相位 B 输入交换选择位	1=相位 A 和相位 B 输入已交换 0=相位 A 和相位 B 输入未交换
Bit6	PCDOUT: 位置计数器方向状态输出使能	1 = 方向状态输出使能(QEI 电路控制 I/O 引脚的状态) 0 = 方向状态输出禁止(正常的 I/O 引脚工作)
Bit5	TQGATE: 定时器选通时间累加使能	1 = 定时器选通时间累加使能 0 = 定时器选通时间累加禁止

续表 9.24

Bit4～3	TQCKPS<1：0>： 定时器输入预分频选择	11 = 预分频比是 1：256　　01 = 预分频比是 1：8 10 = 预分频比是 1：64　　 00 = 预分频比是 1：1 (预分频器仅用于 16 位定时器模式)
Bit2	POSRES： 位置计数器复位使能仅当 QEIM = 100 或 110 时,该位才有意义	1 = 索引脉冲可使位置计数器复位 0 = 索引脉冲不能使位置计数器复位
Bit1	TQCS： 定时器时钟源选择位	1 = 来自 QEA 引脚(上升沿)的外部时钟 0 = 内部时钟(T_{CY})
Bit0	UDSRC： 位置计数器方向选择控制位	1 = QEB 引脚状态用来定义位置计数器方向 0 = UPDN 位用于定义定时器计数器(POSCNT)方向 当配置为 QEI 模式时,此控制位是"无关位"

表 9.25 所列为数字滤波器控制寄存器(DFLTCON)各位的安排和具体含义。该寄存器主要用于对输入滤波器进行配置和控制。对于 ds30F6010 的 DFLTCON 寄存器各位的分配可能会有所不同,可参考其数据手册。

表 9.25　数字滤波器控制寄存器(DFLTCON)

U-0	U-0	U-0	U-0	U-0	R/W-0	R/W-0	R/W-0
—	—	—	—	—	IMV<1:0>		CEID
bit 15							bit 8
R/W-0	R/W-0			R/W-0	U-0	U-0	U-0
QEOUT	QECK<2:0>			—	—	—	—
bit 7							bit 0

其中: R = 可读位, W = 可写位, WC = 硬件清零, U = 未用(读作 0), -n = 上电复位时的值

Bit15～11	未用	读作"0"
Bit10～9	IMV<1：0>： 索引匹配值 用于设置在 POSCNT 寄存器被复位 前,位于索引脉冲之间的 QEA、QEB 输入引脚的状态	在 4×正交计数模式下: IMV1 = 索引脉冲匹配所要求的 B 相输入信号状态 IMV0 = 索引脉冲匹配所要求的 A 相输入信号状态 在 2×正交计数模式下: IMV1 = 为索引状态匹配选择输入信号相位 0 = A 相信号, 1 = B 相信号 IMV0 = 索引脉冲匹配所要求的所选相位输入状态
Bit8	CEID： 计数错误中断禁止位	1 = 位置计数错误时不产生中断 0 = 位置计数错误时产生中断

续表 9.25

Bit7	QEOUT： QEA/QEB/INDX 数字滤波器输出使能	1=数字滤波器输出使能 0=数字滤波器输出禁止（正常的引脚工作）	
Bit6～4	QECK<2：0>： 数字滤波器时钟分频选择	111=1：256 110=1：128 101=1：64 100=1：32	011=1：16 010=1：4 001=1：2 000=1：1
Bit3～0	未用	读作"0"	

9.2.3 正交解码器（Quadrature Decoder）

正交解码器负责解析正交编码器送来的信号。解码器可以工作在四速模式（4×）和双速模式（2×）。当令 QEICON 寄存器中的 QEIM2="1"时，即可选择 QEI 模块工作于位置测量模式。假如我们想让 QEI 模块工作于"4×"测量模式，可以令 QEICON 寄存器中的 QEIM1="1"。这时 QEI 逻辑电路在 QEA 和 QEB 输入信号的上升沿和下降沿都进行位置计数器操作（加/减）。4×模式的正交编码器信号如图 9.26 所示。

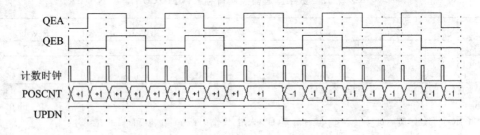

图 9.26 4×模式的正交编码器信号

之所以设置了"4×"测量模式是因为这样可以提供更高精度的数据（更多位置计数），用以确定更精确的位置检测。

当令 QEICON 寄存器中的 QEIM1="0"时，选择"2×"测量模式，此时 QEI 逻辑电路利用 QEA 输入信号的上升沿和下降沿来推动位置计数器进行计数操作。QEA 信号的每个沿（上升沿和下降沿）都会使位置计数器进行递增或递减计数。与×4 测量模式一样，QEB 信号用于确定计数器的方向。2×模式的正交编码器信号如图 9.27 所示。

1. 超前/滞后检测

正交解码器负责进行超前/滞后（Lead/Lag）测试，以便确定 QEA 和 QEB 信号的相位关系，从而确定 POSCNT 寄存器将进行递增还是递减计数。

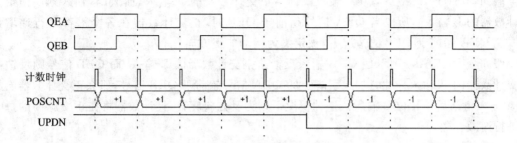

图 9.27 2×模式的正交编码器信号

表 9.26 列出了超前/滞后测试的各种情形供用户参考。

表 9.26 超前/滞后测试

当前转换	前一次转换	条件	操作	
QEA↑	QEB↓	QEA 超前于 QEB 通道	UPDN 置 1	POSCNT 递增计数
	QEB↑	QEA 滞后于 QEB 通道	UPDN 清零	POSCNT 递减计数
	QEA↓	方向变化	UPDN 交替	POSCNT 递增或递减计数
QEA↓	QEB↑	QEA 滞后于 QEB 通道	UPDN 清零	POSCNT 递减计数
	QEB↓	QEA 超前于 QEB 通道	UPDN 置 1	POSCNT 递增计数
	QEA↑	方向变化	UPDN 交替	POSCNT 递增或递减计数
QEB↑	QEA↓	QEA 滞后于 QEB 通道	UPDN 清零	POSCNT 递减计数
	QEA↑	QEA 超前于 QEB 通道	UPDN 置 1	POSCNT 递增计数
	QEB↓	方向变化	UPDN 交替	POSCNT 递增或递减计数
QEB↓	QEA↑	QEA 超前于 QEB 通道	UPDN 置 1	POSCNT 递增计数
	QEA↓	QEA 滞后于 QEB 通道	UPDN 清零	POSCNT 递减计数
	QEB↑	方向变化	UPDN 交替	POSCNT 递增或递减计数

QEI 逻辑电路根据 QEA 与 QEB 的时间关系产生 UPDN(上行/下行)信号。通过寄存器配置可以让 UPDN 信号在一个 I/O 引脚上输出,提供给其他电路作为控制信号(比如作为电机的正转/反转信号)。配置方法很简单:令 QEICON 寄存器里的 PCDOUT="1",并将与该引脚对应的 TRIS 位清零即可。UPDN 信号的状态可以从 QEICON 寄存器查询得到(只读)。

2. 编码器计数方向

正交计数的方向由 QEICON 寄存器里的 SWPAB 位决定。控制 SWPAB 位就可以方便地交换 QEA 和 QEB 信号,满足设计时的要求。

假如令 SWPAB="0"，QEA 输入反馈给正交计数器的 A 输入，而 QEB 输入则反馈给正交计数器的 B 输入。所以当 QEA 信号超前于 QEB 时，正交计数器在各个沿都进行递增计数。在 QEA 超前于 QEB 的情况下，被定义为运动的正方向。

假如令 SWPAB="1"，使 QEA 输入反馈给正交计数器的 B 输入，而 QEB 信号则反馈给正交计数器的 A 输入。此时如果引脚上的 QEA 信号超前于 QEB 信号，那么正交计数器的相位 A 输入将落后于相位 B 输入。这种情况下则为反方向旋转，且计数器将在正交脉冲的每个沿进行递减计数。

9.2.4 16 位向上/向下位置计数器

对正交编码器逻辑电路产生的每个计数脉冲，16 位向上/向下计数器对其进行向上或向下计数。此时计数器充当积分器，其计数值与（电机转子等）位置成比例。计数的方向由正交解码器决定。用户软件可以通过读取 POSCNT 寄存器检查计数的内容。用户软件还可以通过写 POSCNT 寄存器启动计数。注意：改变 QEIM 位不影响位置计数寄存器的内容。

系统使用位置计数器数据的方法很多。在某些系统中，位置计数一直累加，并作为代表系统位置的绝对值。比如将正交编码器固定在电机上，用来控制打印头。工作时将打印头移动到最左位置并复位 POSCNT 寄存器使系统初始化。当打印头往右移动时正交编码器将在 POSCNT 寄存器中开始累加计数。当打印头往左移动时累加计数将递减。当打印头到达最右位置时，应该达到最大位置计数。如果最大计数小于 2^{16}，QEI 模块可以为整个范围的运动译码。然而，如果最大计数大于 2^{16}，必须由用户软件获取额外的计数精度。通常要完成这个工作，该模块应被设置为在最大计数匹配发生时就复位的计数器模式。当 QEIM0="1"可使能用 MAXCNT 寄存器将位置计数器复位的模式。当计数器在递增计数时达到预先确定的最大值，或当它在递减计数时达到 0 时，将复位该计数器并产生中断，允许用户软件对包含此位置计数的最高有效位的软件计数器进行递增或递减计数。最大计数可达到 0xFFFF，可以允许 QEI 计数器和软件计数器的完整范围，也可以是一些有效位较小的值，比如编码器旋转一次的计数次数。

在其他系统中，位置计数可能是循环的。在由索引脉冲决定的数次旋转范围之内，位置计数仅用作轮子位置的基准。例如用螺旋杆移动的工具平台使用了固定在螺旋杆上的正交编码器。工作时螺旋杆可能需要 5.5 次旋转来达到所要求的位置。用户软件将检测到 5 个索引脉冲来为整数次旋转计数，并且使用位置计数来测量剩下的半次旋转。在该方法中当每次旋转开始时索引脉冲复位位置计数器，并启动计数器为每次旋转产生一次中断。QEIM0="0"可以使能这些模式。

当 QEIM0="1"时，在与预先确定的高、低值的位置计数发生匹配时，位置计数器将会被复位。参考图 9.28 所示，这种模式的位置计数器复位机制解释如下：

如果编码器正向旋转,例如 QEA 超前于 QEB,而且 POSCNT 寄存器中的值与 MAXCNT 寄存器中的值发生匹配,POSCNT 将在下一个使 POSCNT 进行递增计数的正交脉冲沿发生时,复位为"0"。在此计满返回事件发生时将产生中断。

如果编码器反向旋转,例如 QEB 超前于 QEA,而且 POSCNT 寄存器向下计数至"0",那么在下一个使 POSCNT 进行递减计数的正交脉冲沿发生时,MAXCNT 寄存器中的值会被装入 POSCNT。在此下溢事件发生时将产生中断。

当把 MAXCNT 用作位置极限时,请记住位置计数器将以 2× 或 4× 编码器计数模式计数。对于标准的旋转编码器,写入 MAXCNT 的适当值应该是 $4N-1$(4× 模式)和 $2N-1$(2× 模式),其中 N 为编码器每次旋转的计数次数。

对于系统范围超出 2^{16} 的绝对位置信息,将值 0xFFFF 装入 MAXCNT 寄存器也是合适的。该模块在计数器发生计满返回或下溢时将会产生中断。

当 QEIM="0"时,使用索引脉冲复位位置计数器。参考图 9.28 所示为该模式的工作原理。位置计数器的复位机制以如下描述:

每次在 INDEX 引脚上接收到索引脉冲时,都会将位置计数器复位。此时如果编码器正向旋转,例如 QEA 超前于 QEB,POSCNT 将复位为"0";如果编码器反向旋转,例如 QEB 超前于 QEA,MAXCNT 寄存器中的值会被装入 POSCNT。

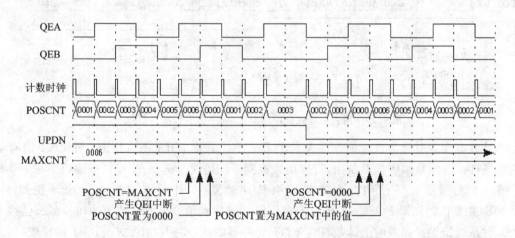

图 9.28　使用上溢/下溢事件对向上/向下位置计数器复位

来自不同制造厂商的增量编码器为索引脉冲使用不同的时序。索引脉冲可以与 4 种正交状态的任何一种对齐,且脉宽可以是整个周期(4 种正交状态)、半个周期(两种正交状态)或 1/4 周期(一种正交状态)。脉宽为整个周期或半个周期的索引脉冲通常称为"非门控的"(Ungated),而脉宽为 1/4 周期的索引脉冲通常称为"门控的"(Gated)。

无论提供的索引脉冲是何种类型,当轮子反向时,QEI 保持计数对称。这意味着轮子以正或反方向旋转时,索引脉冲必须在出现与同一个相关的正交状态转换时,将位置计数器复位。

例如,在图 9.29 中,第一个索引脉冲被识别并且当正交状态从 4 转换为 1 时,复位 POSCNT。QEI 锁存这个转变的状态。随后的任何索引脉冲检测将使用这个状态转变来复位。当轮子反转方向时,再次产生索引脉冲,然而直到正交状态从 1 转换到 4 时,位置计数器才发生复位。

QEICON 寄存器中的 INDEX 位提供了索引引脚上的逻辑状态。当位置控制系统在"归位"(homing)顺序中搜索基准位置时,此状态位很有用。如果该索引位使能,它表示索引引脚在经过数字滤波器处理之后的状态。

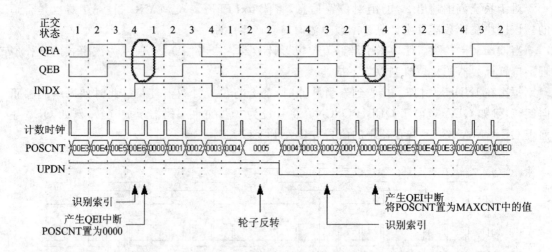

图 9.29　用索引模式脉冲对向上/向下位置计数器复位

当计数器在索引脉冲产生时发生复位的模式下工作时,QEI 还将检测 POSCNT 寄存器的边界条件。在增量编码器系统中,可以用来检测系统错误。例如:假设轮子编码器有 100 根线。在×4 测量模式下使用并在产生索引脉冲时复位,计数器应从 0 开始计数到 399 (0x018E)并复位。如果 POSCNT 寄存器在任何时候达到值 0xFFFF 或 0x0190,那么已经发生了某种系统错误。如果向上计数,POSCNT 寄存器的内容将与 MAXCNT+1 做比较;如果向下计数,将与 0xFFFF 做比较。如果 QEI 检测到这些值中的一个,将通过置位 QEICON 中的 CNTERR 位产生一个位置计数错误,而且可以选择产生 QEI 中断(如果 DFLTCON 中的 CEID="0",当位置计数错误时将产生 QEI 中断;如果 CEID="1"则不产生中断)。在检测到位置计数错误后,位置计数器继续对编码器的边沿计数。随后的位置计数错误事件将不再产生中断,直到 CNTERR 被用户清零为止。

当检测到索引脉冲时,位置计数器复位使能位 POSRES(QEICON<2>)将使能位置计数器复位。仅当 QEI 模块被配置为 QEIM="100"或"110"模式时,此位适用。如果 POSRES="1",那么当检测到索引脉冲时,位置计数器会如本节所述的那样复位。如果 POSRES="0",那么当检测到索引脉冲时,位置计数器不复位。位置计数器将继续向上或向下计数,并在计满返回或下溢情况发生时复位。QEI 继续在检测到索引脉冲时产生中断。

9.2.5 QEI 模块作为 16 位定时器/计数器

QEI 模块可以配置为通用定时器工作模式,当系统定时器资源不够的时候,正好此时不用 QEI 功能,则可以配置为定时器工作模式。令 QEICON 寄存器里的 QEIM="001"时 QEI 模块被配置为 16 位定时/计数模式,QEI 功能被禁止。

图 9.30 所示为 QEI 模块工作在定时/计数器模式的框图。QEI 定时器的工作方式与其他 dsPIC30F 通用定时器类似。当配置为定时器时,POSCNT 寄存器充当定时器寄存器,可以理解为通用定时器的 TMRx 寄存器;MAXCNT 寄存器充当周期寄存器,可以理解为通用定时器的 PRx 寄存器。当定时器/周期寄存器发生匹配时,QEIF 标志位置"1"。改变 QEI 模块的工作模式时,比如从 QEI 到定时器或从定时器到 QEI,不影响定时器/位置计数寄存器的内容。

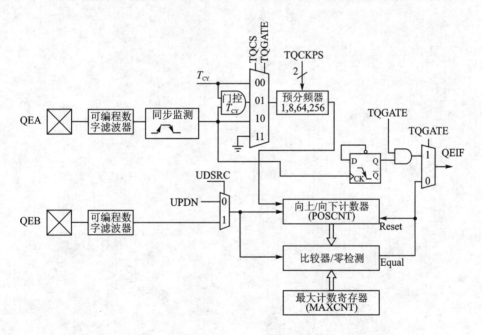

图 9.30　QEI 模块工作在定时/计数器模式框图

通过设置 QEICON 寄存器里的 UDSRC 位可以设置定时器工作在向上/向下定时器模式。当 UDSRC="1",计数方向由 QEB 引脚上的信号决定:QEB="1"则为增模式,QEB="0"则为减模式;当 UDSRC="0",计数方向由 QEICON 寄存器里的 UPDN 位决定:UPDN=

"1"为增计数，UPDN＝"0"为减计数。假如配置为向上计数，POSCNT 会不断增加直到和周期寄存器 MAXCNT 匹配，匹配后定时器复位为零并重新开始增计数过程；当配置为减计数的时候，POSCNT 持续减操作直到和周期寄存器 MAXCNT 匹配，匹配之后计数器复位为零并重新开始减计数。

至于定时器时钟源可以由 QEICON 寄存器里的 TQCS 位决定：令 TQCS＝"1"时选择 QEA 脚输入的信号作为外部时钟。QEI 计数器不支持外部异步计数模式。外部时钟会自动和内部指令周期时钟（T_{CY}）同步。

定时器可以进行门控操作。令 QEICON 寄存器里的 TQGATE＝"1"和 TQCS＝"0"时，选择 QEA 脚作为定时器门控信号。当 TQGATE＝"1"和 TQCS＝"1"时，定时器将不进行增计数并且不会产生中断。

第 10 章 时钟电路

10.1 dsPIC 时钟系统概述

时钟电路相当于一个嵌入式控制芯片的动力来源,时钟脉冲用于推动 CPU 内核、I/O 端口和所有的外设及功能模块。可以想象一旦丢失时钟脉冲(比如主振荡器停振),系统将不可控制并导致严重故障(诸如阀门异常开启,电机烧毁等);同样假如时钟电路工作不稳定(比如振荡幅度过高或过低,频率不稳定,PLL 经常失锁等)的时候同样会影响整个嵌入式系统的运行质量,也可能发生不可挽回的损失。

作为一个嵌入式系统设计工程师,必须非常留意时钟电路的设计细节,精益求精,切勿大意。在选择芯片时,也要看其时钟电路设计是否灵活(比如是否支持多种振荡器形式)、可靠(有没有多个振荡源可作为系统时钟)、抗干扰(良好的 EMI 特性)和稳定(PLL 工作稳定,振荡幅度适中,振荡器反馈增益适度)。

和其他芯片相比,dsPIC30Fxxxx/33Fxxxx 系列数字信号控制器的时钟系统要完善和复杂一些,这也使得 Microchip 芯片的性能更加超群。dsPIC 时钟系统有如下特点:
- 系统有多个外部(晶体、独立振荡)和内部时钟源(高精度 RC)作为系统时钟。
- 片上锁相环(PLL),可以对晶体或 RC 振荡频率进行 n 倍频($\times 4$、$\times 8$、$\times 16$)。
- 用户可以非常方便地使用软件在不同时钟源之间进行切换。
- 具有后分频器,可以对时钟分频,从而降低芯片功率消耗。
- 独到的时钟丢失监测(FSCM)电路可检测时钟故障并采取故障保护措施。
- 芯片有专用的配置位,可以在烧写芯片时配置振荡器及其工作方式。

图 10.1 所示为一个典型的外部时钟源布置图。在 dsPIC 外部可以连接两个振荡晶体:主振荡器和从振荡器晶体。其中主振荡器可以有多种振荡模式(XT、HS 等);从振荡器一般外接 32.768 kHz 钟表晶体,可作为实时时钟(RTC)发生器,也可以作为系统时钟给整个芯片提供时钟脉冲。

时钟电路运行频率高,布线的时候自然要讲究,避免出现阻抗失配的现象。晶体应该尽可能靠近芯片并用尽可能短的走线连接到芯片的晶体输入端,同时这两根连线的长度尽可能一样长;相应的匹配电容也应该用最短的连线连接到晶体,电容的接地端也要用最短的走线连接并直接和芯片本身的接地端连接。违背上述原则可能在时钟电路里出现过冲、振铃和反射等现象,严重影响时钟系统的质量。

图 10.1　dsPIC 外接晶体振荡器

在 dsPIC 内部集成了两个独立的高精度 RC 振荡源,即 8 MHz 快速 RC 振荡器(FRC)和 512 kHz 低功耗内部 RC 振荡器(LPRC)。和其他芯片的内部 RC 相比,dsPIC 内部 RC 振荡器更精确(可达±2%的精度),在满足应用的条件下,可节省成本,减小 PCB 面积。**为了提供良好的 EMC 特性,减小电流消耗,嵌入式设计在满足要求的条件下应该尽量选择较低的主频。**这是经过很多实践证明的,用户一定要记住这个原则。

图 10.2 所示是 dsPIC 的内部定时时序,从图中可以看到:和 PIC 类似,dsPIC 的指令周期也是对系统时钟周期的 4 分频,每个指令周期分为 4 个 Q 状态,分别完成不同的任务。在有的配置位设置下,OSC2 引脚可以输出四分之一时钟频率,可以作为其他电路的时钟或者同步信号使用。

dsPIC 的流水线结构也和 PIC 非常类似,在执行上次取出的代码时,同时取下一条指令的代码,这两个操作是并行的,不需要用户干预。这样一来,芯片的大多数操作指令可以在一个指令周期内执行,提高了指令效率。

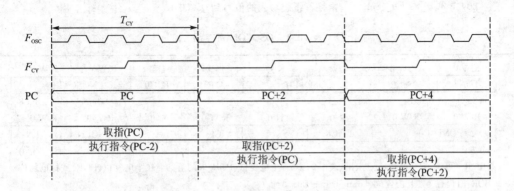

图 10.2 时钟周期与指令周期

10.2 振荡器控制寄存器及其初始化

振荡器控制寄存器（OSCCON）是一个非常重要的寄存器，里面是关于时钟切换控制位和时钟源状态位的信息。

表 10.1 详细列出了振荡器控制寄存器 OSCCON 每个位的详细含义，但是在有的型号里对有的位可能没有定义，请注意查看相应型号的芯片获取更详细的信息。

由于该寄存器直接关系到系统的时钟设置和切换，所以在设计的时候对其进行写操作被故意设计得很麻烦，需要满足严格的操作时序（开锁序列）才能写。假如想写 OSCCONH，一定要先将立即数 0x78 和 0x7A 顺序写到 OSCCONH 里，然后才能将数据写到 OSCCONH 里；假如想写 OSCCONL，则先将 0x46 和 0x57 顺序写入到 OSCCONL，然后才能将数据写 OSCCONL。期间不能插入任何其他指令。下面是一个对 OSCCON 进行初始化的范例：

```
MOV.B #0x03, W0          ;将要写入 OSCCONH 的数值
MOV.B #0x78, W1
MOV.B #0x9A, W2
MOV.W #OSCCON, W3        ;设置 OSCCON 寄存器指针→ W3
MOV.B W1, [W3+1]         ;将 0x78 写到 OSCCONH
MOV.B W2, [W3+1]         ;然后将 0x9A 写入到 OSCCONH, 寄存器写解锁
MOV.B W0, [W3+1]         ;紧接着将想写入的值写到 OSCCONH
CLR.B W0                 ;将要写入 OSCCONL 的数值
MOV.B #0x46, W1
MOV.B #0x57, W2
MOV.B W1, [W3+0]         ;将 0x46 写到 OSCCONL
MOV.B W2, [W3+0]         ;然后将 0x57 写到 OSCCONL, 寄存器写解锁
```

```
MOV.B W0,[W3+0]         ;紧接着将想写入的值写到 OSCCONL
```

表 10.1 OSCCON 寄存器

R/W-0	R/W-0	R-y	R-y	U-0	U-0	R/W-y	R/W-y
TUN3	TUN2	COSC<1:0>		TUN1	TUN0	NOSC<1:0>	
bit 15							bit 8
R/W-0	R/W-0	R-0	U-0	R/W-0	U-0	R/W-0	R/W-0
POST<1:0>		LOCK	—	CF	—	LPOSCEN	OSWEN
bit 7							bit 0

其中:R=可读,W=可写,U=未用,读作 0,—n=上电复位(POR)时的值,y=在上电复位(POR)或掉电复位(BOR)时设置为芯片配置位(Configuration Bits)的值

Bit15~14	TUN<3:2>: TUN 位字段的高 2 位	TUN<3:2> + TUN<1:0>四位,对频率进行 16 级微调
Bit13~12	COSC<1:0>: 当前振荡源状态位	00=低功耗 32 kHz 晶振(Timer1) 01=内部 FRC 振荡器 10=内部 LPRC 振荡器 11=主振荡器 注意:上电复位后恢复为配置位 FOS<1:0>的值,用户时钟切换操作后 COSC<1:0>位的值将改变,指示新的振荡源信息
Bit11~10	TUN<1:0>: TUN 位字段的低 2 位	TUN<3:0>允许用户调整内部快速 RC 振荡器频率。调整范围为±12%(或 960 kHz),调整步长为 1.5%: TUN<3:0> = 0111 最高频率 TUN<3:0> = 0000 厂家校准频率(8 MHz) TUN<3:0> = 1000 最低频率
Bit9~8	NOSC<1:0>: 新振荡器组选择位	00=低功耗 32 kHz 晶振(Timer1) 01=内部 FRC 振荡器 10=内部 LPRC 振荡器 11=主振荡器 注意:在上电复位(POR)或掉电复位(BOR)后恢复为配置位 FOS<1:0>的值,用户修改 NOSC<1:0>位的值即可切换频率源
Bit7~6	POST<1:0>: 振荡器后分频选择位	00=÷1(直通) 01=÷4 10=÷16 11=÷64
Bit5	LOCK: PLL 锁定状态位	1= PLL 处于锁定状态 0= PLL 处于失锁状态(或禁止)
Bit4	未用	读为"0"
Bit3	CF: 时钟故障状态位	1= FSCM 检测到时钟故障 0= FSCM 未检测到时钟故障
Bit2	未用	读为"0"

续表 10.1

Bit1	LPOSCEN： LP 振荡器使能位	1＝ 使能 LP 振荡器(第二晶体,32.768 kHz) 0＝ 禁止 LP 振荡器
Bit0	OSWEN： 振荡器切换使能位	1＝ 请求将振荡器切换到由 NOSC<1：0>位所指定的振荡器类型 0＝ 振荡器切换完成

注：对于不同型号的芯片，OSCCON 的位分配可能有不同，请查阅相应型号的数据手册。

10.3 锁相环(PLL)

锁相环(PLL)通常用来进行高精度、高稳定度的频率变换如倍频和分频等应用。它主要由相敏检波器(PD)、低通滤波器(LPF)和压控振荡器(VCO)等环节组成，其静态误差是信号的相位，锁定的时候系统工作在晶体的特征频率下，有比较准确的频率。当系统发生扰动的时候，相敏检波器会输出相位误差值，系统会在压控振荡器(VCO)的调整下重新捕捉特征频率(f_0)并重新锁定。读者可能注意到 Microchip 有些芯片(PIC16、18)内部有 FLL，称为锁频环。其静态误差是频率，特点是制造成本比较低。

使用 PLL 的最大价值是用比较低的芯片外部振荡频率实现了比较高的内部工作频率，提高了系统的电磁兼容性(EMC)。

在 dsPIC 片上集成了一个稳定性非常高的锁相环(PLL)，可以对包括内部 RC 在内的时钟源进行倍频，比如：选择内部快速 RC(8 MHz)为振荡源，经过 16×PLL 以后系统可以得到 30 MIPS(MIPS：百万指令每秒)的吞吐量，也就是每秒运行 3 千万条指令的速度。PLL 的输入频率范围为 4～10 MHz。倍频系数分别为×4、×8、×16。需要注意的是，可以经过 PLL 倍频的时钟源可能根据芯片型号不同而不同，有些型号也能对 HS 进行倍频。请查询相应型号的数据手册。

PLL 电路可以检测到 PLL 进入锁定状态的时刻。同样地，也可以检测到 PLL 失锁的时刻。PLL 获得锁定的延迟时间被指定为 Tlock，典型值为 2 ms。锁定状态位"LOCK"是只读的，位于 OSCCON<5>，反映 PLL 的锁定状态，该位在上电复位时清零。以下几个异常状况下，dsPIC 有相应的操作，请用户认真理解。

1. 在时钟切换的过程中 PLL 失锁

用户进行时钟切换操作(包括上电复位操作)选择 PLL 作为目标时钟源时，LOCK＝"0"。相位锁定后 LOCK＝"1"。假如 PLL 锁定失败，时钟切换电路不会切换到 PLL 输出作为系统时钟，而是使用旧的时钟源继续运行。

2. 上电复位(POR)过程 PLL 失锁

如果 PLL 在上电复位(POR)时锁定失败，假如在配置位里使能了时钟丢失监测

(FSCM),则内部 FRC(8MHz)振荡器将成为芯片时钟源,同时会产生时钟丢失陷阱。

3. 芯片正常工作时 PLL 失锁

假如正常工作过程中 PLL 至少有 4 个时钟周期失去锁定,则 LOCK="0",指示 PLL 失锁。此外,还会产生一个时钟丢失陷阱。在这种情况下,处理器依然继续使用 PLL 时钟源运行。用户可以在"时钟丢失陷阱"服务程序中用软件将当前时钟源切换到另一个时钟源。

Microchip 在时钟的安全性方面,有自己特有的设计:有 PLL 压控振荡器(VCO)锁定指示和"PLL 失锁陷阱",意味着用户程序可以实时检测 PLL 的工作状况,评估主时钟的质量;另外一个独到的设计是:时钟丢失监测电路(Fail-Safe Clock Monitor,FSCM)。假如因为系统的主振荡电路或石英晶体损坏而停止振荡,造成时钟消失,这时候该电路可以及时检测到主时钟丢失,并迅速切换到内部快速 RC 振荡器(8 MHz),同时给出相应的时钟状态指示位,并引发时钟丢失陷阱中断。系统可以立即切换到备份时钟下运行,并可以报警,提示主时钟故障或者安全关机。对于安全性要求很高的场合,比如飞行器控制设备,医疗器械,汽车电子等,如果出现电路晶体失效的情况(特别是选择了不合格晶体),将导致不可挽回的损失。dsPIC 的时钟丢失监测(FSCM)与备用时钟自动切换功能给用户提供了"双保险"。

10.4 振荡电路及匹配元件的选择

10.4.1 晶体振荡电路及其外围元件选择

图 10.3 所示为一个典型的 dsPIC 内部时钟电路框图。从图中看到,dsPIC 可以连接两个

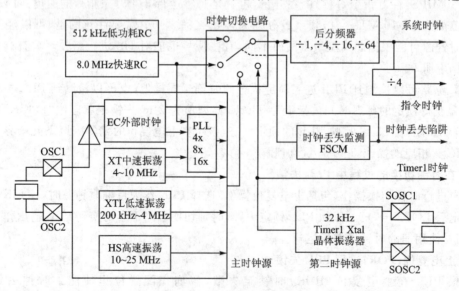

图 10.3 时钟电路简明框图

振荡电路:主振荡器和从振荡器。如何选择其外部参数呢,可先研究一下晶体振荡电路里的一些工程问题。

在很多其他 MCU 的振荡电路里,似乎任何一颗晶体接到电路都能起振。这往往是由于晶体振荡反馈放大器的增益设置得非常大的缘故。因为增益大,振荡器容易起振。起振容易固然很好,可是有时候却会出现晶体过激励的现象,导致振到高次谐波上,甚至会将晶体损坏。

针对这些现象,Microchip 的芯片(包括 PIC16 和 PIC18)在主时钟源这里,用户可以在烧写的时候确定是选用中速晶体(XT)、低速晶体(XTL)还是高速晶体(HS)这几种模式。这 3 种振荡方式都使用芯片内部的反相放大电路,连接方式完全相同,只不过 3 种不同选项具有不同的反馈增益而已。一般而言,晶体振荡频率越高(比如 HS 模式),越难起振,需要的增益越大。所以 dsPIC 给用户提供了非常方便的选择:针对不同的频率范围选择不同的反馈增益。

图 10.4 所示是芯片振荡器和外部元件的安排示意图。在晶体的两端一般接有匹配电容,用户应根据晶振生产厂商的数据手册所推荐的参数来选择匹配电容来 C_1 和 C_2。理想状况下,这两个电容器的选择应该能让振荡器在极端条件下都能工作。设计原则是:在振荡器在最高增益情况(最高 V_{DD} 电压和最低工作温度)和最低增益情况(最低 V_{DD} 电压和最高工作温度)下,OSC2 引脚波形都应为平滑的标准正弦波,峰峰值应该保持在供电电压 V_{DD} 的 60% 左右。

一种缩短起振时间的方法是将 C_2 的值选的比 C_1 的大。这使得在上电时通过晶体的振荡信号产生较大的相移(扰动),以加速振荡器起振。

这两个电容除了帮助晶振产生适当的频率响应之外,如果增加它们的值还能降低环路增益。假如 C_2 选择不同的值可影响回路的总增益。如果振荡器过驱了晶体,选择较高的 C_2 可以降低增益。如果电容值过大,会使振荡电流加大,所以 C_1 和 C_2 不能过大。一般来说,只要选择的匹配电容没有超过推荐参数太多,就不会产生过驱动。另外假如 C_1、C_2 的电容值过大可能导致起振变慢。

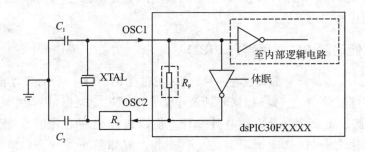

图 10.4 振荡器及其外部元件的安排

如果其他外部元件都选好之后,发现晶振仍然过驱动,此时可以接入一个串联电阻 R_S。晶振是否过驱动可通过示波器观察 OSC2 引脚。

> 注意：示波器探头会将其自身的负载电容加到被测电路中，因此要估计到这个因数会造成振荡幅度降低。用户最好选择探头输入阻抗高的示波器(比如安捷伦示波器)。

10.4.2 从振荡器(32.768 kHz)

LP 和辅助振荡器是特别为使用 32 kHz 晶振（钟表晶振）的低功耗运行而设计的。LP 振荡电路的晶体接到 SOSCO 和 SOSCI 引脚上，作为低功耗运行的辅助晶振时钟源。同时它还是实时时钟(RTC)Timer1 的时钟源。其外围参数的选择和主振荡器的选择类似。

从振荡器的状态控制位在振荡器控制寄存器 OSCCON 里，用 OSCCON<13∶12>也即 COSC<1∶0>位来选择当前时钟源。OSCCON<1>也即 LPOSCEN 位用来选择是否允许从晶体工作。假如 LPOSCEN ="1"，将使能 LP 振荡器并处于振荡状态。假如想获得快速的"主→从"切换速度，一定要让从振荡器处于运行状态，原因是晶体振荡器起振需要一定的速度（毫秒级）。如果用户使用 Timer1 作为实时时钟源时，从振荡器应该始终开启。

假如 LPOSCEN ="0"，LP 振荡器只在被选为当前芯片时钟源时才能运行（COSC<1∶0> ＝00，选中从晶体为当前时钟）。如果从振荡器是芯片的当前时钟源，进入睡眠模式后，从振荡器将会禁止。

> 注意：当 LP 振荡器工作时，SOSCO 和 SOSCI 这两个引脚被占用，不能用作其他 I/O 功能。

10.4.3 外部 RC 振荡器及其元件选择

在 OSC1 引脚接入 RC 网络即可产生振荡波形，非常便宜，简单。但是需要指出的是，由于受分布参数的影响，阻容方式振荡频率不能太高，而且容易漂移（温度，电压，分布参数的影响）。对于这种粗放的振荡方式，没有精确的计算公式（也没有意义），作者认为 dsPIC 内部已经集成了精确的 RC 振荡电路，这种方式没有太大实际意义，因此这里不详细介绍，感兴趣的读者可以参考相应的芯片手册。

10.4.4 内部低功耗 RC 振荡器(LPRC)

内部低功耗 RC 振荡器全部集成在芯片内部，工作在 512 kHz 频率，可以在系统要求低功耗的时候作为系统时钟使用。同时，该时钟源也是上电延迟定时器(PWRT)、看门狗定时器(WDT)和时钟监控电路(FSCM)的时钟来源。所以假如烧写芯片时在配置位里使能了 WDT、FSCM 模块之一时，这个振荡器将一直工作。假如禁止了 WDT 和 FSCM，启动了 PWRT，则在上电延迟时该振荡器也在工作，直到延迟结束。虽然 dsPIC 的内部 LPRC 的精度（±2%）远远好于其他芯片，但和晶体相比还是差很多，用户要判断这时的精度是否满足要求。对于要求严格定时的应用，应当特别注意。

10.4.5 内部快速 RC 振荡器(FRC)

内部低功耗 RC 振荡器全部集成在芯片内部,工作在 8 MHz,可以作为系统时钟使用。配合 PLL(有些较早型号不能使用 PLL 对 FRC 倍频),该 RC 振荡源最高可以得到 120 MHz 内部频率。和 LPRC 一样,用户需要注意其精度($\pm 2\%$)是否满足要求。

内部振荡器的好处是成本低、可靠性高和启动时间短。但是,它没有晶体的精度高。

10.4.6 关于振荡器外围布线规则

振荡器在外围电路的 PCB 布线上应该遵从一定的规则才能获得良好的 EMC 特性。对于振荡器的布置位置:一定要非常靠近芯片引脚,目的是缩短 PCB 引线的长度,最大限度降低分布参数对振荡器回路的影响。晶体振荡器的两个引脚到芯片振荡引脚的 PCB 引线要尽量长度相等、宽度一致,避免引入阻抗不匹配而引起的反射、过冲和振铃等问题。PCB 走线转角可采用圆弧转角或大于 45°的转角,这样做也是为了避免引起阻抗不匹配。绝对避免直角转角、锐角转角走线。

图 10.5 所示为拥有两个振荡晶体情况下 PCB 的布线情况。使用环形地线将振荡引脚包围起来,避免这些高噪声的引脚干扰其他引脚的工作,当然,这样也有助于降低其他干扰对于振荡器部分的影响。

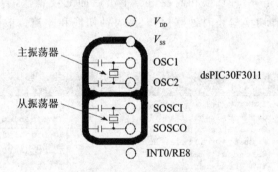

图 10.5 振荡器外围布线推荐方案

可以观察到,晶体的匹配电容也以最近的走线连接到芯片的地线上,切忌和其他部分的地线相连而引起不必要的问题,给后期调试造成麻烦和隐患。

另外,要注意不要将模拟信号、高速信号和大功率信号等穿越时钟引脚之间。这样会导致信号互相串音,后患无穷。

10.5 与时钟相关的配置位设置

和 PIC 类似，dsPIC 芯片的系统设置如振荡类型、模块控制等信息保存在内部非易失性存储器里，这些单元是用户程序不可自我修改的，只有在烧写之前在菜单里设置并在执行烧写操作的时候写进芯片里一个特定区域，即所谓的"配置位"(Configurition Bits)。

芯片配置单元为 Flash 结构，24 位字宽，映射到以地址 0xF80000 开始的程序存储器单元中。当芯片正常工作时可以访问这些单元。用户可以根据自己的需要定制芯片的资源分配和设置。由于配置寄存器是非易失性存储单元，因此在芯片掉电期间它可以保存芯片的设置，比如振荡器时钟源、看门狗定时器模式、代码保护设置以及是否打开 LVD,BOR 等。

在 MPLAB IDE 集成开发环境里的"Configure"菜单下的"Configurition Bits"命令里，用户可以找到当前芯片的所有配置信息。用户只需简单地选择相应的选择项就可以了。建议用户在程序里用 CONFIG 伪指令给定配置信息，那么程序汇编成功后，"Configurition Bits"命令里的信息就全部以程序里的给定为准了。当然用户可以在烧写之前手动改变某些配置位，但是一旦重新汇编"工程"这些信息又回复到伪指令指定的配置了。

下面来分析一下在烧写芯片之前，与振荡器相关的配置位应该怎么选择。

图 10.6 所示是 dsPIC30F6014 为例的配置位菜单项，如果是其他型号，则选择项可能略有不同。首先要选择的是"时钟切换和监控"位，单击后面的设置盒，会弹出几个选项：禁止时钟切换和监控、允许时钟切换禁止时钟监控、允许时钟切换和监控。根据需要用户可以选择其中之一。

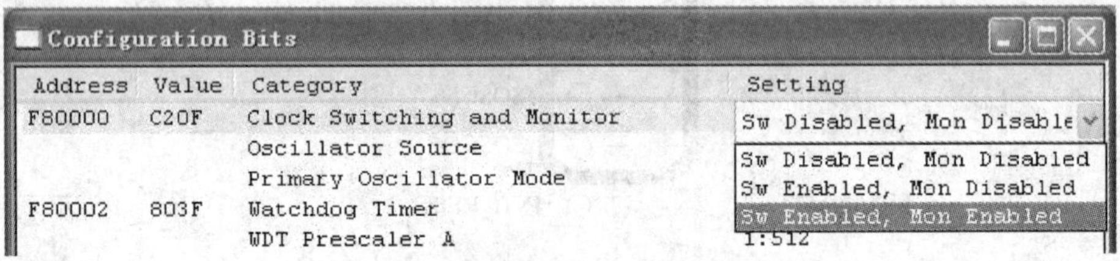

Address	Value	Category	Setting
F80000	C20F	Clock Switching and Monitor Oscillator Source Primary Oscillator Mode	Sw Disabled, Mon Disabled Sw Disabled, Mon Disabled Sw Enabled, Mon Disabled Sw Enabled, Mon Enabled
F80002	803F	Watchdog Timer WDT Prescaler A	1:512

图 10.6 "时钟切换和监控"配置

图 10.7 所示是选择系统"主时钟源"的配置菜单。单击后面的设置盒，会弹出几个选项：主振荡器、内部低功耗 RC、内部快速 RC 和低功耗 32 kHz 振荡器。这些振荡源之一都可以作为芯片的振荡源，给系统提供时钟。

图 10.8 所示为选择芯片的"主振荡器工作模式"菜单。可供选择的模式有：I/O 可用的 16×PLL 外部时钟，I/O 可用的 8×PLL 外部时钟，I/O 可用的 4×PLL 外部时钟，I/O 可用的外部时钟，外部时钟，外部 RC，I/O 可用的外部 RC，16×PLL 中速晶体，8×PLL

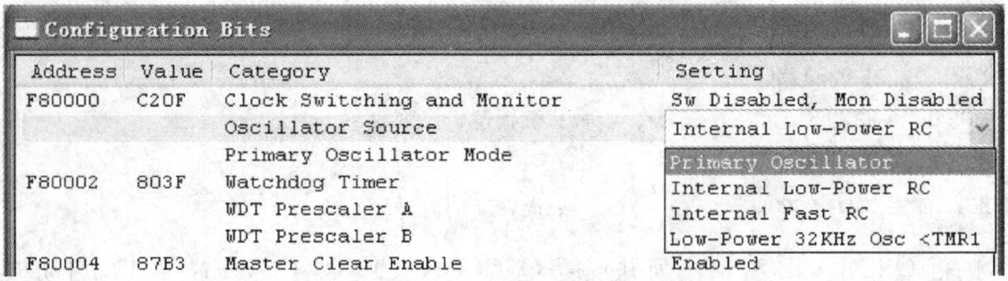

第 10 章 时钟电路

```
Configuration Bits
Address  Value  Category                        Setting
F80000   C20F   Clock Switching and Monitor     Sw Disabled, Mon Disabled
                Oscillator Source               Internal Low-Power RC
                Primary Oscillator Mode         Primary Oscillator
F80002   803F   Watchdog Timer                  Internal Low-Power RC
                WDT Prescaler A                 Internal Fast RC
                WDT Prescaler B                 Low-Power 32KHz Osc <TMR1
F80004   87B3   Master Clear Enable             Enabled
```

图 10.7 "主时钟源"配置

中速晶体,4×PLL 中速晶体,中速晶体,高速晶体,低速晶体。注意:所谓的"I/O 可用"是指在该模式下,OSC2 引脚可以用作一个普通 I/O 口,增加了系统资源,对于引脚比较少的芯片特别适用。

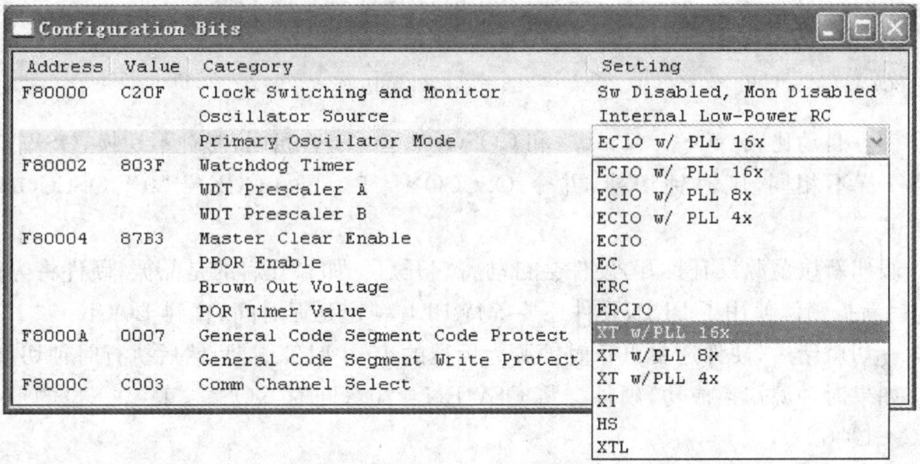

```
Configuration Bits
Address  Value  Category                               Setting
F80000   C20F   Clock Switching and Monitor            Sw Disabled, Mon Disabled
                Oscillator Source                      Internal Low-Power RC
                Primary Oscillator Mode                ECIO w/ PLL 16x
F80002   803F   Watchdog Timer                         ECIO w/ PLL 16x
                WDT Prescaler A                        ECIO w/ PLL 8x
                WDT Prescaler B                        ECIO w/ PLL 4x
F80004   87B3   Master Clear Enable                    ECIO
                PBOR Enable                            EC
                Brown Out Voltage                      ERC
                POR Timer Value                        ERCIO
F8000A   0007   General Code Segment Code Protect      XT w/PLL 16x
                General Code Segment Write Protect     XT w/PLL 8x
F8000C   C003   Comm Channel Select                    XT w/PLL 4x
                                                       XT
                                                       HS
                                                       XTL
```

图 10.8 "主振荡器工作模式"配置

10.6 时钟切换操作顺序

用户通过软件可以改变芯片的时钟源,操作顺序如下:

(1) 用户程序读 COSC<1:0>状态位(OSCCON<13:12>)可以知道当前振荡源的类型。

(2) 执行 OSCCONH 解锁序列并将适当的值写入 OSCCON<9:8>即 NOSC<1:0>,选择新的时钟源。其过程可以参考下面的程序代码:

·325·

```
    MOV     #OSCCONH,W1         ;指针指向 OSCCON
    MOV     #0x78,W2
    MOV     #0x9A,W3
    MOV.B   W2,[W1]             ;解锁逻辑序列
    MOV.B   W3,[W1]
    MOV.B   WREG,OSCONH         ;设置新的时钟源
```

(3) 执行 OSCCONL 解锁序列并设置 OSCCON<0> 即 OSWEN="1",启动振荡器切换。其过程可以参考下面的程序代码:

```
    MOV     #OSCCONL,W1         ;指针指向 OSCCON
    MOV.B   #0x01,W0
    MOV     #0x46,W2
    MOV     #0x57,W3
    MOV.B   W2,[W1]             ;解锁逻辑序列
    MOV.B   W3,[W1]
    MOV.B   W0,[W1]             ;启动时钟源切换
```

(4) 硬件自动比较 NOSC<1:0> 和 COSC<1:0>,若相同,时钟不切换,OSWEN 将被硬件清零;若不相同,则时钟切换,并令 OSCCON<5> 即 LOCK="0"、OSCCON<3> 即 CF="0"。

(5) 假如新振荡源没有打开,硬件会自动将它开启。如果开启的是晶振,硬件将等待 OST 延迟;如果新振荡源使用了 PLL,硬件还要等待 PLL 锁定延迟时间,直到 LOCK="1"。

(6) 一切就绪后,硬件还要以新时钟源为标准的 10 个时钟周期,然后执行时钟切换。

(7) 如果时钟源切换成功,硬件会将 OSWEN="0",同时 NOSC<1:0> 位的值被传送到 COSC<1:0>。

(8) 至此,时钟切换完成。此时旧时钟源将被关闭。需要注意的是:如果用户在烧写的时候打开了 WDT 或 FSCM,则 LPRC 振荡器(512 kHz)将一直保持打开;另外如果允许了从时钟源 OSCCON<1> 即 LPOSCEN="1",则 LP 振荡器(32.768 kHz)也将保持打开。

注意:
● 时钟切换的整个过程中用户程序并没有停止,期间可能出现频率跳变,因此对时序有严格要求的应用程序,应该避免在时钟切换的时候运行敏感程序。
● 假如将要切换到的振荡源没有起振或者根本不存在,那么硬件会自动等待 10 个同步周期,之后用户程序可以查询到 OSCCON<0> 即 OSWEN="1",时钟不切换。
● 假如新时钟源使用了 PLL,需要等待 PLL 锁定后才切换。假如软件测试到 LOCK="0"同时 OSWEN="1",说明 PLL 失锁。

- 假如切换到低频时钟源时，比如 32.768 kHz 的 LP 振荡器，需要考虑后分频器的设置情况（OSCCON<7：6>即 POST<1：0>）。如果分比大于 1：1，将导致芯片运行非常缓慢。
- 当用户程序测试到时钟源切换没有完成时，可以令 OSWEN＝"0"，从而退出时钟切换、停止 PLL（假如用到了）、停止振荡器启动延迟 OST（假如选择的是晶体）。

```
MOV      ＃OSCCONL, W1        ;指针指向 OSCCON
MOV.B    ＃0x46, W2
MOV.B    ＃0x57, W3
MOV.B    W2, [W1]             ;解锁逻辑序列
MOV.B    W3, [W1]
BCLR     OSCCON, ＃OSWEN      ;退出时钟源切换
```

- 假如切换时钟过程中芯片进入 SLEEP 模式，则立即停止切换，保持旧时钟源，同时硬件使 OSWEN＝"0"，然后执行"PWRSAV"指令。
- 在对 OSCCON 寄存器进行的解锁和开锁过程中应该禁止中断。

图 10.9 所示为时钟源切换过程示意图。

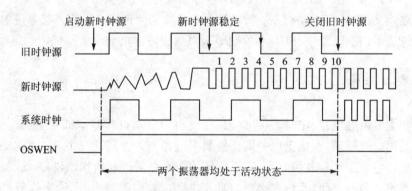

图 10.9　时钟源切换示意图

第 11 章
系统管理模块

系统管理模块(System Supervisor)包括复位电路(Rest)、看门狗电路(Watch Dog)、低压检测电路(Low Voltage Detect)和掉电复位电路(Brow-out Reset)等。这些电路可以保证系统正常、高效运行,提供准确可靠的上电时序,掌握系统运行信息,了解系统的软件、硬件健康状况。可见系统管理模块的任务非常重要。

Microchip 一直重视系统的可靠性设计。从 PIC16 开始,这些系统管理模块就成为芯片的标准配置,dsPIC 系列的系统管理模块在某些方面有更多、更灵活的功能扩充。这样既保证了系统的可靠性又增加了系统的集成度,对于大多数应用来说完全不用外接系统管理芯片,大大降低了系统成本(安装、焊接、PCB 和检测等),当然故障率也会大大降低。

11.1 复位管理

微控制器主要由触发器、定时器、存储器、外设和 I/O 端口等基本部件组成。这些电路都无一例外要使用时钟驱动,因此上电时需要使数字电路有一个特定的状态,也就是说,需要有一个专门的复位电路来产生复位时序,安排特殊功能寄存器的起始状态,将系统设置到一个有序的工作状态中。另一方面,系统在必要的时候(掉电、看门狗溢出、非法操作等)需要重新复位芯片,使系统恢复正常运行状态,避免故障的发生。

图 11.1 所示为系统主要复位源框图。可以看到:dsPIC 的主复位信号为 SYSRST,其输入端有若干复位源,分别是上电复位(POR)、外部复位(EXTR)、软复位(SWR)、看门狗定时器复位(WDTR)、掉电复位(BOR)、陷阱冲突复位(TRAPR)、非法操作码复位(IOPR)和未初始化 W 寄存器复位(UWR)。这些复位源与输出的关系为逻辑"或非",也就是说,只要有任何一个复位源存在,系统复位既为有效状态(低电平),只有所有的复位源都撤销以后(全为零),系统复位才恢复高电平并允许 CPU 工作。

当系统复位时,与 CPU 和外设相关的寄存器将被强制设置为一个已知的"复位状态"。考虑到上电时序的复杂情况,建议工程师设计软件时对要用到的寄存器逐一初始化(即某些寄

第 11 章 系统管理模块

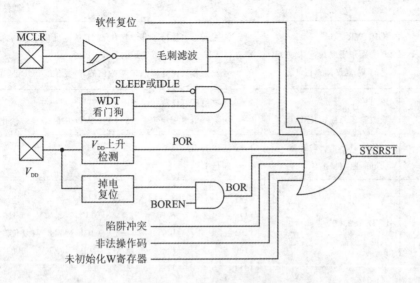

图 11.1 系统主要复位源

存器只用到初始值就可以了）。某些寄存器的值不受复位的影响，有可能在上电时是未知状态，需要用户在自己的程序里进行初始化。用户可以参考相应芯片的数据手册。

当芯片发生复位时，硬件会改变复位控制寄存器（RCON）中相应位的状态。这些位的信息对于系统非常重要，用户程序里可以读这些位的状态，从而判断在复位之前发生了什么事件，判断复位类型以便跳转到相应的初始化模块。使用不同的初始化模块可以避免系统由于采用单一初始化程序出现的某些非法操作。比如上电复位和看门狗复位就需要执行不同的初始化程序。

表 11.1 所列为芯片复位控制寄存器（RCON）各位的分配和相应含义。RCON 寄存器里也有一些与低电压监测模块、看门狗定时器和芯片低功耗状态相关的位。因此，RCON 寄存器也可以看作系统管理模块控制寄存器。

表 11.1 复位控制寄存器（RCON）

R/W-0	R/W-0	R-0	R/W-0	R/W-0	R/W-0	R/W-0	R/W-0
TRAPR	IOPUWR	BGST	LVDEN	\multicolumn{4}{c}{LVDL<3:0>}
bit 15							bit 8
R/W-0	R/W-0	R/W-0	R/W-0	R/W-0	R/W-0	R/W-1	R/W-1
EXTR	SWR	SWDTEN	WDTO	SLEEP	IDLE	BOR	POR
bit 7							bit 0

其中：R=可读位，W=可写位，U=未用，读作 0，—n=上电复位时的值

Bit15	TRAPR：陷阱冲突复位标志位	1 = 发生陷阱冲突复位 0 = 未发生陷阱冲突复位。POR 时为"0"

续表 11.1

Bit14	IOPUWR： 非法操作码或访问未初始化的 W 复位标志位	1 = 检测到由于执行了非法操作码、非法寻址模式、未初始化的 W 寄存器用作寻址指针而导致的复位 0 = 未发生非法操作码或未初始化的 W 复位。POR 时为"0"
Bit13	BGST： 能隙稳压源稳定位	1 = 能隙稳压源已稳定 0 = 能隙稳压源未稳定，欠压检测(LVD)中断应该被禁止
Bit12	LVDEN： 低电压监测使能位	1 = 使能 LVD 0 = 禁止 LVD
Bit11~8	LVDL<3：0>： 低电压监测门限设定位	1111 = 从 LVDIN 脚输入(1.24 V 门限) 1110 = 4.6 V 1010 = 3.7 V 0110 = 2.9 V 0010 = 2.3 V 1101 = 4.3 V 1001 = 3.6 V 0101 = 2.8 V(复位默认值) 1100 = 4.1 V 1000 = 3.4 V 0100 = 2.6 V 0001 = 2.1 V 1011 = 3.9 V 0111 = 3.1 V 0011 = 2.5 V 0000 = 1.9 V
Bit7	EXTR： 外部复位(MCLR)	1 = 发生外部复位 0 = 未发生外部复位。POR 时为"0"
Bit6	SWR： 软件复位标志位	1 = 执行了软件 RESET 指令 0 = 未执行软件 RESET 指令。POR 时为"0"
Bit5	SWDTEN： WDT 软件控制位	1 = WDT 启用 0 = WDT 关闭 如果配置位 FWDTEN="1"，则 WDT 总是使能，而不管 SWDTEN 位是否置位
Bit4	WDTO： WDT 超时标志位	1 = WDT 发生超时 0 = WDT 未发生超时，执行 PWRSAV 指令、POR 时为"0"

Bit3	SLEEP：
	从睡眠状态唤醒标志位
		1 = 芯片处于 SLEEP 模式。PWRSAV #SLEEP 指令时为"1"
		0 = 芯片未处于 SLEEP 模式。POR 时为"0"

Bit2	IDLE：
	从 IDLE 状态唤醒标志位
		1 = 芯片处于 IDLE 模式。PWRSAV #IDLE 指令时为"1"
		0 = 芯片不处于 IDLE 模式。POR 时为"0"

Bit1	BOR： 掉电复位标志位	1 = 发生过掉电复位或上电复位 0 = 未发过生掉电复位
Bit0	POR： 上电复位标志位	1 = 发生过上电复位 0 = 未发过生上电复位

RCON 寄存器里的每个位都是可以读和写的,每个位代表系统复位后的状态信息。假如在软件中人为将某些位置"1"的话,并不会导致芯片发生硬件复位。

特别提醒:为了使下一次复位后的状态位有效反映复位状态,每次发生复位用户程序读取相应的位后,应当把复位控制寄存器 RCON 里相应的位清零,避免混淆。

11.1.1 上电复位

芯片上电过程中引脚上的电压变化是非常复杂的,可能有上下波动,也可能夹杂着很多干扰信号。因此需要有一个上电复位电路,管理上电时芯片的工作时序。dsPIC 内部已经集成了上电复位时序,因此外部一般不使用独立的上电复位芯片,提高了可靠性并降低了成本。

首先了解两个门限电压,其中第一个是芯片电路开始工作的门限电压 V_{POR},当供电电压 V_{DD} 高于这一数值时,芯片内部逻辑(指令译码、定时时序等)将开始工作,该电压一般小于 1 V,这时候虽然内部逻辑开始工作,但是 Flash 存储器还不能正常工作,必须保持复位状态;第二个门限电压是芯片内部上电复位模块(POR)的门限电压 V_T,其标称值大约为 1.85 V,这时候芯片应该可以工作,但是考虑到振荡器起振时间等因素,还可能需要额外的延迟时间。

图 11.2 所示为系统上电复位时序。上电事件会使复位控制寄存器(RCON)里的 POR="1"、BOR="1"因此用户可以在程序开始时查询这两位,判断系统是上电复位还是掉电复位,从而决定不同的初始化程序。

上电电压波形以一定的坡度爬升,芯片供电电压的特性必须符合特定的起始电压和上升速率要求,太慢的上升曲线可能无法正常复位。随着引脚上电压的增加,当 V_{DD} 上升到门限电压 V_{POR} 时会使芯片内部处于复位状态,禁止任何 CPU 操作。当系统电压上升到 V_T 时,将产生内部上电复位脉冲(POR)。

从表 11.1 中可以看到,当 RCON(1∶0)="10"时说明芯片发生过掉电复位(BOR),当 RCON(1∶0)="11"或"01"时说明芯片发生过上电复位(POR)。

POR 复位脉冲的作用很大,可以将 POR 定时器立即清零并开始定时,同时将根据芯片配置位里设置的振荡器类型选择并开通系统时钟源。POR 电路会延迟一段时间(T_{POR}),这段大约 10 μs 的时间可以确保内部电路工作稳定。

此外根据配置位设置情况还可能有"上电延时时间"(T_{PWRT}),它可能为 0 ms、4 ms、16 ms、64 ms,这段时间用来保证电压趋于稳定并让芯片获得足够的起振时间。用户可以根据振荡器类型来选择,比如 RC 振荡器起振时间为微秒级,可能选择 0 ms,也就是不延迟,晶体振荡的频率越高则选择越长的延迟时间。芯片上电延时总时间为 $T_{POR}+T_{PWRT}$。这两段延迟结束后,在指令周期的下一个前沿将撤销复位信号,释放系统,同时将 PC 设置为复位地址(0x000000H),程序开始运行。

在 dsPIC 内部,上电复位电路是一个标准配置,因此除非有特殊要求(特殊的上电复位时间、复位电压等),内部上电复位电路完全可以满足要求。利用内部 POR 电路,只要直接将

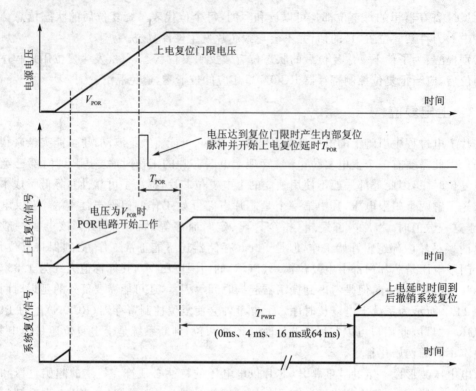

图 11.2 上电复位时序

MCLR 引脚连接到 V_{DD} 即可,省略了外部 RC 延迟电路或系统管理芯片。用户需要特别注意 V_{DD} 最小上升时间。请参阅特定芯片数据手册。

如上所述,建议用户使用内部上电复位电路来满足芯片的复位要求。为了让系统稳定、可靠,具有良好的 EMC 特性,用户必须非常谨慎处理 MCLR 引脚的外围。避免在该引脚引入高电压,禁止高频信号从该引脚附近流过,避免大功率信号接近该引脚,同时也要采取措施抑制窜入 MCLR 端的 ESD(静电泻放)。

图 11.3 所示为标准的复位脚外围处理电路。电阻 R(阻值可选 1~4.7 kΩ)的主要作用是将该引脚拉到高电平,与该电阻并联的二极管 D 在 V_{DD} 掉电时可以帮助电容快速放电。需要注意的是,通常工程师选择 1N4007 之类的整流型二级管是不能达到理想效果的,建议选择肖特基快恢复二级管。电阻 R_1 可以限制流入复位端的电流,避免芯片进入锁死状态(LATCH UP),其阻值可以选择 50~100 Ω。R1 还可以避免 ESD 直接作用于复位端。可能的情况下,电阻 R 和 R_1 最好采用 1/16 W 或 1/32 W 的金属膜电阻,其机械尺寸大,等效电感 L 大,可以有效阻止高频信号的通过。

电容 C 的功能并不是复位时序里的 RC 网络部件之一,它的作用是高频滤波,对尖峰干扰进行抑制。这个电容的选择很有讲究也很工程化,要求它的等效电感小,因此我们最好选择高频特性好、成本低的瓷片电容。为了进一步减少等效电感,可以考虑选择贴片电容(机械尺寸小,等效电感 L 小)。至于电容值的选择可以根据系统的情况选择 1 000 pF~0.01 μF 之间的瓷片或无感电容。我们知道,等效电抗 $Z=Z_C+Z_L$,其中容抗:$Z_C=1/2\pi f_C$(C 为等效电容),意味着在电容一定的情况下,频率越高容抗越小,也就是说高频尖峰干扰可以比较容易通过;同时,芯片的等效感抗 $Z_L=2\pi f_L$(其中 L 为等效电感),所以在频率一定的情况下,电感越小感抗越小,这也是我们为什么要使用贴片电容的缘故。

电阻 R_1 的另外一个作用就是帮助隔离烧写电压 V_{PP}(其电压都值为 13 V)。由于 Microchip 所有的芯片都采用串行烧写(ICSP),因此在烧写的时候需要在 $\overline{MCLR}$ 引脚直接施加 V_{pp}。如果不加 R_1 则可能导致高压反向进入芯片电源端,从而烧毁芯片和其他电路。使用 ICSP 的时候还要谨慎选择电容 C,避免该电容过大引起编程问题。

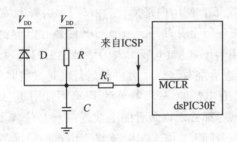

图 11.3 复位引脚的处理

可以想象,任何一个引脚以及在芯片内部和它相连的绑定导线都相当于一条天线。"天线"能接收到干扰信号,就有可能造成芯片工作异常。希望这个天线越短越好,因此可以选择较小的封装(比如 SO,TQFP 等贴片封装)。其实 Microchip 的芯片(所有的 dsPIC 型号和部分 PIC 芯片)还有另外一个更好的解决方法,就是在内部将 $\overline{MCLR}$ 引脚和复位电路断开,从根本上杜绝了从 $\overline{MCLR}$ 引脚窜入的干扰。

图 11.4 所示是在 MPLAB IDE 集成开发环境的配置位(Configuration Bits)设置窗口。在这里将"Master Clear Enable"(主复位允许)设置为"Disabled"(禁止)就可以了。对于引脚少的芯片,如果禁止了复位功能,该引脚还可以作为一个通用输入端口使用,丰富了系统资源。

> **注意**:采用以上方法虽然禁止了主复位功能,但该引脚依然有串行烧写高压检测电路,也就是说当电压超过 13 V 时,芯片将被强制进入烧写状态。因此这个引脚作输入时应该避免引线过长,通常可以做一个本地的按键输入或者一个本地信号输入。切忌在该引脚输入一个来自控制面板、传感器反馈等包含丰富毛刺或潜在高电压的信号。这些类型的信号极有可能导致不可预知的系统问题。

图 11.5 所示是推荐使用的对 $\overline{MCLR}$ 引脚的处理方法。指导思想是:尽量避免使用该引

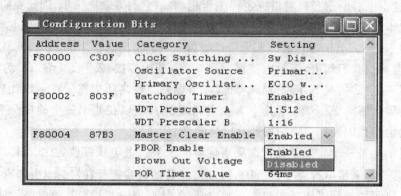

图 11.4　主复位($\overline{\text{MCLR}}$)的使能和禁止

作信号输入(I/O 够用的情况下)、使用内部复位、在$\overline{\text{MCLR}}$引脚上接一个几 kΩ 的电阻到地,使其具有固定低电平。如果在电阻上并联一只 0.01 μF 的瓷片电容更好。如果用户使用在线烧写(ICSP)那么要小心选择电容 C,假如电容太大的话可能引起烧写高压(+13 V)脉冲波形畸变导致烧写失败或所谓的"边沿烧写"(烧写后可以运行但是过些时间可能"挥发")。

众所周知,引线 PCB 是有电抗的,一段额外的 PCB 可能引进巨大的足以影响系统稳定性的干扰。所以这里电阻和电容都必须以最近的引线连接到复位脚上,其接地端同样也必须以最近的引线连接到芯片的地引脚上。某些直接连接有困难的情况甚至可以考虑"飞电容"的方案:将电容的两个引脚直接焊接在$\overline{\text{MCLR}}$和芯片地引脚之间。

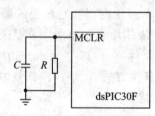

图 11.5　禁止外部复位后,MCLR 端口的处理

11.1.2　掉电复位

"掉电复位"的英文名字叫"Brown-out Reset",简称 BOR。"Brown"可以认为是一种颜色:介于白色和黑色之间,也即"灰色",形象指电源电压位于一个危险区域。

图 11.6 所示是芯片工作时电压的波动示意图。在大约 1~2 V 的范围里芯片供电处于"灰色"区域,可能出现严重的系统问题。

在电源电压大约 1.0 V 以下时,芯片处于复位状态。芯片的取指、译码、时钟逻辑、RAM

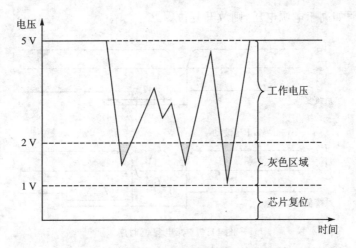

图 11.6 电源电压波动的"灰色"区域

等只要 1.0 V 左右就能工作,而 Flash 等程序存储器需要 2.0 V 左右才能工作。因此当 V_{DD} 在"灰色"区域的时候,指令取指、译码已经开始工作,可是从 ROM 或 Flash 里取出的数据却是错误的,那么译码后就会解释成和原来不同的指令。假如在这个区域没有将芯片复位,其结果是不可想象的。比如可能意外擦除 EEPROM 里的资料;错误开启 I/O 端口导致阀门、电机、电源设备错误动作造成严重后果。在可能的情况下,一定要使能芯片的 BOR 模块。

掉电复位(BOR)的作用是当芯片供电电压发生波动,跌落到某个门限值时(进入"灰色"区域)将强制芯片进入复位状态,避免芯片做错误操作。有很多情况可能出现电压跌落:交流电源波动、电机或发电机通断、射频模块工作、继电器或接触器动作时造成的电压波动等。

掉电复位后,将根据芯片配置位(FPR<3∶0>,FOS<1∶0>)的信息重新选择系统主时钟源。如果使能了 PWRT 延时,则还会有一段 PWRT 延时时间 T_{PWRT},之后才释放系统复位信号,允许系统工作。

如果在配置位里选择了晶体振荡器作为系统时钟源,那么产生掉电复位时振荡器起振定时器(Oscillator Start-up Timer,OST)会工作。这段时间可以保证振荡器正常起振并稳定工作。假如使用了锁相环 PLL 对振荡信号倍频,则还需要延迟,保证 PLL 锁定位 OSCCON<5>)即 LOCK="1"。

掉电复位电路(BOR)可以在待机(IDLE)和睡眠(SLEEP)模式下工作,随时监控系统工作电压,如果 V_{DD} 下降到 BOR 门限电压以下,将使芯片复位。假如发生了掉电复位,硬件将使 BOR 状态位 RCON<1>="1"。

图 11.7 所示为典型的掉电复位情况。可以看到 BOR 电路设置了跳变窗口,避免电压波动时频繁复位芯片。BOR 电路检测到电源电压高于门限电压 V_{BOR} 后会启动上电延迟 PWRT(长短根据配置位设定),等延迟到后会再次检测电源电压,如果依然低于门限电压,芯片继续

处于复位状态;假如高于电源电压,则放开复位。

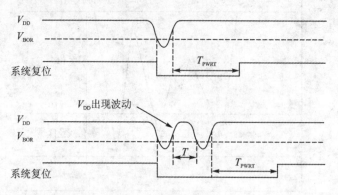

图 11.7 掉电复位时序

通过芯片配置位的设置可以在烧写时使能或禁止 BOR 模块。默认情况下 BOR 模块是使能的。BOR 模块允许选择的掉电压门限有 2.0 V、2.7 V、4.2 V、4.5 V。在有些场合,比如电池供电的应用系统中,这些电压门限有可能不能满足系统要求,必须在 $\overline{\text{MCLR}}$ 端加外部 BOR 电路。

系统是电池供电,可以关闭 BOR 从而减少功耗。掉电复位电路使用了一个内部参考电压发生电路,该参考电压和其他模块(比如低电压监测模块 LVD)共享。只要使能其中一个与它相关的外设模块,内部参考电压就会被激活。由于这个原因,BOR 被禁止时,用户也许观察不到预期的电流消耗变化。这时候外接一个静态电流比较小的($<1\ \mu A$)独立系统监控芯片是一个不错的解决方案。

图 11.8 所示为外接掉电复位电路的方案。Microchip 公司提供很多型号的系统监控芯片(System Supervisor)。比如 MCP111、MCP100、MCP809 等系统监控芯片可以提供多种电压档次,都能满足系统要求。

需要注意的是,假如需要外接系统监控芯片满足不同 BOR 门限,在烧写芯片时一定要使能芯片的外部复位(Master Clear Enable)功能。假如禁止了外部复位,则外接的系统监控芯片片将没有任何作用。

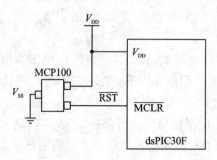

图 11.8 外接系统监控芯片满足不同 BOR 门限的要求

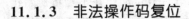

11.1.3 非法操作码复位

如果芯片译码器检测到一个系统不承认的操作代码(非法代码)时将会产生芯片复位并将 RCON 里相应的位置位 RCON<14>即 IOPUWR="1"。非法操作码复位功能非常有用,比如 PC 指针因为某种原因(ESD、EMI 等)跳飞到某些非程序区(存储常数的程序存储器部分)并取出了非法代码时,可以立即复位芯片,避免了错误操作。

鉴于上述原因,在使用程序可视性(PSV)存储数据时,可以有意将最高的一个字节(没有用到的冗余信息)设置为任何一个非法指令代码,比如"0x3F",如果出现 PC 错误跳转指向程序区的数据区域时,将立即复位芯片,提高系统可靠性。

11.1.4 未初始化的 W 寄存器复位

芯片复位以后,W 寄存器阵列(除 W15 之外)将被清零,在程序没有对这些 W 寄存器初始化之前,芯片将对这些未初始化的 W 寄存器进行监控。假如系统检测到程序里使用了未初始化的 W 寄存器作为寻址指针时会使芯片复位。同时还会将 RCON 寄存器里的 RCON<14>即 IOPUWR 设置"1",便于程序开始时查询,判断不同的程序分支。

11.1.5 陷阱冲突复位

假如芯片在某一时刻同时有多个硬陷阱中断源等待处理,就会产生芯片复位。同时将 RCON 寄存器里的 RCON<15>即 TRAPR 置"1"。更多有关陷阱冲突复位的信息,将在中断一章里详细介绍。

11.1.6 外部复位

假如在 $\overline{\text{MCLR}}$ 引脚上施加一个低电平脉冲,当这一个脉冲的宽度大于系统允许的最低复位脉冲宽度时芯片将被复位。所有寄存器被重新设置为初始值,所有外设也恢复到初始状态。复位脉冲撤销后在下一个指令周期到来时系统会进入工作状态,PC 指针指向 0x000000H 位置。

外部复位被使用的前提是要在芯片配置位里使能外部复位功能,否则外部复位不能生效。外部复位一般通过外部系统管理芯片实现,外部手动复位则可以通过在 $\overline{\text{MCLR}}$ 引脚上接按钮开关实现。需要注意的是按键的位置应尽量靠近芯片的复位端,不要引太远,避免带来电磁兼容性(EMC)问题。

11.1.7 软件复位

dsPIC 系列数字信号处理器的指令系统里有软件复位指令"RESET"。任何时候执行该指令都会让系统产生复位动作。

这是一种特殊的复位动作，和其他类型的复位是有区别的：软件复位动作并不重新初始化系统时钟，也就是说执行 RESET 指令后系统不会再像上电复位那样去配置位里寻找振荡源类型并重新设置系统振荡源。假如用户允许了时钟切换，在 RESET 指令前曾经用软件切换过系统时钟，那么执行 RESET 指令之后系统依然使用那个时钟作为系统时钟。

软件复位将在下一个指令周期到来时被撤销并将 PC 指针指向系统复位向量。软件复位会影响 RCON 寄存器，并使 SWR="1"供用户查询。

11.1.8 看门狗复位

假如用户允许了看门狗定时器，则需要定时对看门狗进行清零操作以便确认程序处于正常运行状态。假如程序因为某种原因跳飞后程序就不能正常对看门狗定时器进行清零操作，当看门狗定时器溢出时将发生看门狗溢出复位(WDTR)。

和软件复位一样看门狗溢出复位不会影响系统时钟的设置情况。RESET 指令之前的时钟设置依然保持有效。

> **注意**：当芯片处于睡眠(SLEEP)或待机(IDLE)时发生看门狗溢出只能唤醒(Wake-up)芯片，而不会使芯片复位(Reset)。

11.1.9 不同配置位对于上电复位时序的影响

振荡器起振电路及其相关的延迟定时器是独立的，与上电时发生的芯片复位延迟没有直接关系。某些晶振电路(尤其是低频晶振)的起振时间会较长。在振荡电路还没有正常工作，锁相环(PLL)没有完全锁定之前，系统将保持复位。

系统没有接收到有效时钟源之前，芯片不会执行任何代码并必须保持复位状态。因此，想要确定复位延迟时间，必须考虑到振荡器起振时间和 PLL 锁定时间。

与上电时序相关的参数包括：上电复位延迟时间(T_{POR})、附加上电延迟时间(T_{PWRT})、振荡器起振延迟时间(T_{OST})、PLL 锁定时间(T_{LOCK})和时钟丢失监控延迟时间(T_{FSCM})。

如果使能了 FSCM 模块，系统复位后经过一段延迟时间 T_{FSCM} 之后开始监视系统时钟源。如果此时没有可用的有效时钟源，芯片将自动切换到内部快速 RC(FRC)振荡器。用户可以在时钟丢失陷阱服务程序中切换到所需的晶体振荡器或振荡源。

当系统时钟源由晶体振荡器或 PLL 提供时，在 POR 和 PWRT 延迟时间后会自动插入一小段延迟(T_{FSCM})。在此延迟结束前，FSCM 不会开始监视系统时钟源。FSCM 延迟时间的标称值为 100 μs，为振荡器或 PLL 稳定下来提供了额外的时间。

范例 11.1 图 11.9 所示为使用了"晶体＋PLL"并禁止了 PWRT 的复位时序(图中各个延迟时序并不是按照比例绘制)。在 V_{POR} 门限电压处产生内部上电复位脉冲。内部复位脉冲后会产生一小段 POR 延迟。这段延迟是必须的，在芯片开始工作前总是会插入 POR 延迟。

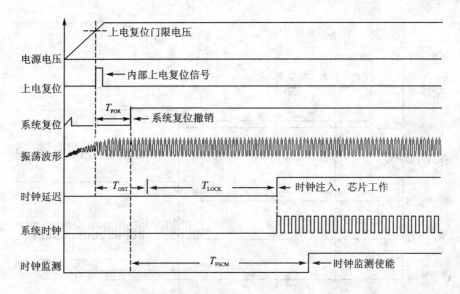

图 11.9 使用了"晶体＋PLL"并禁止了 PWRT 的复位时序

假如烧写时打开了 FSCM 模块，则在 $T_{POR}+T_{FSCM}$ 延迟时间之后，FSCM 模块硬件开始工作并开始监控系统时钟。

假如打开了锁相环（PLL），则时钟延迟时间里要插入一个 T_{LOCK} 即锁相环锁定时间。时钟延迟时间为：$T_{OST}+T_{LOCK}$。这段时间先于 FSCM 延迟时间，也必须先于 FSCM 延迟时间结束，否则 FSCM 会检测时钟丢故障并产生时钟丢失陷阱。这种情况下，用户可以使能附加上电延迟时间（PWRT）以便在芯片开始工作和 FSCM 开始监视系统时钟前提供更多的延迟时间。

范例 11.2 图 11.10 所示就是使能了附加上电延迟时间 T_{PWRT} 后的时序图（不是按照实际比例绘制）。附加上电延迟时间是为了增加在系统复位延迟时间，避免因为延迟时间不足而导致时钟丢失陷阱出现。

由于使能了时钟丢失监控（FSCM）模块，则从内部复位脉冲开始在 $T_{POR}+T_{PWRT}+T_{FSCM}$ 延迟时间之后，FSCM 模块开始监控系统时钟。通常情况下加入附加上电延迟时间（T_{PWRT}）后可以提供充足的时间让系统时钟源稳定下来。

由于使能了锁相环，因此时钟延迟时间看到插入了锁相环锁定时间（T_{LOCK}）。

范例 11.3 图 11.11 所示的启动时序是外部时钟源 EC＋PLL 的配置，这里使能了附加上电延迟定时器（PWRT）。该图和图 11.10 很类似。不同点在于本范例采用的时钟源是外部时钟源 EC，所以本图中没有振荡器启动延迟时间 T_{OST}。

由于打开了 FSCM，则在 $T_{POR}+T_{PWRT}+T_{FSCM}$ 延迟时间之后，FSCM 模块开始监控系统时钟，假如烧写时禁止了 PWRT，则去掉 T_{PWRT} 这段延迟时间。

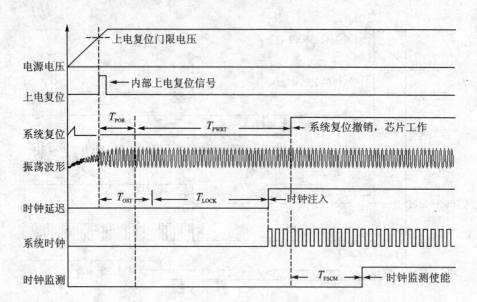

图 11.10 使用了"晶体＋PLL"并使能了 PWRT 的复位时序

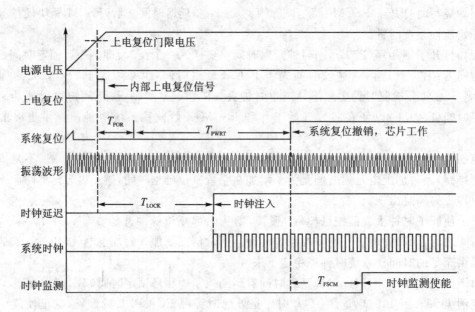

图 11.11 使用了"外部时钟＋PLL"并使能了 PWRT 的复位时序

范例 11.4 图 11.12 所示是系统使用了外部时钟（或 RC）并禁止了 PWRT 和 PLL 的启动时序。注意 RC 振荡器的启动非常快（微秒级），因此假如选择了 RC 振荡源，则启动时序里

将没有 T_{OST}。系统复位只需一个上电延迟时间 T_{POR} 即可满足系统要求。

> **注意**：此配置的上电复位延迟时序最简单。上电延迟 T_{POR} 是系统开始工作前唯一的延迟时间。即使使能了时钟丢失监控（FSCM）也不会发生 T_{FSCM} 延迟，因为系统时钟源不是晶体振荡器或 PLL 产生的。这些时序完全由系统决定，用户只需在烧写时设置就可以了。

假如烧写时打开了时钟丢失监控 FSCM，则在 T_{POR} 延迟时间之后，FSCM 模块开始监控系统时钟。

有些型号的芯片允许 RC 振荡源使用 PLL，因此假如烧写时打开了锁相环（PLL），则时钟延迟时间里将自动插入一个锁相环锁定时间（T_{LOCK}）。

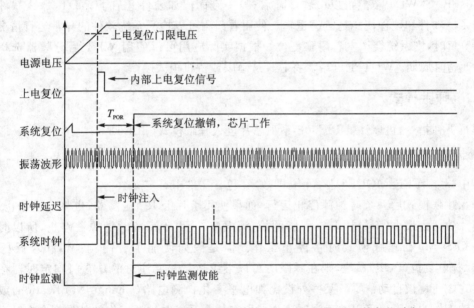

图 11.12 使用了外部时钟（或 RC）并禁止了 PWRT 和 PLL 的复位时序

11.2 功耗管理

11.2.1 功耗管理简介

本节详细介绍 dsPIC30F 系列数字信号控制器的功耗管理系统及其工作原理。系统采用低功耗方式工作意义重大：可以节省能源、延长电池寿命和减少干扰。这些特征非常适合手持设备和便携式仪表等电池供电场合。

目前有两种低功耗模式：睡眠模式（SLEEP）和待机模式（IDLE）。用户可以简单执行

"PWRSAV"指令让系统进入低功耗状态。

睡眠模式：这种状态下所有振荡器停止振荡（假如打开了看门狗，则内部 LPRC 将依然运行），CPU、系统时钟源和任何依靠系统时钟源工作的外设都被禁止。这是芯片的最低功耗的模式，消耗电流为微安级。

待机模式：这种模式的特点是通往 CPU 的时钟被禁止，相当于一个开关，将系统时钟和 CPU 断开了，但实际上系统时钟源继续工作，只是不加到 CPU 里而已。一些外设（A/D 转换器、看门狗、掉电复位等）可以继续工作，有的外设比如 A/D 转换器可以用软件将其关闭，而有的外设只能在烧写时配置。

看门狗定时器（WDT）由内部低功耗 RC 时钟源 LPRC 驱动，即使在烧写时由硬件关闭了 WDT，dsPIC 的 WDT 依然可以由软件开启；另一方面假如硬件开启了 WDT，那么软件就无法关闭了。软件和硬件使能是"或"逻辑。使用看门狗可以检测系统软件的异常运行情况。假如 WDT 超时，则系统会产生看门狗复位。根据实际应用可以使用 WDT 后分频器选择不同的 WDT 超时周期。WDT 也可用于将芯片从睡眠或待机模式唤醒。

11.2.2 睡眠模式

执行下列指令，可以让 dsPIC30F 系列芯片进入睡眠模式（SLEEP）：

```
PWRSAV          #SLEEP_MODE
```

其中"#SLEEP_MODE"是一个立即数，在包含文件中有定义。

进入睡眠模式后系统时钟源停止运行，如果使用了片上 RC 振荡器，也将完全停止运行，此时芯片功耗为最小（不包括 I/O 引脚的拉/灌电流）。由于系统时钟源被停止，所以时钟丢失监控（FSCM）在睡眠模式时将停止工作。但是假如使能了看门狗（WDT）、低压检测（LVD）、掉电复位（BOR）模块，则在睡眠时可以继续运行。要注意的是看门狗定时器在进入睡眠模式之前将被自动清零。某些外设比如电平变化检测电路（Change Notification）或依靠外部时钟工作的外设也可以在睡眠时工作。所有依靠系统时钟源工作的外设都会在睡眠模式时停止工作。

芯片在接收到任何中断信号、复位信号和看门狗溢出信号时被唤醒。唤醒后芯片依然使用睡眠之前的振荡器设置。

表 11.2 所列为针对不同时钟配置，系统从睡眠模式唤醒后的延迟情况。这个延迟时间在有的时候对有的应用是很重要的。可以看到在所有配置情况下，唤醒时都有上电复位延迟时间 T_{POR}，其标称值为 $10~\mu s$，保证内部电路在系统复位信号 SYSRST 释放之前稳定下来。

表 11.2 从睡眠模式唤醒的延迟时间

	时钟源	上电复位延迟	振荡器启动延迟	FSCM 延迟	注
1	EC、EXTRC	T_{POR}	无	无	①
2	EC+PLL	T_{POR}	T_{LOCK}	T_{FSCM}	①、③、④
3	XT+PLL	T_{POR}	$T_{OST}+T_{LOCK}$	T_{FSCM}	①、②、③、④
4	XT、HS、XTL	T_{POR}	T_{OST}	T_{FSCM}	①、②、④
5	LP(睡眠时关闭)	T_{POR}	T_{OST}	T_{FSCM}	①、②、④
6	LP(睡眠时打开)	T_{POR}	无	无	①
7	FRC、LPRC	T_{POR}	无	无	①

注:① T_{POR} = 上电复位延迟(标称值 10 μs)。
② T_{OST} = 振荡器起振延迟。以系统时钟为单位,计数 1 024 个振荡周期。
③ T_{LOCK} = PLL 锁定延迟(标称值 20 μs)。
④ T_{FSCM} = 时钟丢失监控延迟(标称值 100 μs)。

如果系统时钟源来自晶体,那么必然会有振荡器启动延迟时间 T_{OST}(1 024 T);如果系统时钟来自晶体+PLL,则除了 T_{OST},还会有一个锁相环锁定延迟 T_{LOCK}。有一个特例:如果系统时钟源为 LP(32.768 kHz)模式,且它在睡眠时处于运行状态,那么从睡眠唤醒后就不需要振荡器启动延迟。

如果系统时钟来自晶体、晶体+PLL、PLL,并且在睡眠模式时关闭了振荡器,那么当系统从睡眠模式唤醒时,需要分别等待 $T_{POR}+T_{OST}$、$T_{POR}+T_{OST}+T_{LOCK}$、$T_{POR}+T_{LOCK}$,然后,再延迟 T_{FSCM}(100 μs)后才对系统时钟开始监控。

当上电延迟 T_{POR} 结束后,T_{FSCM} 将开始计时,如果 T_{FSCM} 结束后振荡器延迟时间和 PLL 锁定时间 $T_{OST}+T_{LOCK}$ 还没有结束,这时候 FSCM 电路检测不到时钟信号,那么将导致时钟丢失陷阱。这时芯片将立即切换到 FRC 振荡器,用户可以在时钟丢失陷阱服务程序中再次使能晶体振荡器。

如果 FSCM 没有被使能,芯片在时钟稳定并释放给系统之前($T_{OST}+T_{LOCK}$ 延迟结束前)不会开始执行代码。从用户角度来看,芯片好像依然处于睡眠状态直到振荡器时钟稳定。

从睡眠模式退出有以下几种方法。

1. 中断方式唤醒

芯片内部有很多中断源,每个中断源都有相应的中断允许位,中断允许寄存器 IECx 可以分别允许或禁止相应中断。假如外设中断处于允许状态,则该中断可以将芯片从睡眠状态唤醒。当芯片从睡眠模式唤醒时,可能有以下两种情况之一发生:

- 如果外设中断优先级小于等于当前 CPU 的中断优先级,芯片将被唤醒,同时 PC 指针指向睡眠前执行的最后一条指令 PWRSAV 之后的那条指令,继续执行程序。

- 如果外设中断优先级大于当前 CPU 的中断优先级，芯片将被唤醒并开始 CPU 异常处理，代码将从 ISR 的第一条指令处继续执行。

当中断将芯片唤醒后，RCON 寄存器里的 SLEEP 位（RCON<3>）被置位。

特别提醒的是：假如芯片在执行 PWRSAV 指令并准备进入低功耗模式的同时产生了中断请求，则该中断将延迟响应，芯片继续完成进入睡眠模式的过程。然后芯片将从睡眠模式重新唤醒。当然这种情况发生的概率比较少。

2. 复位方式唤醒

所有的芯片复位源都会将处理器从睡眠模式唤醒。除了 POR 外任何唤醒处理器的复位源都会置位 RCON 寄存器里的 SLEEP 状态位（RCON<3>），表示芯片曾经处于睡眠模式。便于系统初始程序查找并跳转不同的分支。在上电复位时，SLEEP 位将被清零。

3. 看门狗方式唤醒

睡眠时假如看门狗定时器（WDT）处于工作状态并发生溢出，处理器将被唤醒。RCON 寄存器里的 SLEEP="1"、WDTO="1"，表示芯片曾经由于 WDT 溢出而唤醒过系统。注意这种情况不会使芯片复位。系统将从睡眠指令 PWRSAV 之后的那条指令继续进行。

11.2.3 待机模式

执行下列指令，可以让 dsPIC30F 系列芯片进入待机状态：

PWRSAV   #IDLE_MODE   ;芯片进入 IDLE 模式

当芯片进入待机模式（IDLE）时，CPU 将停止执行指令、看门狗自动清零。但是此时系统时钟源继续工作，外设模块继续正常工作。用户也可以在待机模式中关闭某些模块。设置方法是在相应外设的"stop-in-idle"（在待机模式关闭）控制位有选择地关闭外设。和睡眠模式一样，如果 WDT 或 FSCM 被使能，内部低功耗 RC 振荡源（LPRC）将继续工作。

芯片在发生任何中断（假如该中断被使能）、任何芯片复位信号和看门狗定时器溢出等事件时，将从待机模式唤醒。

在从待机模式唤醒时，时钟再次加到 CPU，且立即执行 PWRSAV 指令之后的那条指令，或者进入 ISR 服务程序。与从 SLEEP 模式唤醒不同的是，从 IDLE 模式唤醒时没有延迟。IDLE 模式下时钟始终处于工作状态，因此在唤醒时不需要起振时间。

假如芯片在执行 PWRSAV 指令并准备进入低功耗模式的同时产生了中断请求，则该中断将延迟响应，芯片继续完成进入待机模式的过程。然后芯片将从待机模式重新唤醒。

1. 中断方式唤醒

芯片内部有很多中断源，每个中断源都有相应的中断允许位，中断允许寄存器 IECx 可以分别允许或禁止相应中断。假如外设中断处于允许状态而且中断优先级高于 CPU 当前中断

优先级,则该中断可以将芯片从待机状态唤醒。当芯片从待机模式唤醒时,可能有以下两种情况之一发生:
- 如果外设中断优先级小于等于当前 CPU 的中断优先级,芯片将被唤醒,同时 PC 指针指向睡眠前执行的最后一条指令 PWRSAV 之后的那条指令,继续执行程序。
- 如果外设中断优先级大于当前 CPU 的中断优先级,芯片将被唤醒并开始 CPU 异常处理,代码将从 ISR 的第一条指令处继续执行。

当中断将芯片唤醒后,RCON 寄存器里的 IDLE="1"。

特别提醒的是:假如芯片在执行 PWRSAV 指令并准备进入低功耗模式的同时产生了中断请求,则该中断将延迟响应,芯片继续完成进入待机模式的过程。然后芯片将从待机模式重新唤醒。当然这种情况发生的概率比较少。

2. 复位方式唤醒

除了上电复位 POR,任何复位都会将 CPU 从待机模式唤醒。发生这些类型的复位后,复位控制寄存器 RCON 里的 IDLE="1",表示芯片曾经处于待机模式。但上电复位时,IDLE 位将被清零。

3. 看门狗方式唤醒

如果 WDT 被使能,处理器将在 WDT 溢出时从待机模式唤醒,并从先前进入待机模式的 PWRSAV 指令之后的那条指令代码继续执行。注意在这种情况下 WDT 超时不会使芯片复位。RCON 寄存器里的 WDTO="1"、IDLE="1"。

11.3 看门狗定时器

11.3.1 看门狗定时器的功能和使用原则

看门狗定时器(WDT)的主要功能是在出现软件异常时复位处理器。这些事件可能是因为干扰导致的程序指针 PC 跳飞到某些死循环处而无法解脱,也可能是程序的要求而故意设计的死循环(比如可以用 WDT 周期性唤醒芯片)。这些情况都可以让看门狗溢出,使芯片硬件复位,程序指针 PC 回到复位向量(0x000000)。

看门狗定时器对程序可靠性的保障不容置疑,但是很多工程师却滥用看门狗,结果比不用看门狗还糟糕。这里给出几条看门狗使用原则:

① 清零看门狗指令(喂狗)只在主循环里使用。理想情况下只在主程序里使用一条清零看门狗定时器指令。切忌像"撒胡椒面"一样把清零看门狗指令撒满整个程序。当然这样要求比较苛刻,但是要尽量往这个目标努力。程序设计要模块化,有多个任务的时候要自觉按照实时、多任务的思路去处理程序。

② 避免在任何中断处理子程序、其他子程序里"喂狗"。避免意外事件发生时主程序没有

监测到,比如错误中断,错误执行子程序(没有 BOR 电路时容易发生)。

③ 看门狗溢出时间越短越好。也就是说用户的主程序应该尽量简洁,越短越快越好。较短的溢出时间可以在程序出现问题时及时将芯片复位,避免发生更多意外操作。

④ 看门狗复位是应用程序可以掌控的复位源。和软件陷阱直接跳转到错误处理程序相比,也是最可靠的复位源。可以想象,当程序因为干扰跳飞后,这时候芯片的硬件也可能工作在非健康状况,只有硬件复位才可以使芯片重新恢复健康工作。

⑤ 芯片因为故障重新复位后,可以查询 RCON 里相应的位,以便程序走向相应的分支。工程师要做到即使系统出现了故障,也要能成功捕捉和解决。对于用户端来说,这种故障并没有看到,设备依然正常运行。

11.3.2 看门狗定时器工作原理

图 11.13 所示为看门狗定时器的原理框图。看门狗定时器是一个自由运行的 8 位定时器,它的时钟源来自芯片内部低功耗 RC 振荡器 LPRC,频率为 512 kHz,是一个非常可靠的时钟。看门狗不依赖于系统主时钟,减少了出现故障的几率。

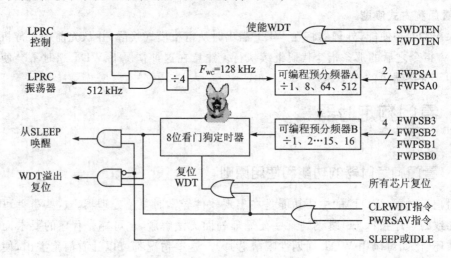

图 11.13 看门狗定时器框图

看门狗定时器可以在烧写时在配置位里使能或禁止。一旦使能,看门狗将一直工作。假如硬件没有使能看门狗,还可以在程序里用软件随时允许看门狗:将 SWDTEN 控制位(RCON<5>)置位即可使能 WDT,非常灵活。在芯片复位时 SWDTEN="0",看门狗处于关闭状态。使用软件启动或停止 WDT 可以允许用户在可靠性要求高的程序段使能 WDT 并在非关键代码段禁止 WDT 以便最大限度的降低功耗。

第 11 章 系统管理模块

如果看门狗被使能的话,看门狗定时器将进行加计数直到溢出。中途如果有清零操作 CLRWDT 指令,定时器将从零开始继续计数。注意:CLRWDT 指令也将复位 WDT 预分频器,也就是说清零看门狗后还需要重新设置预分频。看门狗定时器在芯片复位时、执行 PWRSAV 指令和使用 CLRWDT 指令时其寄存器都将清零,同时其预分频器也将重新恢复默认设置。

如果看门狗定时器在睡眠或待机模式时溢出,芯片将唤醒,并从唤醒前执行 PWRSAV 指令处后面那条指令开始继续执行代码。

不管是从 SLEEP 模式还是 IDLE 模式唤醒,WDTO="1"表示芯片复位或唤醒事件是由于看门狗定时器溢出而产生的。如果 WDT 将 CPU 从睡眠或待机模式唤醒,睡眠状态位 SLEEP="1"或待机状态位 IDLE="1"表示芯片先前处于低功耗模式。

看门狗定时器时钟源是内部 LPRC 振荡器,它的标称频率为 512 kHz。LPRC 时钟被进一步 4 分频以便为看门狗定时器提供 128 kHz 时钟。看门狗定时器的计数器为 8 位宽,这样看门狗的溢出周期(T_{WDT})为 2 ms。

dsPIC 的看门狗的延迟时间设置非常灵活,除了有一个 4 分频器外,还串联了 A,B 两个预分频器可以进行灵活的时间选择。和 PIC 相比,灵活性大大增加。预分频器 A 可以配置为 1:1、1:8、1:64 或 1:512 这 4 个分频比。预分频器 B 可以被配置为从 1:1 到 1:16 这 16 个分频比。使用预分频器可以得到范围为 2 ms~16 s(标称值)之间的溢出周期。用户可以用以下方法计算 WDT 超时周期:

$$看门狗定时器溢出周期 = 2\ ms \times 预分频器 A \times 预分频器 B$$

表 11.3 所列为选择不同预分频器值时的看门狗溢出周期。注意推动看门狗定时器的 LPRC 时钟随着电压和温度的波动可能有一定幅度的变化范围,因此看门狗溢出时间也会有相应的变化,因此计算溢出时间的时候要留有一定裕度。

表 11.3 预分频器的选择与溢出周期

预分频器 B	预分频器 A			
	1	8	64	512
1	2	16	128	1 024
2	4	32	256	2 048
3	6	48	384	3 072
4	8	64	512	4 096
5	10	80	640	5 120
6	12	96	768	6 144
7	14	112	896	7 168
8	16	128	1 024	8 192

续表 11.3

预分频器 B	预分频器 A			
	1	8	64	512
9	18	144	1 152	9 216
10	20	160	1 280	10 240
11	22	176	1 408	11 264
12	24	192	1 536	12 288
13	26	208	1 664	13 312
14	28	224	1 792	14 336
15	30	240	1 920	15 360
16	32	256	2 048	16 384

11.4 低电压监测

11.4.1 低压监测模块工作原理

在很多应用里需要监控供电电压。这样系统可以监测电压并提供低压预警。低电压监测模块(LVD)可以被用来检测电池供电情况。当电池能量不断消耗，电压会缓慢下降，电池内阻也会随着能量的损耗而不断增大。内阻增大意味着在相同电流下分配到外部电路的电压降低。低电压监测模块用于监测电池电压(即芯片的V_{DD}电压)，当电压跌落到某一设定的门限值时及时通知系统(中断)，以便程序做相应的处理。

低压监测模块(LVD)和掉电复位模块(BOR)的区别是：掉电监测只用于监测系统电压，当出现低压事件时只产生中断而不会将系统复位。

图 11.14 所示是一个电池供电系统的放电曲线。低压监测模块(LVD)使用内部参考电压与供电电池电压进行比较。门限电压 V_{LVD} 可用程序进行设定。电池电压会随时间逐渐下降，当电压等于V_{LVD}时，LVD逻辑产生中断。中断发生的时刻为 T_A。这一个电压点是一个预警点，在一个足够的预警时间里程序可以判断并保存现场数据，做好掉电准备。当电压下降到最低点V_{MIN}时，系统将停止工作。该电压点所对应的时刻是 T_B。显而易见芯片的预警时间是为：$T = T_B - T_A$。

图 11.15 所示为 LVD 模块的框图。比较器的反相输入端连接到芯片内部参考电压发生器(能隙稳压源)作为门限输入。比较器同相输入端的电压来自 16 选 1 多路开关，该电压值可以在程序中用软件设定，当这个电压低于参考电压时，硬件使中断标志寄存器 IFS2 中的 LVDIF ="1"。

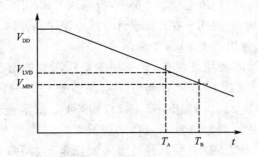

图 11.14　低压检测电压门限

软件控制的多路开关可以对电阻分压网络进行模拟切换从而改变输出电压的值。共有 15 个台阶可以选择，非常灵活。

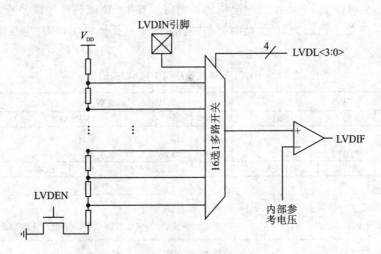

图 11.15　低电压监测电路简化框图

11.4.2　RCON 寄存器中与 LVD 相关的配置

表 11.4 所列是复位控制寄存器（RCON）的相关位及其含义。其中低压监测模块使能控制位（LVDEN）位于 RCON 寄存器中的 RCON<12>位。该位为"1"时使能低电压监测模块。在有些对电源消耗要求苛刻的场合比如电池供电的应用，用户系统希望节省能源，可以令 LVDEN="0"，关闭 LVD 模块，最大限度节省功耗；也可以在需要 LVD 功能时打开该模块，使用完后用软件将其关闭。

复位控制寄存器（RCON）里的 RCON<11∶8>即 LVDL<3∶0>这 4 位用于选择 LVD 门限电压。总共有 16 个电压门限点可供选择，其中 15 个来自内部电阻分压网络，另外一个来自外部引脚。如果没有合适的分压选项或者用户需要检测一个外部电路的电压，则可以通过

LVDIN 引脚从外部引入 LVD 门限电压。外部 LVD 输入的标称门限电压为 1.24 V。当选择外部输入 LVD 电压门限时,需要用户在外部设计分压电阻回路并取出模拟电压,这样电压到达设计要求的电压点时就可以产生 LVD 中断。

对于内部能隙稳压源需要注意两点:首先使能稳压源意味着会有一定的电流消耗来维持该参考电压源工作;其次在芯片启动时该电路需要一段时间才能达到稳定。因此 RCON 寄存器里的 RCON<13> 即 BGST 位(只读)可以指示能隙参考电压是否稳定。用户软件可以查询该位从而判断参考源的稳定情况。注意在参考源稳定之前 LVD 模块是不稳定的,此时应该屏蔽 LVD 中断并等待参考源稳定。当 BGST="1"后,参考源处于稳定状态,用户应该用软件清零中断标志寄存器的 IFS2<10> 位,即 LVDIF="0",使 LVD 进入正常工作状态。

提醒注意:能隙稳压源的电流消耗比 BOR 或 LVD 模块都要大得多。该参考源既可以做 LVD 的参考源,也可以做 BOR 或其他模块的参考源。在 LVD 或其他模块使能之前该参考源可能已经被激活并处于稳定状态了,此时即使关闭 LVD 或其他模块,芯片电流的减少可能并不明显。

表 11.4 RCON 寄存器中与 LVD 相关的位

R/W-0	R/W-0	R-0	R/W-0	R/W-0	R/W-0	R/W-0	R/W-1
TRAPR	IOPUWR	BGST	LVDEN	LVDL<3:0>			
bit 15							bit 8
R/W-0	R/W-0	R/W-0	R/W-0	R/W-0	R/W-0	R/W-1	R/W-1
EXTR	SWR	SWDTEN	WDTO	SLEEP	IDLE	BOR	POR
bit 7							bit 0

Bit13	BGST: 能隙稳压源稳定位	1 = 能隙稳压源已稳定 0 = 能隙稳压源未稳定,欠压检测(LVD)中断应该被禁止
Bit12	LVDEN: 低电压监测使能位	1 = 使能 LVD 模块 0 = 禁止 LVD 模块
Bit11~8	LVDL<3:0>: 低电压监测门限设定位	1111 = 来自 LVDIN 引脚,阈值 1.24 V 0111 = 3.1 V 1110 = 4.6 V 0110 = 2.9 V 1101 = 4.3 V 0101 = 2.8 V 复位默认值 1100 = 4.1 V 0100 = 2.6 V 1011 = 3.9 V 0011 = 2.5 V 1010 = 3.7 V 0010 = 2.3 V 1001 = 3.6 V 0001 = 2.1 V 1000 = 3.4 V 0000 = 1.9 V

11.4.3 低电压监测模块的初始化过程

LVD 模块的设置步骤如下：

① 假如从 LVDIN 引脚输入监测电压，应确保禁止了其他复用功能并将该引脚配置为输入。

② 设置门限电压，并将相应的值写入 RCON<11：8>即 LVDL 控制位里。

③ 令 IEC2<10>即 LVDIE ="0"，禁止 LVD 中断，避免频繁进入中断。

④ 令 RCON<12>即 LVDEN ="1"，使能 LVD 模块。

⑤ 查询 RCON<13>即 BGST 位，判断参考源是否稳定。

⑥ 在允许中断前令 IFS2<10>即 LVDIF="0"，如果 LVDIF="1"，则 V_{DD} 可能低于选定的 LVD 门限电压。

⑦ 通过写 IPC10<10：8>即 LVDIP<2：0>这 3 位，将 LVD 中断优先级设置为需要的优先值。

⑧ 令 IEC2<10>即 LVDIE ="1"，允许 LVD 中断。

以上步骤设置完成后 LVD 模块就开始工作了。当 LVD 模块监测到 V_{DD} 降低导致低于 LVD 门限值时，比较器发生翻转，同时硬件立即令 LVDIF="1"，引发 LVD 中断。

假如 LVD 模块中断了 CPU 后，根据不同的应用，用户将对 RCON<11：8>即 LVDL 控制位在中断服务子程序(ISR)中采取以下两种动作之一：

① 令 IEC2<10>即 LVDIE ="0"，禁止重复发生 LVD 中断，并将执行相应的关机步骤。

② 逐步降低 LVD 门限电压(调整 RCON<11：8>)，并令 LDVIF ="0"。这种技巧可以用来跟踪逐渐减小的电池电压。

11.4.4 关于低压监测中断对系统的唤醒

假如低压监测模块处于使能状态，则 LVD 电路可以在 SLEEP 或 IDLE 模式下继续工作。如果芯片电压变化越过了跳变点，则"低压监测中断标志位"LVDIF 位将会被置位。

芯片在下列状态时将从 SLEEP 或 IDLE 模式唤醒并退出：

① 假如 IFS2<10>即 LVDIF ="1"，芯片将从 SLEEP 或 IDLE 模式唤醒。

② 假如 LVD 中断优先级小于等于当前 CPU 优先级，芯片将被唤醒，并回到先前执行的 PWRSAV 指令之后的那条指令开始运行程序。

③ 假如 LVD 中断优先级大于当前 CPU 优先级，芯片将被唤醒，并进入 LVD 中断服务子程序进行 CPU 意外事件处理。

第 12 章
I/O 端口及相关功能

12.1 输入/输出口结构

和 PIC 系列 8 位单片机一样,dsPIC30F/33F,PIC24F/24H 系列的端口很多情况下是有多个功能的,也就是说每个 I/O 引脚都可能有多个复用功能。有些引脚的具体功能可由软件对特殊功能寄存器操作进行设置;有些引脚功能则需要在烧写时通过配置位来设置,比如 $\overline{MCLR}$ 引脚可以在烧写时配置为输入功能。一些特殊的引脚,比如芯片的 V_{DD}、V_{SS}、OSC1/CLKI 等引脚没有复用功能。

通常,不同的芯片可能有不同的外设,因此同一个引脚可能有多个复用功能。很多情况下当使用外设(比如 USART)功能时,其对应的引脚将不再作为通用 I/O 使用。Microchip 致力于保持其产品的软件兼容性和硬件兼容性,同样引脚数的芯片,其引脚排列和功能安排基本保持不变,这样用户可以在不改变 PCB 的情况下轻松更改芯片的型号。例如现在芯片程序容量不够了,可以有另外一个资源大一倍的型号替换而只需修改一下包含文件(Include)即可。这种兼容性让工程师少浪费时间,提高效率,节省成本。

图 12.1 所示为典型 I/O 端口框图。该图是一个简化电路,没有画出 I/O 引脚的复用功能以及 ESD 保护电路、端口消噪声电路等附属逻辑。在每个 I/O 引脚上都有到电源正和电源地之间的保护二极管,用于保护引脚。尽管如此,当 I/O 输入或输出连接到较远的地方,比如从引脚连接到另外一个 PCB 板或控制面板时,较长的引线相当于一个搜集能量的"天线"一样,会接收到许多的干扰信号。因此我们建议使用恰当的 RC 阻容回路进行端口保护和滤波。其中电阻可以选用普通的 1/16 W 或 1/32 W 金属膜电阻,利用电阻本身的寄生电感可以有效阻止 ESD 对引脚的冲击,阻值在 100 Ω~1 kΩ 之间选取;电容可以选用普通陶瓷电容,成本低,高频特性好,电容值在 1 000 pF~0.1 μF 之间选取。要注意:这样的 RC 保护回路要以最近的距离连接到芯片引脚,从而避免过长的 PCB 引线给引脚带来额外的干扰。

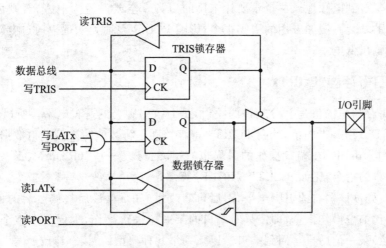

图 12.1　I/O 引脚示意图

12.2　I/O 端口控制寄存器

在使用 dsPIC30F/33F 以及 PIC24 系列单片机的 I/O 端口之前,用户需要了解 3 个主要的 I/O 端口控制寄存器,它们分是方向寄存器"TRISx"、端口寄存器"PORTx"和端口锁存器"LATx"。其中"x"表示指定的 I/O 端口号,比如 A、B、C、D 等。

芯片的每个 I/O 引脚在 TRIS、PORT 和 LAT 寄存器中都分别有一个相关的位对应。下面分别介绍这 3 个不同功能的寄存器。

12.2.1　方向寄存器"TRISx"

方向寄存器(TRISx)对端口每个位的输入输出属性进行控制。若某个 I/O 引脚的 TRIS 位为"1",则该引脚是输入引脚。若某个 I/O 引脚的 TRIS 位为"0",则该引脚被配置为输出引脚。其实这种设计是沿袭了 PIC 系列单片机的一贯方法,大家注意到:"1"很像"I"(Input,输入),"0"很像"O"(Output,输出),一目了然。

系统复位以后,所有端口引脚被定义为模拟输入或数字输入(A/D 输入),因此在芯片启动的瞬间没有输出驱动,避免了外设的错误动作;假如该引脚有 A/D 转换功能,则系统复位时相应的引脚被定义为模拟输入。这样做的原因是:假如模拟输入口上连接了模拟信号(0 V～V_{DD}之间变化)而该口线又被设置为数字输入的话,可能带来较大的电源消耗和干扰,也就是说数字输入口的信号不是"高"逻辑就是"低"逻辑,线性变化的输入信号会导致数字输入端口的逻辑频繁翻转并吸收较大电流,假如设置为模拟输入就没有任何问题了。

对于没有使用的 I/O 引脚,一般说来应该设置为输出一个固定电平,比如设置为输出"0"

并通过一个电阻拉到电源地。尽量不要让未用的引脚浮空或设置为输入,否则可能给系统引入噪声和额外的功耗。假如未用的引脚很多,影响 PCB 走线而无法逐一通过电阻拉到"0",也可以只设置为输出低电平。

12.2.2 端口寄存器"PORTx"

PORTx 寄存器里的值是 I/O 端口的映射,是 I/O 引脚上的逻辑电平。所以读 PORTx 寄存器就是读取 I/O 引脚上的值,而写 PORTx 寄存器则是将数值写入到端口数据锁存器。

和 PIC 一样,dsPIC 在端口操作的时候也有"读—修改—写"(Read-Modify-Write)现象。很多需要操作口的指令,比如"BSET"、"BCLR"等都是"读—修改—写"类指令。因此,写一个端口的过程是:先读该端口的引脚电平,然后再修改相应的位,最后将修改后的值写到端口数据锁存器里。比如位操作指令,即使只对端口的某一位进行操作,也要读入整个口的信息,修改(清零或置位)某一位后再写回到端口。以下列举几种典型的"读—修改—写"指令可能导致的问题。

范例 12.1 当改变 TRIS 寄存器的值从而实现口线输入、输出复用时,使用"读—修改—写"命令应该特别小心。有时需要将原来配置为输出的某些 I/O 口配置成输入(改变 TRIS 寄存器的数值)以便复用,当重新将口线由输入变为输出时,该 I/O 引脚上可能会输出与原来相反的值。产生这种情况的原因是"读—修改—写"指令读取了输入引脚上的逻辑电平值并将该值装入端口数据锁存器,而该逻辑电平值与原来输出的值正好相反。

忠告:所有可能情况下都使用 LATx 寄存器进行端口操作。也只有操作端口锁存器才能完全避免"读—修改—写"现象。

范例 12.2 当引脚上接有大电容或容性负载的时候,使用"读—修改—写"指令可能意外改变其他引脚的逻辑电平。假设将 PORTC 所有引脚配置为输出,并将引脚驱动为低电平。在每一个端口引脚上连接一个 LED 到地,这样引脚输出高电平时将点亮 LED。每个 LED 旁并联了一个 100 μF 的电容。同样假设芯片的运行速度非常快,比方说 30 MIPS。现在依次将各个引脚的输出置"1":

```
BSETPORTC,0
BSETPORTC,1
BSETPORTC,2
...
```

用户会发现只有最后一个引脚被置"1",仅最后一个 LED 被点亮。这是因为电容充电需要时间,电容越大,充电时间越长。当某个引脚置"1"时,其前一个引脚并没有完成充电并达到逻辑高电平,根据"读—修改—写"的原理,其前一个引脚读为逻辑"0"。这个"0"被写回端口锁存器,使得之前已经被置"1"的位被清零。如果芯片运行速度比较高,则进行连续的端口位操作时要特别小心。

> **忠告：** 任何时候避免在 I/O 引脚上连接大容性负载。假如一定要在端口进行信号滤波，请将电阻先连接到端口上，在电阻的另一端接滤波电容。

12.2.3　端口锁存寄存器"LATx"

和 PIC16 系列不同的是，PIC18、PIC24 和 dsPIC 都设置了"LATx"寄存器，这个寄存器非常有效地消除了在执行"读－修改－写"指令过程中可能发生的问题。读"LATx"寄存器将返回保存在端口输出锁存器中的值，而不是 I/O 引脚上的值。对与某个 I/O 端口相关的"LATx"寄存器进行"读－修改－写"操作，避免了将输入引脚上的值写入端口锁存器的可能性。

写"LATx"寄存器与写"PORTx"寄存器的效果大体是一样的，但是注意写端口寄存器有可能产生"读－修改－写"现象。读"PORTx"寄存器就是读取 I/O 引脚上的数值，而读"LATx"寄存器是读取端口锁存器中的数值。

由于 dsPIC 有很多型号，有不同的引脚数，因此有些 I/O 端口在有的芯片上并不存在。未用的端口及其相关的数据和控制寄存器将被禁止。这意味着对应的"LATx"和"TRISx"寄存器以及该端口引脚将读作"0"。

12.2.4　在 C30 环境下对 16 位端口的高、低 8 位访问技巧

有时候希望只操作 16 位端口的某一个低 8 位或高 8 位，而不影响另外一个 8 位的状态。通常，在汇编下很容易对端口的高、低 8 位进行访问，因为所有端口的高低 8 位都有对应地址。用户可以直接使用"MOV.B"指令对端口的某一个 8 位进行访问。

然而在 C30 环境下，用户需要小心选择访问方式，否则，使用传统编程方式可能导致程序代码大，速度降低，影响代码效率。因此需要对汇编比较熟悉后再使用 C 语言编程，否则写出的程序将会隐藏问题甚至错误。

范例 12.3　使用 C 语句将 16 位端口 LATB 的低 8 位赋值"0xaa"。

图 12.2 所示为在 C30 环境下操作 I/O 端口 LATB 的几种方法。在 MPLAB IDE 的反汇编窗口下显示了源代码和相应的目标代码。本题的通常思路是：用逻辑"与"操作把端口的低 8 位清零，然后把将要写到低 8 位的数据"0xaa"和 16 位端口数据相"或"即可（见图中第 52 行语句所示）。可以看到这条语句对应的 6 条汇编代码，效率很差。

现在换一个思路，使用指针的方案是：首先用"&LATB"取得 LATB 的地址并强制转化成一个"Volatile char"型的指针（指向的数据为 8 位）。然后将要写到低 8 位的数据"0xaa"赋给这个指针指向的单元即可（图中第 54 条语句所示）。使用这种方法，相应的汇编指令只有两条，效率非常高。注意"&LATB"取得的是低位偶数地址，这个地址是字地址，也是字节地址。

假如只想给高位字节赋值而不影响低位字节，也可以采用类似的方法实现。由图中的第

56 条语句可见:取得 LATB 的地址,强制转换成"Volatile char"型指针后,再把指针做加"1"操作,变为指向 LATB 高位字节地址的指针。操作后数据被赋予 LATB 的高位字节。

> **注意**:图中第 58 条语句也试图给 LATB 的高位字节赋值,但结果却是错误的。其错误在于:想当然地认为"(&LATB+1)"是取得 LATB 的地址后做加"1"操作。实际上对这个 16 位的文件寄存器地址做加 1 操作实际上是地址加"2",从而指向下一个存储器单元。

通过本范例加深了对于 C 语言里指针的进一步理解。

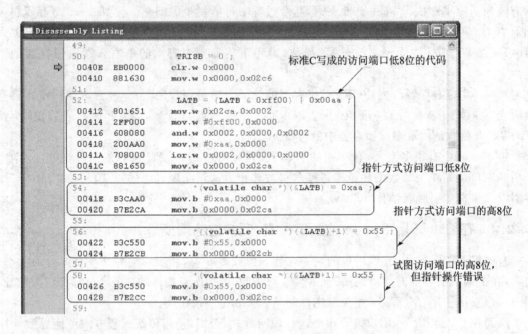

图 12.2 在 C30 环境下操作 I/O 端口的技巧

12.3 外设复用

12.3.1 端口复用原理

基于成本、尺寸等的考虑,芯片的引脚是有限的;另一方面,很多时候有些外设并不为客户所使用,或者没有完全使用,因此一般的 I/O 端口都有多个复用功能。比如 A/D 转换模块,假如用户只使用了两个通道,那么其他的 A/D 输入引脚可以方便地配置成通用 I/O 口使用。甚至可以时而把一个 I/O 当作输入使用,时而把该 I/O 口当作输出使用,只要动态配置相应的寄存器就可以了。

一般说来当某个外设(比如 UART)被使能时,与其相关的引脚将被禁止作为通用 I/O 引脚使用。可以通过输入数据路径读该 I/O 引脚,但该 I/O 端口位的输出驱动器将被禁止。即要记住一点:I/O 端口与一个外设共用一个引脚时总是外设优先。通常在某些引脚被作为外设口线时,依然需要设置相应的 TRIS 寄存器,把口线设置为输入或输出特性,避免可能出现的错误。

图 12.3 所示为端口与外设共用口线的逻辑框图。每个外设会有一对多路开关(可以想象成双刀双掷开关),其中一对开关的上半组用来切换外设输出使能信号与端口输入/输出控制位;开关的下半组用来切换端口数据和外设数据。

假如"外设 x 使能"(外设 A 使能,外设 B 使能等)控制位为"0"的时候外设全部禁止,端口全部作为通用 I/O 口使用。反之,假如某一个外设使能控制位为"1"的时候,某一个双刀双掷开关打到下面的触点,打开了外设数据和外设输出使能,外设数据通信准备就绪。假如有多个外设共用一个端口,则会有多对切换开关串联。但是任何时候只能有一个外设占用端口。

例如,为了将 PORTB 的引脚用作数字 I/O,ADPCFG 寄存器中的相应位必须置为"1"(即使关闭了 A/D 模块也应如此设置)。

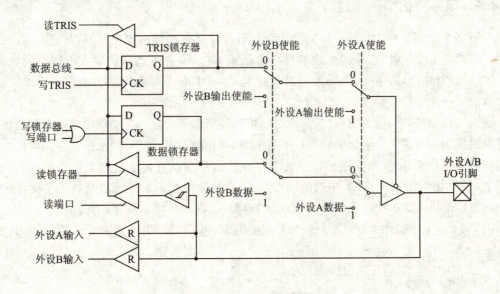

图 12.3　引脚上外设与 I/O 的复用

12.3.2　利用复用原理用软件对外设输入引脚施加激励

从图 12.3 中可以看到,端口的输出和输入走不同的路径,而输出锁存器的数据可以通过端口读得到,也可以影响与端口复用的外设的输入路径。很多外设比如输入捕捉模块,只有输入而没有输出。假如我们因为条件限制,调试程序时不方便产生相应的信号,可以通过巧妙地利用端口复用功能,人为地用软件对外设口线上施加激励事件。

比如输入捕捉,可以用相应的 TRIS 控制位将与输出捕捉相关的 I/O 引脚配置为输出功能,通过向相应的 PORT 寄存器输出数据就可以手工影响输入捕捉引脚的状态。这种做法在有些情形下很有用,尤其适用于在没有外部信号连接到捕捉输入引脚的情况下进行测试。

外设多路开关的组织将决定外设输入引脚是否可以通过使用 PORT 寄存器用软件控制。当图 12.3 中所示的概念性外设使能它的功能时,会断开 I/O 引脚与端口数据的连接。

通常,下列外设允许通过 PORT 寄存器手工控制它们的输入引脚:外部中断引脚、定时器时钟输入引脚、输入捕捉引脚和 PWM 故障引脚等。

大多数串行通信外设被使能时将完全控制 I/O 引脚,不能通过控制相应的 PORT 寄存器控制与该外设相关的引脚。这些外设包括 SPI、I^{2}C、DCI、UART、CAN 等。

12.4 电平变化中断

12.4.1 电平变化中断原理

利用电平变化中断(Change Notification,CN),可以在相应引脚出现从"0"到"1"或者从"1"到"0"的电平变化时,芯片向处理器发出中断请求,以响应所选择的输入引脚上的状态变化。可以选择(使能)高达 24 个输入引脚来产生 CN 中断。具体每个芯片有多少个 CN 输入引脚取决于所选芯片的型号。

输入变化中断的应用范围很广泛。比如,可以使用电平变化中断功能实现键盘敲击唤醒:当没有键盘动作时芯片处于睡眠状态以节省能源,当检测到键盘动作时唤醒芯片。再比如,直流无刷电机(BLDC)的控制电路里霍尔传感器反馈信号可以直接连接到电平变化(CN)中断引脚上,利用电平变化即可产生中断的特性,可以方便地检测霍尔传感器的电平变化,从而准确地判断定子供电系统的换相(Commutation)时刻,及时通知功率器件开关。

图 12.4 是电平变化中断(CN)硬件的功能框图。其中只画出了通道 0 的逻辑图,其他通

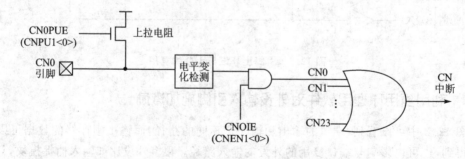

图 12.4 引脚电平变化中断

道功能一样,因此图中省略。用户可以通过设置 **CNPU**1 里相应的位将弱上拉电阻打开。电平变化检测电路可以感知引脚上的电平变化(高到低或低到高变化),假如电平变化中断允许寄存器 CNEN1 中相应的位允许中断的话,将产生电平变化中断。

12.4.2 电平变化中断(CN)控制寄存器

有两对与电平变化中断(CN)模块相关的控制寄存器:CNEN1、CNEN2 和 CNPU1、CNPU2。

1. 电平变化中断允许寄存器 CNEN1、CNEN2

这里包含了相应的电平变化中断允许位 CNxIE,其中"x"表示电平变化中断输入引脚的编号(0~23)。只要将某个 CN 输入引脚对应的 CNxIE 位置"1"就可以在该引脚发生电平变换时产生中断。

表 12.1 是电平变化中断允许寄存器(CNEN1)每个位的分配及其含义。

表 12.1 电平变化中断允许寄存器(CNEN1)

R/W-0	R/W-0	R/W-0	R/W-0	R/W-0	R/W-0	R/W-0	R/W-0
CN15IE	CN14IE	CN13IE	CN12IE	CN11IE	CN10IE	CN9IE	CN8IE
bit 15							bit 8
R/W-0	R/W-0	R/W-0	R/W-0	R/W-0	R/W-0	R/W-0	R/W-0
CN7IE	CN7IE	CN5IE	CN4IE	CN3IE	CN2IE	CN1IE	CN0IE
bit 7							bit 0

Bit15~0	CNxIE: 电平变化中断使能位	1=允许输入电平变化中断 0=禁止输入电平变化中断

表 12.2 是电平变化中断允许寄存器(CNEN2)每个位的分配及其含义。

表 12.2 电平变化中断允许寄存器(CNEN2)

R/W-0	R/W-0	R/W-0	R/W-0	R/W-0	R/W-0	R/W-0	R/W-0
—	—	—	—	—	—	—	—
bit 15							bit 8
R/W-0	R/W-0	R/W-0	R/W-0	R/W-0	R/W-0	R/W-0	R/W-0
CN23IE	CN22IE	CN21IE	CN20IE	CN19IE	CN18IE	CN17IE	CN16IE
bit 7							bit 0

Bit15~8	未用	读作零
Bit7~0	CNxIE: 电平变化中断使能位	1=允许输入电平变化中断 0=禁止输入电平变化中断

2. 电平变化中断弱上拉允许寄存器 CNPU1、CNPU2

这里包含了相应的电平变化中断弱上拉允许位 CNxPUE，其中"x"表示电平变化中断输入引脚的编号(0～23)，共 24 根线。通过对电平变化中断(CN)引脚对应的 CNxPUE 控制位进行操作就可以使能或禁止内部弱上拉电阻。

假如用户希望设计一个"4×4"键盘，就可以使能 4 个内部弱上拉电阻，结合其他 4 个输入引脚就可以了。这样一来避免了使用外部电阻，简化电路设计。

表 12.3 是电平变化中断弱上拉电阻使能寄存器(CNPU1)每个位的分配及其含义。

表 12.3 电平变化中断弱上拉电阻使能寄存器(CNPU1)

R/W-0	R/W-0	R/W-0	R/W-0	R/W-0	R/W-0	R/W-0	R/W-0
CN15PUE	CN14PUE	CN13PUE	CN12PUE	CN11PUE	CN10PUE	CN9PUE	CN8PUE
bit 15							bit 8
R/W-0	R/W-0	R/W-0	R/W-0	R/W-0	R/W-0	R/W-0	R/W-0
CN7PUE	CN7PUE	CN5PUE	CN4PUE	CN3PUE	CN2PUE	CN1PUE	CN0PUE
bit 7							bit 0

Bit15～0	CNxPUE：电平变化中断上拉电阻使能位	1=使能输入电平变化中断上拉电阻 0=禁止输入电平变化中断上拉电阻

表 12.4 是电平变化中断上拉电阻使能寄存器(CNPU2)每个位的分配及其含义。

表 12.4 电平变化中断弱上拉电阻使能寄存器(CNPU2)

U-0	U-0	U-0	U-0	U-0	U-0	U-0	U-0
—	—	—	—	—	—	—	—
bit 15							bit 8
R/W-0	R/W-0	R/W-0	R/W-0	R/W-0	R/W-0	R/W-0	R/W-0
CN23PUE	CN22PUE	CN21PUE	CN20PUE	CN19PUE	CN18PUE	CN17PUE	CN16PUE
bit 7							bit 0

Bit15～8	未用	读作零
Bit7～0	CNxPUE：电平变化中断上拉电阻使能位	1=使能输入电平变化中断上拉电阻 0=禁止输入电平变化中断上拉电阻

12.4.3 如何设置和使用电平变化中断

电平变化中断的配置过程可以概括为以下步骤：

① 设置 TRISx 寄存器，将与电平变化中断相关的引脚设为输入。
② 设置 CNEN1、CNEN2 寄存器，允许相应的电平变化中断。
③ 设置 CNPU1、CNPU2 寄存器，允许相应引脚的内部弱上拉(可选步骤)。

④ 设置中断标志位 CNIF(IFS0<15>)="0"。
⑤ 设置 CNIP<2:0>控制位(IPC3<14:12>)选择电平变化中断的中断优先级。
⑥ 设置 CNIE(IEC0<15>)允许电平变化中断。

当电平变化中断发生时,应做一个读相应 PORT 寄存器的操作。这将清除电平变化事件并刷新电平变化检测逻辑,为检测下一次电平变化做好准备。可以将当前的端口值与上一次电平变化中断时得到的端口值比较,来确定发生过变化的引脚。

12.4.4 SLEEP 和 IDLE 模式下的电平变化中断

电平变化中断模块可以在 SLEEP 或 IDLE 模式时工作。假如发生了电平变化中断,那么硬件将令 CNIF 即 IFS0<15>="1",如果此时 CNIE 位即 IEC0<15>="1",芯片将从 SLEEP 或 IDLE 模式唤醒并恢复工作。那么唤醒后程序从哪里开始执行呢？有以下两种情况：

① 如果电平变化中断优先级等于或低于当前 CPU 的优先级,芯片会立即唤醒并从 SLEEP 或 IDLE 指令之后的那条指令继续执行程序代码。
② 如果电平变化中断优先级高于当前 CPU 的优先级,芯片的 PC 指针将跳转到电平变化中断向量入口处。

第 13 章 开发工具

13.1 概述

一个芯片(系列)是否可以顺利地应用到实际项目里,开发工具的支持是至关重要的一个环节。而开发工具不仅仅包括仿真器、调试器、烧写器等硬件开发装置,还包括了如集成开发环境(IDE)、C编译器、汇编器、库函数、实时操作系统(RTOS)等。对于 dsPIC 来说,还包括一些应用库函数,比如数字滤波器(FIR,IIR 等)库函数、信号处理库函数(FFT、DCT、卷积、相关)、电机控制库函数等。

除了自己拥有独立的硬件和软件开发工具开发部门,微芯科技在国内和国外还与很多专业的第三方开发工具供应商密切合作,提供编译器、烧写器、仿真器、辅助开发软件包(滤波器设计、信号处理)等。

图 13.1 所示为在 MPLAB IDE 集成开发环境下,目前微芯科技及其第三方所能提供的 8 位、16 位单片机开发全套解决方案。其中包括了硬件和软件的开发工具。

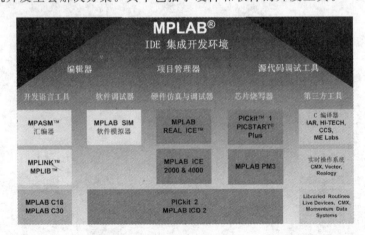

图 13.1 MPLAB IDE 集成开发系统提供单片机开发全套解决方案

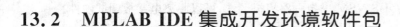

13.2 MPLAB IDE 集成开发环境软件包

　　MBLAB IDE 集成开发环境(IDE)是一个免费的却又功能强大的集成软件包,除了可以用于开发和调试 PIC10 系列、PIC12 系列、PIC16 系列和 PIC18 系列 8 位单片机外,还可以用于开发调试 PIC24 系列 16 位单片机和 dsPIC 系列数字信号控制器。借助 MPLAB IDE,用户不用离开这个集成开发环境就可以在不同的开发和调试操作之间进行快速切换。用户除了可以在这里进行应用软件的编辑、编译、软件模拟或硬件调试、直到代码的烧写,还可以进行应用软件维护、库函数维护和可视芯片初始化(VDI)生成等一系列非常实用的操作。

　　作为一个"外壳",MPLAB IDE 已经包含了编辑器(Editor)、MPLAB ASM30 汇编器、MPLAB SIM 软件模拟器、MPLAB LIB30 库函数、MPLAB LINK30 链接器和 VDI 等基本部件。同时,这个"外壳"下面还可以悬挂 ICE 4000 或 ICE 2000 在线仿真器、ICD2 串行在线调试器、REAL ICE 串行在线仿真器、PRO MATE III 生产级烧写器(简称 PM3)和 PICSTART PLUS 通用烧写器等。当然,该软件包还为其他第三方工具提供商提供了悬挂点,比如 IAR(提供 C16/18 编译器)、HITECH(提供 C16/18、dsPIC 编译器)、CCS(提供 C16、dsPIC 编译器)和 BYTE CRAFT(提供 C16 编译器)等提供的开发软件都可以悬挂在 MPLAB IDE 下面,IDE 通过调用相应的命令行指令对这些语言工具进行调用。

　　图 13.2 所示为 MPLAB IDE 集成开发环境界面。这是一款基于 32 位 Windows 的应用软件。它通过一个现代、便利的界面,为工程师们提供了许多高级的功能。MPLAB IDE 集成了:

- 功能齐全的可以用颜色区分代码功能的文本编辑器。
- 带可视化显示的易于使用的项目管理器。
- 源代码调试功能,可以观察反汇编窗口。
- 增强型源代码调试功能,可用于调试 C 语言编写的程序。
- 用户可定制的工具栏和键映射。
- 状态栏可以显示单片机某一时刻的状态信息。
- 完全详细的在线帮助(MPLAB IDE、REAL ICE、ICD2、ICE4000、PM3、MPLAB SIM 等)。
- 集成的 MPLAB SIM 软件模拟器。
- 编程器(PM2、PM3、ICD2 等)用户界面。
- MPLAB ICE 4000 在线仿真器、MPLAB ICD 2 在线调试器用户界面。
- 在 7.4 以后的版本里还包含了来自第三方 CCS 的 C 编译器:CCS PCB,可以编译所有×12 位架构的单片机,比如 16F506、12F509 等低端(Baseline)芯片。
- 结合相应应用笔记的直流无刷电机和交流感应电机可视化参数辅助调试环境。

● 支持著名的 PROTEOUS VSM 虚拟电路模拟调试，可以脱离电路板调试硬件。

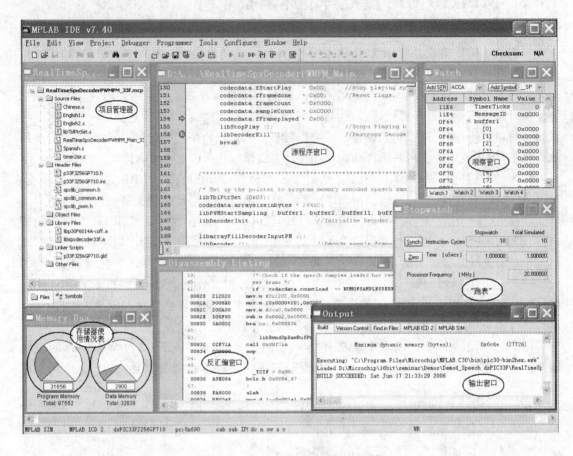

图 13.2　MPLAB IDE 集成开发环境

　　MPLAB IDE 可以让工程师用汇编语言（免费）或 C 语言（可能需要单独购买并安装）编辑源文件。用户只要单击鼠标即可完成源程序的编译。假如编译并链接成功后可以将"HEX"代码下载到 dsPIC 芯片的程序存储器中。用户可以使用软件模拟器、硬件仿真器和 ICD2 调试器等开发工具进行代码级的程序调试。用户可以非常方便地从软件模拟器（MPLAB SIM）调试状态切换到全功能的仿真器（REAL ICE，ICD2 等）。

13.3　MPLAB C30 编译器

　　微芯科技原厂开发的 MPLAB C30 编译器是易于使用的基于 ANSI C 标准的 16 位单片机开发语言。用户除了可以用 C30 编写 dsPIC30 系列应用程序，还可以用来开发 dsPIC33F

系列以及 PIC24 系列单片机。这种结构化语言提高了嵌入式软件开发的灵活性、可移植性和可维护性。用户还可以设置优化级别、编译选项,以便生成有效、可靠的代码。需要指出的是,C30 的"学生版"没有优化选项,举例说明:使用商业版 C30 编译 TCP/IP 协议栈生成的代码大约 21 KB,而使用学生版编译后生成的代码约为 27 KB。因此假如需要生成更紧凑代码请购买商业版 C30。

C30 符合 ANSI C 标准,内含 dsPIC 系列 16 位单片机的所有标准库函数。比如标准数学库函数、外设库函数、dsPIC 库函数等。C30 还支持多种"内嵌"(Build in)函数,让用户可以在 C 环境下直接进行汇编级别的运算,提高代码效率。"内嵌"还可以帮组编程者获取 PSV 页参数、获取表页(Table Page)参数。

MPLAB C30 是一个独立的、基于 DOS 命令行的可执行文件系统。与 MPLAB IDE 相比,其安装过程是独立的。用户在安装完 MPLAB IDE 集成开发环境(有时需要重新启动电脑)后即可安装 C30 软件包。C30 软件包里包含了编译器、汇编器、链接器、库管理器等可执行文件。所有这些可执行文件都可以在基于 Windows 的 MPLAB IDE 集成开发环境下进行调用。因此在集成开发环境下要选中 C30 编译器相应可执行文件的目录路径。否则 MPLAB IDE 将无法定位可执行文件并导致编译失败。

图 13.3 所示为在 MPLAB IDE 集成开发环境下对 C30 的各个可执行文件进行定位的示意图。在"Project"菜单里选择"Select Language Toolsuite"命令即可出现一个对话窗口。用户可以用鼠标分别选中汇编器、编译器、链接器和文档管理器,逐一设置其对应的可执行文件所在的目录路径。

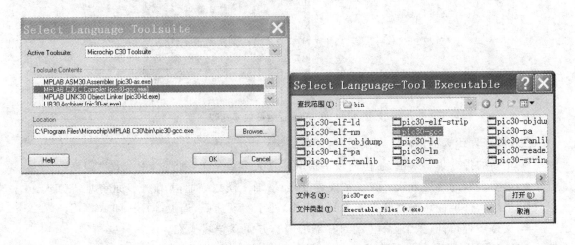

图 13.3　在集成开发环境下对 C30 的可执行文件定位

MPLAB C30 支持 C 语言和汇编语言的混合编程。用户可以在 C 模块(.c 扩展名)里嵌套行汇编,也可以用汇编语言编制一个单独的汇编模块(.s 扩展名)。编译器和汇编器会把它们全部转换为地址浮动的目标文件(.obj扩展名)。目标文件还不能被单片机直接使用,因此最后链接器结合链接器脚本文件(.gld扩展名)对每个目标文件里的浮动地址进行地址分配,最后生成一个单片机可以直接执行的可执行文件(.hex扩展名)。

C30编译器是一个独立的产品而且是单独销售的。MPLAB IDE集成开发环境则是免费提供的,用户可以到微芯科技网站www.microchip.com下载。由于每季度都会发布很多新型号的单片机,因此集成开发环境的更新速度也同样频繁。基本上每个季度会更新一次或两次MPLAB IDE版本。当然每次版本更新的同时对一些软件错误也作出了修正,因此假如系统有问题不妨先更新一下MPLAB IDE的版本。

从图13.4中可以看到Microchip的C编译器(C30)在业界是最有效率的编译器之一。可采用一个具有32位数学运算的标准测试程序,针对不同的编译平台进行评估。该评估方法来自EEMBC关于汽车产品的工业标准测试基准(EEMBC industry std. Benchmarks, Automotive Suite)。应用这个标准对不同厂家的编译器进行测试,可以看到,C30编译器具有相当优秀的表现,生成的代码相当紧凑。

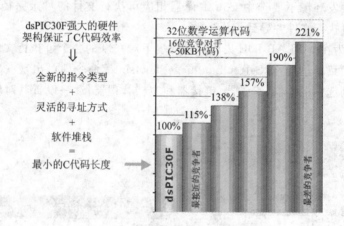

图13.4 C编译器编译效率比较

C30编译器优秀的代码效率来源于以下一些事实:
- 全新的指令集。采用24位的长字指令并且大多数是单字指令,指令效率很高。
- 灵活多样的寻址方式。除了常规寻址,还增加了模数寻址,基址+变址寻址等方式。
- 采用软件堆栈。深度取决于RAM大小,便于实现递归,逼近等算法和RTOS。
- 支持多种指针、多个指针(W寄存器堆等),方便C语言操作。
- DO、REPEAT等指令的底层支持,更加自然的支持高级语言。
- 拥有双累加器(ACCA、ACCB)和长累加器(40位字长)。
- 支持桶形移位寄存器,允许快速直接的多位移位操作和数据转换操作。

● 先进的优化方式。

利用电脑的运算能力,MPLAB SIM 软件模拟器可对 dsPIC 器件进行软件模拟。从而在脱离目标板的情况下在 PC 环境下进行代码调试和开发。当然,软件模拟的速度取决于电脑的运行速度。用户可以模拟调试程序,比如对数据区域进行读写、调试中断、记录软件执行过程和记录执行时间等操作。甚至可以使用逻辑分析器在电脑屏幕上观察到引脚上的输出波形。可以单步、整步、执行到断点或跟踪等模式执行程序。在软件模拟环境下,MPLAB C30 可以进行符号级调试,完全可以完成 60%~70%的调试任务。

13.4　REAL ICE 高级在线仿真器

随着 PIC 单片机的速度越来越快,引脚越来越多,型号越来越丰富,传统的并行仿真器,如 ICE2000、ICE4000 等越来越跟不上形势。目前已经有接近 400 颗 PIC,平均每个星期推出一颗新的 PIC 单片机,同时还必须设计相应的仿真芯片(也即所谓的一ME 芯片),这样仿真头推出速度跟不上;另一方面,单片机运行速度不断增加,目前已经达到 40 MIPS 以上,达到了仿真芯片的极限,同时仿真和跟踪存储器的速度也要越来越快,当然也就越来越贵;另外对于40 引脚以上的芯片,使用仿真头的仿真方式越来越昂贵、复杂。因此未来并行仿真方式将逐步被串行调试方式取代。

REAL ICE 是 Microchip 的新一代高性能在线仿真器,同时也是一个烧写器(Programmer)。它保持了 ICD2 的串行调试特性,和 ICD2 的调试接口完全兼容。同时 REAL ICE 加入了很多新特性,有些特性接近甚至超过一些只有并行仿真器才有的功能。目前 REAL ICE 不但可以支持 dsPIC33F 和 PIC24 系列 16 位单片机,还支持所有的 Flash 系列 8 位单片机。REAL ICE 使用芯片本身的资源结合芯片上集成的调试硬件进行仿真工作,占用较少的芯片资源即可。通过软件升级,REAL ICE 可以不断支持新型号芯片。REAL ICE 通过 ICSP 接口和芯片通信,它利用位于测试存储器里的调试执行器进行工作。对于集成了"ICD_V2"或"ICD_V3"在线调试模块的芯片都可以支持两线跟踪功能。18FJ 系列和 24FJ 系列 MCU 内部集成了版本为"ICD_V2"的调试模块,而 dsPIC33F 系列和 dsPIC24H 系列芯片则集成了版本为"ICD_V3"的调试模块。

REAL ICE 采用 USB 2.0 高速(400 MBPS)串行接口和 PC 通信,可以全速仿真(超过 40 MIPS)目标芯片。MPLAB IDE 会自动侦测 USB 通断情况,当通信连接断开的时候(比如电脑进入休眠模式并唤醒后)只要重新拔插一下 USB 电缆即可恢复使用。当把 REAL ICE 的 USB 电缆从一个 USB 口移动到另外一个 USB 口的时候不需要再次安装 USB 设备驱动程序。这些特性都为工程师开发提供了方便。在仿真器里还集成了一个现场可编程器件 FPGA、1 MB 的 SRAM 存储器。程序代码会被下载到 SRAM 里从而获得更快的烧写速度。而其中的 FPGA 则作为一个加速器,加快仿真器和目标芯片里的调试模块(ICD_V2/V3)之间的信息交换。

REAL ICE 除了具有传统的"单步"、"整步"、"全速"和"断点"等调试方式外,还可以支持多达 6 个硬件断点、1 000 个软件断点、高级仪表化跟踪(Instrumented Trace)、跑表(Stop Watch)和外部逻辑探测输入等高级特性。主要特性包括以下几点:

- 支持所有带内置调试功能的 Flash 单片机。
- 接口方式有标准 RJ11 接口和高速 CAT 5 接口(但不能通过 REAL ICE 给目标板供电)。
- 支持复杂断点和实时数据观察。
- 支持堆栈溢出断点、看门狗溢出和休眠模式。
- 支持变量的实时、动态观察。
- 跟踪程序执行过程,保存跟踪数据。
- 使用数据捕捉寄存器进行捕捉跟踪。
- 使用一个 I/O 端口和逻辑探头进行 I/O 端口跟踪。
- 支持 MPLAB 和 MPLAB C30 自然跟踪和数据保存。
- 高速烧写和调试能力。

REAL ICE 采用的仪表化跟踪和 ICE4000、ICE2000 等仿真器的传统跟踪有所不同。

传统跟踪(Traditional Trace)记录每个指令执行时的地址和数据。其好处是数据全面(但大多数情况下并不需要全部数据),然而需要更多昂贵的 SRAM,而且数据类型单一,只能记录指令地址和指令数据而不能记录任何数据变量(除非用户修改代码以记录调试信息,但这样却增加了程序复杂度和代码量)。

仪表化跟踪(Instrumented Trace)只记录部分数据,用户可以在程序需要跟踪的地方放置符合一定语法规则的调试标记(Flag)。如同使用一个仪表去测量某个特定地方的信号一样,编译时 MPLAB IDE 集成开发环境会自动在做好跟踪标记的地方插入(仪表化)很少的一些调试代码,这些代码用于将跟踪信息通过调试接口(2 线)最终输送到 PC 的磁盘里。这种方式的好处是:用户不用跟踪每条指令,只针对需要跟踪的信息(变量、PC 位置等信息),因此速度快、需要的 SRAM 少、成本低;由于跟踪信息放置在 PC 磁盘里,因此用户可以采集很长时间的数据,方便定位程序"BUG";这种跟踪方式允许芯片运行在很高的速度。当然这种方式也有局限:通过两根串行调试接口把跟踪信息传输到 REAL ICE 主机,信息传输速度自然有上限(带宽受限),跟踪的变量越多,速度越慢;MPLAB 加入的一些调试代码虽然占用时间很少,但是对有些时间敏感的紧凑型循环代码(Loop)会产生影响,因此在这些场合要慎重添加跟踪。

图 13.5 所示为 MPLAB REAL ICE 主机外观图。REAl ICE 仿真器有 3 种可选的独立配置情况:探测套件(Probe Kit)、高速套件(Performance Pak)和处理器扩展模块(Processor Extension Board)。这 3 部分是分别购买的,其中探测套件是必需的,其他两个是可选项。下面分别介绍这 3 个部分。

第 13 章 开发工具

图 13.5 REAL ICE 串行在线仿真器主机

探测套件(Probe Kit)是使用 REAL ICE 进行芯片仿真的必要工具,包括主机、标准驱动板(插卡)、外部触发输入电缆、RJ11 仿真电缆、USB 电缆以及最新的 MPLAB IDE 光碟等。这种组合看上去好像是 ICD2 兼容模式(但功能要强很多)。使用专用的插卡连接到 REAL ICE 主机上。对于 ICD2 兼容模式可以直接使用 ICD2 的仿真电缆(RJ11),其外部电气连接和 ICD2 的 RJ11 电缆是完全一样的。请注意使用这种模式时仿真电缆的长度不要超过 9 in,否则可能带来信号失真并导致仿真失败或者烧写错误等问题。对于 RJ11 电缆长度选择的原则是:芯片运行速度越快,则仿真电缆的长度应该越短。这样做的理由是为了避免由于芯片运行速度快到一定程度时导致传输信号的波形畸变,影响调试效果。根据经验:当芯片运行在 40 MIPS 的时候,建议使用 4 in 长度(大约 10 cm 左右)为好。

该模式是一个基本配置,没有 LVDS 传输。但是完全支持复杂断点、实时数据观察点、堆栈/看门狗/睡眠断点、跑表等功能。这些高级调试手段大大超越了 ICD2 的功能,可以准确定位程序错误,加快了工程师的调试过程。

图 13.6 所示为 REAL ICE 探测套件(Probe Kit)标准仿真系统示意图(ICD2 兼容模式)。其中的驱动板(见图中的实物图)是要插入 REAL ICE 主机中的扩展插口里的。RJ11 电缆两端都是水晶插头,可以直接插入目标板上的 RJ11 插座里。如果需要,用户也可以选用另一端是 0.1 in 间距(相当于标准 DIP 封装两个引脚之间的距离)的排座,这样目标板上只要安装一个体积很小的 6 脚插针即可。尽管采用标准串行调试接口,REAL ICE 的这种标准调试接口也要比 ICD2 快很多。

图 13.7 所示为标准仿真系统目标板插座的连接示意图。其中左面是 RJ11 插座连接方

图 13.6　采用探测套件(Probe Kit)的标准仿真系统

式,右边是排针连接方式。提醒注意的是:图中 RJ11 插座的触点是在上端,而市面上购买的插座有可能是触点在下端的,因此连线顺序可能正好相反。在布线时一定要先确认线序,避免出现 PCB 返工耽误工期的事件。

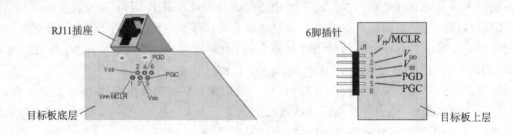

图 13.7　标准仿真线到目标板连接示意图

如图 13.8 所示为 REAL ICE 主机和目标板之间的电气连接示意图以及注意事项。其中左面的图是 REAL ICE 与目标板之间正确的电气连接方法,右图所示是需要注意的可能出现问题的地方:在 PGC、PGD 脚上不能有电容到地,也不能串联任何二极管或电阻,不能有上拉电阻存在;$\overline{MCLR}$脚上推荐使用一个上拉电阻(以便调试的时候可以将该引脚拉到低),但该脚上不能串联电阻或二极管,也不能有电容到地。一句话,来自仿真器的 5 根线均以最近的连线直接连接到芯片的相应引脚上。假如用户需要使用 PGC、PGD 引脚作为输入或输出时需要分别用一个电阻(100 Ω 即可)隔离后再连接到外围电路。但是要注意,这种仿真模式下这两个引脚不能用仿真器直接调试。建议把一些不需要调试或很少需要调试的输入输出安排在这两个引脚上,等其他功能调试好后用仿真器把程序烧写到芯片里之后观察运行结果。也就是说这两个引脚只能"盲调"。

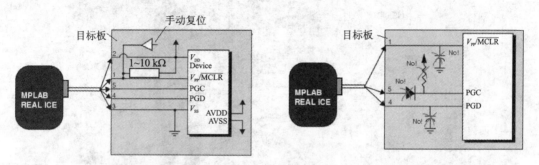

图 13.8　REAL ICE 主机和目标板之间的电气连接示意图

仿真器会检测目标板上的 V_{DD} 电压,以便在适当时候进行电平转换,从而让目标板可以工作在低电压供电状态。假如仿真器不能检测到该电压存在,就不能继续工作。如果目标芯片有 AVDD、AVSS,一定要连接到相应的电平上,否则仿真器可能也无法工作。

高速套件(Performance Pak)需要单独购买。该套件包括:高速驱动板(1)、高速接收板(1)、RJ11 电缆(1)、CAT5 电缆(2)、高速→标准转换板(1)和 6 脚双向转换排针(1)。这个套件可以让工程师获得高速 LVDS 传输性能。在高速 LVDS 模式下,需要使用专用的高速驱动板和 REAL ICE 主机连接,同时经过 CAT5 电缆连接到一个高速接收板上。

采用 LVDS 差分信号传输调试信息的好处是:加长了调试器和目标板之间的电缆长度(可达 10 in),在有些需要更长调试线的场合(比如汽车电子、家用电器等)非常有用;另外 LVDS 传输方式抗干扰能力加强,用户调试电机、电源类应用的时候避免了电机、电源启动和运行时产生的巨大电磁干扰对调试器的影响,工程师可以安全、可靠的调试程序,因此特别适用。

图 13.9 所示为 LVDS 高速串行仿真接口连接图(注意高速套件不包括主机 POD)。采用专用 LVDS 高速发送、接收板进行数据通信。除了具有探测套件支持的所有功能外,还支持捕捉跟踪(Capture Trace)功能和端口跟踪(Port Trace)功能。注意这种接口方式采用两根 CAT5 电缆,每根电缆里面有 4 对(8 根)双绞线,比传统 RJ11 电缆多额外 2 条通信线。

高速驱动板由两个独立的"多点 LVDS"(Multipoint LVDS)发送器和接收器组成。按照多点 LVDS 的标准,其每个驱动器的输出端和接收器的输入端都需要 100 Ω 的终端电阻。REAL ICE 选用的是"多点配置类型 II"接收器,专门用于控制信号、需要信号可靠的地方。该规范允许在传输线上存在多达 32 个任何组合的驱动器、发送器、收发器节点。REAL ICE 只使用了两个节点。在驱动板上有一个通过 I^2C 总线控制的端口扩展器(MCP23008),用于和

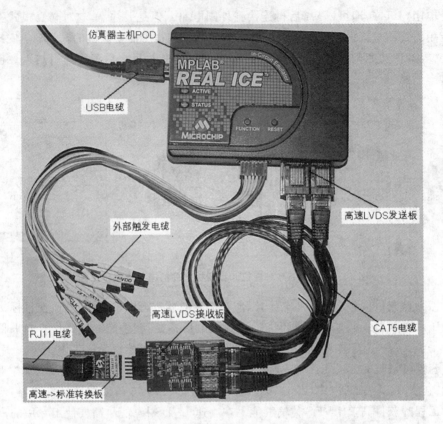

图 13.9 采用高速套件(Performance Pak)的高速仿真系统

仿真器之间发送和接收状态信息。高速驱动板通过仿真器前面的引导槽插入仿真器。这种方式可以支持超过 40 MIPS 的全速仿真。

高速接收板是和高速驱动板配套使用的。当驱动板上的驱动器工作时接收板上的接收器也开始工作,为高速数据传输做好准备。

图 13.10 所示为高速仿真接收板到目标板的连接示意图。高速接收板上有一个 8 芯单排插座 (0.1 in 间距)可以连接到目标板上的调试接口。其接线从"1"~"8"分别为:V_{PP}、V_{DD}、V_{SS}、PGD、PGC、AUX、DAT、CLK。可以看到,REAL ICE 的前 5 根线和 ICD2 的 ICSP 连接线完全一样,AUX 为辅助线(目前未用),DAT 和 CLK 是用于跟踪(Trace)功能的数据和时钟线。当使用跟踪

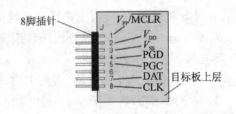

图 13.10 高速仿真接收板到目标板连接示意图

功能时,可以把 DAT(7 脚)和 CLK(8 脚)线连接到目标芯片的 SPI/UART 口,和 ICSP 规范一样,这两个引脚上也要避免上拉电阻、串接电阻或二极管。

图 13.11 所示为使用 REAL ICE 进行跟踪(Trace)的两种可能的硬件连接情况。其中左图是串行跟踪,利用仿真电缆里的第 7、8 两根线连接到芯片的串行接口即可。这种方式接线方便,传输距离远,但是速度受限。右图是并行跟踪,利用仿真器的逻辑探测电缆和目标芯片的一个 I/O 端口作为跟踪信号的传输媒介。这种方式可以达到很快的传输速度,但是显而易见,需要占用一个端口、连线较多、传输距离受限。

图 13.11　串行跟踪与并行跟踪硬件连接

套件里还有一个高速→标准转换板和 6 脚双向转换排针。当目标板上只有一个标准 ICD2 的 6 脚仿真座时,可以使用这两个部件从高速接收板转换到标准 ICD2 接口。从图 13.9 中可以看到高速→标准转换板与高速接收板的连接示意图。注意谨慎使用这种转接方式,因为这种转接有可能影响信号传输质量并降低调试速度。

扩展模块(Processor Extension Board)或者称为仿真头,也是一个需要单独购买的可选件。假如用户不想把芯片贴到 PCB 上并想获得高速仿真功能,可以使用 REAL ICE 处理器扩展模块。这种模块上已经安装了一片目标芯片(上面的芯片型号后缀为"-ICE"),连接到了 LVDS 收发电路并和主机的 LVDS 驱动板连接,因此它具有和高速套件同样的功能。

图 13.12 所示是 REAL ICE 处理器扩展模块的实物图。该模块没有保留引脚,因此外围 I/O 资源完全出让给用户使用。该模块使用处理器适配座可以直接插到 PCB 上的 IC 插座里,也可以通过转换座连接到 PCB。这个模块对于引脚数较少的芯片来说更有意义;另外可以把该模块作为一个"巨集"芯片,调试任何一个引脚兼容、资源少于或等于该调试芯片的型号。

要使仿真器正常工作,除了必须正确连接仿真电缆和目标板外,还要注意在 MPLAB IDE 的配置位选择菜单下正确选择芯片振荡器形式(比如 XT、HS 等)、关闭看门狗、关闭代码保护、允许表读等。假如你没有正确选择配置字,编译时 MPLAB IDE 会询问并帮助你修改配置字的某些位,以适应调试需求。

最常使用的调试手段是断点(Break Point)。当在 MPLAB IDE 下设置断点时,断点所在

图 13.12　REAL ICE 处理器扩展模块(Processor Extension Board)

之处的地址被保存在目标芯片内部的特殊调试寄存器里。仿真器通过 PGC、PGD 直接与这些寄存器通信并设置断点。当单击"Run"按钮时，仿真器将$\overline{\text{MCLR}}$引脚拉高，程序从复位地址开始运行。当 PC 指针和断点值相等并在执行完断点处指令后，在线调试机制开始工作并把 PC 指针传输给调试执行器(Debug Executive)，用户程序停止运行。仿真器通过串行方式和调试执行器通信，取回断点状态信息并把这些信息发送给 MPLAB IDE。之后 MPLAB IDE 会发送一系列数据请求给仿真器，从而获得一系列芯片信息，如文件寄存器内容、CPU 状态等。所有来自 MPLAB IDE 的请求都由调试执行器负责执行。

调试执行器可以看作是一段在程序存储器里运行的特殊程序。针对不同的芯片它会占用一些芯片资源，比如它可能占用 1 级或 2 级堆栈、占用大约 14 个文件寄存器用于保存临时变量。在振荡器不工作、电源连接错误、目标板未连接等情况下，调试执行器不能和 REAL ICE 通信，则 MPLAB IDE 会发出一个错误信息。

另外一种重要调试方式是触发(Trigger)。在 MPLAB IDE 下选择 Debugger→Triggers 打开触发会话窗口，在这里用户可以设置触发类型。其中有"实时数据捕捉触发"(Real-time Data Capture Triggers)和"外部触发"(External Triggers)两种触发方式。实时数据捕捉触发模式可以对变量进行实时数据捕捉，这样用户可以不用停止程序就可以在 MPLAB IDE 下动态观察数据的更新情况。外部触发模式可以利用 REAL ICE 主机上的外部触发电缆，使用逻辑探测口设置硬件触发器。对于复杂触发，以前的 ICE 2000/4000 是通过专用的所谓"－ME"仿真芯片，利用外部总线进行数据监控的。REAL ICE 则没有类似的"－ME"芯片，因此也就没有外部监控总线。REAL ICE 不使用外部断点，而是使用目标芯片内部调试引擎里的断点控制逻辑，也就是说，监控总线和断点逻辑都是在芯片内部进行监控的。

断点和数据捕捉触发都使用相同的资源。因此有多少个断点就可能有多少个组合的断点/触发。注意：相邻数据捕捉之间有 60 个指令周期的延迟。

跟踪(Trace)也是一种高级调试手段，可以分为捕捉跟踪和 I/O 端口跟踪两种跟踪类型。

第 13 章　开发工具

这种调试方式可以记录下程序执行时的一些重要信息，广泛用于程序"BUG"的定位分析。

捕捉跟踪(Capture Trace)：REAL ICE 的标准配置(但是要求芯片速度不高于 20 MIPS)和高速配置都支持捕捉跟踪功能。这种跟踪手段不需要任何其他额外的硬件连接。这种两线接口的跟踪方式使用了仪表化跟踪的一些宏格式。由于硬件限制，用户一旦使用了捕捉跟踪则将不能使用实时数据捕捉触发。但是此时依然支持断点操作。

I/O 端口跟踪(I/O Port Trace)：是一种利用 I/O 口传输数据并进行跟踪的调试手段。REAL ICE 的标准配置和高速配置都支持 I/O 口跟踪。用户可以将 REAL ICE 主机上的逻辑探测电缆和目标芯片的任何一个 I/O 口(在 IDE 里指定)相连接，这样该 I/O 口将根据指令不断送出跟踪时钟(端口的最高位 MSB)和跟踪数据(7 位)到 REAL ICE 主机。串行 I/O 端口跟踪适用于 PIC16F 或 PIC18F 等内部没有"ICD_V2"或"ICD_V3"调试引擎的芯片。这时需要利用芯片的串行口 SPI 或 UART 进行跟踪数据传输：比如将 SPI 的 SDO、SCK 分别连接到高速接收板的 DAT、CLK 信号端。一旦在 IDE 下定义了某个端口作为跟踪端口，那么该端口就不能用于其他功能，用户代码里也就不能出现任何与该端口相关的指令。

注意：使用 REAL ICE 进行跟踪时，要求用户使用 MPLAB IDE V7.43 以上版本和 C30 V2.04 版本。目前仪表化跟踪不能支持汇编语言。

在用户的工程里如何设置跟踪功能呢？首先在 MPLAB IDE 集成开发环境下选菜单里的"Project→Build Options→Project"，此时会出现一个选择窗口，单击其中的"Trace"书签然后单击其中的"Enable Instrumented Trac"(允许仪表化跟踪)；接下来需要选择跟踪数据传输形式，可以选择标准两线通信方式的"Capture Trace"模式，也可以选择并行通信方式的"I/O Port"模式。假如是后者，用户必须在下拉菜单里指定使用哪个端口进行跟踪数据传输。

环形跟踪缓冲区可以保存 256 KB 跟踪信息，假如跟踪信息超过缓冲区的最大容量时新的跟踪数据会覆盖以前的数据。跟踪可以记录一个 PC 位置，也可以记录一个变量值。

当用户希望记录一个 PC 位置时，可以使用鼠标在希望跟踪的代码行上单击左键一次(或者高亮该行)，然后单击鼠标右键并在随后弹出的选项里选择"Insert Line Trace"(插入行跟踪)。该操作将在所选择代码行之上一行插入一条形如"__TRACE(id)"的宏指令，其中的"id"是在工程编译时自动产生的行跟踪号(Line trace number)。注意插入宏可能修改程序的逻辑流程，请注意书写格式，不要丢掉相应的括号。

当用户希望记录一个变量值的时候，与上面提到的方法非常类似。首先使用鼠标高亮需要跟踪的变量或表达式，然后单击右键并从弹出菜单里选择"Log Selected Value"(记录所选值)。该操作将在所选变量所在行的上一行插入一条形如"__LOG(id,var)"的宏指令，其中的"id"是在工程编译时自动产生的记录号(log number)，"var"是之前用户要记录的、高亮的那个变量。

设置好全部跟踪宏或记录宏以后，检查 IDE 界面的图形化菜单条里编译配置项(Build Configuration)下拉菜单并选择其中的"Debug"(调试)项，然后即可编译程序，编译程序可选择

"Project→Build All"命令。编译后系统会输出警告信息"File has been modified. Do you want to reload ?"(文件被修改过,确认重载?),单击"Yes"按钮确定。此时检查你的代码会发现所有编译前的宏参数"id"都被填充了相应(唯一)的数据。用户这时可以使用 REAL ICE 进行烧写(Debugger→Program)并运行程序,当程序遇到预先设置的断点停止或用户手动停止程序后,可以选择指令"View→Trace"查看跟踪数据。注意:每次修改跟踪项目以后都必须编译程序并重复以上操作才能看到正确的跟踪数据。

假如用户调试完毕,想去掉一个关于跟踪(Trace)或记录(Log)的宏语句,只要简单的选中并删除该宏语句,使用菜单命令"Project→Build Options→Project"并单击"Trace"书签,不选中"Enable Instrumented Trace"并单击"OK"按钮,然后重新编译程序并烧写芯片。这时所有的跟踪选项都被消除了。假如用户只是想临时禁止跟踪传输,只要简单的使用菜单命令"Project→Build Options→Project"并单击"Trace"书签,把"Transport"(传输)选择为"Off"并单击"OK"即可。

13.5 MPLAB ICD2 在线调试器

图 13.13 所示是 MPLAB ICD2 在线调试器。这是一款通用的、功能强大的低成本开发工具,适用于几乎所有 PIC 系列 8 位、16 位 Flash 单片机以及所有 dsPIC 系列数字信号控制器。它既是一个功能强大的调试器又是一个试验用烧写器。

图 13.13 MPLAB ICD2 串行在线调试器

提醒注意:由于 ICD2 的主要功能是调试,其烧写部分的设计相对简化,因此最好不要用 ICD2 进行大批量的生产烧写。如果用户要进行大批量烧写请最好选择 PM3 或者其他微芯公司认证通过的第三方专用生产级烧写器。

所谓串行在线调试器(In-Circuit Serial Programming)是指采用串行方式,在占用很少的 I/O 口(通常是 RB6、RB7)的情况下对目标板上的芯片进行直接调试。在 ICD2 的仿真电缆里共有 6 根线,其中有一根线是没用到的。其他几根线包括电源正(V_{DD})、地线(V_{SS})、烧写高压线(V_{PP})。在 PIC 芯片里集成了一个调试硬件,ICD2 可以利用这一调试硬件进行软件调试。使用 ICD2 时将占用一些 RAM 和 Flash 等系统资源用于调试程序。至于哪些 Flash 和 RAM 资源被占用,用户可以查看相关芯片的链接器脚本文件。

ICD2 和 ICD2 LE 具有相同的调试和烧写功能,二者电路形式几乎完全一样。ICD2 LE 的外观更小巧(只有汽车遥控器大小)、轻便、便于携带。二者的区别在于:ICD2 LE 去掉了 RS-232 串行接口(由于 USB 连接的优异性能,RS-232 连接用的很少,因此省略次功能对调试影响不大)和外接电源插座。因此,使用 ICD2 LE 烧写的时候,需要目标板自供电。

图 13.14 所示为 ICD2 仿真电缆(也可以用于 REAL ICE)的外观和线序安排图。初学者在这里容易产生混淆,造成布线时线序和原来相反。判断原则是:将电缆一端的水晶头接触面冲上,水晶头冲着前面,那么从左到右分别是 1(V_{PP})、2(V_{DD})、3(V_{SS})、4(RB7)、5(RB6)、6(空)。目前与水晶头配套的插座有两种引线类型:一种是接触点在插孔的上面,另一种是接触点在插孔的下面。这两种类型的线序是相反的,请读者小心。

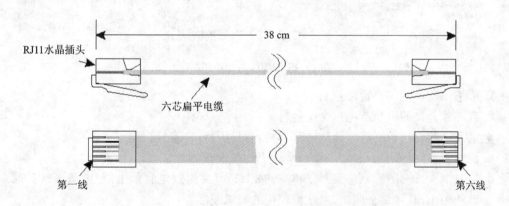

图 13.14　ICD2 仿真电缆的外观和线序

用户可以在 MPLAB IDE 集成开发环境下选择 ICD2 为调试器(Debugger),也可以选择 ICD2 为烧写器(Programmer)。二者只能选择其一,选择一个功能的同时将屏蔽另外一个功能。

用户在 MLAB IDE 的图形用户界面下可以结合 ICD2 进行低成本的在线调试。设计者可以采用观察变量、单步运行、设置断点等手段来开发和调试源代码。在全速运行时可以实时运行硬件系统并可以测试软件是否工作正常。

为了避免意外损坏，在对 ICD2 进行上电和下电时要遵循以下要点：

① 首先是上电时序。在上电时必须让 ICD2 和目标板分别上电以后才能用扁平仿真电缆将二者连接。接着才能在电脑里启动 MPLAB IDE 集成开发环境，并在 Debugger 菜单里的 Select Tool 栏里将调试器设置为"MPLAB ICD2"，使能 ICD2（如图 13.15 所示）。因此上电过程的原则是：保证两边都是有源的情况下才能插接仿真电缆。

② 其次是下电时序。首先要在 MPLAB IDE 下的 Debugger 菜单里的 Select Tool 栏里将调试器设置为"None"（如图 13.15 所示），目的是要断开电脑和 ICD2 之间的通信联系，避免出现错误提示并可能涉及重新启动 MPLAB IDE 甚至 Windows。然后可以先断开仿真电缆，然后才断开目标板电源。此时 ICD2 可以保持继续与电脑连接。可见下电过程的原则是：在 IDE 里屏蔽了 ICD2 的情况下保证目标版和 ICD2 都是有源的情况下断开仿真电缆。

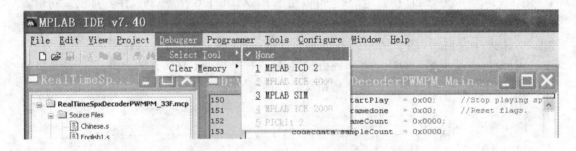

图 13.15　ICD2 的选中和屏蔽

MPLAB ICD2 的主要特性包括：
- 在芯片允许的电压范围内全速运行。
- 采用芯片自己的资源来调试芯片本身，所见即所得，直接快速。
- 成本低廉，投入很少。
- 通过 RS-232 串行口（需要外部电源）或 USB 口（通过电脑供电）与电脑连接。通常推荐使用 USB 接口来调试，以获得较快的调试速度。
- 可以选择从 ICD2 对目标板供电还是目标板自己供电。
- 工作电压低至 2.0V，可低压仿真。
- 既可用作串行调试器也可用作廉价的串行烧写器（试验用，不适用于大规模生产）。
- 通用的在线调试接口，适合于所有的 PIC。
- 断点数量有限，不同的型号支持的硬件断点数量可能不同。
- 支持观察窗口，可以实时跟踪变量的变化情况。
- 占用一些芯片资源（RAM、Flash 和 2 个 I/O）。

- 对于小引脚数(比如 20 脚以下)的 PIC 需要使用转接头,转接头的作用是增加额外的两个引脚,使得资源消耗减小到最少程度。不同芯片的转接头可能不同。
- 体积小、重量轻、方便携带。

13.6 PROMATE III(PM3)生产级烧写器

图 13.16 所示为微芯科技原厂生产的 PROMATE III 简称 PM3,这是一种通用的生产级烧写器。其功能齐全,能够工作在单机模式和电脑主控模式。单机模式允许非工程师类生产工人直接、简单、安全的操作。

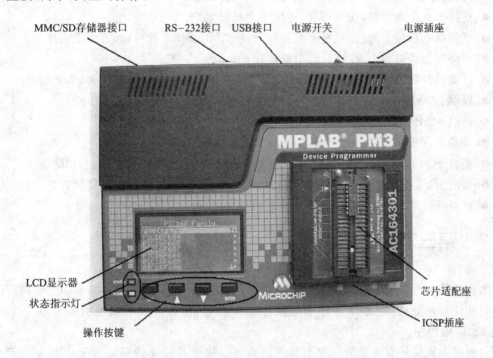

图 13.16 PROMATE III 生产级通用烧写器

PRO MATE III 烧写器有可编程的、驱动能力强、规范严格的 V_{DD} 和 V_{PP} 电源,方便不同的实际要求。同时烧写器还可以在烧写后进行多点校验,可以挑选出"边际烧写"的芯片,保证了烧写质量。这也是很多实验级烧写器(ICD2、PICSTART 等)做不到的。它还有一个大屏幕点阵 LCD 显示器,可以显示人机接口界面、错误消息等,使得操作界面直接、友好。其芯片插座模块是可以更换的,可以适应不同引脚和封装形式的单片机。

PM3 内置完善的 ICSP 串行烧写模块,通过串行烧写插座,PM3 提供了所有串行烧写必需的输入、输出信号。采用套件里提供的串行烧写电缆,用户可以对所有 PIC 和 dsPIC 芯片系列单片机进行在线烧写。这一特性适用于自备烧写插座或者生产线的场合。用户可以直接把它设计到自己的自动生产、测试线上。Microchip 还提供命令行可执行文件 Procmd、PM3Cmd 以及基于 Windows 的 Visual Procmd 应用程序,方便用户把 PM3 集成到自己的生产线里。

在单机模式下,PM3 能够读、校验或烧写 PIC 或 dsPIC 单片机。PM3 还能独立设置代码保护功能,这可以在单机模式下设置代码保护。

总结起来,PROMATE III 的一些主要特性包括以下几点:
- 在 MPLAB IDE 环境下运行,统一而熟悉的开发环境。
- 大屏幕 LCD 显示器,提供方便直接的人机界面。
- 支持多点压点校验,烧写可靠,适用于大批量生产。
- 可脱离电脑独立运行,只要准备好母片或 MMC/SD 卡就可以,方便工人操作。
- 支持串行接口和 USB 接口与电脑连接。
- 可现场升级的固件,通常 MPLAB IDE 升级后会自动提醒用户升级 PM3 的固件。
- 提供 DOS 命令行接口应用程序,用户可以用自己的应用程序去调用。
- 提供 MMC/SD 存储器接口插槽,用户可以把烧写代码放置在卡里。
- 自动下载目标文件。
- 支持 SQTP^{SM} 烧写,这一功能可以在每个芯片内部烧写唯一的序列号(ID)。
- 内嵌 ICSP 在线串行烧写模块,支持所有型号的芯片烧写(适配座要另外自备)。
- 可更换的芯片插座模块,支持所有封装形式(单独销售)。

13.7　第三方开发工具

微芯科技与主要的第三方工具生产商合作开发高质量的支持 PIC 和 dsPIC 系列产品的硬件和软件开发工具;还提供各种工具软件和库函数,使客户能够快速的开发基于 PIC 和 dsPIC 的应用程序。

目前国内和国外有很多第三方工具提供商可以提供各种支持 PIC 和 dsPIC 系列产品的编译器、仿真器和烧写器。用户可以在微芯科技的官方网站 www.microchip.com 上找到每个被微芯科技所认证的第三方工具供应商的最新信息。

主要 C 编译器供应商包括以下几种:
① HITECH:提供 C 编译器、实时操作系统、集成开发环境等工具,主页为 www.htsoft.com。
② CCS:提供 C 编译器、开发套件、仿真器等工具,主页为 www.ccsinfo.com。
③ IAR:提供 C 编译器、集成开发环境等开发工具,主页为 www.iar.com。

国内主要的工具生产商包括以下几个:

① 贝能科技,授权生产 ICD2、硬件仿真器、各种演示板等,主页:www.burnon.com。
② 高拓科技,授权生产 ICD2、自我产权的各型硬件仿真器、烧写器、演示版等,公司主页为:www.go2top.com.cn。

13.8 库函数及应用工具软件

1. 数学库函数

数学库支持标准的 C 函数,包括 sin()、cos()、tan()、asin()、acos()、atan()、log()、log10()、sqrt()、power()、ceil()、floor()、fmod()、frexp()等。使用 dsPIC30F 汇编语言可以开发并优化数学函数程序,在汇编语言和 C 语言中都可以调用这些数学函数。还提供每个函数的浮点和双精度版本。它们支持微芯科技的 MPLAB C30 和 IAR C 编译器。

2. DSP 库函数

DSP 库将支持多种 DSP 类库函数,包括无限冲激响应(IIR)滤波器,相关,卷积,有限冲激响应(FIR)滤波器,窗函数,FFT,LMS 滤波器,矢量加和矢量减,矢量点积,矢量求幂,矩阵加和矩阵减,矩阵乘。

3. 滤波器设计(Filter Design)

微芯科技提供数字滤波器设计软件 Filter Design。使用户能够通过图形用户界面为低通、高通、带通和带阻 IIR 和 FIR 滤波器(包括 16 位的小数数据大小的滤波器系数)开发优化的汇编代码。用户只需输入滤波器需要的各项参数即可得到滤波器所需的代码和系数。并能产生理想的滤波器频率响应和时域图供用户进行分析。

Filter Design 可以支持高达 513 个点的 FIR 滤波器和长达 10 个级联部分的 IIR 滤波器。软件可以生成 IIR 和 FIR 滤波器模型的汇编程序,用户可以从汇编语言和 C 语言调用。该软件包支持微芯科技 MPLAB C30 C 编译器。

4. 外设库函数

微芯科技提供外设驱动程序库,支持 dsPIC 硬件外设的设置和控制,包括模/数转换器(ADC)、电机控制 PWM、正交编码接口(QEI)、UART、SPI™、数据转换器接口(DCI)、I²C™、通用定时器、输入捕捉、输出比较/PWM。

对于 CAN 库函数,微芯科技提供 CAN 驱动程序库,支持 dsPIC 系列的 CAN 外设。支持的 CAN 功能包括:初始化 CAN 模块,设置 CAN 操作模式,设置 CAN 波特率,设置 CAN 屏蔽,设置 CAN 过滤器,发送 CAN 消息,接收 CAN 消息,中止 CAN 序列,获取 CAN TX 错误计数,获取 CAN RX 错误计数。

5. TCP/IP 协议栈

为在 dsPIC 和 PIC 系列单片机上实现 Internet 接入,微芯科技免费提供 TCP/IP 协议栈解决方案。这可以极大程度简化用户的设计过程，减少用户的投入。

目前可以提供应用层协议比如 FTP、TFTP 和 SMTP；还提供传输层和网络层协议比如 TCP、UDP、ICMP 和 IP；也提供网络访问层协议比如 PPP、SLIP、ARP 和 DHCP。用户可以裁剪协议栈以获得各种配置，比如最小 UDP/IP 协议栈可用于有限的连接需求，代码比较小。

大部分协议栈协议函数都使用微芯科技 MPLAB C30 C 语言开发和优化。可以为特定的 dsPIC 硬件外设和以太网驱动程序开发汇编语言代码以优化代码大小和执行时间。

目前有专门针对 PIC18 系列、PIC24 系列和 dsPIC 系列的协议栈。协议栈设计得尽量通用，使得修改最少。在 MAC/PHY 这一层面，目前可以支持来自微芯科技的 ENC28J60 以太网接口芯片和 REATEK 的以太网接口芯片。微芯科技还把以太网接口芯片集成到芯片内部（比如 PIC18F97J60 等）。新的 TCP/IP 协议栈也能在官方网站上直接下载。

微芯科技将随 TCP/IP 协议栈一起提供各种电子文档，这样有助于用户在应用程序中有效的理解和实现协议栈。

TCP/IP 协议栈可以帮助客户设计支持 Internet 的家庭安全系统，连接 Internet 的电表、气表和水表，连接 Internet 的自动售货机、智能设备、工业监控、POS 终端、机顶盒和消防控制面板等。

第 14 章
数字滤波器设计

在信号处理领域,滤波器的设计是相当重要和实用的。根据需要可能会设计一个高通滤波器(HPF)、低通滤波器(LPF)、带通滤波器(BPF)和带阻滤波器(BSF),当然也可能是一些特殊形式的滤波器,比如具有多个通带或阻带的滤波器、具有相位校正功能的全通滤波器以及任何满足用户要求的滤波器形式等。

最初滤波器是传统的模拟滤波器,使用 RC 网络和电子管、晶体管等可以设计出一个有源滤波器。但这时的滤波器具有重量大、体积大、功耗大、温度漂移、时间漂移大、参数调整困难、成本高等缺点。随着电子技术的进展出现了运算放大器,工程师可以设计出很有效率的小体积、低功耗的有源滤波器。使用 Microchip 免费提供的 Filter Lab 模拟滤波器辅助设计软件包可以设计出模拟多阶有源滤波器。用户可以根据该软件提供的电路图和元件参数轻松完成模拟滤波器的设计。

随着单片机技术的不断发展,利用芯片本身的运算能力就可以实现数字滤波器。特别是数字信号处理器(DSP)的出现使得数字滤波器的发展如雨后春笋,各种辅助设计软件、库函数已经非常丰富。现在即使是一个数字信号处理知识不是很多的工程师也可以利用这些软件实现数字滤波器。目前 dsPIC30F/33F 的用户可以借助 Momentum Data Systems 公司专门为 dsPIC 设计的数字滤波器辅助设计软件包 Filter Design (简称 FD)进行一些常用滤波器的设计工作。Momentum 公司是一家专门从事数字信号处理辅助软件的公司,针对很多著名 DSP 的信号处理辅助设计软件都来自该公司。为了获取更进一步资料或下载评估版软件,用户可以访问其官方网站(www.nds.com)。

相对模拟滤波器,数字滤波器的好处是微功耗、低成本、调整方便、修改容易、设计灵活、没有温度漂移问题和没有元件老化问题。当然有一点数字滤波器比不上模拟滤波器,就是其工作频率还不能做到很高,这当然是因为模数转换器、信号处理器的速度不能无限大的缘故。因此在某些领域还必须使用模拟滤波器。尽管如此,数字滤波器已经可以在很多领域帮助用户完成以前无法想象的任务。

本章将利用 dsPIC FD 数字滤波器设计软件包以及同样来自 Momentum 公司的信号分析

软件包 dsPICworks 来完成一个滤波器设计过程。dsPIC FD 以及 dsPICworks 功能各不相同。dsPIC FD 主要进行各种类型滤波器设计,dsPICwirks 主要用于数字信号处理,比如各种信号的生成、各种信号处理方法(FFT、IFFT、DCT、LMS 滤波、卷积、相关等)。

14.1 dsPIC FD 数字滤波器软件包介绍

使用 FD 软件包可以实现无限冲激响应滤波器(IIR)的设计。主要支持低通、高通、带通和带阻滤波器。对于低通和高通滤波器可以支持 10 阶(Order),对于带通和带阻滤波器则可以支持到 20 阶。目前可以支持 5 种模拟滤波器原形(Analog Prototype Filter),分别是巴特沃斯模型、切比雪夫模型、反转切比雪夫模型、椭圆模型和贝塞尔模型。IIR 滤波器的特点是运算复杂度相对 FIR 小,但是其相位是非线性的,而且 IIR 是一个全极点系统,其稳定性有待考证。

同时 FD 还支持无限冲激响应滤波器(FIR)设计。用户可以生成低通、高通、带通和带阻滤波器。最多可支持 513 个点(Tap)。同时软件里提供 20 多种大多数常用的窗口函数,比如三角窗、汉宁窗、汉明窗、矩形窗、布莱克曼窗、3 次项余弦窗、凯撒窗和泰勒窗等。用户只要根据需要在菜单里选择就可以了。滤波器的增益最大设置为 1。FIR 滤波器运算量比 IIR 要大一些,但是 FIR 滤波器具有线性的相位特性,而且是一个全零点系统,因此也是一个天然的稳定系统。

其实 FD 最好的一个特性还是其代码生成能力。用户根据具体要求设计好滤波器后还可以生成 dsPIC 代码。同时用户还可以选择将滤波器系数放置的位置是在程序区还是 RAM 里。这意味着用户完全可以脱离复杂的滤波器手动设计过程,只要点点鼠标就可以轻松完成滤波器的设计工作。

14.2 滤波器设计实例

有一个已知的对于某种声音信号的采样序列,保存在一个".wav"文件里。现在我们的任务是利用 FD 软件,设法生成一个基于 dsPIC 代码的滤波模型,滤掉信号里人为加入的大约 1 kHz 频率的干扰信号。

14.2.1 滤波器类型的选择及滤波器参数文件的生成

首先要确定滤波器类型。很显然,假如想滤除某一个频率点附近的信号自然要选带阻滤波器(Band Stop Filter)。在本例里选择无限冲激响应(IIR)滤波器。

安装并运行 FD 软件包后,单击 Open 按钮可以在相应的目录里打开预先保存的滤波器描述文件,其扩展名为".spc"。该文件可以是以前建立并存盘的一个给定的文件。作为初次使用,用户需要从头开始建立滤波器。

用户在 FD 图标栏里单击 FIR 或 IIR 图标可以建立一个滤波器。这里我们建立的是 IIR 滤波器。之后我们会看到图 14.1 所示的选择窗口。现在软件里可以提供选择的有 Lowpass (低通)、Highpass(高通)、Bandpass(带通)、Bandstop(带阻)这几种滤波器形式。用户可以根据自己的需要进行选择。假如导入的是一个现成的滤波器描述文件,用户也可以临时修改各项参数,非常方便。本例里需要选择带阻滤波器。

图 14.1 选择滤波器类型

随着用户单击并选择带阻滤波器后,会弹出一个专门用于选择滤波器参数的窗口。图 14.2 所示为滤波器参数选择表。用户可以选择滤波器的各项具体参数,也就是用户对该滤波器的要求。用户要输入的参数包括:采样速率、通带频率、阻带频率、通带纹波系数和阻带纹波系数。

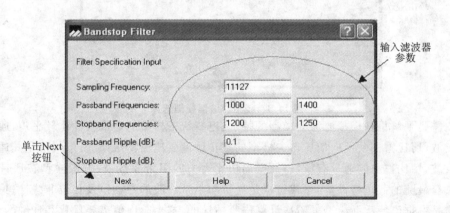

图 14.2 滤波器参数选择表

本范例的阻带宽度为 50 Hz,这相当于一个宽度为 50 Hz 的陷波器,目的是要滤除信号里的干扰信号。假如用户输入的参数和滤波器设计的要求相左,软件会提示并给出错误信息,辅助用户输入新的正确参数。比如在阻带纹波系数一栏里输入 2,单击 Next 按钮后会立即得到一个错误信息,提示阻带纹波系数应该选择3～200之间的数字。同样,通带纹波系数要小于7。纹波系数的数值会影响到后面滤波器的默认阶次。

从这里我们可以看到,数字滤波器设计非常灵活,不需要增加任何开销就可以改变参数,实现需要的通带或阻带。

假如用户设计的是IIR滤波器,则还需要选择滤波器的类型和阶次(Order),不同的阶次有不同的频率响应和相频响应曲线,用户可以非常方便地从后面给出的曲线看出来。图14.3所示为模拟滤波器模型和阶次选择。本范例选择椭圆模型,其默认阶次为8。假如用户不想使用默认数值,还可以在下面的输入小窗口里直接输入想要的阶次。这个范例的阻带非常狭窄,因此在选择模拟滤波器模型时选择了椭圆模型。而在设计通带或阻带比较狭窄的滤波器设计时,椭圆模型比其他模拟滤波器模型的效率要高很多。

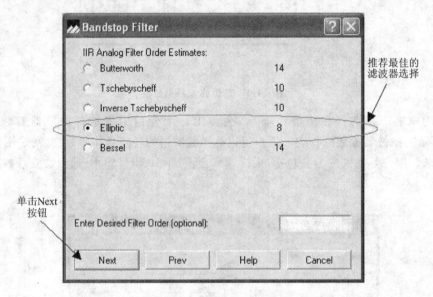

图14.3　模拟滤波器模型选择

用户需要了解每种模拟滤波器模型的特点:巴特沃斯模型的通带特性比较平坦,通带和阻带没有纹波;切比雪夫及反向切比雪夫模型的截止坡度要比巴特沃斯陡,但代价是其通带或阻带存在纹波,切比雪夫的通带有纹波,而反向切比雪夫的阻带有纹波;椭圆模型在通带和阻带的边沿具有最陡的截止特性,当然代价也是通带与阻带纹波的存在以及相位非线性;贝塞尔模型的阶次是根据巴特沃斯模型的阶次计算进行估计的,这个阶次值需要优化和仔细的调整,贝塞尔模型没有巴特沃斯模型那样陡峭的翻转(Roll-off)特性。

所有参数选择完毕后,软件会自动生成7种与系统相关的曲线。图14.4所示是滤波器的各项特性曲线。这些曲线包括幅频特性、对数幅频特性、相频特性、单位冲激响应、单位阶跃响应和群延迟特性和零极点分布图。这些曲线是非常有价值的。假如用户做过模拟方法设计过

IIR 滤波器就会感觉这个软件给我们的帮助太大了。要知道，用手工方法来计算和绘制这些图形是非常困难和费时的，有时候甚至是不可能做到的事情。

假如用户想对某一个特性曲线进行细节的观察，可以单独单击该图形右上角的最大化按钮对当前曲线进行放大操作，从而可以全屏观察曲线的细节。同时用户可以在曲线区域内按住左键并拖动鼠标，这样可以观察到曲线上有一个交叉光标跟随鼠标移动，同时在曲线区域的左上角和右下角分别可以看到一个数字随着鼠标滑动而不断改变数值，这两个数值就是鼠标当前所在曲线上那一点的纵坐标和横轴坐标值。

用户可以对每个图形进行单独打印输出，也可以在 File 菜单里选择 Print 项，这时候会弹出一个选择窗口，用户可以在 7 种特性曲线中分别选择需要打印的特性曲线。注意在下次重新启动软件时，Print 选项可能不会记忆上次的选项。

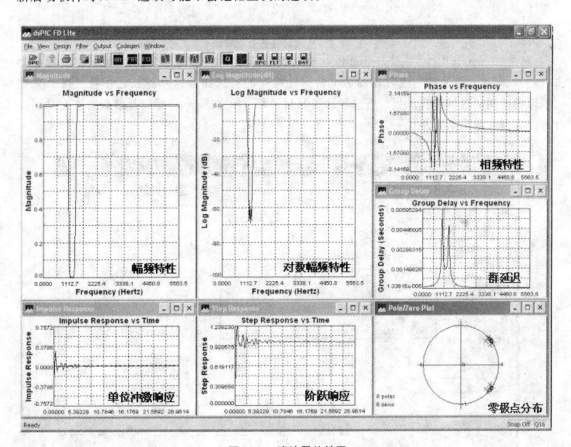

图 14.4　滤波器特性图

到此为止一个根据用户给定参数的 IIR 带阻滤波器建立起来了，下一步就要生成滤波器参数文件。也就是软件根据滤波器的模型计算出一组参数，也就是一个数组序列，该序列用于和将要滤波的源数据进行运算。图 14.5 所示为滤波器参数文件生成菜单。

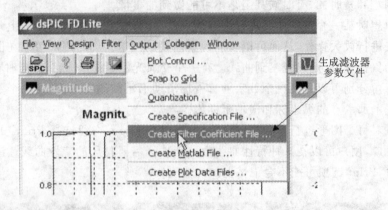

图 14.5　滤波器参数生成菜单

单击"Create Filter Coefficient File"（建立滤波器参数文件）就可以看到如图 14.6 所示的窗口。此时用户需要指定滤波器参数文件可能放置的目录路径以及滤波器参数文件的文件名，以便使用的时候查找。当所有选项准备好后就可以单击 Save 将滤波器参数文件（扩展名.flt）保存到硬盘里某个路径下。

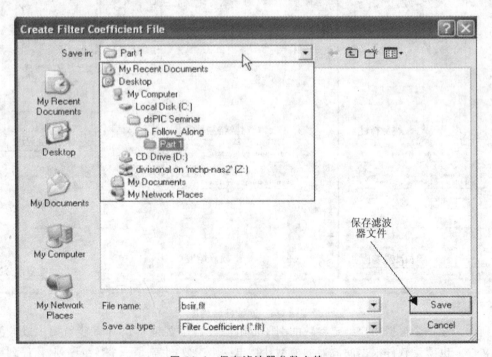

图 14.6　保存滤波器参数文件

14.2.2 使用 dsPICworks 软件包进行数字信号处理

这一步用户将安装并运行 dsPICworks 数字信号处理软件包。从 File 菜单里选择"Import File"(导入文件),将一个 WAVE 格式的声音文件导入当前数字信号处理环境中。此时需要注入一些关键参数,选择导入文件的类型为"Time Domain File"(时域文件),输入文件格式选择为"Windows WAVE File"(Windows WAVE 文件)。至于采样速率,可以选择"Read From File"在读入数据时软件可以自动侦测数据采样率。导入滤波器参数文件如图 14.7 所示。

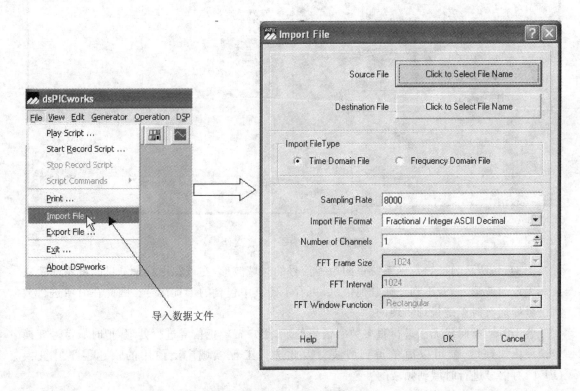

图 14.7 导入滤波器参数文件

图 14.8 所示为打开声音文件的菜单。此时将选择读入文件的所在位置以及文件名。单击"Click to Select File Name"按钮找到声音文件所处的位置并选中该文件然后单击 Open 按钮即可打开该 WAVE 格式的文件(flushtone.wav)。之后用户还要指定一个将要输出的目标文件名(flushtone.tim)。

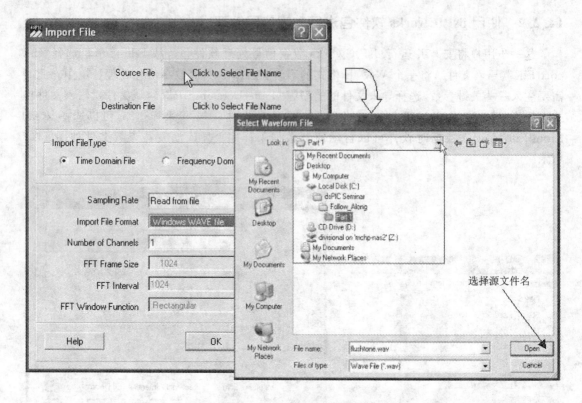

图 14.8 打开一个声音文件

图 14.9 所示为被导入到系统里的声音信号的时域波形,在该图中除了看见幅度不断变化杂乱无章的波形外,看不到任何其他信息,更看不到其中包含的干扰信号。因此在时域进行数字信号处理有时候是很难实现的。

鉴于时域有时候无法进行很多数字信号处理,用户希望把信号进行处理,把时域信号变换变换域比如频域,就可以简单得到解决。因此选择工程领域广泛使用的快速傅里叶变换(FFT)对信号进行时域到频域的变换。

图 14.10 所示为对输入序列进行傅里叶变换的处理过程。选择"DSP"菜单下面的"Fast Fourier Transform"(快速傅里叶变换)命令即可弹出一个选择窗口。

第 14 章 数字滤波器设计

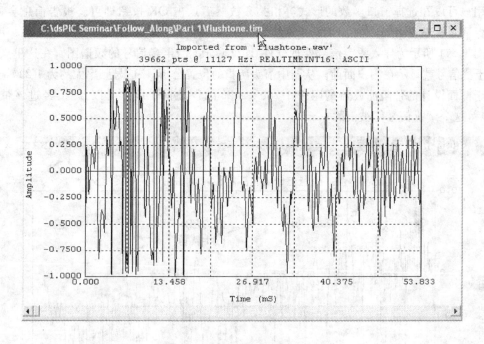

图 14.9 导入声音信号的时域波形

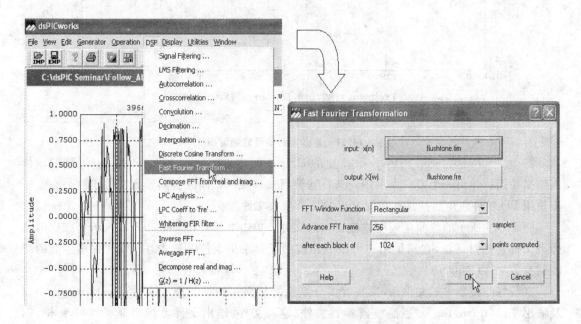

图 14.10 对输入时域信号进行快速傅里叶变换

用户可以在选择窗口函数的形式等相关参数然后点击 OK 按钮即可。报告信息会显示：为了保证运算精度，定点整型 FFT 计算结果被保存为浮点数据格式。

图 14.11 所示为导入数字信号处理软件 dsPICworks 的声音信号的频谱图。在这里人为加入的干扰信号就显示在用户面前。从图中箭头所指的位置分析，该信号频率大约为 1 230 Hz，正好位于前面设计的带阻滤波器的阻带 1 200～1 250 Hz 之间。所以可以预言：经过该带阻滤波器后，这个干扰信号将被消除。

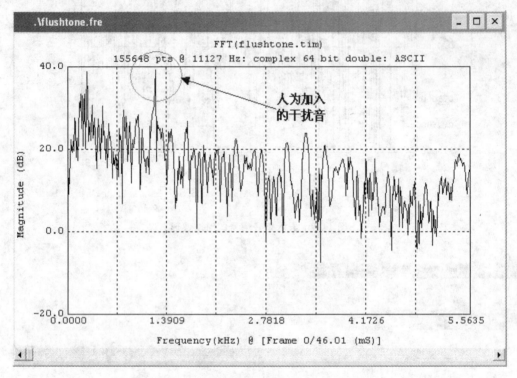

图 14.11 输入声音信号的频谱图

图 14.12 所示为使用 dsPICworks 里的 DSP 处理功能"Signal Filtering"（信号滤波）。单击该项功能后弹出一个窗口提示用户选择滤波器参数文件。而滤波器参数文件也就是在前一步使用 FD 软件包生成并保存在硬盘里的那个参数文件。

图 14.13 所示的界面是调用滤波器参数文件。单击"Click to Select File Name"按钮即可弹出文件选择对话框，在这里用户可以到相应的子目录里定位并选中在 FD 软件里生成的滤波器参数文件(bsiir.flt)。

准备好滤波器参数文件后，紧接着要分别选择将要被滤波的声音文件(flushtone.tim)以及输出文件(flush.tim)。当滤波器参数文件、输入文件、输出文件都指定完毕即可单击 OK 按钮，进入下一步。

第 14 章 数字滤波器设计

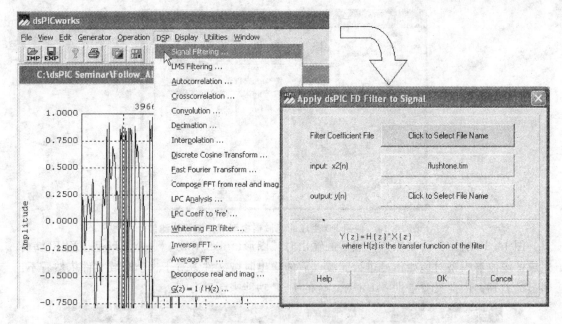

图 14.12 使用 dsPICworks 的信号滤波功能

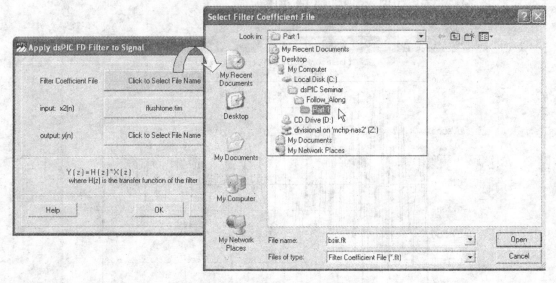

图 14.13 调用滤波器参数文件

图 14.14 所示为 3 个文件设置好后的最终显示结果。至此,使用 FD 软件生成的滤波器模型、将要被滤波的输入文件、滤波后的输出文件准备完毕。单击 OK 按钮即可启动滤波过程并会在屏幕上看见输出结果。

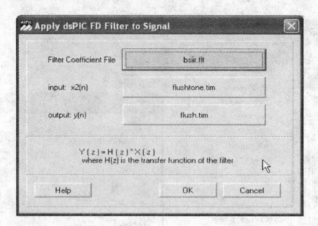

图 14.14 使用 FD 生成的滤波器模型对声音样本滤波

图 14.15 所示为滤波操作完成后的输出时域图形(flush.tim)。这个波形是使用 FD 软件生成的滤波器模型对原始信号进行滤波以后的输出时域文件。对于这个时域文件依然看不出明显的差别。因此又要借助 dsPICworks 的 DSP 功能来帮助分析。

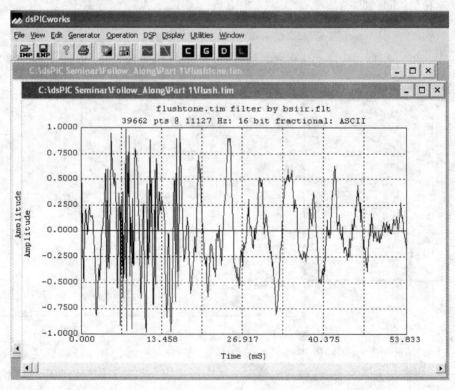

图 14.15 经过滤波操作后的输出信号时域波形

14.2.3 对滤波处理后的时域信号进行频域分析

图 14.16 所示为对滤波处理后的时域波形进行快速傅里叶变换操作。这一步的目的是要验证滤波操作的效果。和前面的做法一样,选择 DSP 菜单里的"Fast Fourier Transform"(快速傅里叶变换)命令,给定输入文件(flush.tim)和输出文件(flush.fre),然后单击 OK 按钮。

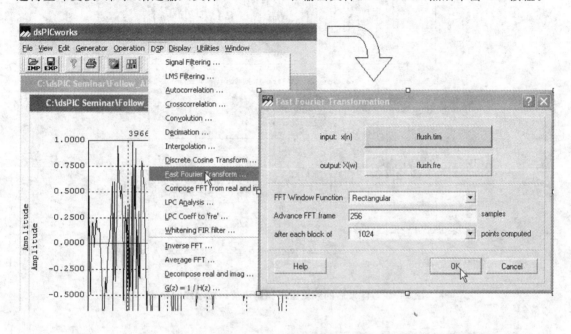

图 14.16 对滤波以后的时域信号进行快速傅里叶变换

图 14.17 所示为滤波后频域谱线(上)和滤波前频域谱线(下)的比较示意图。从图中可以看见原始文件中存在的单音干扰信号被消除了。输出波形里已经看不见那个尖峰能量。这说明这部分能量被滤波器滤除(也可以说衰减)了。

图 14.18 所示为把 dsPICworks 软件环境下的时域信号(扩展名.tim)转换为 Windows 环境下的 WAVE 格式,这样用户就可以用 Media Player 等媒体播放器回放声音文件,从实际的听觉效果判断混在声音信号里的单音噪声确实被滤除掉了。选择 File 菜单里的"Export File"(导出文件)命令即可看到指定输入时域文件和输出 WAVE 文件的窗口。

选择好时域文件和将要转化成 WAVE 格式的输出文件名后,单击 OK 按钮即可生成一个 flush.wav 文件。如图 14.19 所示在相应的子目录里就可以查找到该文件。用户这时双击该文件,Media Player 就会播放该声音文件。

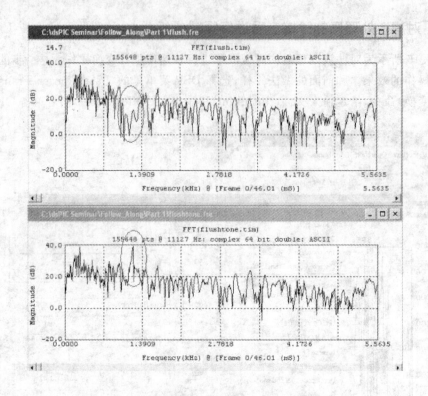

图 14.17　滤波后的频域谱线和滤波前频域谱线的比较

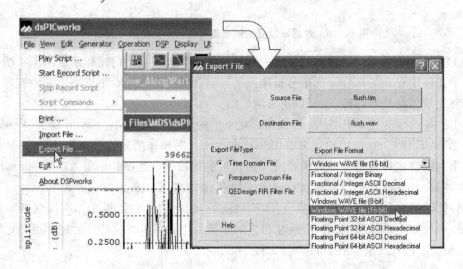

图 14.18　将 dsPICworks 的时域文件格式转化为 WAVE 格式

第 14 章　数字滤波器设计

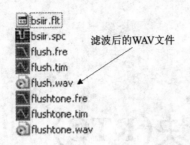

图 14.19　生成的 WAVE 格式声音文件

第 15 章

实时时钟模块(RTC)

15.1 实时时钟概述

在嵌入式应用的很多地方都会用到实时时钟 RTC,用于给系统提供年、月、日、时、分、秒、星期等信息。实时时钟广泛应用于电能计量、汽车电子、工业控制、家用电器等行业。按照连接方式可以分为独立式 RTC(时钟芯片)和内嵌式 RTC(MCU 内建)。目前 MCU 内嵌实时时钟的实现方法有多种,主要有以下两种情况。

- 软件方式:使用系统主时钟或者第二时钟(32.768 kHz)作为时钟源,结合软件实现。这种方式的优点是成本低、有现成的应用笔记、移植方便;缺点是占用 CPU 资源(Timer1、软件)、功耗相对较高、校准困难。其精度取决于晶体的参数和温度补偿方法。这种方法适用于对精度要求不高,非电池供电、低成本应用。
- 硬件方式:使用外部时钟晶体提供时钟源,芯片内用硬件建立专门的计时电路、报警电路和中断逻辑等,实现自动时钟和日历。这种方法的优点是大大降低软件开销,用户只是设置和读取相应的寄存器即可。时钟在后台运行,当不使用 RTC 时可以关闭该模块。这种方式的缺点是增加了一点硬件开销。

目前只有 PIC24FJxxxx 系列的 16 位 MCU 内部集成了 RTCC 控制器。未来在一些 dsPIC 和 PIC24H 系列芯片里也将陆续增加此功能。

图 15.1 所示为 PIC24FJ 家族内部硬件 RTC 的结构示意图。

15.2 实时时钟模块相关的寄存器及其定义

和实时时钟相关的寄存器可以分为 3 类:RTCC 控制寄存器、RTCC 设置寄存器和 RTCC 报警设置寄存器。

第 15 章 实时时钟模块(RTC)

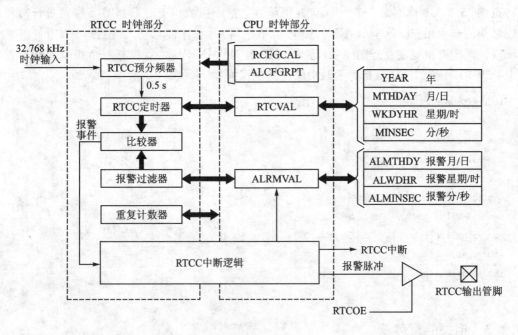

图 15.1 PIC24FJ 家族内部硬件 RTC 结构框图

15.2.1 寄存器映射

为了限制寄存器数量，简化设计，RTCC 定时器和报警时间寄存器都通过相应的寄存器指针进行访问。RTCC 设置寄存器窗口(RTCVALH 和 RTCVALL)使用 RCFGCAL 寄存器里的 RTCPTR(共 2 位)来选择相应的定时/计数器对。

往 ALRMVALH 字节里写一个数据，报警指针值 ALRMPTR<1:0>会自动减 1，直到为"00"为止。一旦该数值减为"00"，ALRMMIN 和 ALRMSEC 值将可以通过 ALRMVALH 和 ALRMVALL 进行访问，直到指针值被手动改变。

> **注意**：不管是读 ALRMVALH 还是 ALRMVALL，指针 ALRMPTR 的值都会减 1。同样，不管是读 RTCVALH 还是 RTCVALL，指针 RTCPTR 的值也会减 1。但是此规则并不适用于写操作。

15.2.2 "写"开锁

用户必须令 RCFGCAL 寄存器里的 RTCWREN="1"才能对任何一个 RTCC 定时寄存器进行写操作。为了避免对定时器进行意外写操作，其他任何时候都要保证 RTCWREN="0"。为了保证该位不被意外置位，芯片设计了一个开锁序列。

范例 15.1 本范例是一个 RTCC 开锁函数。这个函数用于对 RTCC 寄存器进行写允许操作之前的开锁操作。这个函数在 C30 环境下使用,为了保证严格的先后时序,用行汇编书写而成。系统严格规定在开锁序列(写 55、AA 到 NVMKEY)之后只有一个指令周期可以置位 RTCWREN 位。这样做是为了最大限度避免误操作。

```
void RTCCUnlock(void)
{
    asm volatile("disi    #5");              //禁止中断 5 个周期
    asm volatile("mov     #0x55, w7");       // 开锁序列
    asm volatile("mov     w7, _NVMKEY");
    asm volatile("mov     #0xAA, w8");
    asm volatile("mov     w8, _NVMKEY");
    asm volatile("bset    _RCFGCAL, #13");   // 令 RTCWREN = "1"
    asm volatile("nop");
    asm volatile("nop");
}
```

15.2.3 相关的寄存器

与硬件 RTCC 相关的寄存器共有 10 个。以下是和 RTCC 操作相关的各个特殊功能寄存器的位分配和含义。

(1) 表 15.1 所列为 RTCC 配置与校准寄存器 RCFGCAL 相关的位及其含义。注意,RCFGCAL 寄存器的状态只受上电复位(POR)影响。

表 15.1 RTCC 配置与校准寄存器(RCFGCAL)

R/$\overline{W}$-0	U-0	R/$\overline{W}$-0	R-0	R-0	R/$\overline{W}$-0	R/$\overline{W}$-0	R/$\overline{W}$-0
RTCEN	—	RTCWREN	RTCWREN	HALFSEC	RTCOE	RTCPTR1	RTCPTR0
bit 15							bit 8
R/$\overline{W}$-0	R/$\overline{W}$-0	R/$\overline{W}$-0	R/$\overline{W}$-0	R/$\overline{W}$-0	R/$\overline{W}$-0	R/$\overline{W}$-0	R/$\overline{W}$-0
CAL7	CAL6	CAL5	CAL4	CAL3	CAL2	CAL1	CAL0
bit 7							bit 0
其中:R=可读位,W=可写位,C=只能被清零,U=未用(读作 0),-n=上电复位时的值							
Bit15	RTCEN: RTC 允许位	1 = 使能 RTC 0 = 禁止 RTC (只有 RTCWREN="1"时才能写 RTCEN 位)					
Bit14	未用	读作"0"					
Bit13	RTCWREN: RTCC 寄存器写允许位	1 = 允许写 RTCVALH 和 RTCVALL 寄存器 0 = 禁止写 RTCVALH 和 RTCVALL 寄存器					

第15章 实时时钟模块(RTC)

续表 15.1

Bit12	RTCSYNC： 读 RTCC 寄存器同步位	1=考虑时钟翻转情况,两次读 RTCVALH、RTCVALL、ALCF-GRPT 寄存器的值相等才是合法的 0=不考虑时钟翻转情况,RTCVALH、RTCVALL、ALCFGRPT 寄存器可读
Bit11	HALFSEC： 半秒状态位	1=一秒钟里的第二个半秒 0=一秒钟里的第一个半秒
Bit10	RTCOE： RTCC 输出允许位	1=RTCC 输出允许 0=RTCC 输出禁止
Bit9~8	RTCPTR<1：0>： RTCC 值指针	当读 RTCVALH 和 RTCVALL 时,指针 RTCPTR 指向相应的 RTCC 寄存器值。每次读或写 RTCVALH 时该指针都减"1",直到该指针值减为"00"。下列格式为"RTCVALH：RTCVALL" 00=分：秒 10=月：日 01=星期：时 11=空：年
Bit7~0	CAL<7：0>： RTC 偏移校准位	读作"0" 01111111=最大正调整:每分钟加 508 个 RTC 时钟脉冲 … 01111111=最小正调整:每分钟加 4 个 RTC 时钟脉冲 00000000=无调整 11111111=最小负调整:每分钟减 4 个 RTC 时钟脉冲 … 10000000=最大负调整:每分钟减 512 个 RTC 时钟脉冲

(2) 表 15.2 所列为 PAD 配置控制寄存器 PADCFG1 相关的位及其含义。

表 15.2 PAD 配置控制寄存器(PADCFG1)

U-0	U-0	U-0	U-0	U-0	U-0	U-0	U-0
—	—	—	—	—	—	—	—
bit 15							bit 8
U-0	U-0	U-0	U-0	U-0	U-0	R/$\overline{W}$-0	R/$\overline{W}$-0
—	—	—	—	—	—	RTSECSEL	PMPTTL
bit 7							bit 0

其中:R=可读位,W=可写位,C=只能被清零,U=未用(读作 0),-n=上电复位时的值

Bit15~2	未用	读作"0"
Bit1	RTSECSEL： RTCC 秒时钟输出选择位	1=RTCC 引脚上输出秒时钟 0=RTCC 引脚上输出报警脉冲

续表 15.2

Bit0	PMPTTL： PMP 模块使用 TTL 输入缓冲选择位	1 = PMP 模块使用 TTL 输入缓冲 0 = PMP 模块使用施密特输入缓冲

（3）表 15.3 所列为报警配置寄存器 ALCFGRPT 相关的位及其含义。

表 15.3 报警配置寄存器（ALCFGRPT）

R/$\overline{W}$-0	R/$\overline{W}$-0	R/$\overline{W}$-0	R/$\overline{W}$-0	R/$\overline{W}$-0	R/$\overline{W}$-0	R/$\overline{W}$-0	R/$\overline{W}$-0
ALRMEN	CHIME	AMASK3	AMASK2	AMASK1	AMASK0	ALRMPTR1	ALRMPTR0
bit 15							bit 8
R/$\overline{W}$-0	R/$\overline{W}$-0	R/$\overline{W}$-0	R/$\overline{W}$-0	R/$\overline{W}$-0	R/$\overline{W}$-0	R/$\overline{W}$-0	R/$\overline{W}$-0
ARPT7	ARPT6	ARPT5	ARPT4	ARPT3	ARPT2	ARPT1	ARPT0
bit 7							bit 0

其中：R=可读位，W=可写位，C=只能被清零，U=未用（读作 0），-n=上电复位时的值

Bit15	ALRMEN： 报警允许位	1 = 使能报警（只要 ARPT=00、CHIME=0，报警后该位自动清"0"） 0 = 禁止报警
Bit14	CHIME： 报时使能位	1 = 使能报时。允许 ARPT<7:0>从"00"到"FF"翻转 0 = 禁止报时。ARPT<7:0>一旦到"00"就停止
Bit13~10	AMASK<3:0>： 报警过滤器（MASK）配置位	0000 = 每 0.5 s　　　　0110 = 每天 1 次 0001 = 每 1 s　　　　　0111 = 每周 1 次 0010 = 每 10 s　　　　 1000 = 每月 1 次 0011 = 每 1 min　　　　1001 = 每年 1 次 0100 = 每 10 min　　　 101x = 保留 0101 = 每 1 h　　　　　11xx = 保留
Bit9~8	ALRMPTR<1:0>： 报警值指针	当读 ALRMVALH 和 ALRMVALL 时，指针 ALRMPTR 指向相应的报警值寄存器。每次读或写 ALRMVALH 时该指针都减"1"，直到该指针值减为"00"。下列格式为"ALRMVALH:ALRMVALL" 00 = 报警分　：报警秒　　　10 = 报警月：报警日 01 = 报警星期：报警时　　　11 =　空　　：空
Bit7~0	ARPT<7:0>： 报警重复计数器值	11111111 = 报警重复 255 次 … 00000000 = 报警不重复 每次报警事件时该计数器都会加"1"。当 CHIME="1"时，允许计数器从"00"到"FF"翻转

第 15 章 实时时钟模块(RTC)

(4) 表 15.4 所列为 RTCC"年"寄存器 YEAR 相关的位及其含义。

表 15.4 RTCC"年"寄存器(YEAR)

U-0	U-0	U-0	U-0	U-0	U-0	U-0	U-0
—	—	—	—	—	—	—	—
bit 15							bit 8
R/$\overline{W}$-x	R/$\overline{W}$-x	R/$\overline{W}$-x	R/$\overline{W}$-x	R/$\overline{W}$-x	R/$\overline{W}$-x	R/$\overline{W}$-x	R/$\overline{W}$-x
YRTEN3	YRTEN2	YRTEN1	YRTEN0	YRONE3	YRONE2	YRONE1	YRONE0
bit 7							bit 0

其中:R=可读位,W=可写位,C=只能被清零,U=未用(读作 0),-n=上电复位时的值

Bit15~8	未用	读作"0"
Bit7~4	YRTEN<3:0>: 年(十位)	用 BCD 码表示,表示范围为 0~9
Bit3~0	YRONE<3:0>: 年(个位)	用 BCD 码表示,表示范围为 0~9

(5) 表 15.5 所列为 RTCC"月:日"寄存器 MTHDY 相关的位及其含义。

表 15.5 RTCC"月:日"寄存器(MTHDY)

U-0	U-0	U-0	R/-x	R/-x	R/-x	R/-x	R/-x
—	—	—	MTHTEN0	MTHONE3	MTHONE2	MTHONE1	MTHONE0
bit 15							bit 8
U-0	U-0	R/$\overline{W}$-x	R/$\overline{W}$-x	R/$\overline{W}$-x	R/$\overline{W}$-x	R/$\overline{W}$-x	R/$\overline{W}$-x
—	—	DAYTEN1	DAYTEN0	DAYONE3	DAYONE2	DAYONE1	DAYONE0
bit 7							bit 0

其中:R=可读位,W=可写位,C=只能被清零,U=未用(读作 0),-n=上电复位时的值

Bit15~13	未用	读作"0"
Bit12	MTHTEN0: 月(十位)	用 BCD 码表示,表示范围为 0~1
Bit11~8	MTHONE<3:0>: 月(个位)	用 BCD 码表示,表示范围为 0~9
Bit7~6	未用	读作"0"
Bit5~4	DAYTEN<1:0>: 日(十位)	用 BCD 码表示,表示范围为 0~3
Bit3~0	DAYONE<3:0>: 日(个位)	用 BCD 码表示,表示范围为 0~9

(6) 表 15.6 所列为 RTCC"星期:时"寄存器 WKDYHR 相关的位及其含义。

表 15.6　RTCC "星期：时" 寄存器（WKDYHR）

U-0	U-0	U-0	U-0	U-0	R/$\overline{W}$-x	R/$\overline{W}$-x	R/$\overline{W}$-x
—	—	—	—	—	WDAY2	WDAY1	WDAY0
bit 15							bit 8
U-0	U-0	R/$\overline{W}$-x	R/$\overline{W}$-x	R/$\overline{W}$-x	R/$\overline{W}$-x	R/$\overline{W}$-x	R/$\overline{W}$-x
—	—	HRONE1	HRONE0	HRONE3	HRONE2	HRONE1	HRONE0
bit 7							bit 0

其中：R=可读位，W=可写位，C=只能被清零，U=未用（读作 0），-n=上电复位时的值

Bit15~11	未用	读作 "0"
Bit10~8	WDAY<2：0>：星期	用 BCD 码表示，表示范围为 0~6
Bit7~6	未用	读作 "0"
Bit5~4	HRTEN<1：0>：时（十位）	用 BCD 码表示，表示范围为 0~2
Bit3~0	HRONE<3：0>：时（个位）	用 BCD 码表示，表示范围为 0~9

（7）表 15.7 所列为 RTCC "分：秒" 寄存器 MINSEC 相关的位及其含义。

表 15.7　RTCC "分：秒" 寄存器（MINSEC）

U-0	R/$\overline{W}$-x	R/$\overline{W}$-x	R/$\overline{W}$-x	R/$\overline{W}$-x	R/$\overline{W}$-x	R/$\overline{W}$-x	R/$\overline{W}$-x
—	MINTEN2	MINTEN1	MINTEN0	MINONE3	MINONE2	MINONE1	MINONE0
bit 15							bit 8
U-0	R/$\overline{W}$-x	R/$\overline{W}$-x	R/$\overline{W}$-x	R/$\overline{W}$-x	R/$\overline{W}$-x	R/$\overline{W}$-x	R/$\overline{W}$-x
—	SECTEN2	SECTEN1	SECONE0	SECONE3	SECONE2	SECONE1	SECONE0
bit 7							bit 0

其中：R=可读位，W=可写位，C=只能被清零，U=未用（读作 0），-n=上电复位时的值

Bit15	未用	读作 "0"
Bit14~2	MINTEN<2：0>：分（十位）	用 BCD 码表示，表示范围为 0~5
Bit11~8	MINONE<3：0>：分（个位）	用 BCD 码表示，表示范围为 0~9
Bit7	未用	读作 "0"
Bit6~4	SECTEN<2：0>：秒（十位）	用 BCD 码表示，表示范围为 0~5
Bit3~0	SECONE<3：0>：秒（个位）	用 BCD 码表示，表示范围为 0~9

(8) 表 15.8 所列为报警"月:日"寄存器 ALMTHDY 相关的位及其含义。

表 15.8 报警"月:日"寄存器(ALMTHDY)

U-0	U-0	U-0	R-x	R-x	R-x	R-x	R-x
—	—	—	MINTEN0	MTHONE3	MTHONE2	MTHONE1	MTHONE0
bit 15							bit 8
U-0	U-0	R/$\overline{W}$-x	R/$\overline{W}$-x	R/$\overline{W}$-x	R/$\overline{W}$-x	R/$\overline{W}$-x	R/$\overline{W}$-x
—	—	DAYTEN1	DAYTEN0	DAYONE3	DAYONE2	DAYONE1	DAYONE0
bit 7							bit 0

其中:R=可读位,W=可写位,C=只能被清零,U=未用(读作0),-n=上电复位时的值

Bit15~13	未用	读作"0"
Bit12	MINTEN0: 月(十位)	用 BCD 码表示,表示范围为 0~1
Bit11~8	MTHONE<3:0> 月(个位)	用 BCD 码表示,表示范围为 0~9
Bit7~6	未用	读作"0"
Bit5~4	DAYTEN<1:0>: 日(十位)	用 BCD 码表示,表示范围为 0~3
Bit3~0	DAYONE<3:0>: 日(个位)	用 BCD 码表示,表示范围为 0~9

(9) 表 15.9 所列为报警"星期:时"寄存器 ALWDHR 相关的位及其含义。

表 15.9 报警"星期:时"寄存器(ALWDHR)

U-0	U-0	U-0	U-0	U-0	R/$\overline{W}$-x	R/$\overline{W}$-x	R/$\overline{W}$-x
—	—	—	—	—	WDAY2	WDAY1	WDAY0
bit 15							bit 8
U-0	U-0	R/$\overline{W}$-x	R/$\overline{W}$-x	R/$\overline{W}$-x	R/$\overline{W}$-x	R/$\overline{W}$-x	R/$\overline{W}$-x
—	—	HRTEN1	HRTEN0	HRONE3	HRONE2	HRONE1	HRONE0
bit 7							bit 0

其中:R=可读位,W=可写位,C=只能被清零,U=未用(读作0),-n=上电复位时的值

Bit15~11	未用	读作"0"
Bit10~8	WDAY<2:0>: 星期	用 BCD 码表示,表示范围为 0~6
Bit7~6	未用	读作"0"
Bit5~4	HRTEN<1:0>: 时(十位)	用 BCD 码表示,表示范围为 0~2
Bit3~0	HRONE<3:0>: 时(个位)	用 BCD 码表示,表示范围为 0~9

(10) 表 15.10 所列为报警"分:秒"寄存器 ALMINSEC 相关的位及其含义。

表 15.10　报警"分:秒"寄存器(ALMINSEC)

U-0	R/$\overline{W}$-x	R/$\overline{W}$-x	R/$\overline{W}$-x	R/$\overline{W}$-x	R/$\overline{W}$-x	R/$\overline{W}$-x	R/$\overline{W}$-x
—	MINTEN2	MINTEN1	MINTEN0	MINONE3	MINONE2	MINONE1	MINONE0
bit 15							bit 8
U-0	R/$\overline{W}$-x	R/$\overline{W}$-x	R/$\overline{W}$-x	R/$\overline{W}$-x	R/$\overline{W}$-x	R/$\overline{W}$-x	R/$\overline{W}$-x
—	SECTEN2	SECTEN1	SECONE0	SECONE3	SECONE2	SECONE1	SECONE0
bit 7							bit 0

其中:R=可读位,W=可写位,C=只能被清零,U=未用(读作 0),-n=上电复位时的值

Bit15	未用	读作"0"
Bit14~2	MINTEN<2:0>: 分(十位)	用 BCD 码表示,表示范围为 0~5
Bit11~8	MINONE<3:0>: 分(个位)	用 BCD 码表示,表示范围为 0~9
Bit7	未用	读作"0"
Bit6~4	SECTEN<2:0>: 秒(十位)	用 BCD 码表示,表示范围为 0~5
Bit3~0	SECONE<3:0>: 秒(个位)	用 BCD 码表示,表示范围为 0~9

15.3　校　准

　　由于我们使用的钟表晶体的精度为±50 PPM,假如按照 50 PPM 的精度推算,一个实时时钟在一年的误差可能累计达到 10 min。这对于很多应用是不能接受的。

　　实时时钟 RTCC 的晶体输入可以被自动校准。经过仔细校准后,RTCC 的误差可以做到每个月小于 3 s。方法是:设法算出时钟脉冲误差数,将这个数值(有符号数)放置在 RCFGCAL 寄存器的低 8 位字节里(CAL<7:0>),RTCC 的硬件会自动将这个数值乘以 4 得到一个商,然后每分钟里都会把该商加入 RTCC 定时器,或者从 RTCC 寄存器里减去该商。校准的步骤如下:

① 使用芯片上另外一个定时器,用户需要算出 32.768 kHz 晶体的误差。

② 计算出误差后,需要换算成每分钟里误差的时钟脉冲数:

$$每分钟误差脉冲数 = (32.768\ \text{kHz} - 实际频率) \times 60$$

③ 假如实际振荡频率比理想频率高,则误差脉冲数为负值,RCFGCAL 里的校准字节也应该为负数,每分钟将从 RTCC 定时器里减去相应的脉冲数目。反之,假如结果为正,每分钟将从 RTCC 定时器里加上相应的脉冲数目。

④ 将相应的计算结果装载到 RCFGCAL 寄存器里。

第 15 章　实时时钟模块（RTC）

> 注意：只有在定时器关闭的情况下，或者在紧接秒脉冲的上升沿之后才能对 RCFGCAL 寄存器的低位字节进行写操作。

假如用户需要对晶体的老化和温度进行补偿，需要另外计算补偿数值。

15.4　报　警

RTCC 的报警时间可以从 0.5 秒到 1 年之间选择。通过软件令 ALCFGRPT 寄存器里的 ALRMEN="1" 即可使能报警功能。用户可以设置为单次报警，也可以设置为多次报警。

15.4.1　配置报警

用户通过软件令 ALRMEN="1" 使能报警功能，当报警事件过后，该位会自动清零。

> 注意：只有当 ALRMEN="0" 时，才能对 ALRMVALH：ALRMVALL 寄存器对进行写操作。

如图 15.2 所示，报警的时间可以通过 AMASK 位（ALCFGRPT<13:10>共 4 位）进行

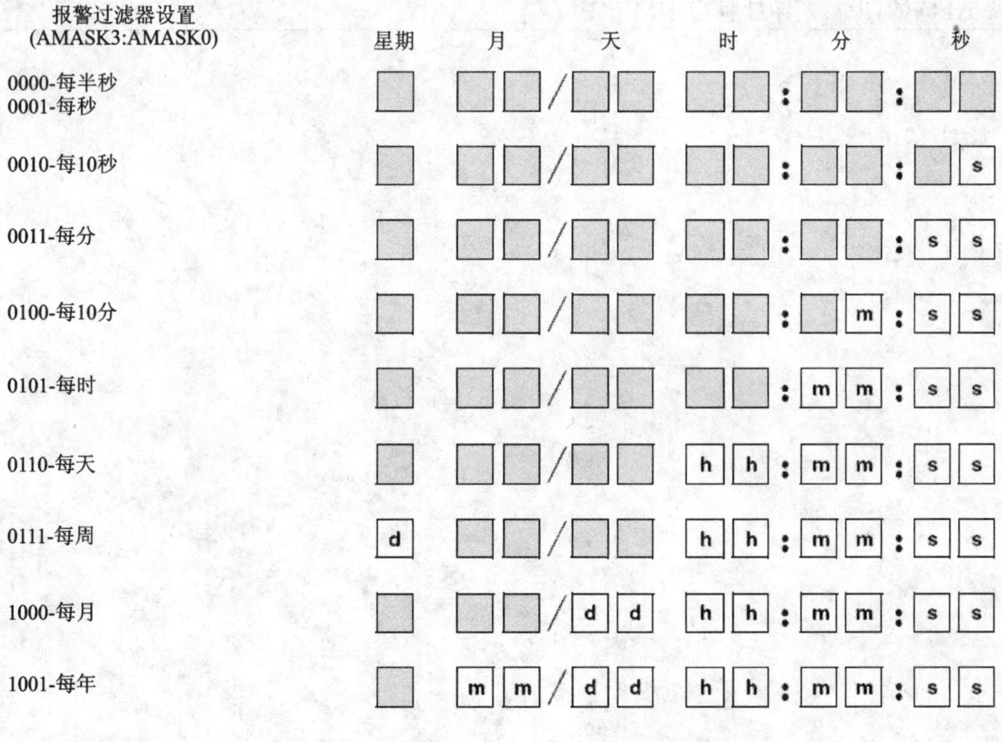

报警过滤器设置 (AMASK3:AMASK0)	星期	月		天	时		分		秒	
0000-每半秒 0001-每秒	☐	☐☐	/	☐☐	☐☐	:	☐☐	:	☐☐	
0010-每10秒	☐	☐☐	/	☐☐	☐☐	:	☐☐	:	☐	s
0011-每分	☐	☐☐	/	☐☐	☐☐	:	☐☐	:	s	s
0100-每10分	☐	☐☐	/	☐☐	☐☐	:	☐	m	s	s
0101-每时	☐	☐☐	/	☐☐	☐☐	:	m	m	s	s
0110-每天	☐	☐☐	/	☐☐	h	h	m	m	s	s
0111-每周	d	☐☐	/	☐☐	h	h	m	m	s	s
1000-每月	☐	☐☐	/	d d	h	h	m	m	s	s
1001-每年	☐	m m	/	d d	h	h	m	m	s	s

图 15.2　报警过滤器的设置

设置(报警过滤器)。这些位决定当报警事件发生时,当前时间值与报警时间值的哪个位、多少位相匹配。报警事件也可以设置为重复报警,这一报警重复的间隔可以预先设置。假如报警功能被允许,则报警重复次数保存在 ALCFGRPT 寄存器的低位字节里。

当 ALCFGRPT="00"且 CHIM="0"时,则重复报警功能被禁止,这时候报警事件出现且只出现一次。通过设置 ALCFGRPT 寄存器的低位字节,可以预置报警事件重复次数,显而易见,其设置范围最多可达 255 次。

当每次报警事件发生后,ALCFGRPT 寄存器将会作减一操作。当寄存器到达"00"时,将会进行最后一次报警,随之硬件自动令 ALRMEN="0",同时关闭报警功能。假如 CHIM="1"那么将会永无止境的重复报警功能。

15.4.2 报警中断

在每次报警事件发生时,将会随之产生一个中断。另外,还将输出一个报警脉冲供其他外设使用,报警脉冲的频率是报警频率的一半。

> **注意**:只有当 ALRMEN="0"也即禁止报警功能时,才能修改定时器(RCFGCAL)和报警值(ALCFGRPT),否则可能导致错误报警并生成报警中断。用户最好在 RTCSYNC="0"时,修改 ALCFGRPT 寄存器和 CHIM 位。

附录 A
快速傅里叶变换(FFT)

A.1 快速傅里叶变换(FFT)的发展和基本原理

为了更方便分析和处理一个信号,在信号分析的时候可以对一个时域离散序列进行"离散时间傅里叶变换"(DTFT),将信号变换到频域进行分析和处理。原因是:有时候对信号的频域特性进行分析可能会更加方便和可靠,比如常见的语音识别、无损检测、振动分析、光谱分析、车窗玻璃破碎检测等很多应用都会应用到傅里叶分析方法。该分析方法几乎成了所有数字信号处理的必备工具。但是由于离散时间信号在频域是连续的,计算机处理起来几乎是不可能的。

嵌入式系统的特点是:存储容量有限,运算速度有限,而且处理器只能处理离散时间和离散频率信号。因此为了便于在计算机上实现傅里叶分析,我们需要一种时域和频域上都是离散的傅里叶变换,这就是"离散傅里叶变换"(DFT)。

DFT 的基本方法为:假如时域序列为 $x(n)$,其中采样点有 N 个,放置在一个数组里面,为了处理方便,经过 FFT 后频域依然取 N 个采样点,频域的序列为 $X(k)$。公式(A-1)和公式(A-2)是离散傅里叶变换(DFT)和反变换(IDFT)的基本公式对。

$$X(k) = \sum_{n=0}^{N-1} x(n) W_N^{nk}, k = 0,1,\cdots,N-1 \qquad (A-1)$$

$$x(n) = \frac{1}{N} \sum_{k=0}^{N-1} X(k) W_N^{-nk}, k = 0,1,\cdots,N-1 \qquad (A-2)$$

DFT 的运算量非常大。每个输出点需要做 N 次复数乘法和 $N-1$ 次复数加法,因此 N 点输出需要 $N \times N$ 次复数乘法才能完成。随着处理点数 N 的增加,数学运算时间也迅速增加。比如:忽略加法运算量,做 $N = 1\,024$ 点 DFT 需要超过 100 万次复数乘法,相当于 400 多万次实数乘法。这还是一维 DFT 的情况,假如做二维 DFT,其运算量是不可想象的天文数字。在微处理器发展初期,其主时钟只有几兆赫兹,根本无法快速地应付如此庞大的计算量。

对傅里叶变换的快速算法研究可以追溯到 200 多年前的数学家高斯。在 1965 年,JW-Cooley 和 JWTukey 两人在《计算数学》杂志上发表了具有里程碑意义的"机器计算傅里叶级数的一种算法"一文。此论文提出快速傅里叶变换(FFT)算法的概念。快速傅里叶变换主要应用了 DFT 计算的特殊性质,大大加快了 DFT 的计算速度,并且减小了所需的资源(RAM、运算速度等)。

随着微处理器处理能力的提高,FFT 在工程和理论中得到广泛的应用。FFT 实质上是一种对信号进行频域分析的手段。很多来自传感器的信号在时域看起来是杂乱无章、难于描述的(比如淹没在母体噪声里的胎儿心电信号、雷达回波信号、光谱信号、电网谐波分析信号等),然而当把这些信号变换到频域时,就非常便于分析和处理。比如我们可以利用 FFT 对雷达信号的细节特征进行提取,进而可以提高图像信号的分辨率,以对数十公里外的目标进行成像(如合成孔径雷达);还可以辅助 MP3 算法对音乐进行压缩与解压缩;FFT 还可以看作一种梳状滤波器,同时对信号进行分离和提取。另外,许多算法(比如卷积)实质上都是用 FFT 提高算法速度的。

所谓"时间抽取基 2-FFT 算法"(DIT-FFT)是 FFT 算法中最为基本和典型的算法,它主要利用了变换中旋转因子(Twidle Factor)W_N^K 的共轭对称性公式(A-3)、周期性公式(A-4)以及可压扩特性,避免了 DFT 中不必要的重复运算(主要指乘法运算)。

$$(W_N^{nk})^* = W_N^{-nk} \qquad (A-3)$$

$$W_N^{nk} = W_N^{(n+N)k} = W_N^{n(k+N)} \qquad (A-4)$$

利用 FFT 使得变换的复杂度由原来的 $o(N \times N)$ 降低为 $o(N \times \log2N)$,使得用普通 MCU 也能进行频域分析。采用这种方法使得前面提到的 1 024 点变换的计算量降低为原来的 488%。

FFT 的基本运算单元为"蝶形"运算单元,两个数据来源像"蝴蝶翅膀"一样汇集到输出点。$N = 2^M$ 点的 DIT-FFT 运算可以分为 M 级,每级分别有 N 个"蝶形"运算单元。

图 A.1 给出了一个典型的、未经优化的 $N = 8$ 点 DIT2-FFT 运算流程图。图中乘号"×"所在的位置表示将输入的信号乘以某一个值(旋转因子);图中加号"+"表示将输入到该节点的两个信号相加,送到下一级,作为下一级的运算原料。整个运算过程需要经过 3 级蝶形运算,每级包含 8 次复数乘法。观察图中结构,我们看到其中共有 24 次($N \times \log2N$)复数乘法,已经大大小于 DFT 的 64 次($N \times N$)乘法。然而我们并不能满足于现在的情况,利用旋转因子的特性,我们还可以对 FFT 进行进一步优化。

首先我们观察第一级"蝶形"运算,发现这一级用到了两个旋转因子 $W0$、$W4$。实际上 $W0$ 与 $W4$ 这两个旋转因子的数值是相等的,因此我们完全可以用 $W0$ 来代替 $W4$;

然后我们观察第二级"蝶形"运算,发现这一级用到了 4 个旋转因子 $W0$、$W2$、$W4$、$W6$。实际上 $W0$ 和 $W4$、$W2$ 和 $W6$ 的数值分别相等,完全可以用 $W0$、$W2$ 分别代替 $W4$、$W6$;

接着我们观察第三级"蝶形"运算,发现这一级用到了 $W0$、$W1$、$W2$、$W3$、$W4$、$W5$、$W6$、

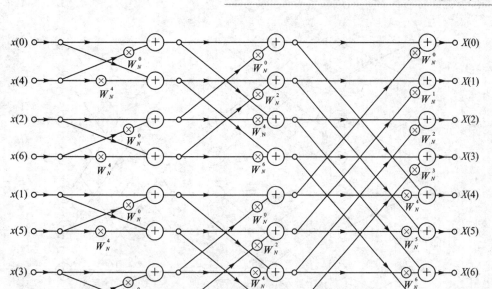

图 A.1　时间抽取 8 点快速傅里叶变换(FFT)蝶形运算基本原理

W7。实际上 W0 与 W4、W1 和 W5、W2 和 W6、W3 和 W7 的数值分别相等,完全可以用 W0、W1、W2、W3 分别代替 W4、W5、W6、W7。

经过这样的处理后,我们发现复数乘法的次数进一步降低,变成了 12 次（$N/2 \times \log2N$）,也即运算量变成了未经优化方案的一半。

图 A.2 所示为经过优化后"蝶形"运算结构图,运算量进一步减少。事实上,我们发现第一级根本不用做乘法即可。因为旋转因子 W0 = 1,因此避免了乘法。我们还注意到:这种优化结构只用到了 W0、W1、W2、W3,也即旋转因子的一半。直接的好处是减少了 RAM 的开销,使得可以更容易应用到低端微处理器（RAM 资源相对珍贵）。

A.2　快速傅里叶变换(FFT)用到的特殊寻址模式

从图 A.2 中我们可以看到:"时间抽取基 2-FFT"经过变换后的频域序列输出 $X(k)$ 按正常顺序 0,1,2,3,4,5,6,7 排列在存储单元,那么输入 $x(n)$ 则是按 0,4,2,6,1,5,3,7 这种顺序排列。注意到输入顺序与输出序列的地址是按照二进制顺序倒置后得到的结果,称作"倒位序"(Bit Reversed),也称为"位反转"或"码位倒读"。"码位倒读"的直接原因是由于按照 n 的奇偶分组进行 FFT 运算造成的。

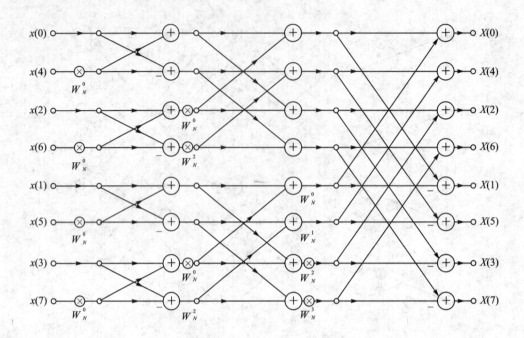

图 A.2　根据旋转因子特殊性质的优化蝶形运算原理

我们现在面临的一个严峻问题就是：假如我们每次计算时都要用指令对地址进行"位反转"操作，那么累计起来运算量是相当可观，甚至不可接受的。当芯片进行傅里叶变换时，我们期待很快得到结果才能保证实时性，否则会影响信号处理的效果。

假如没有硬件支持位反转时，使用汇编语言或 C 语言也可以很容易写出"位反转"程序。但是这样的程序需要的执行时间是很长的。我们可以用一个范例来说明。

范例 A.1　用 C 语言写出一个"位反转"函数。

```
int BitReverse(int SRC, int SIZE)
// 其中 SRC 是将要进行位反转的数据，SIZE 是将要进行位反转的二进制位数
{
    int TMP = SRC ;
    int DES = 0 ;
    for ( int i = SIZE - 1 ; i >= 0 ; i++ )
    {
        DES = ((TMP&0x1) << i)|DES ; // 取出 TMP 的最后一位放到 DES 的指定位置上
        TMP = TMP >> 1 ;
    }
    Return DES ;
}
```

好在 dsPIC30F/33FJ 系列数字信号处理器集成了硬件"位反转"寻址,这允许用户简单的设置相应的寄存器就可以用硬件实现"位反转"操作而不占用芯片任何开销。这无疑意义巨大,给低端数字信号处理器带来了广泛的应用前景。

不但快速傅里叶变换(FFT)会大大得益于这种寻址方式,反傅里叶变换(IFFT)同样受益,因为 IFFT 基本上是调用 FFT 子程序而已(利用 FFT 和 IFFT 的性质)。以此类推,由于线性卷积等数字信号处理方法都可以利用 FFT 以及 IFFT 来实现,因此"位反转"寻址的意义更加重大。可以说集成硬件"位反转"寻址给了 FFT 一个强大的"加速器"。

位反转寻址使基为 2 的 FFT 算法数据重新排序变得更简单。由于需要写操作,该寻址方式只支持"X WAGU"。

位反转寻址只能通过"X WAGU"进行操作,执行位反转寻址之前必须设置"MODCON"和"XBREV"寄存器。如表 3.1 所列,寻址指针由 MODCON<11:8>也即"BWM"控制位决定,"BWM"有 4 位,因此可以分配 15 个 W 寄存器中的一个给位反转寻址,假如位反转寻址和模数寻址分配了同一个 W 指针,在写操作时位反转寻址有较高优先级。比如用 W1 为指针的读操作,将发生模地址边界检查,而用 W1 作为指针的写操作,硬件将按照位反转规律修改 W1 指针。

表 3.10 所列为位反转寻址控制寄存器"XBREV"。令 XBREV<15>也即 BREN="1"可以使能反转寻址功能;XBREV<14:0>称为"X AGU"位反转寻址地址修饰符(Modifier)。

注意: 执行位反转寻址时只能使用字模式间接寻址,其指针只能使用后加(形如[Wn++])或者预加(形如[++Wn])操作模式。所有其他寻址模式或字节模式均不能产生位反转地址(但是能产生正常地址)。

如果已经使能了位反转寻址(XBREV<15>="1")位,写"XBREV"指令之后不能立即紧跟一种指令,这种指令里使用了被指定为位反转寻址地址指针的 W 进行间接读操作。比如:指定 W1 为位反转寻址地址指针,那么写"XBREV"后面不能紧跟"MOV [W1],W2"。

由于处理器资源的限制,进行 FFT 运算时输入序列的长度通常是有限的,因此需要指定序列长度。注意变换序列越长,消耗 RAM 越多,计算时间越长,当然计算结果也越精确。用户要根据数字信号处理的需要,选取一个最短的序列长度以获得更好的计算效率。

序列长度可以通过装载"XBREV"寄存器来实现,该寄存器里的低 15 位数据间接定义了数据序列(缓冲区)的大小,也即"位反转寻址地址修饰符"(Modifier)。

A.3　dsPIC 系列数字信号控制器的运算特点

A.3.1　定点处理器 dsPIC30F/33FJ 家族 DSC 的数据格式

在信号处理和数据处理中,首先应该确定输入数据的类型:选择定点或浮点数据、数据存储格式、数据表示方法等。

dsPIC30F/33FJ 家族数字信号控制器(DSC)是定点数字信号处理器,支持整数类型和定点小数类型。尽管使用 C30 编译语言编程时,支持浮点类型,但浮点数的支持是利用软件支持定点运算实现浮点运算,运算速度相当慢。因此,在算法精度许可的情况下,应优先选择定点数作为处理的数据类型。在 Microchip 的 FFT 库函数中,输入输出数据均为整形小数类型。

对于 16 位定点有符号小数,规定其最高位为符号位,其余 15 位为小数位。这种格式为称为"115"小数格式。具体的各位表示如图 A.3 所示。

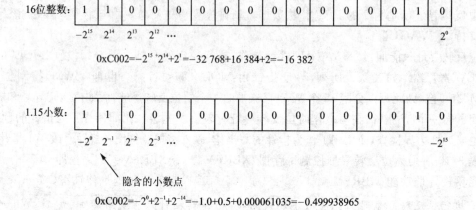

图 A.3 dsPIC 的 16 位整数与 115 整形小数表示方法的比较

从图 A.3 中可以看到,115 小数类型保存系数的最大误差为 2^{-15},数字表示范围为:$[-1,1)$。

A.3.2 dsPIC 定点处理器在运算过程中的误差类型分析

数据运算的误差问题是任何算法都要关注的。对于 dsPIC 定点处理器进行数据操作时,可能出现的误差包括两种:截断误差和溢出误差。

截断误差:对于形如"$a = b \times c$"的乘法,假如 2 个 15 位(除符号位)的数相乘,其结果应该为 30 位,而 a 也为 115 小数型,即结果需要截断 30 位中的 15 位。因此这种乘法会带来截断误差。在进行形如"$a = \sum c_i b_i$"的累加和操作(相当于向量点积)中,误差可能相当大。减小这个误差通常的方法是将中间结果放在长度为 40 位的累加寄存器 ACCA 或 ACCB 中,运算过程中始终不离开累加器,每次乘法之后的结果立即累加到累加器(MAC 指令),这样可以有效提高运算精度。注意,由于乘法产生截断误差主要影响运算精度。

溢出误差:对于形如"$a = b+c$"的加法操作,其结果应该为 17 位,落入了 $[-2,2)$ 的区间里,超过了 115 小数类型能够表示的范围。我们称在加法操作过程中造成了运算结果的溢出错误。在 dsPIC 的 FFT 库函数里,为了防止这种错误出现,在运算中一般采用控制输入数据的动态范围的方法,即 b,c 在加之前右移一位(除以 2)。这样 N 点的 FFT 输出结果 $FFT(x[n]) = \frac{1}{N}\sum x(i)W_N^{ik}$。

A.3.3 在 C30 环境下使用汇编语言编程相关问题

尽管 C 语言提供了各种完备的数据类型和数学运算支持,但是在"时间苛刻"的场合,比如电机控制、语音处理等含有快速数学运算(DCT,FFT 等)的场合,汇编语言的快速型就显现出来了。C30 完全支持 C 语言开发环境下进行 C 和汇编语言混合编程。用户可以进行"行汇编",也可以编制一个汇编模块(s)添加到工程里面,供 C 语言主程序调用。

针对速度和效率的要求,我们在信号处理时采用的策略是:关键的核心算法用汇编语言实现函数供 C 语言调用,提高效率,以满足实时性要求;另一方面,主程序、初始化程序、逻辑控制等不会占用较多 DSC 处理时间的程序用高级语言实现,这样既保持了程序的模块化、可维护性,也保持了系统的快速性。

C30 里的主函数"main()"都可以采用 C 语言写。调用的函数根据其上面的划分采用相应的 C 或汇编实现。为了在 C 语言下调用这些汇编的子函数,假如用户在 C30 环境下声明了一个函数原型为:

```
extern void myfunc (aug1,aug2,aug3,agu4,agu5);
```

用户可以编写一个汇编模块(files),对应的汇编语言实现为:

```
; files
global _myfunc              ;引用主程序里定义的函数
_myfunc :
    Nop                     ;这个区域放置用户自己的代码
return                      ;子程序返回
end                         ;汇编代码结束
```

上面代码中,C 语言声明的函数名 myfunc,是汇编子程序的入口,程序执行到该处,将调用汇编源程序里标号为"_myfunc"的子函数代码。注意到:汇编语言子函数对应的全局标号为 C 函数名前加一下划线。

A.4 基于 dsPIC 的快速傅里叶变换(FFT)的程序实现

A.4.1 代码描述

Microchip 的 16 bit dsPIC 数字信号处理器具有 DSP 引擎,可以高效率执行 FFT 操作,消耗较少的 RAM,同时具有高速度。芯片的特性包括位反转寻址(Bit-reversed)、乘加指令(Multiply—accumulate)、PSV 操作模式等。

Microchip 提供 DSP 函数库,使得用户可执行"原位"FFT 操作。这意味着 FFT 操作后的输出数据被放置到存储输入信号的 RAM 里,以节省 RAM 资源。

本范例将使用 FFT 库函数对一组输入数据(向量)进行快速傅里叶变换。该程序可以配制成 64、128、256、512 点中的任何一种。该程序还允许用户把旋转因子(Twiddle Factors)放置在 RAM 或程序 FALSH 里面。用户可以简单地修改项目里的头文件 FFT.h 即可选择以上各个选择项目。项目的默认配置为:256 点 FFT、旋转因子放置在程序 Flash 里。

输入信号是对一个 1 kHz 方波信号进行 10 kHz 速率采样所取得的 256 点数值。该信号起初由应用软件 dsPICworks 产生并生成一个汇编文件。文件输出后被修改成把数据放置在 Y 数据区域。

FFT 的操作顺序如下:

1. 初始化旋转因子

该步骤会生成旋转因子并存储到 X 数据区。用户也可以把旋转因子放置在程序区,以便进一步节省 RAM 资源。需要注意的是,假如把旋转因子放置在 Flash 区时,速度会慢一点。用户需要自己权衡选择数据放置区域。

2. 对输入数据进行标度变换

为了保证数据运算中不会溢出,需要使每个输入数据都落入[0xC000,0x3FFF]或 [−05,+05]范围里。输入数据以定点小数(Fixed Point Fractiona)形式保存在 RAM 里。对输入数据进行标度变换的方法为:简单地对每个数据进行右移操作(除以 2)。输入数据的数值范围为[0x8000,0x7FFF]或[−1,+1)。

3. 将实数型输入数据变换成复数型向量

FFT 运算中参与运算的数据都是复数类型,因此必须给数据添加虚部。方法是:每隔一个位置放置一个 0x0000 作为该复数的虚部。

4. 蝶形计算

用户可以调用库函数 FFTComplexIP() 进行蝶形运算。

5. 位反转顺序调整

调用库函数 BitReverseComplex(),按照位反转规律对输出数组进行顺序调整,恢复由于蝶形运算导致的存储位置变化。

6. 模的计算

用户需要计算输出向量里每个复数的模值,这样才能估计每个频率点上的能量,可以调用一个函数"SquareMagnitudeCplx()"来计算。为了提高效率,改函数是汇编代码编写的,但是在 C 环境下可以调用。未来可以把该例程集成到 C30 的 DSP 库里,那时候也许可以把 libdsp-coffa 包含到项目里,并从项目里去掉 cplxsqrmags 节点。

7. 寻找峰值

用户可以利用 DSP 库里提供的 VectorMax() 函数从输出序列里找出能量最大的频率点。

8. 频率计算

计算有最大能量的点的频率(Hz)。将数组里能量最大的点的下标乘以频率分辨率(采样频率/FFT 点数)。

A.4.2 相应文件及其功能

1. gld

链接器脚本文件(描述文件)。本目录里包含了本范例所要用到的链接器脚本文件。这里的脚本文件是基于 MPLAB C30 v133 版本的。

2. h

包含文件目录。包括了所有与项目编译相关的头文件。与某一芯片相关的寄存器和位定义都包含在该目录的文件里(*h)。这些文件也是基于 MPLAB C30 v133 版本的。

3. hex

本目录包含 3 种文件:coff,hex 和 map。这些文件是由 C30 编译器在 MPLAB IDE 下编译时产生的。*map 包含了所有各种变量、常量、详细的存储器分配情况。*hex 文件是一个可以直接烧写到芯片里运行的二进制代码。*coff 文件包含调试信息,提供给 MPLAB IDE 做模拟等调试功能。

4. inc

本目录包含了用于本工程的汇编包含文件。与某一芯片相关的寄存器和位定义都包含在该目录里的文件里(*inc)。这些文件也是基于 MPLAB C30 v133 版本的。

5. lib

本目录里包含了精心选择的、预先编译的库目标文件(libpic30-coffa)。该文件里包含了 C30 运行启动库(Run-time Start-up)。这些文件也是基于 MPLAB C30 v133 版本的。

6. src

本目录里包含了所有与项目相关的 C 源代码(*c)和汇编源代码(*s)。该目录里还有一个子目录 obj,里面保存着项目被编译后生成的目标文件。

7. dsPICworks

本目录里包含了由"dsPIC Filter Design"(滤波器设计软件)和"dsPICworks"(数据分析与设计软件)生成的文件。这些文件分别是:输入信号文件、输出信号文件、滤波器特性文件。

A.4.3 推荐测试环境

- MPLAB IDE v721 或更高版本。
- MPLAB C30 v133 或更高版本。
- MPLAB ICD2 R23 或更高版本。
- dsPICDEM 11 演示版。
- dsPIC30F6014A 处理器 PIM 插卡(Plug-In Module)。

A.4.4 针对其他 dsPIC 家族芯片的重新配置

由于 dsPIC 系列芯片的软件兼容性，稍加修改本 FFT 工程就可以非常容易地迁移到其他 dsPIC 系列数字信号处理器。在芯片迁移的时候，请注意按照以下各个步骤，决定是否更改与更改什么地方。

(1) 在 MPLAB IDE 集成开发环境下选择："Configure→Select Device"即可选择将要使用的芯片型号。对于几种常见的来自微芯科技的演示版，可以支持的芯片包括：

- dsPICDEM 2 演示板支持的芯片有：30F2010，30F2011，30F2012，30F3010，30F3011，30F3012，30F3013，30F3014，30F4011，30F4012，30F4013；
- dsPICDEM 11 演示板支持的芯片有：30F5013，30F6010，30F6011，30F6012，30F6013，30F6014，30F6011A，30F6012A，30F6013A，30F6014A；
- dsPICDEM MC1 支持的芯片有：30F6010，30F6010A，30F5016。

(2) 同时用户还需要选择开发语言的类型，这里采用 C30 编译器，这是一个和 MPLAB IDE 相对独立的软件包，需要单独下载并安装在一个独立的目录里。用户需要在 MPLAB IDE 下选择相应的编译程序（命令行文件）。使得编译程序和 MPLAB IDE 联系起来。

在 MPLAB IDE 集成开发环境下选择："Project→Build Options→Project" 在工程编译选项里，用户可以找到相应的书签栏，在里面可以选择相应的 MPLAB C30 应用文件路径。

(3) 针对你所选择的芯片，从 MPLAB C30 安装目录下选择相应的的链接器脚本文件、头文件。例如：

- 芯片链接器脚本文件目录为 C:\Program Files\Microchip\MPLAB C30\support\gld。
- 芯片 C 语言头文件目录为 C:\Program Files\Microchip\MPLAB C30\support\h。
- 芯片汇编头文件目录为 C:\Program Files\Microchip\MPLAB C30\support\inc。

(4) 在 FFT.h 文件里，做如下变化：

- 根据需要改变"FFT_BLOCK_LENGTH"为 64,128,256 或 512。
- 相应地改变"LOG2_BLOCK_LENGTH"为 6,7,8 或 9。
- 如果用户希望把旋转因子放置在 RAM 里，可以屏蔽下面一条条件编译语句//#define FFTTWIDCOEFFS_IN_PROGMEM。

(5) 本工程中节点"inputsignal_square1khzc"里的数组"sigCmpx[]"提供一个输入方波信号，包含 PCM 采样点。该数组的长度是"FFT_BLOCK_LENGTH"，类型为"fractcomplex"。因此对于 64 点 FFT，里面应该包含 64 个采样值和 64 个"0"。该数组还将保存复数 FFT 的输出，事实上这个数组里将保存变换后各个频率点的幅值。修改该数组以便适应你所需要的 FFT 点数。在实际应用的时候，你的信号可能来自对实际信号的 A/D 转换数据。

(6) 一切准备完毕后可以在 MPLAB IDE 下重新编译工程。选择："Project→Build All"。

编译成功后可以用 ICD2 或 REAL ICE 等开发工具下载 hex 代码到目标芯片里并运行程序。

附录 B
指令集详解

B.1 指令集分类及索引

Microchip 的 16 位 MCU 及 DSC 指令集是兼容的。dsPIC30F 和 dsPIC33FJ 系列数字信号控制器(DSC)具有 DSP 功能,其指令集大约有 209 条,其中 DSP 类指令为 19 条。由于 PIC24FJ 和 PIC24H 系列 16 位 MCU 没有 DSP 功能,因此没有 DSP 类指令,其他指令和 dsPIC 一样。

指令集按照功能可以分为以下共 10 大类。
① 数据传送类(17 条);
② 数学操作类(45 条);
③ 逻辑操作类(22 条);
④ 循环操作类(20 条);
⑤ 位操作类(19 条);
⑥ 比较跳转类(16 条);
⑦ 程序分支类(35 条);
⑧ 影子/堆栈操作类(10 条);
⑨ CPU 控制类(6 条);
⑩ DSP 类(19 条)。

表 B.1~B.10 分别列出了这些基本指令的简要功能,方便工程师编程的时候查阅。

B.1.1 数据传送类(17 条)

数据传送类指令通常用于把立即数传递给工作寄存器、工作寄存器和文件寄存器之间传递数据、工作寄存器之间互相传递数据、从 Flash 空间读取数据、向 Flash 空间写数据等操作;也支持以"基址+变址"为指针的索引寻址,进行数据间接访问。表读、表写指令可以方便地读取 Flash 里面预先存储的数据,比如汉字库、滤波器参数、图形点阵等数据。数据可以以 8 位字节模式也可以以 16 位字模式传输,取决于指令里给定的信息(.B 为字节操作,缺省为字操作)。

表 B.1 所列为数据传输类指令。这些指令共有 17 条。其中涉及的寄存器定义和缩写符号包括：

- #lit16：代表 16 位无符号立即数(Literal),表示范围 [0,65 534]。
- #lit8：代表 8 位无符号立即数(Literal),表示范围 [0,255]。
- #Slit10：代表 10 位有符号立即数(Signed Literal),表示范围 [−1 024,1 023]。
- Ws、Wd、Wb ∈ (W0,W1,…,W15),可以分别理解为源指针、目的指针、基址指针。
- Wns、Wnd ∈ (W0,W2,…,W14),偶数工作寄存器,用于需按偶地址对齐的指令。

表 B.1 数据传输类指令

序号	数据传送类	指令说明	字长	周期	影响标志
1	EXCH Wns, Wnd	数据交换： Wns 和 Wnd 的内容交换,Wns ←→ Wnd	1	1	无
2	MOV{.B} f {,WREG}	数据移动：f → 目的寄存器	1	1	N、Z
3	MOV{.B} WREG, f	数据移动：WREG → f	1	1	无
4	MOV f, Wnd	数据移动：f → Wnd	1	1	无
5	MOV Wns, f	数据移动：Wns → f	1	1	无
6	MOV.B #lit8, Wnd	数据移动：8 位立即数 → Wnd	1	1	无
7	MOV #lit16, Wnd	数据移动：16 位立即数 → Wnd	1	1	无
8	MOV{.B} [Ws+Slit10], Wnd	数据移动： [Ws + 有符号 10 位偏移量] → Wnd	1	1	无
9	MOV{.B} Wns, [Wd+Slit10]	数据移动： Wns → [Wd + 有符号 10 位偏移量]	1	1	无
10	MOV{.B} Ws, Wd [Ws], [Wd] [Ws++], [Wd++] [Ws−−], [Wd−−] [++Ws], [++Wd] [Ws−−], [Wd−−] [Ws+Wb], [Wd+Wb]	数据移动： 源寄存器 → 目的寄存器 可以是字节或字操作 共 7 个源数据和 7 个目的数据可供组合选择,所以该基本指令可以组合成:2×7×7 = 98 条 例 1：MOV W3, W4 例 2：MOV.B [W3−−],[W6++]	1	1	无

附录 B 指令集详解

续表 B.1

序号	数据传送类	指令说明	字长	周期	影响标志
11	MOV.D Wns, Wnd [Ws], [Ws++], [Ws--], [++Ws], [--Ws],	**数据移动**： 源寄存器 → 目的寄存器 操作方式为双字模式，每个数据包括 4 个字节共有 6 个源数据可供指令组合 所以该基本指令可以组合成 6×1=6 条 例：MOV.D [W3++], W4	1	2	无
12	MOV.D Wns, Wnd [Wd] [Wd++] [Wd--] [++Wd] [--Wd]	**数据移动**： 源寄存器 → 目的寄存器 操作方式为双字模式，每个数据包括 4 个字节共有 6 个目的数据可供指令组合 所以该基本指令可以组合成 1×6=6 条 例：MOV.D W3, [W4]	1	2	无
13	SWAP{.B} Wn	**高低交换**：(可用于压缩 BCD 码转 ASCII 码等) 字节操作：Wn<7:4> ←→ Wn<3:0> 字操作：Wn<15:8> ←→ Wn<7:0>	1	1	无
14	TBLRDH{.B} [Ws], Wd [Ws++], [Wd] [Ws--], [Wd++] [++Ws], [Wd--] [--Ws], [++Wd] [--Wd]	**高字表读**：(读程序高字/字节→目的存储器) 字节操作： Ws 为偶：[TBLPAG:Ws]<23:16> → 目的字节 Ws 为奇：0 → 目的字节 字操作(高字里的最高字节显然为 0)： [TBLPAG:Ws]<23:16> → Wd<7:0> 0 → Wd<15:8>	1	2	无

续表 B.1

序号	数据传送类	指令说明	字长	周期	影响标志
15	TBLRDL{.B} [Ws], Wd [Ws++],[Wd] [Ws−−],[Wd++] [++Ws],[Wd−−] [Ws−−],[++Wd] [−−Wd]	**低字表读**:(读程序高字/节→目的存储器) 字节操作: Ws 为偶:[TBLPAG：Ws]<15：8> → 目的字节 Ws 为偶:[TBLPAG：Ws]<7：0> → 目的字节 字操作: [TBLPAG：Ws]<15：0> → 目的字	1	2	无
16	TBLWTH{.B} Ws, [Wd] [Ws],[Wd++] [Ws++],[Wd−−] [Ws−−],[++Wd] [++Ws],[−−Wd] [−−Ws],	**高字表写**:(源数据 → Flash 高位字/字节里) 字节操作: Ws 为偶:源数据字节→[TBLPAG：Wd] <23：16> Ws 为奇数:相当于空操作 字操作:高字里的最高字节显然为 0 源数据字→[TBLPAG：Wd] <23：16>	1	2	无
17	TBLWTL{.B} Ws, [Wd] [Ws],[Wd++] [Ws++],[Wd−−] [Ws−−],[++Wd] [++Ws],[−−Wd] [−−Ws],	**低字表写**:(源数据 → Flash 低位字/字节里) 字节操作: Ws 为奇数:源数据字节→[TBLPAG：Wd]<15：8> Ws 为偶数:源数据字节→[TBLPAG：Wd]<7：0> 字操作:源数据字 → [TBLPAG：Wd]<15：0> 例:TBLWTL.B W6,[W8++]	1	2	无

B.1.2 数学运算类(45 条)

数学运算类指令是指令集里最丰富的一类指令。最主要的运算类型是各种加、减、乘、除数学运算,其中也包括十进制调整、符号扩展、零扩展等特殊数学运算指令。

表 B.2 所列为数学运算类指令,总共有 45 条。

其中涉及的寄存器定义和缩写符号包括:

- ♯ lit10:代表 10 位无符号立即数(Literal),表示范围 [0,1 023]。
- ♯ lit5:代表 5 位无符号立即数(Literal),表示范围 [0,31]。

- Ws、Wd、Wb∈(W0,W1,…,W15),可以分别理解为源指针、目的指针、基址指针。
- Wns、Wnd∈(W0,W2,…,W14),偶数工作寄存器,用于需按偶地址对齐的指令。
- 字操作:Wm∈(W0,W1,…,W15);双字操作:Wm∈(W0,W2,…,W14)。
- Wn∈(W2,W3,…,W15),即除了 W0 以外的所有工作寄存器。

表 B.2 数学运算类指令

序号	数学运算类	指令说明	字长	周期	影响标志
1	ADD{.B} f {,WREG}	加法: f + WREG → 目的寄存器	1	1	DC,N,OV,Z,C
2	ADD{.B} #lit10,Wn	加法: lit10 + Wn → Wn	1	1	DC,N,OV,Z,C
3	ADD{.B} Wb,#lit5,Wd [Wd] [Wd++] [Wd−−] [++Wd] [−−Wd]	加法: Wb + lit5 → 目的寄存器 目的寄存器可能为直接寻址或间接寻址 该指令共有 6 种目的地址组合可选 该基本指令可组合成:1×6=6 条	1	1	DC,N,OV,Z,C
4	ADD{.B} Wb, Ws, Wd [Ws], [Wd] [Ws++],[Wd++] [Ws−−],[Wd−−] [++Ws],[++Wd] [−−Ws],[−−Wd]	加法: Wb + Ws → 目的寄存器 源数据:基址+变址 　　　支持直接或间接寻址 目的数据:支持直接或间接寻址 该基本指令可组合成:6×6=36 条	1	1	DC,N,OV,Z,C
5	ADDC{.B} f {,WREG}	带进位加法: f + WREG + (C) → 目的寄存器	1	1	DC,N,OV,Z,C
6	ADDC{.B} #lit10,Wn	带进位加法: lit10 + Wn + (C) → Wn	1	1	DC,N,OV,Z,C
7	ADDC{.B} Wb,#lit5,Wd [Wd] [Wd++] [Wd−−] [++Wd] [−−Wd]	带进位加法: Wb + lit15 + (C) → 目的寄存器 目的数据:支持直接或间接寻址 例 1:ADDC.B W6, #0x1f, W8 例 2:ADDC W4, #0x4, [W8++]	1	1	DC,N,OV,Z,C

续表 B.2

序号	数学运算类	指令说明	字长	周期	影响标志
8	ADDC{.B} Wb, Ws, Wd [Ws],[Wd] [Ws++],[Wd++] [Ws--],[Wd--] [++Ws],[++Wd] [--Ws],[--Wd]	带进位加法： Wb + Ws + (C) → Wd 源数据：基址＋变址,支持直接或间接寻址 目的数据:支持直接和间接寻址 例1:ADDC.B W6, W8, [W10++] 例2:ADDC W6, W8, [W10++]	1	1	DC,N, OV,Z,C
9	DAW.B Wn	对 Wn 十进制调整→ Wn	1	1	C
10	DEC{.B} f {,WREG}	减1操作： f−1→目的寄存器	1	1	DC,N, OV,Z,C
11	DEC{.B} Ws, Wd [Ws], [Wd] [Ws++],[Wd++] [Ws--],[Wd--] [++Ws],[++Wd] [--Ws],[--Wd]	减1操作： 源寄存器−1→目的寄存器 目的数据和源数据:支持直接和间接寻址 例1:DEC.B W6, W8 例2:DEC [W6++],[W8--]	1	2	DC,N, OV,Z,C
12	DEC2{.B} f {,WREG}	减2操作： f−2→目的寄存器	1	2	DC,N, OV,Z,C
13	DEC2{.B} Ws, Wd [Ws], [Wd] [Ws++],[Wd++] [Ws--],[Wd--] [++Ws],[++Wd] [--Ws],[--Wd]	减2操作： 源寄存器−2→目的寄存器 目的数据和源数据:支持直接和间接寻址 例1:DEC2.B W6, W8 例2:DEC2 [W6++],[W8--]	1	1	DC,N, OV,Z,C
14	DIV.S Wm, Wn 例:REPEAT #17 　　　DIV.S W3, W4 除法指令都要结合 REPEAT 指令操作	有符号16/16位整数除法： 符号扩展:W0 为负数,则 0xffff→W1 　　　　　W0 为正数,则 0x0000→W1 W1:W0/Wn → W0,余数→W1	1	18	N,OV, Z,C
15	DIV.SD Wm, Wn 例:REPEAT #17 　　　DIV.SD W0, W12	有符号32/16位整数除法：(Wm 为偶数) Wm+1:Wm → W1:W0 W1:W0/Wn → W0,余数→W1	1	18	N,OV, Z,C

续表 B.2

序号	数学运算类	指令说明	字长	周期	影响标志
16	DIV.U Wm,Wn 例:REPEAT #17 　　DIV.U　W3,W4	无符号 16/16 位整数除法： 0x0000→W1 W1:W0/Wn → W0,余数→W1	1	18	N,OV, Z,C
17	DIV.UD Wm,Wn 例:REPEAT #17 　　DIV.UD　W10,W12	无符号 32/16 位整数除法：(Wm 为偶数) Wm+1:Wm → W1:W0 W1:W0/Wn → W0,余数→W1	1	18	N,OV, Z,C
18	DIVF Wm,Wn 例:REPEAT #17 　　DIVF　W8,W9	有符号 16/16 位小数除法： 0x0000 → W0,Wm → W1 W1:W0/Wn → W0,余数→W1	1	18	N,OV, Z,C
19	INC{.B} f {,WREG}	加 1 操作： f + 1 →目的寄存器(W0 或文件寄存器里)	1	1	DC,N, OV,Z,C
20	INC{.B}　Ws,　Wd 　　　　［Ws］,［Wd］ 　　　　［Ws++］,［Wd++］ 　　　　［Ws--］,［Wd--］ 　　　　［++Ws］,［++Wd］ 　　　　［--Ws］,［--Wd］	加 1 操作： 源寄存器 + 1 → 目的寄存器 例 1: INC.B W1,［++W2］ 例 2: INC　W1,W2	1	1	DC,N, OV,Z,C
21	INC2{.B} f {,WREG}	加 2 操作： f + 2 →目的寄存器(W0 或文件寄存器里)	1	1	DC,N, OV,Z,C
22	INC2{.B}　Ws,　Wd 　　　　　［Ws］,［Wd］ 　　　　　［Ws++］,［Wd++］ 　　　　　［Ws--］,［Wd--］ 　　　　　［++Ws］,［++Wd］ 　　　　　［--Ws］,［--Wd］	加 2 操作： 源寄存器 + 2 → 目的寄存器 例 1: INC2.B W1,［++W2］ 例 2: INC2　W1,W2	1	1	DC,N, OV,Z,C
23	MUL{.B} f	无符号乘法：f × WREG → 结果寄存器 字节操作:W0<7:0> × f<7:0> → W2 字操作:W0 × f → W2:W3	1	1	无

续表 B.2

序号	数学运算类	指令说明	字长	周期	影响标志
24	MUL.SS Wb, Ws, Wnd [Ws], [Ws++], [Ws--], [++Ws], [--Ws],	两个16位有符号数乘法: Wnd 为偶数 Wb × Ws → Wnd+1:Wnd 例1:MUL.SS W2,[--W4],W0 例2:MUL.SS W0,W1,W12	1	1	无
25	MUL.SU Wb,♯lit5,Wnd	16位有符号数与5位无符号立即数乘法: Wb × lit5 → Wnd+1:Wnd	1	1	无
26	MUL.SU Wb, Ws, Wnd	16位有符号数与16位无符号数 Ws 乘法: Wb × Ws → Wnd+1:Wnd	1	1	无
27	MUL.US Wb, Ws, Wnd	16位无符号数与16位有符号数 Ws 乘法: Wb × Ws → Wnd+1:Wnd	1	1	无
28	MUL.UU Wb,♯lit5,Wnd	16位无符号数与5位无符号立即数乘法: Wb × lit5 → Wnd+1:Wnd	1	1	无
29	MUL.UU Wb, Ws, Wnd	两个16位无符号数乘法(Wnd 为偶数): Wb × Ws → Wnd+1:Wnd	1	1	无
30	SE Ws, Wnd [Ws], [Ws++], [Ws--], [++Ws], [--Ws],	符号扩展: 源数据为负数:0xff → Wnd<15:8> 源数据为正数:0x00→Wnd<15:8> SE 的含义为:Sign Extend 例1:SE [W2++],W12 例2:SE W3,W4	1	1	N,Z,C
31	SUB{.B} f {,WREG}	减法:f−W0→目的寄存器 例1:SUB.B 0x1fff	1	1	DC,N, OV,Z,C
32	SUB{.B} ♯lit10,Wn	减法:Wn−lit10 → Wn 例1:SUB.B ♯0x10f, W0	1	1	DC,N, OV,Z,C
33	SUB{.B} Wb,♯lit5, Wd [Wd] [Wd++] [Wd--] [++Wd] [--Wd]	减法: Wb− lit5 → 目的寄存器 例1:SUB.B W4, 0x10, W5 例2:SUB W0, 0x08,[W2++]	1	1	DC,N, OV,Z,C

续表 B.2

序号	数学运算类	指令说明	字长	周期	影响标志
34	SUB{.B} Wb,Ws, Wd [Ws], [Wd] [Ws++],[Wd++] [Ws--],[Wd--] [++Ws],[++Wd] [--Ws],[--Wd]	减法: Wb−Ws→目的寄存器 例1:SUB.B W0,W1,W0 例2:SUB W7,[W8++],[W9++]	1	1	DC,N,OV,Z,C
35	SUBB{.B} f {,WREG}	带借位减法:f−W0−(C)→目的寄存器 例1:SUBB.B 0x1fff	1	1	DC,N,OV,Z,C
36	SUBB{.B} #lit10,Wn	带借位减法:Wn−lit10−(C)→Wn 例1:SUBB.B #0x10f,W0	1	1	DC,N,OV,Z,C
37	SUBB{.B} Wb,#lit5,Wd [Wd] [Wd++] [Wd--] [++Wd] [--Wd]	带借位减法: Wb−lit5−(C)→目的寄存器 例1:SUBB.B W4,0x10,W5 例2:SUBB W0,0x08,[W2++]	1	1	DC,N,OV,Z,C
38	SUBB {.B} Wb, Ws, Wd [Ws], [Wd] [Ws++],[Wd++] [Ws--],[Wd--] [++Ws],[++Wd] [--Ws],[--Wd]	带借位减法: Wb−Ws−(C)→目的寄存器 例1:SUBB.B W0,W1,W0 例2:SUBB W7,[W8++],[W9++]	1	1	DC,N,OV,Z,C
39	SUBBR{.B} f {,WREG}	带借位减法:W0−f−(C)→目的寄存器 例1:SUBBR.B 0x803	1	1	DC,N,OV,Z,C

续表 B.2

序号	数学运算类	指令说明	字长	周期	影响标志
40	SUBBR{.B} Wb, #lit5, Wd 　　　　　　[Wd] 　　　　　　[Wd++] 　　　　　　[Wd−−] 　　　　　　[++Wd] 　　　　　　[−−Wd]	带借位减法： lit5−Wb−(C)→Wd 例1：SUBBR.B W4, 0x10, W5 例2：SUBBR W0, 0x08, [W2++]	1	1	DC, N, OV, Z, C
41	SUBBR{.B} Wb, Ws, 　Wd 　　　　　　[Ws], [Wd] 　　　　　　[Ws++], [Wd++] 　　　　　　[Ws−−], [Wd−−] 　　　　　　[++Ws], [++Wd] 　　　　　　[−−Ws], [−−Wd]	带借位减法： Ws−Wb−(C)→目的寄存器 例1：SUBBR.B W0, W1, W0 例2：SUBBR W7, [W8++], [W9++]	1	1	DC, N, OV, Z, C
42	SUBR{.B} f {, WREG}	减法：W0−f→目的寄存器 例1：SUBR.B 0x803	1	1	DC, N, OV, Z, C
43	SUBR{.B} Wb, #lit5, Wd 　　　　　　[Wd] 　　　　　　[Wd++] 　　　　　　[Wd−−] 　　　　　　[++Wd] 　　　　　　[−−Wd]	减法： lit5−Wb→目的寄存器 例1：SUBR.B W4, 0x10, W5 例2：SUBR W0, 0x08, [W2++]	1	1	DC, N, OV, Z, C
44	SUBR{.B} Wb, Ws, 　Wd 　　　　　　[Ws], [Wd] 　　　　　　[Ws++], [Wd++] 　　　　　　[Ws−−], [Wd−−] 　　　　　　[++Ws], [++Wd] 　　　　　　[−−Ws], [−−Wd]	减法： 源寄存器−Wb→目的寄存器 例1：SUBR.B W0, W1, W0 例2：SUBR W7, [W8++], [W9++] 注意：SUBR 与 SUB 指令的区别在于，SUBR 的减数和被减数与 SUB 相反	1	1	DC, N, OV, Z, C
45	ZE　Ws, 　Wnd 　　　[Ws], 　　　[Ws++], 　　　[Ws−−], 　　　[++Ws], 　　　[−−Ws],	零扩展： Ws<7：0>→Wnd<7：0>, 0→Wnd<15：8> ZE 的含义为：Zero Extend 例1：ZE W0, W1 例2：ZE [W2++], W4	1	1	DC, N, OV, Z, C

B.1.3 逻辑操作类(22条)

逻辑运算类指令主要包括各种类型的逻辑"与"、"或"、"非"、"异或"等逻辑操作。其中也包括一些特殊的逻辑操作,比如文件寄存器或工作寄存器全清"0"、全置"1"等逻辑运算。

表 B.3 所列为逻辑运算类指令,共 22 条。

其中涉及的寄存器定义和缩写符号包括:

- #lit10:代表 10 位无符号立即数(Literal),表示范围[0,255](字节)、[0,1 023](字)。
- #lit5:代表 5 位无符号立即数(Literal),表示范围 [0,31]。
- Ws、Wd、Wb、Wn ∈ (W0,W1,…,W15),即所有工作寄存器。

表 B.3 逻辑运算类指令

序号	逻辑运算类	指令说明	字长	周期	影响标志
1	AND{.B} f {,WREG}	"与"逻辑:f .AND. WREG → 目的寄存器	1	1	N,Z
2	AND{.B} #lit10,Wn	"与"逻辑:lit10 .AND. Wn → Wn	1	1	N,Z
3	AND{.B} Wb,#lit5,Wd [Wd] [Wd++] [Wd--] [++Wd] [--Wd]	"与"逻辑: Wb .AND. lit5 → 目的寄存器。寄存器与 5 位立即数相"与",结果放在目的寄存器 例 1:AND.B W0, #0x3, [W1++] 例 2:AND W0, #0x1F, W1 例 3:AND W8, #0x10, [W12--]	1	1	N,Z
4	AND{.B} Wb, Ws, Wd [Ws], [Wd] [Ws++],[Wd++] [Ws--],[Wd--] [++Ws],[++Wd] [--Ws],[--Wd]	"与"逻辑: Wb .AND. Ws → 目的寄存器。 例 1:AND.B W0, W1 [W2++] 例 2:AND W6, [W1++], W2 例 3:AND W2, W1, W4	1	1	N,Z
5	CLR{.B} f	清零:对文件寄存器清零,0x0000 → f	1	1	无
6	CLR{.B} WREG	清零:对工作寄存器清零,0x0000 → W0	1	1	无
7	CLR{.B} Wd [Wd] [Wd++] [Wd--] [++Wd] [--Wd]	清零: 对目的寄存器清零 字操作:0x0000 → 目的寄存器 字节操作:0x00 → 目的寄存器 例 1:CLR.B [W2++] 例 2:CLR W2	1	1	无
8	COM{.B} f {,WREG}	取反:f→目的寄存器(WREG 或 F)	1	1	N,Z

续表 B.3

序号	逻辑运算类	指令说明	字长	周期	影响标志
9	COM{.B} Ws, Wd [Ws], [Wd] [Ws++],[Wd++] [Ws--],[Wd--] [++Ws],[++Wd] [--Ws],[--Wd]	取反: 源数据按位取反,Ws→目的寄存器 Wd 例 1:COM.B W13,[W4++] 例 2:COM [++W0],[W12--] 例 3:COM [W6],W8	1	1	N,Z
10	IOR{.B} f{,WREG}	"或"逻辑:f.IOR.WREG→目的寄存器	1	1	N,Z
11	IOR{.B} #lit10,Wn	"或"逻辑:Lit10.IOR.Wn→Wn	1	1	N,Z
12	IOR{.B} Wb,#lit5,Wd [Wd] [Wd++] [Wd--] [++Wd] [--Wd]	"或"逻辑: Wb.IOR.lit5→Wd 指定寄存器 Wb 里的数据和 5 位立即数进行"或"操作,结果放在目的寄存器里 例 1:IOR.B W13,#0x10,[W4++] 例 2:IOR W0,#0x1e,W3	1	1	N,Z
13	IOR{.B} Wb,Ws, Wd [Ws], [Wd] [Ws++],[Wd++] [Ws--],[Wd--] [++Ws],[++Wd] [--Ws],[--Wd]	"或"逻辑: Wb.IOR.Ws→Wd 指定寄存器 Wb 里的数据和源寄存器进行"或"操作,结果放在目的寄存器里 例 1:IOR.B W13,[W4++] 例 2:IOR W4,[W0++],[W6++]	1	1	N,Z
14	NEG{.B} f{,WREG}	取负:f+1→目的寄存器 对文件寄存器取补,结果放在目的寄存器	1	1	DC,N,OV,Z,C
15	NEG{.B} Ws, Wd [Ws], [Wd] [Ws++],[Wd++] [Ws--],[Wd--] [++Ws],[++Wd] [--Ws],[--Wd]	取负: 源数据按位取反加 1(取补),Ws+1→Wd, 结果放在目的寄存器里。源数据和目的数据都可以采用直接或间接寻址 例 1:NEG.B W2,[W4++],[W6++] 例 2:NEG W4,[W0--],[W6--]	1	1	DC,N,OV,Z,C

续表 B.3

序号	逻辑运算类	指令说明	字长	周期	影响标志
16	SETM{.B} f	置全"1":(对文件寄存器) 字操作:0xFFFF→ f <15:0> 字节操作:0xFF→ f <7:0>	1	1	无
17	SETM{.B} WREG	置全"1":(对工作寄存器) 字操作:0xFFFF→W0 <15:0> 字节操作:0xFF→W0 <7:0>	1	1	无
18	SETM{.B}　Wd 　　　　　[Wd] 　　　　　[Wd++] 　　　　　[Wd−−] 　　　　　[++Wd] 　　　　　[−−Wd]	置全"1":(对目的寄存器) 字操作:0xFFFF→Wd <15:0> 字节操作:0xFF→Wd <7:0> 例1:SETM.B W13;W13 低 8 位置"1" 例2:SETM W0;W0 的 16 位全部置"1"	1	1	无
19	XOR{.B} f {, WREG}	"异或"逻辑:f ⊕ WREG→目的寄存器	1	1	N,Z
20	XOR{.B} #lit10, Wn	"异或"逻辑:lit10 ⊕ Wn→ Wn	1	1	N,Z
21	XOR{.B} Wb, #lit5, Wd 　　　　　　　[Wd] 　　　　　　　[Wd++] 　　　　　　　[Wd−−] 　　　　　　　[++Wd] 　　　　　　　[−−Wd]	"异或"逻辑: Wb ⊕ lit5 → 目的寄存器 Wd 直接数据和 5 位立即数相异或,结果保存在目的寄存器里 例:XOR.B W4, #0x03, [W1++] 例2:XOR W0, #0x1F, W1	1	1	N,Z
22	XOR{.B} Wb, Ws,　 Wd 　　　　　[Ws], [Wd] 　　　　　[Ws++],[Wd++] 　　　　　[Ws−−],[Wd−−] 　　　　　[++Ws],[++Wd] 　　　　　[−−Ws],[−−Wd]	"异或"逻辑: Wb ⊕ Ws → 目的寄存器 Wd 两个源数据异或,结果保存到目的寄存器里,第一个源数据是直接寻址,第二个源数据是直接或间接寻址(可后加/减或预加/减) 例:XOR.B W1, [W5++], [W1++]	1	1	N,Z

B.1.4 循环操作类(20 条)

循环操作类指令通常用于在一个指令周期内对数据进行一位或若干位的左移或右移。移位操作包括算数移位和逻辑移位。广泛用于软件狗、通信信号处理、加密解密算法等场合。

表 B.4 所列为循环操作类指令,共 20 条。
其中涉及的寄存器定义和缩写符号包括:
- ♯lit4:代表 4 位无符号立即数(Literal),表示范围 [0,15]。
- Ws、Wd、Wb、Wnd、Wns ∈ (W0,W1,…,W15),即所有工作寄存器。

表 B.4 循环操作类指令

序号	循环操作类	指令说明	字长	周期	影响标志
1	ASR{.B} f {,WREG}	算术右移:穿越 C,f 算术右移 1 位→目的寄存器	1	1	N,Z,C
2	ASR{.B} Ws,Wd [Ws],[Wd] [Ws++],[Wd++] [Ws--],[Wd--] [++Ws],[++Wd] [--Ws],[--Wd]	算术右移: 穿越 C,源数据算术右移 1 位 → Wd 最高位保持原值,整个字/字节右移 1 位: 例:ASR.B W1,[W5++];W1 中的数据不受移位影响	1	1	N,Z,C
3	ASR Wb,♯lit4,Wnd	算术右移: 不穿越 C,源数据向右移 ♯lit4 位(最多 15),并根据原符号位对高 ♯lit4 位做符号扩展,结果送入 Wnd 例:ASR W1,♯3,W5	1	1	N,Z
4	ASR Wb,Wns, Wnd	算术右移: 不穿越 C,源数据被向右移 Wns 位(最多 15),并根据源数据的原符号位对高 Wns 位做符号扩展,结果送入 Wnd	1	1	N,Z
5	LSR{.B} f {,WREG}	逻辑右移: 穿越 C,f 逻辑右移 1 位→目的寄存器	1	1	N,Z,C
6	LSR{.B} Ws, Wd [Ws], [Wd] [Ws++],[Wd++] [Ws--],[Wd--] [++Ws],[++Wd] [--Ws],[--Wd]	逻辑右移: 穿越 C,对 Ws 逻辑右移 1 位→ Wd,整个字/字节逻辑右移 1 位,高位填"0",结果送入目的寄存器 Wd 例1:LSR.B W1,[W5++] 例2:LSR [W0],W1	1	1	N,Z,C

续表 B.4

序号	逻辑运算类	指令说明	字长	周期	影响标志
7	LSR Wb, #lit4, Wnd	逻辑右移： 不穿越 C，源数据被向右移 #lit4 位（最多 15），同时对高 #lit4 位进行填"0"处理，结果送入 Wnd	1	1	N,Z
8	LSR Wb, Wns, Wnd	逻辑右移： 不穿越 C，对 Wb 逻辑右移 Wns 位 → Wnd 源数据被向右移 Wns 位（最多 15 位），同时对高 Wns 位进行填"0"处理，结果送入 Wnd	1	1	N,Z
9	RLC{.B} f {,WREG}	循环左移： 对 f 左移 1 位（穿越 C）→ 目的寄存器	1	1	N,Z,C
10	RLC{.B} Ws, Wd [Ws], [Wd] [Ws++],[Wd++] [Ws− −],[Wd− −] [++Ws],[++Wd] [− −Ws],[− −Wd]	循环左移： 穿越 C，对 Ws 循环左移 1 位 → Wd （向左大循环）： 例 1：RLC.B W1, W4 例 2：RLC [++W0], W10	1	1	N,Z,C
11	RLNC{.B} f {,WREG}	循环左移：不穿越 C，对 f 循环左移 1 位 → 目的寄存器	1	1	N,Z
12	RLNC{.B} Ws, Wd [Ws], [Wd] [Ws++],[Wd++] [Ws− −],[Wd− −] [++Ws],[++Wd] [− −Ws],[− −Wd]	循环左移： 不穿越 C，对循 Ws 循环左移 1 位 → Wd （向左小循环）： 例 1：RLNC.B W1, W4 例 2：RLNC [++W0], W10	1	1	N,Z
13	RRC{.B} f {,WREG}	循环右移：穿越 C，对 f 循环右移 1 位 → 目的寄存器	1	1	N,Z,C

续表 B.4

序号	逻辑运算类	指令说明	字长	周期	影响标志
14	RRC{.B} Ws, Wd [Ws], [Wd] [Ws++],[Wd++] [Ws--],[Wd--] [++Ws],[++Wd] [--Ws],[--Wd]	循环右移： 穿越 C，对 Ws 循环右移 1 位 → Wd （向右大循环）： 例1：RRC.B W1, W4 例2：RRC [++W0], W10	1	1	N,Z,C
15	RRNC{.B} f{,WREG}	循环右移： 不穿越 C，对 f 循环右移 1 位 → 目的寄存器	1	1	N,Z
16	RRNC{.B} Ws, Wd [Ws], [Wd] [Ws++],[Wd++] [Ws--],[Wd--] [++Ws],[++Wd] [--Ws],[--Wd]	循环右移： 不穿越 C，对循 Ws 循环右移 1 位 → Wd （向右小循环）： 例1：RRNC.B W1, W4 例2：RRNC [++W0], W10	1	1	N,Z
17	SL{.B} f{,WREG}	逻辑左移：穿越 C，对 f 左移 1 位 → 目的寄存器	1	1	N,Z,C
18	SL{.B} Ws, Wd [Ws], [Wd] [Ws++],[Wd++] [Ws--],[Wd--] [++Ws],[++Wd] [--Ws],[--Wd]	逻辑左移： 穿越 C，源数据向左移位 1 次，低位填"0"，结果送入目的寄存器里（直接或间接寻址） 例1：SL.B [W1],[W4] 例2：SL [++W0],[--W10]	1	1	N,Z,C
19	SL Wb, #lit4, Wnd	逻辑左移： 不穿越 C，源数据被向左移 #lit4 位（最多15），同时对低 #lit4 位进行填"0"处理，结果送入 Wnd	1	1	N,Z
20	SL Wb, Wns, Wnd	逻辑左移： 不穿越 C，源数据 Wb 向左移 Wns 位（最多15位），同时对低 Wns 位进行填"0"处理，结果送入 Wnd	1	1	N,Z

B.1.5 位操作类(19 条)

位操作类指令是 MCU 最基本的指令。16 位 dsPIC/PIC 除了具备 8 位 MCU 的位置位、位清零、位翻转(PIC18)等基本位操作指令,还增加了位写入、位测试、位测试置位、位查找等高级位操作功能。全部位操作指令是单字单周期指令,操作功能强,运行速度快。快速直接的位操作能力是 PIC 的一个优势。

表 B.5 所列为位操作类指令,共 19 条。

其中涉及的寄存器定义和缩写符号包括:

- ♯bit4:代表 4 位位地址,对于字节操作表示范围 [0,7] 位,对于字操作表示范围则为 [0,15]。
- ♯lit5:代表 5 位无符号立即数(Literal),表示范围 [0,31]。
- Ws、Wb、Wnd ∈ (W0,W1,…,W15)。

表 B.5 位操作类指令

序号	位操作类	指令说明	字长	周期	影响标志
1	BCLR{.B} f, ♯bit4	位清零:0 → f 寄存器某一位(地址 ♯bit4)	1	1	无
2	BCLR{.B} Ws, ♯bit4 [Ws], [Ws++], [Ws--], [++Ws], [--Ws],	位清零: 0 → Ws 寄存器某一位(地址 ♯bit4) 例 1:BCLR.B [W1], ♯0x0f 例 2:BCLR [++W0], ♯0x04 例 3:BCLR [W0--], ♯0x04	1	1	无
3	BSET{.B} f, ♯bit4	位置位:1 → f 寄存器某一位(地址 ♯bit4)	1	1	无
4	BSET{.B} Ws, ♯bit4 [Ws], [Ws++], [Ws--], [++Ws], [--Ws],	位置位: 1 → Ws 寄存器某一位(地址 ♯bit4) 例 1:BSET.B [W1], ♯0x0F 例 2:BSET [--W0], ♯0x08 例 3:BSET [W0], ♯0x0E	1	1	无
5	BSW.C Ws, Wb [Ws], [Ws++], [Ws--], [++Ws], [--Ws],	位写入: 将 C 位写入 Ws 寄存器里的第 Wb 位(Wb 里低 4 位决定)共有 16 位可供选择(第 0 位~第 15 位) 例 1:BSW.C [W1], W6 例 2:BSW.C [--W0], W2 例 3:BSW.C [W0++], W10	1	1	无

续表 B.5

序号	逻辑运算类	指令说明	字长	周期	影响标志
6	BSW.Z Ws, Wb [Ws], [Ws++], [Ws--], [++Ws], [--Ws],	位写入： 将 Z 位写入 Ws 寄存器里的第 Wb 位(Wb 里低 4 位决定)共有 16 位可供选择(第 0 位～第 15 位) 例 1：BSW.Z　　[W1]，W6 例 2：BSW.Z　　[--W0]，W2 例 3：BSW.Z　　[W0++]，W10	1	1	无
7	BTG{.B} f,♯bit4	位反转：将 f 的第♯bit4 位进行位反转	1	1	无
8	BTG{.B} Ws,♯bit4 [Ws], [Ws++], [Ws--], [++Ws], [--Ws],	位反转： 将 Ws 里的第♯bit4 位进行位反转 共有 16 位可供选择(第 0 位～第 15 位) 例 1：BTG.B　　[W1]，♯0x0F 例 2：BTG　　[--W0]，♯0x08 例 3：BTG　　W0，♯0x0E；将 W0 里数据第 　　　　　　　　　　　　　；14 位反转	1	1	无
9	BTST{.B} f,♯bit4	位测试： 对文件寄存器 f 的第♯bit4 位进行位测试，并将该位取反后存储到零标志位 Z 中。F 寄存器的值不受影响	1	1	Z
10	BTST.C Ws,♯bit4 [Ws], [Ws++], [Ws--], [++Ws], [--Ws],	位测试： 对 Ws 的第♯bit4 位测试，将被测试位的值存储到进位 C 中 注：源寄存器的值不受位测试操作的影响 共有 16 位可供选择(第 0 位～第 15 位) 例 1：BTST.C　　[W1]，♯0x0F 例 2：BTST.C　　[--W0]，♯0x08	1	1	C
11	BTST.Z Ws, ♯bit4 [Ws], [Ws++], [Ws--], [++Ws], [--Ws],	位测试： 对 Ws 的第♯bit4 位测试，将被测试位取反后存储到零位 Z 中 注：源寄存器的值不受位测试操作的影响 共有 16 位可供选择(第 0 位～第 15 位) 例 1：BTST.Z　　[W1]，♯0x0F 例 2：BTST.Z　　[W0]，♯0x0E	1	1	Z

续表 B.5

序号	逻辑运算类	指令说明	字长	周期	影响标志
12	BTST.C Ws, Wb [Ws], [Ws++], [Ws--], [++Ws], [--Ws],	位测试： 对 Ws 的第 Wb 位测试，将被测试位的值存储到进位 C 中 注：源寄存器的值不受位测试操作的影响 共有 16 位可供选择(第 0 位～第 15 位) 例 1：BTST.C [W1], W2 例 2：BTST.C [--W0], [--W6]	1	1	C
13	BTST.Z Ws, Wb [Ws], [Ws++], [Ws--], [++Ws], [--Ws],	位测试： 对 Ws 的第 Wb 位测试，将被测试位取反后存储到零位 Z 中 注：源寄存器的值不受位测试操作的影响 共有 16 位可供选择(第 0 位～第 15 位) 例 1：BTST.Z [W1], W2 例 2：BTST.Z W0, W7	1	1	Z
14	BTSTS(.B) f, #bit4	位测试置位： 对寄存器 f 的第 #bit4 位进行位测试，并将该位取反后存储到零标志位 Z 中，然后将被测试位置"1"	1	1	Z
15	BTSTS.C Ws, #bit4 [Ws], [Ws++], [Ws--], [++Ws], [--Ws],	位测试置位： 对 Ws 的第 #bit4 位测试，将被测试位的值存储到进位 C 中 最后将源数据中的被测试位置"1" 例 1：BTSTS.C [W1], #0x0F 例 2：BTSTS.C [--W0], #0x08 例 3：BTSTS.C [W0], #0x0E	1	1	C
16	BTSTS.Z Ws, #bit4 [Ws], [Ws++], [Ws--], [++Ws], [--Ws],	位测试置位： 对 Ws 的第 #bit4 位测试，将被测试位取反后存储到零位 Z 中最后将源数据中的被测试位置"1" 例 1：BTSTS.Z W1, #0x0F 例 2：BTSTS.Z [--W0], #0x08 例 3：BTSTS.Z [++W0], #0x0E	1	1	Z

续表 B.5

序号	逻辑运算类	指令说明	字长	周期	影响标志
17	FBCL Ws, Wnd [Ws], [Ws++], [Ws−−], [++Ws], [−−Ws],	位查找:(向右查找位变化) 从最高位开始查找源数据里第一个发生位变化的位,FBCL 可以理解为:Find Bit Change from Left 若无位变化,0xFFF1(−15 的补码)→Wnd,"1"→C 若有位变化,位置(补码)→Wnd,"0"→C,位置定义为: Ws:│符号│ 0 │−1│−2│…│−13│−14│ 例如第一个位变化后的位置为−7,则 Wnd = 0xFFF9(补码) 例:FBCL W1,W2	1	1	C
18	FF1L Ws, Wnd [Ws], [Ws++], [Ws−−], [++Ws], [−−Ws],	位查找:(向右查找"1") 从最高位开始,查找源数据里第一个为"1"的位,FF1L 可以理解为:Find First "1" from Left 若没有找到"1",则 0→Wnd,"1"→C 若找到"1",则位置→Wnd "0"→C,位置定义为: Ws:│ 1 │ 2 │ 3 │ 4 │…│15│16│ 假如由左开始第一个为"1"的位置为 7,则 Wnd = 0x0007 例:FF1L [W1],W2	1	1	C
19	FF1R Ws, Wnd [Ws], [Ws++], [Ws−−], [++Ws], [−−Ws],	位查找:(向左查找"1") 从最低位开始,查找源数据里第一个为"1"的位,FF1R 可以理解为:Find First "1" from Right 若没有找到"1",则 0→Wnd,"1"→C 若找到"1",则位置→Wnd "0"→C,位置定义为: Ws:│16│15│14│13│…│ 2 │ 1 │ 假如由右开始第一个为"1"的位置为 16,则 Wnd = 0x0010 例:FF1R [W1],W2	1	1	C

B.1.6 比较跳转类(16条)

8位PIC单片机也有基本的比较跳转(跳过)指令用于测试某个特定的位,决定是否跳过下一条指令。16位dsPIC\PIC还增加了数据比较跳过指令、数据比较(并影响标志位)指令,增强了比较跳转功能。

表B.6所列为比较跳转类指令,共16条。

其中涉及的寄存器定义和缩写符号包括:
- ♯bit4:代表4位地址,对于字节操作表示范围[0,7]位,对于字操作表示范围则为[0,15]。
- ♯lit5:代表5位无符号立即数(Literal),表示范围[0,31]。
- Ws、Wb、Wn∈(W0,W1,…,W15)。

表B.6 比较跳转指令

序号	比较跳转类	指令说明	字长	周期	影响标志
1	BTSC{.B} f, ♯bit4	位测试跳过: 测试 f<♯lit4>,如果为0则跳过	1	1(2/3)	无
2	BTSC Ws, ♯bit4	位测试跳过: 测试 Ws<♯lit4>,如果为0则跳过	1	1(2/3)	无
3	BTSS{.B} f, ♯bit4	位测试跳过: 测试 f<♯lit4>,如果为1则跳过	1	1(2/3)	无
4	BTSS Ws, ♯bit4	位测试跳过: 测试 Ws<♯lit4>,如果为1则跳过	1	1(2/3)	无
5	CP{.B} f	数据比较: 比较 (f−WREG),并影响相关标志位	1	1	DC,N,OV,Z,C
6	CP{.B} Wb, ♯lit5	数据比较: 比较 (Wb−lit5),并影响相关标志位	1	1	DC,N,OV,Z,C
7	CP{.B} Wb, Ws [Ws] [Ws++] [Ws−−] [++Ws] [−−Ws]	数据比较: 比较 (Wb−Ws),并影响相关标志位 数据比较类指令不影响操作数的值 例1:CP.B W0, [W10++] 例2:CP W5, W6	1	1	DC,N,OV,Z,C

续表 B.6

序号	比较跳转类	指令说明	字长	周期	影响标志
8	CP0{.B} f	数据比较： 比较 (f−0x0000)，并影响相关标志位	1	1	DC,N, OV,Z,C
9	CP0{.B} Ws [Ws] [Ws++] [Ws−−] [++Ws] [−−Ws]	数据比较： 比较（Ws−0x0000），并影响相关标志位 例1：CP.B [W10++] 例2：CP ，W6	1	1	DC,N, OV,Z,C
10	CPB{.B} f	数据比较：(带借位) 比较 (f−WREG−C)，并影响相关标志位	1	1	DC,N, OV,Z,C
11	CPB{.B} Wb,#lit5	数据比较：(带借位) 比较（Wb−lit5−C），并影响相关标志位	1	1	DC,N, OV,Z,C
12	CPB{.B} Wb, Ws [Ws] [Ws++] [Ws−−] [++Ws] [−−Ws]	数据比较：(带借位) 比较（Wb−Ws−C），并影响相关标志位 例1：CPB.B W0，[W10−−] 例2：CPB W5，W6	1	1	DC,N, OV,Z,C
13	CPSEQ Wb，Wn	数据比较跳过： 比较（Wb−Wn），如果 ＝ 则跳过下条指令	1	1(2/3)	DC,N, OV,Z,C
14	CPSGT Wb，Wn	数据比较跳过： 比较（Wb−Wn），如果 ＞ 则跳过下条指令	1	1(2/3)	DC,N, OV,Z,C
15	CPSLT Wb，Wn	数据比较跳过： 比较（Wb−Wn），如果 ＜ 则跳过下条指令	1	1(2/3)	DC,N, OV,Z,C
16	CPSNE Wb，Wn	数据比较跳过： 比较（Wb−Wn），如果 ≠ 则跳过下条指令	1	1(2/3)	DC,N, OV,Z,C

B.1.7 程序分支类(35 条)

程序分支类指令用于从当前 PC 所在处跳转到另外一个目的地址。包括短跳转、长跳转、间接跳转、短调用、长调用、间接调用，还包括条件跳转指令，用于根据不同的现场条件（通常取决于一个或若干个标志位的情况)跳转到目的地址。

表 B.7 所列为程序分支类指令,共 35 条。

其中涉及的寄存器定义和缩写符号包括:
- ♯lit14:代表 14 位无符号立即数(Literal),表示范围 [0,16383]。
- ♯lit10:代表 14 位无符号立即数(Literal),表示范围 [0,1023]。
- Wn ∈ (W0,W1,…,W15),所有工作寄存器。
- 符号"⊙"代表同或逻辑,符号"⊕"代表异或逻辑。

表 B.7　程序分支类指令

序号	程序分支类	指令说明	字长	周期	影响标志
1	BRA Expr	短跳转:±32 K	1	2	无
2	BRA Wn	短跳转: Wn 扩展成 17 位赋给 PC 低 17 位,跳转范围±32 K	1	2	无
3	BRA C, Expr	条件跳转: 若 C ="1",则跳转±32 K	1	1/2	无
4	BRA GE, Expr	条件跳转: 若 N ⊙ OV ="1"(≥),则跳转±32 K	1	1/2	无
5	BRA GEU, Expr	条件跳转: 功能和指令编码与 BRA C,Expr 完全一样	1	1/2	无
6	BRA GT, Expr	条件跳转: 若 $\overline{Z}$(N ⊙ OV)="1"(>),则跳转±32 K	1	1/2	无
7	BRA GTU, Expr	条件跳转: 若 C$\overline{Z}$ ="1"(无符号>),则跳转±32 K	1	1/2	无
8	BRA LE, Expr	条件跳转: 若 Z +(N ⊕ OV)="1"(≤),则跳转±32 K	1	1/2	无
9	BRA LEU, Expr	条件跳转: 若 $\overline{C}$ + Z ="1"(无符号≤),则跳转±32 K	1	1/2	无
10	BRA LT, Expr	条件跳转: 若 N ⊕ OV ="1"(<),则跳转±32 K	1	1/2	无
11	BRA LTU, Expr	条件跳转 功能和指令编码与 BRA NC,Expr 完全一样	1	1/2	无

续表 B.7

序号	程序分支类	指令说明	字长	周期	影响标志
12	BRA N, Expr	条件转移： 若 N ="1"(<0),则跳转±32 K	1	1/2	无
13	BRA NC, Expr	条件跳转： 若 C ="1"(有借位),则跳转±32 K	1	1/2	无
14	BRA NN, Expr	条件跳转： 若 N ="1"(≥0),则跳转±32 K	1	1/2	无
15	BRA NOV, Expr	条件跳转： 若 OV ="1"(无溢出),则跳转±32 K	1	1/2	无
16	BRA NZ, Expr	条件跳转： 若 Z ="1"(非零),则跳转±32 K	1	1/2	无
17	BRA OA, Expr	条件跳转： 若 OA ="1"(累加器 A 溢出),则跳转±32 K	1	1/2	无
18	BRA OB, Expr	条件跳转： 若 OB ="1"(累加器 B 溢出),则跳转±32 K	1	1/2	无
19	BRA OV, Expr	条件跳转： 若 OV ="1"(溢出),则跳转±32 K	1	1/2	无
20	BRA SA, Expr	条件跳转： 若 SA ="1"(累加器 A 饱和)),则跳转±32 K	1	1/2	无
21	BRA SB, Expr	条件跳转： 若 SB ="1"(累加器 B 饱和),则跳转±32 K	1	1/2	无
22	BRA Z, Expr	条件跳转： 若 Z ="1"(=0),则跳转±32 K	1	1/2	无
23	CALL Expr	长调用：调用范围为全空间 4 M	2	2	无
24	CALL Wn	间接调用：程序空间前 32 K	1	2	无
25	DO #lit14, Expr	代码块循环：执行自下一条指令起到 PC+Expr 之间的代码块(lit14 + 1)次	2	2	DA
26	DO Wn, Expr	代码块循环：执行自下一条指令起到 PC+Expr 之间的代码块(Wn+1)次	2	2	DA

续表 B.7

序号	程序分支类	指令说明	字长	周期	影响标志
27	GOTO Expr	长跳转： 链接器从 Expr 获得 23 位地址→PC<23：0>,4M 范围	1	2	无
28	GOTO Wn	间接跳转： Wn<15：1>→PC<15：1>,PC 其他位填"0",跳转到程序空间的前 32 K 范围	1	2	无
29	RCALL Expr	短调用：±32 K	1	2	无
30	RCALL Wn	计算调用： Wn 扩展成 17 位赋给 PC 低 17 位,调用范围±32 K	1	2	无
31	REPEAT #lit14	单指令循环： 执行当前指令的下一条指令(lit14 + 1)次	1	1	RA
32	REPEAT Wn	单指令循环： 执行当前指令的下一条指令(Wn+1)次	1	1	RA
33	RETFIE	中断返回： 弹出堆栈恢复现场,允许中断	1	3/2	IPL<3：0>,RA,N,OV,Z,C
34	RETLW #lit10,Wn	带参数返回： 将立即数 lit10 存储到 Wn 里,子程序返回	1	3/2	无
35	RETURN	子程序返回	1	3/2	无

B.1.8 影子/堆栈操作类(10 条)

用户可以使用这些指令保护现场、数据,编译器可以使用这类指令进行堆栈操作、参数保存和传递。

表 B.8 所列为影子、堆栈操作类指令及其详细解释。

其中涉及的寄存器定义和缩写符号的含义包括:

- #lit14:代表 14 位无符号立即数(Literal),表示范围 [0,16 383]。
- Ws、Wd ∈(W0,W1,…,W15),所有工作寄存器。
- Wns ∈(W0,W2,…,W14),偶数工作寄存器。

表 B.8 影子/堆栈操作类指令

序号	影子/堆栈操作类	指令说明	字长	周期	影响标志
1	LNK #lit14	分配堆栈帧： W14→TOS, W15+2→W15, W15→W14, W15+Lit14→W15	1	1	无
2	ULNK	释放堆栈帧： W14→W15, W15-2→W15, TOS→W14	1	1	无
3	POP f	栈顶内容弹出到 f	1	1	无
4	POP Wd [Wd] [Wd++] [Wd--] [++Wd] [--Wd]	出栈： 栈顶内容弹出到目的寄存器 Wd， W15-2→W15, TOS→Wd 例1：POP W1 例2：POP [W8] 例3：POP [W0++]	1	1	无
5	POP.D Wnd	出栈： 从栈顶弹出双字到 Wd：Wnd+1	1	2	无
6	POP.S	出栈： 将影子寄存器内容弹出到 W0~W3, C, Z, OV, N, DC	1	1	DC,N,OV,Z,C
7	PUSH f	压栈：将 f 内容压入栈顶	1	1	无
8	PUSH Ws [Ws] [Ws++] [Ws--] [++Ws] [--Ws]	压栈： 将源寄存器 Ws 内容压入栈顶 Ws→TOS, W15+2→W15 例1：PUH W1 例2：PUSH [W8] 例3：PUSH [W0++]	1	1	无
9	PUSH.D Wns	压栈：将双字 Wns：Wns+1 的内容压入栈顶	1	2	无
10	PUSH.S	压栈： 将 W0~W3, C, Z, OV, N, DC 内容压入影子寄存器	1	1	无

B.1.9 CPU 控制类(6 条)

控制类指令用于设置 CPU 相关的系统级操作，如操作看门狗、空操作、软件禁止中断、低功耗管理、系统复位等。

表 B.9 所列为 CPU 控制类指令的详细介绍和范例。下面是涉及的符号及其含义:
- ♯lit14:代表 14 位无符号立即数(Literal),表示范围 [0,16 383]。
- ♯lit1:代表 1 位无符号立即数(Literal),表示范围 [−16,+15]。

表 B.9 CPU 控制类指令

序号	CPU 控制类	指令说明	字长	周期	影响标志
1	CLRWDT	清零看门狗: 清零看门狗、同时清零预分频器 A 和 B	1	1	无
2	DISI ♯lit14	禁止中断: 在 (lit14 + 1) 个指令周期内禁止中断	1	1	无
3	NOP	空操作	1	1	无
4	NOPR	空操作:与 NOP 功能相同,指令编码不同	1	1	无
5	PWRSAV ♯lit1	进入低功耗模式:(由 lit1 决定,两种模式) 例 1:PWRSAV ♯1　;进入 IDLE 模式 例 2:PWRSAV ♯0　;进入 SLEEP 模式	1	1	无
6	RESET	软件复位: CORCON 寄存器里的 SWR="1",表明发生了软件复位 PC="0x0",所有寄存器恢复到复位默认值	1	1	OAOB,OAB,SA,SB, SAB,DA,DC,IPL<2:0> RA,N,OV,Z,C

B.1.10 DSP 类(19 条)

DSP 类指令基本上是围绕累加器 Acc 进行工作的,DSP 累加器长度 40 位,共有两个功能相同的累加器 A 和 B,而且有各自得饱和和溢出逻辑及标志位。在 DSP 指令里这两个累加器都可以互换使用,因此我们用 Acc 统称 A、B 累加器。

DSP 类指令依靠 X(可读写)和 Y(只能读)数据总线以及相关的地址发生单元(AGU)进行操作数预取,大大节省了操作时间。结合回写(Write Back)操作,可以把与指令里指定累加器相对应的另外一个累加器的内容经处理后回写到指针指向的数据存储器里(如:指令里指定了累加器 A,则回写累加器 B 的内容)。

表 B.10 所列为 DSP 类指令。其中涉及的寄存器定义和缩写符号包括:
- ♯Slit4:代表 4 位有符号立即数(Signed Literal),表示范围 [−8,+7]。
- ♯Slit6:代表 6 位有符号立即数(Signed Literal),表示范围 [−16,+15]。
- AWB∈(W13,[W13]+=2):Acc Write Back,累加器回写。

- $Wm * Wn \in (W4 * W5; W4 * W6; W4 * W7; W5 * W6; W5 * W7; W6 * W7)$。
- $Wm * Wm \in (W4 * W4; W5 * W5; W6 * W6; W7 * W7)$。
- $Acc \in (A, B)$。
- $Wx \in (W8, W9); kx \in (-6, -4, -2, 2, 4, 6); Wxd \in (W4, \cdots, W7)$。
- $Wy \in (W10, W11); ky \in (-6, -4, -2, 2, 4, 6); Wyd \in (W4, \cdots, W7)$。
- $Ws、Wd、Wb \in (W0, W1, \cdots, W15)$。

表 B.10 DSP 类指令

序号	DSP 类	指令说明	字长	周期	影响标志
1	ADD Acc	累加器 A 和 B 相加:(40 位运算) 例 1:ADD A;A+B→A 例 2:ADD B;B+A→B	1	1	OA,OB,OAB,SA SB,SAB
2	ADD Ws,{#Slit4},Acc	加入累加器:(不影响源寄存器的值) 将 16 位有符号数(移位后)加到 Acc<15:8>; #Slit4<0,则源数据先数学左移 #Slit4 位 #Slit4>0,则源数据先数学右移 #Slit4 位	1	1	OA,OB,OAB,SA SB,SAB
3	CLR Acc {,[Wx],Wxd} {,[Wy],Wyd} {,AWB} {,[Wx]+=Kx,Wxd} {,[Wy]+=Ky,Wyd} {,[Wx]−=Kx,Wxd} {,[Wy]−=Ky,Wyd} {,[W9+W12],Wxd} {,[W11+W12],Wyd}	清零累加器: 可选择地,还可以为 MAC 类指令设置预取操作和回写操作。范例如下: CLR B [W8]+=2,W6,[W10]+=2,W7,W13	1	1	OA,OB SA,SB
4	ED Wm*Wm, Acc, Wx, Wy, Wxd [Wx]+=Kx, [Wy]+=Ky [Wx]−=Kx, [Wy]−=Ky [W9+W12], [W11+W12]	求欧几里德距离:(无累加) 对 Wm 求平方之后,求 Wx−Wy→Wxd 常用于求已知坐标的两点之间的距离。范例如下: ED W5*W5,B,[W9]+=2,[W11+W12],W5	1	1	OA,OB,OAB

附录 B 指令集详解

续表 B.10

序号	DSP 类	指令说明	字长	周期	影响标志
5	EDAC Wm * Wm, Acc, Wx, Wy, Wxd [Wx]+=Kx, [Wy]+=Ky [Wx]-=Kx, [Wy]-=Ky [W9+W12], [W11+W12]	求欧几里德距离：（用于求两点间距离） 对 Wm 求平方之后，求 Wx-Wy→Wxd。本指令还将平方之后的结果和 Acc 相加。范例： EDAC W4 * W4, A, W8, W10, W4	1	1	OA, OB, OAB, SA SB, SAB
6	LAC Ws, {#Slit4,} Acc [Ws] [Ws++] [Ws--] [++Ws] [--Ws] [Ws+Wb]	装载累加器：（不影响源寄存器的值） 源数据（1.15 小数）被符号扩展成 1.39，低 16 位填 "0"。可选源数据预先移位（-8～+7）： #Slit4<0，则源数据先数学左移 #Slit4 位 #Slit4>0，则源数据先数学右移 #Slit4 位 LAC [W4++], #-3, B	1	1	OA, OB, OAB, SA SB, SAB
7	MAC Wm * Wn Acc {,[Wx], Wxd} {,[Wy],Wyd} {,AWB} {,[Wx]+=Kx,Wxd} {,[Wy]+=Ky,Wyd} {,[Wx]-=Kx,Wxd} {,[Wy]-=Ky,Wyd} {,[W9+W12],Wxd} {,[W11+W12],Wyd}	乘加操作： Acc+Wn×Wm→Acc 可预取数据，可累加器回写。范例： MAC W4 * W5, A, [W8]+=6, W4, [W10]+=2, W5	1	1	OA, OB, OAB, SA SB, SAB
8	MAC Wm * Wm, Acc {,[Wx], Wxd} {,[Wy],Wyd} {,AWB} {,[Wx]+=Kx,Wxd} {,[Wy]+=Ky,Wyd} {,[Wx]-=Kx,Wxd} {,[Wy]-=Ky,Wyd} {,[W9+W12],Wxd} {,[W11+W12],Wyd}	求平方和： 一种特殊的乘加。对源数据求平方，结果和 Acc 相加。可预取数据，可累加器回写。范例： MAC W4 * W4, A, [W8]+=6, W4, [W10]+=2, W5	1	1	OA, OB, OAB, SA SB, SAB

续表 B.10

序号	DSP 类	指令说明	字长	周期	影响标志
9	MOVSAC Acc {,[Wx],Wxd} {,[Wy],Wyd} {,AWB} {,[Wx]+=Kx,Wxd} {,[Wy]+=Ky,Wyd} {,[Wx]−=Kx,Wxd} {,[Wy]−=Ky,Wyd} {,[W9+W12],Wxd} {,[W11+W12],Wyd}	预取与累加器回写： 预取：[Wx]→Wxd,[Wy]→Wyd 回写：另外一个 Acc→W13 或[W13]+=2 MOVSAC A,[W9]−=2,W4,[W11+W12],W6,W13 MOVSAC B,[W9]−=2,W4,[W11]−=2,W6,W13	1	1	无
10	MPY Wm * Wn Acc {,[Wx],Wxd} {,[Wy],Wyd} {,[Wx]+=Kx,Wxd} {,[Wy]+=Ky,Wyd} {,[Wx]−=Kx,Wxd} {,[Wy]−=Ky,Wyd} {,[W9+W12],Wxd} {,[W11+W12],Wyd}	乘法操作： Wn × Wm → Acc, CORCON<0>决定是小数还是整数乘法 MPY W4 * W5, A, [W8]+=2, W6, [W10]−=2, W7 MPY W6 * W7, B, [W8]+=2, W4, [W10]−=2, W5	1	1	OA,OB, OAB,SA SB,SAB
11	MPY Wm * Wm Acc {,[Wx],Wxd} {,[Wy],Wyd} {,[Wx]+=Kx,Wxd} {,[Wy]+=Ky,Wyd} {,[Wx]−=Kx,Wxd} {,[Wy]−=Ky,Wyd} {,[W9+W12],Wxd} {,[W11+W12],Wyd}	平方操作： Wm × Wm → Acc,可选修改预取指针 MPY W6 * W6, A, [W9]+=2,W6 MPY W4 * W4, B,[W9+W12]+=2,W4,[W10]+=2,W5	1	1	OA,OB, OAB,SA SB,SAB
12	MPY.N Wm * Wn Acc {,[Wx],Wxd} {,[Wy],Wyd} {,[Wx]+=Kx,Wxd} {,[Wy]+=Ky,Wyd} {,[Wx]−=Kx,Wxd} {,[Wy]−=Ky,Wyd} {,[W9+W12],Wxd} {,[W11+W12],Wyd}	两数相乘取负： −(Wn × Wm)→ Acc,可选修改预取指针 MPY.N W4 * W5, A, [W8]+=2,W6,[W10]−=2,W7 MPY.N W6 * W7, B,[W8]+=2,W4,[W10]−=2,W5	1	1	OA,OB, OAB

续表 B.10

序号	DSP 类	指令说明	字长	周期	影响标志
13	MSC Wm * Wn, Acc {,Wx,Wxd} {Wy,Wyd} {,AWB} {,[Wx]+=Kx,Wxd} {,[Wy]+=Ky,Wyd} {,[Wx]-=Kx,Wxd} {,[Wy]-=Ky,Wyd} {,[W9+W12],Wxd} {,[W11+W12],Wyd}	乘减操作： Acc−Wn×Wm→Acc，从 Acc 减去两个源数据的乘积。可预取数据，也可回写 Acc MSC W4 * W5, A,[W8]+=6,W4,[W10]+=2,W5	1	1	OA,OB,OAB,SA SB,SAB
14	NEG Acc	累加器取负： −Acc → Acc，(按位取反后加 1) 例：NEG A ;(或 B)	1	1	OA,OB,OAB,SA SB,SAB
15	SAC Acc, #Slit4, Wd [Wd] [Wd++] [Wd−−] [++Wd] [−−Wd] [Wd+Wb]	存储累加器值：(Acc 的值不受影响) Acc<31：16>→目标寄存器 可选择地，源数据预先移位 (−8~+7)： #Slit4<0，则源数据先数学左移#Slit4 位 #Slit4>0，则源数据先数学右移#Slit4 位 SAC 可理解为：Store ACc 例：SAC B, #−4,[W5++]	1	1	无
16	SAC.R Acc, #Slit4, Wd [Wd] [Wd++] [Wd−−] [++Wd] [−−Wd] [Wd+Wb]	存储累加器值：(Acc 的值不受影响) Acc 被舍入后，Acc<31：16>→目标寄存器 可选择地，源数据预先移位 (−8~+7)： #Slit4<0，则源数据先数学左移#Slit4 位 #Slit4>0，则源数据先数学右移#Slit4 位 SAC.R：Store ACc after Rounded 例：SAC.R A #4,W5	1	1	无

续表 B.10

序号	DSP 类	指令说明	字长	周期	影响标志
17	SFTAC Acc，#Slit6	**累加器算术移位**： 对源累加器 Acc 移位 #Slit6 位（-16~+15）： #Slit6<0，则 Acc 数学左移 #Slit6 位 #Slit6>0，则 Acc 数学右移 #Slit6 位 例：SFTAC A，#-10	1	1	OA,OB, OAB,SA SB,SAB
18	SFTAC Acc，Wn 注意：SFTAC 可以理解为：ShiFT Acc	**累加器算术移位**： 对源累加器 Acc 移位 Wn 位（-16~+15）： Wn<0，则 Acc 数学左移 #Slit6 位 Wn>0，则 Acc 数学右移 #Slit6 位 例：SFTAC A， W0	1	1	OA,OB, OAB,SA SB,SAB
19	SUB Acc	**累加器相减(40 位)**：累加器 A 和 B 相减 例 1：SUB A；A-B→A 例 2：SUB B；B-A→B	1	1	OA,OB, OAB,SA SB,SAB

附录 C
利用 DSP 核提高直流无刷电机的 PID 效率

C.1 直流无刷电机控制面临的挑战

直流无刷电机(以下简称 BLDC 电机)是在有刷直流电机(BDC)的基础上发展而来的一种同步电机。由于 BLDC 电机在定子上安排电枢绕组,而转子则是一个圆柱形永磁体,因此这种电机散热方便、容易维护、功率密度高。另外还使用电磁、光电位置传感器替代了机械电刷;电子换相器(单片机控制板)替代了机械换相器,使得噪声、火花、无线电干扰很小,延长了电机的寿命。BLDC 电机启动力矩大、结构简单、功率体积比大、调速范围宽等优点而在家电、工业、玩具、汽车、航空、医疗等电气传动中得到了广泛的应用。

在很多应用里电机的转速(RPM)越来越快,有些应用比如牙医钻、遥控模型、纺织机械等,其 BLDC 的转速高达每分钟数万转,这给 BLDC 的数字控制系统提出了挑战。同时日新月异的新型电机控制方式要求控制芯片具有 DSP 功能用来进行快速的数字信号处理(PID、FOC、FFT、数字滤波等),同时还要求芯片具备相应的外设(快速 A/D、电机专用 PWM、输入捕捉、端口变化中断等)以及良好电磁兼容性。

无传感器 BLDC 控制方式也给单片机提出了挑战:随着电机速度的不断提高,要求 MCU 的处理速度也要同步提高。在芯片内部应该具有完善的中断逻辑,其中断响应时间应该是固定的和可以预测的,这样用户可以准确地估计中断延迟问题。

C.2 dsPIC30F/33F 电机控制系列单片机

dsPIC30F/33F 系列 16 位数字信号控制器(DSC)具有 DSP 功能,同时具有面向嵌入式控制的外设,比如 CAN 控制器、ADC、电机控制 PWM、QEI 接口、音频 CODEC 接口等。完全可以做到用最好的性价比完成最有效率的控制系统(低功耗、高 EMC 特性、高效率)。芯片集成了位反转寻址、模数寻址、乘加指令(MAC)、REPEAT 与 DO 指令等,极大方便了控制算法的快速实现;芯片 DSP 核具有双累加器、长累加器(40 位)、桶形移位寄存器等,给数字信号运算带来方便;同时芯片还具有强大的控制能力(比如单周期的 I/O 操作、位操作等)。

对于上面提到的无传感器 BLDC 控制系统中,完全可以利用 dsPIC30F 家族里的电机控制系列芯片内部的 DSP 核进行 PID 运算和传感器检测;其电机专用 PWM 负责生成控制时序;I²C、USART、SPI、CAN 等串行接口负责通信、系统管理。利用 DSP 核和数字信号处理知识,我们还可以对定子反向电动势(BEMF)进行数字滤波(FIR 或 IIR),准确监测到定子的换向时刻,实现无传感器 BLDC 控制方式。这种方法要求芯片具有快速乘加(MAC)和模数寻址操作能力。

如图 C.1 所示为该 dsPIC30F 系列电机控制家族系列芯片的内部简要框图。

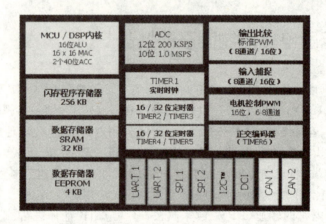

图 C.1　dsPIC30 电机控制家族结构框图

C.3　实用 DSP 提高 BLDC 的 PID 控制效率

C.3.1　实验板配置

为了验证 DSP 对于 BLDC 控制系统的价值,选用 Microchip 提供的 LVMC 直流无刷电机控制实验板。该实验板上集成了用于电机控制必须的硬件:dsPIC 30F3010 芯片、MOSFET 阵列、传感器调理回路、给定调节回路、LED 显示、电源供应、ICSP 调试接口、RS-232 接口等。

如图 C.2 所示为 LVMC 实验板外观结构及其每个部分的功能示意图。其中按键 S2 用于启动、停止电机,相当于控制按键。电位器用于速度给定设置,电机的输出线连接到白色输出插座。串行口用于连接到 PC,可以在超级终端下和 DSC 交换信息。串行调试器可以连接到 ICD2 接口上,进行程序烧写和调试。

附录 C　利用 DSP 核提高直流无刷电机的 PID 效率

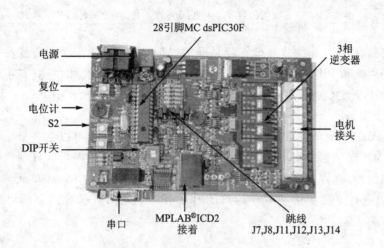

图 C.2　LVMC 实验板外观图

本实验板为 24 V 供电(用于低压电机控制),电机功率大约几十 W。注意不要超过 MOSFET 的最大功率,避免功率管损坏。

C.3.2　闭环 PID 控制基本原理

当电机速度很高的时候,要求 DSC 能够快速响应系统的变化使得能够满足设计要求。因此很多环节需要用 C 语言和汇编语言联合编程。对于需要快速性的软件比如速度计算、PID 参数计算等,可以作成汇编模块,在主程序里可以申明并调用这些模块里的函数。

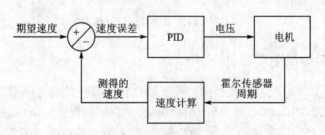

图 C.3　PID 控制框图

如图 C.3 所示为 PID 控制框图。PID 称为比例(P)、积分(I)、微分(D),是一种经典的控制理论,至今仍然有广泛的应用。PID 的作用是保证系统能够快速、准确,并具有良好的动态性能。

公式(C-1)为 PID 运算差分表达式。对于线性时不变系统,满足叠加性,因此 P、I、D 三个运算回路产生的输出会叠加起来,加到控制器输出。

$$控制器输出 = 误差 * \left(\frac{(K_P + K_I + K_D) + (-K_P - 2*K_D)Z^{-1} + K_D * Z^{-2}}{1 - Z^{-1}} \right) \quad (C-1)$$

我们观察到，PID 里面的核心运算就是乘加（MAC），相当于一个 IIR 滤波器的特性。每次运算都要用误差和 PID 参数进行运算，将结果和原来的输出叠加，一直到系统误差为零为止。系统才处于稳定状态。这里我们可以利用 MAC 指令，结合 REPEAT 指令进行多次乘加。

图 C.4 为 dsPIC 家族的乘加指令（MAC）操作过程简图。它可以在一个指令周期里执行如下操作：将 W4 和 W5 相乘；同时修改两个指针 W8 和 W10，使得指针分别指向下面两个将要参加运算的数据；将另外一个累加器的数据回写到 W13 指向的 RAM 单元。回写特性可以使得 DSC 可以进行复数加法或双环运算的时候可以不用离开循环回路即可将数据回写到 RAM 空间，提高了运算的效率。

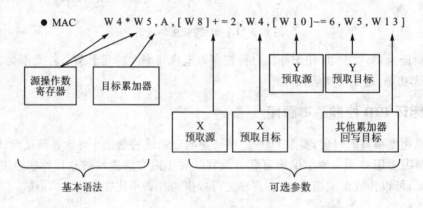

图 C.4 乘加指令操作过程简图

C.3.4 PID 效率测试硬件设计

图 C.5 所示为 BLDC 控制系统框图。转子的位置信号经位置检测器送到控制器（DSC），控制器进行逻辑处理（PID、FOC 等）后产生相应的开关状态，以一定顺序触发逆变器中的功率器件，将电源功率依照一定逻辑关系（六拍控制模式）和分配给电机定子各绕组，使电机产生持续不断的转矩。

作为同步电机的一种，直流无刷电机的驱动是根据转子位置的变化来控制逆变器开关管的切换，实现定子电流和反电势的相位上的严格同步。否则，只要相位上的微小差异就会产生转矩波动。正确换相有赖于准确的位置检测，因此准确地获得转子的位置信号尤为重要。

转子位置的检测有机械式位置传感器检测和无机械式位置传感器检测两类。机械式位置传感器以光电式位置传感器和霍尔元件式位置传感器最为常用；光电式位置传感器多用于正弦波永磁同步电机，霍尔元件式位置传感器多用于梯形波直流无刷电机。

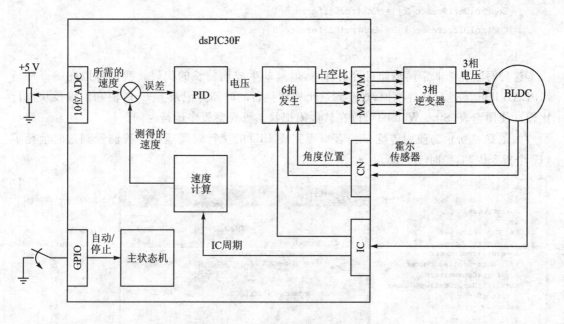

图 C.5　PID 控制系统硬件框图

DSC 负责完成 PID 运算和控制。PWM 模块负责完成 PWM 信号输出、保护等环节。输入捕捉模块(IC)完成信号周期检测,得到传感器信号指示的转子为止。输入变换中断(CN)可以得到霍尔传感器的反馈跳变沿,从而查表得到当前扇区位置,便于换向控制。

C.3.5　使用 C 语言和汇编语言混合编程

在 C30 编译器环境下可以对 DSC 进行编程混合编程。这个特点对于速度要求苛刻的场合是非常有用的。很多时候我们需要设计一个汇编模块,从而提高块运行速度。而主程序结构则可以用结构化强的 C 语言写,便于程序的可移植性和可读性。

现在我们来比较一下使用 C 语言和汇编语言实现 PID 的时间差异。首先我们可以很容易地用传统 C 语言把 PID 程序写出来:

```
void SpeedControl(void)
{
  unsigned int i;
  ControlDifference[0] = RefSpeed - Speed ;
  for (i = 0; i < 3; i++)
  {
    ControlOutput + = ControlDifference[i] * PIDCoefficients[i] ;
  }
```

```
        ControlDifference[2] = ControlDifference[1];
        ControlDifference[1] = ControlDifference[0];
    }
```

这种写法显然非常简洁而且容易理解,但是却生成比较长的代码。我们可以在编译环境 MPLAB IDE 下进行软件模拟,观察到这个模块执行的时间并记录下来,以便和汇编模块进行比较。使用跑表(Stop Watch)可以在软件模拟状态下观察程序运行时间。

如图 C.6 所示为使用传统 C 语言编程完成 PID 的执行时间监控。我们看到这时消耗了 117 个指令周期,费时 3.9 μs。

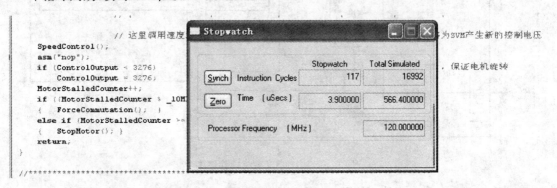

图 C.6 使用 C 语言实现 PID 的程序执行时间

接着,使用汇编模块完成同样的 PID 功能:

```
_SpeedControl:
    BSET CORCON, #SATA              ;允许累加器 ACCA 可以饱和控制
                                    ;初始化指针
    MOV #_ControlDifference, W8
    MOV #_PIDCoefficients, W10
    MOV #_RefSpeed, W1
    MOV #_Speed, W2
    MOV #_ControlOutput, W0

                                    ;允许饱和的情况下计算最近一次误差,不检查运算
                                    ;上限
    LAC [W1], A
    LAC [W2], B
    SUB A
    SAC A, [W8]

                                    ;准备 MAC 操作
    MOVSAC A, [W8]+=2, W4, [W10]+=2, W5
```

附录 C　利用 DSP 核提高直流无刷电机的 PID 效率

```
LAC [W0], A                              ;将上一次输出装载到 Acc
                                         ;执行 MAC 操作
REPEAT #2                                ;使用硬件 Repeat 指令重复 3 次
MAC W4 * W5, A, [W8] + = 2, W4, [W10] + = 2, W5
                                         ;结果放置于 ControlOutput (带饱和)
SAC A, [W0]
BCLR CORCON, #SATA                       ;禁止 ACCA 饱和
MOV #_ControlDifference, W8
MOV [W8 + 2], W2                         ;令 ControlDifference[2] = ControlDifference[1]
MOV W2, [W8 + 4]
MOV [W8], W2                             ;令 ControlDifference[1] = ControlDifference[0]
MOV W2, [W8 + 2]
RETURN;
```

如图 C.7 所示为使用汇编编制的 PID 运算程序执行时间测试。从跑表窗口里可以看到，其执行时间为 29 个指令周期，消费时间为 0.97 μs。

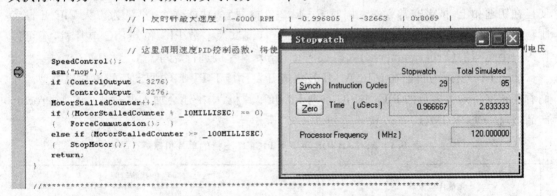

图 C.7　使用汇编语言实现 PID 的程序执行时间

从两个实验对比可以看到，后者消费时间远远小于前者。速度提高了大约 4 倍。这对于 PID 来说是相当可观的，因为 PID 会循环执行很多次，有时候达到每秒 300 k 次，每次节约 2 μs 的话，300 k 次循环就节约了 0.6 s。假如电机速度非常高的时候，每个 PID 节约一个指令周期都能大大改善系统的性能。

对于采用 FOC 控制等现代电机控制方法来说，DSP 核的价值将会更大。有些应用会对信号进行坐标变换，DSP 也能给与强大的帮助。

这里只是给出一个简单范例说明 DSP 核对于嵌入式控制系统的重大意义。DSP 核还有很多其他的应用，读者可以触类旁通，灵活运用。

附录 D
随身携带的 PIC 开发利器 PICkit2

D.1 调试器兼烧写器 PICkit2 简介

众所周知,PICkit2 小巧玲珑,比普通汽车遥控器大不了多少,顶端设计有专门的圆环,方便挂在钥匙扣上,携带非常方便。同时 PICkit2 价格便宜、功能强大,早已为广大 PIC 开发者所喜欢。它除了可以作为一个调试器(Debugger),调试大多数 PIC 和 dsPIC 单片机,还可以作为一个烧写器(Programmer)对大多数 Microchip 单片机进行烧写。

如表 D.1 所列为目前在 MPLAB IDE 集成开发环境下 PICkit2 所支持的单片机类型。我们看到它支持绝大多数的 PIC、dsPIC 系列 Flash 单片机,未来还会加入更多型号的 Microchip 产品,包括 EEPROM、Keeloq 跳码系列、PIC32 等。

表 D.1 MPLAB IDE 环境下 PICkit2 支持的单片机家族

单片机家族		支持型号	程序存储器限制	
			字节	最大地址
8 位	低端/中端 PIC	所有	无限制	无限制
	高端 PIC18F/K	所有	107 264	0x1A2FF
	高端 PIC18J	所有	111 872	0x1B4FF
16 位	PIC24F/H,dsPIC33F	所有	106 560	0x1157F
	dsPIC30F	所有	103 872	0x10E7F
	dsPIC30F SMPS	所有	无限制	无限制

Microchip 还同时提供一个独立的 PICkit2 支持软件,目前的版本是 PICkit2 Software V2.50。这个环境下可以支持几乎所有和烧写相关的 Microchip 产品系列。

在 PICkit2 的正面设置了一个微型按键,用于启动烧写等动作;还有 3 个 LED:Power(红色,电源指示)、Target(黄色,目标板状况)、Busy(红色,忙碌状态)。在 PICkit2 内部采用单颗 USB 接口芯片(PIC18F2550),程序 Flash 的容量高达 32 KB。充足的资源使得该芯片既作 USB 接口之用,通过 USB 电缆和 PC 通信,又包含了调试固件,一片多用,因而成本大为降低。而 PIC18F2550 的内部 Flash 擦写次数多达十万次,足够用户随时通过 USB 连接 PC,在 MPLAB IDE 环境下对固件进行在线升级。Microchip 推出的任何最新型号 MCU 都可以通过这种方法立即获得调试支持。可以这么说,只要一颗 PICkit2 在手,调试、烧写可以全部搞定,其灵活性不言而喻。

现在 PICkit2 又具有了离线烧写(Programmer-To-Go)功能,只要通过 USB 接口配备一个小巧的外接电源盒,PICkit2 立即摇身一变,成为一个工程师梦寐以求的手持离线烧写器。工程师不用携带笨重的电脑,不用等待 Windows 缓慢的启动过程,只要将 PICkit2 插入目标板上的 ICSP 插座并按动按钮,预先存储在 PICkit2 内置 EEPROM 里的 Hex 代码就会迅速烧写到目标板上的 PIC 单片机里面。拥有一个 PICkit2,以前复杂的现场维护、升级等工作就变得易如反掌。迅速、可靠、节省成本,着实让 PIC 爱好者爱不释手。

图 D.1 所示为 PICkit2 工作于脱机烧写器状态。其左端通过 USB 连接到一个电池盒或其他电源(4.5~5.5 V)对 PICkit2 供电,右端通过 ICSP 端口(6 线)和目标板连接。这个烧写器就可以随身携带了。

图 D.1 PICkit2 工作于脱机烧写器状态

D.2 如何使用 PICkit2 进行脱机烧写

首先要提醒大家在批量烧写芯片之前,一定要先使用 PICkit2 烧写几个样片测试一下功能,全部功能通过测试,确认运行正确后方可批量烧写。

第一步：确认在当前 MPLAB IDE（版本 8.10 以上）环境下选择正确的芯片型号。在 PICkit2 窗口里"Device Family"菜单下选择所用芯片的家族（比如 PIC16/18 等），在"Programmer→Manual Device Select"菜单下可以选择具体的芯片型号。

第二步：载入（Import）十六进制（Hex）机器码文件。用户可以使用"File→Import Hex"载入代码，也可以通过读取（READ）操作获得母片里的 Hex 代码。

第三步：设置 PICkit2 烧写器软件环境。具体选项可能包括，Programmer→Verify on Write、Programmer→Hold Device in Reset、Tools→Enable Code Protect、Tools→Enable Data Protect、Tools→Use VPP First Program Entry、Tools→Fast Programming 等。假如使用 PICkit2 给目标板供电，用户可以在"VDD PICkit 2"窗口里看见 PICkit2 所提供的 V_{DD} 电压值。

第四步：通过 PICkit2 软件烧写目标芯片。进行一次测试烧写，证明系统工作正常。

做好以上设置后，PC 缓冲区里已经含有即将下载的 Hex 代码了。现在我们可以通过鼠标单击菜单命令"Programmer→PICkit 2 Programmer-To-Go"启动"脱机烧写设置向导"（Programmer-To-Go SetupWizard）。该向导将会显示一个欢迎窗口，单击上面的 Next 进入"Programmer Settings"界面。

如图 D.2 所示为烧写器设置窗口。其中包括多项设置：芯片型号、当前 Hex 代码的来源路径、是否代码保护、是否数据保护、烧写范围、校验芯片等选项。用户针对实际情况分别选择相应项目。

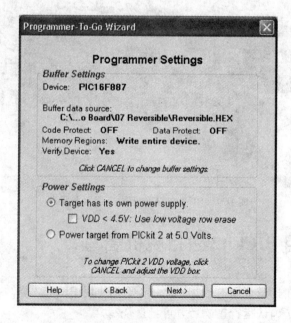

图 D.2　烧写器设置窗口

对于电源设置,需要特别小心。用户可选择从 PICkit2 对目标板供电,单击选择盒"Power the target from PICkit 2"即可选中这个功能。注意目标板上的电容不能太大,否则可能引起电压上升迟缓,导致烧写错误发生,因此延迟时间不能高于 500 μs。

针对不同的应用,目标板变化多端,很难全部满足其电气要求,而且由于体积和成本限制,PICkit2 的驱动能力有限(25 mA),因此我们推荐使用目标板自己供电。用户可以简单地选择另外一个选择盒"Target has its own power supply"即可满足要求。由于目标板电源供应充足,也没有上电延迟的问题,这种方法相对更加安全和可靠一些。

单击 Next 按钮,进入下一步下载 Hex 代码操作。检查一下"Tools→Fast Programming" "Programmer→Hold Device in Reset",确认这两个选项是否被选中。一般情况下这两个选项都需要选中。

如图 D.3 所示为烧写器下载选项最终设置结果。假如选择有出入,还可以单击 Back 按钮进行修改。确认无误后即可进入下一步"下载"操作。

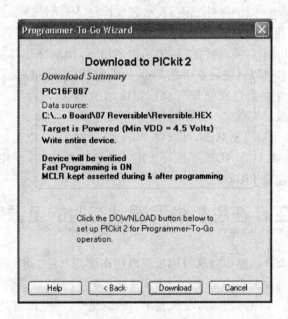

图 D.3 下载选项设置结果

此时单击 Download 按钮即可启动下载动作,Hex 代码将被下载到 PICkit2 的芯片里面,同时会把 PICkit2 设置为"脱机烧写器"(Programmer-To-Go)状态。此时 Target 发光二极管会"间歇性双闪"(也即快闪两次后停歇,然后继续快闪两次,依次循环),表明 PICkit2 进入脱机烧写器状态,此时即可和 PC 脱离。

PICkit2 脱机烧写器 Hex 代码下载结束后将会出现一个结束界面,提示烧写完毕。

假如使用电池盒给 PICkit2 供电,Target 灯会"间歇性双闪",指示当前处于脱机烧写器状态。

使用 PICkit2 脱机烧写器对目标芯片烧写之前要通过 USB 给 PICkit2 通电。确认目标板供电方式满足要求后把 PICkit2 插入到目标板的 ICSP 插座上。一切准备妥当后即可按动 PICkit2 上的红色按钮,启动目标板烧写过程。此时 Busy 灯将会点亮(假如从 PICkit2 供电,Target 灯也会点亮)。烧写结束后,PICkit2 将会通过 Target 和 Busy 两只 LED 灯的闪动方式提醒用户烧写结果,这些闪动情况包括以下 5 种。

(1) Target 灯间歇性双闪,Busy 灯灭:表示 PICkit2 处于就绪状态或烧写成功。

(2) Target 灯灭,Busy 灯连续快闪:表示 V_{DD} 或 V_{PP} 错误。说明当前无法正确设置 V_{DD} 或 V_{PP}。假如 PICkit2 不对目标板供电,则很可能是 V_{PP} 错误。

(3) Target 灯灭,Busy 灯间歇性双闪:表示芯片 ID 错误。极大可能是 ICSP 和 PICkit2 的通信出现问题(比如连接错误等),使得烧写器无法正确读取芯片 ID。

(4) Target 灯灭,Busy 灯间歇性三闪:表示芯片校验(Verify)错误。用户可以检查 V_{DD} 是否满足要求,对于 X12 位架构的芯片,检查 ICSP 连接是否有问题。

(5) Target 灯灭,Busy 灯间歇性四闪:表示内部错误,预示烧写器发生了一种内部错误。假如这个现象多次发生,可以试着再次下载 Hex 代码到 PICkit2 里面。

再次按动 PICkit2 上的红色按钮即可清除错误指示信息,烧写器恢复到待命(Ready)状态,为下一次烧写过程做好准备。

假如用户想退出脱机烧写器状态,可以将 PICkit2 通过 USB 电缆连接到 PC,确认 PICkit2 处于待命状态。在 MPLAB IDE 下选择 PICkit2 烧写器软件,使用命令"Tools→Check Communications"即可连接 PICkit2。

D.3 PICkit2 工作在脱机烧写器状态时的电源供应问题

由于 PICkit2 的 ICSP 插座不能从目标板取电用以维持自身工作(使用了一支二极管保证电流不会流进 PICkit2),因此用户必须通过 USB(Mini-B)对 PICkit2 供电。当然,联机工作的时候电源可以直接取自 PC 主机电源,在没有 PC 的情况下,还可以有其他选项对 PICkit2 供电:任何具有 USB Host 接口的数码设备、任何 USB 电源或充电器、具有 Mini USB 接口的电池盒(现成或自制)。

对 PICkit2 供电的电源要求能提供 100 mA 电流,电压稳定在 4.5～5.5 V 之间。对于一些手持充电器或电池盒没有电量指示装置,因此用户自己要清楚当前电压不能低于 4.5 V 或者更高,否则可能导致烧写失败或边沿烧写。原因是从 PICkit2 的 V_{DD} 脚输出给目标板的电压将会比从 USB 供给的原始电压小 200～300 mV(二极管的作用),因此原始电压应该调节到安全范围才能满足烧写要求。

附录 D 随身携带的 PIC 开发利器 PICkit2

> **注意**：电池盒或外接其他电源需要有独立的电源开关，否则 PICkit2 将一直消耗电流并把电池很快放光。如果没有电源开关，则可以在烧写完毕后把 PICkit2 和电池盒分离。

如图 D.4 所示为 PICkit2 外接电池盒的连接示意图范例。用户可以选择多种满足要求的外接电源方案，甚至可以自制电池盒。

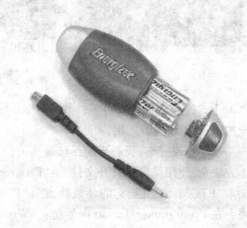

图 D.4　PICkit2 连接外接电池盒范例

D.4　将 PICkit2 内部 EEPROM 扩展到 256 KB 的 DIY 方法

使用扁平小改锥撬动 PICkit2 的侧面连接部分并打开 PICkit2，找到标记为 U3 和 U4 的集成电路，可以发现两片型号为 24LC512 的 EEPROM，其单片容量为 64 KB，两片的容量共计 128 KB。这些存储器用于从 PC 下载编译通过并调试完毕的 Hex 代码，以便脱机烧写之用。128 KB 可以满足大多数应用场合的需要，假如我们的代码大于 128 KB 的时候（PIC18、PIC24、dsPIC），就需要扩展 EEPROM 存储器。

如图 D.5 所示为 PICkit2 开发器的内部概貌和每个重要部件的分布情况。

首先，我们可以用工具（比如焊接台里的热风机）小心地拆下 U3 和 U4 两片 24LC512 并把 PCB 上多余的焊锡吸走，整理平滑。注意热度适当，避免烫坏 PCB。然后拿出预先准备好的两片 24LC1025-I/SM（随后将分别贴到 U2 和 U3 的位置上）。

根据数据手册的要求，24LC1025 的 A2 脚需要接到 V_{cc}，而现有 PICkit2 的 PCB 上 A2 脚被接到地了，因此在焊接其他引脚之前，我们需要用镊子把两片 24LC1025 芯片的 A2 引脚轻轻撬起来，使其不接触 PCB 焊盘，随后用细导线把该引脚单独连接到芯片的 V_{cc} 即可。也可以使用锋利的小刀将 PCB 线划开，再把 A2 连接到芯片的 V_{cc}。接下来将其他引脚焊接到

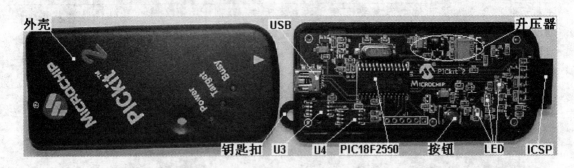

图 D.5 PICkit2 内部结构

PCB 上。这样我们就获得了总共 256 KB 的 EEPROM 容量,完全可以应付绝大多数 PIC 系统的 Hex 程序驻留之用。

硬件修改完毕,我们还需要修改相关的 INI 文件,以便系统接受新加入的存储器空间。具体方法是:使用编辑器打开文件 C:\Program Files\Microchip\PICkit 2 v2\PICkit2.ini,找到文本 "PTGM:0" 并把它的参数修改为 "PTGM:1",然后保存文件即可。此时启动 PICkit2,将会在 Programmer-To-Go 向导精灵(Wizerd)会话窗口下看到 "256 K PICkit 2 upgrade support enabled" 的字样,说明系统找到了 256 KB 的 EEPROM 存储器。至此升级 PICkit2 内存的 DIY 工作大功告成。

至于如何获得两片 24LC1025,可以有多种途径:最快速的方式是到 Microchip 的官方直销网站(www.microchipdirect.com)购买,也可以找代理商申请或购买,或者到 Microchip 样片网站直接申请(http://sample.microchip.com)免费样片。

参考文献

[1] 胡广书. 数字信号处理[M]. 北京:清华大学出版社,2003
[2] 郑君里等. 信号与系统[M]. 北京:清华大学出版社,1990
[3] 张明峰. PIC单片机入门与实战[M]. 北京:北京航空航天大学出版社,2004
[4] 石朝林. PIC单片机宏汇编与集成开发环境[M]. 北京:清华大学出版社,2002
[5] Microchip Tech. Inc. dsPIC30F Family Reference Manual,2003
[6] Microchip Tech. Inc. dsPIC30F Family Programmer's Manual,2003
[7] Microchip Tech. Inc. dsPIC Language Library User's Manual,2005
[8] Microchip Tech. Inc. MPLAB ASM30, LINK30 and Utilities User's Guide,2005
[9] Microchip Tech. Inc. dsPICDEM1.1 Development Board User's Guide,2005
[10] Microchip Tech. Inc. Design Robust Microcontroller Circuit For Noisy Environment,2001
[11] Microchip Tech. Inc. dsPIC30F6010A/6015 Data Sheet,2005
[12] Microchip Tech. Inc. dsPIC33F Family Data Sheet,2006
[13] Microchip Tech. Inc. dsPIC30F to dsPIC33F Migration Q&A,2006
[14] Microchip Tech. Inc. dsPIC24H Family Data Sheet,2006
[15] Microchip Tech. Inc. dsPIC24F Family Data Sheet,2006
[16] Richard J Higgins. Digital Signal Processing In VLSI,1990
[17] Vijay K Madisetti. VLSI Digital Signal Processors,1995